U0172477

国家科学技术学术著作出版基金资助出版

构件疲劳损伤非线性检测的理论、方法及应用

毛汉领 著

科学出版社
北京

内 容 简 介

本书把构件疲劳损伤检测分为全局检测和局部检测两大类,充分利用非线性输出频率响应函数(NOFRF)既简单又能反映系统本质特性,采用锤击激励把构件疲劳损伤的非线性信息激励出来,用 NOFRF 表征疲劳损伤信息,灵活地构建损伤检测指标,实现构件疲劳损伤的全局检测;应用超声非线性效应,分析超声非线性特征参数、材料结构变化和服役损伤之间的关联,利用超声非线性参数对疲劳损伤的表征,实现构件疲劳损伤的局部检测;分别以柴油发动机连杆、装载机变速箱箱体、列车轮对、电力支柱绝缘子、压榨机齿轮等构件为对象进行了疲劳损伤检测实验,取得了较满意的效果。本书概念清楚,推导明晰,论述简明;检测理论和方法表述并重,辅以应用实例,以求构建通往工程应用的途径。

本书适合机械设备故障诊断、机械设备故障预测与健康管理、无损检测等专业的科研与工程技术人员以及研究生阅读参考。

图书在版编目(CIP)数据

构件疲劳损伤非线性检测的理论、方法及应用 / 毛汉领著. —北京:科学出版社,2021.11

ISBN 978-7-03-068872-9

Ⅰ. ①构⋯ Ⅱ. ①毛⋯ Ⅲ. ①工程机械-结构构件-损伤(力学)-疲劳力学-非线性-检测 Ⅳ. ①TH17

中国版本图书馆CIP数据核字(2021)第100497号

责任编辑:姚庆爽 / 责任校对:任苗苗
责任印制:吴兆东 / 封面设计:陈 敬

科学出版社 出版
北京东黄城根北街 16 号
邮政编码:100717
http://www.sciencep.com

北京中石油彩色印刷有限责任公司 印刷
科学出版社发行 各地新华书店经销

*

2021 年 11 月第 一 版 开本:720×1000 B5
2022 年 11 月第二次印刷 印张:22
字数:430 000

定价:158.00 元
(如有印装质量问题,我社负责调换)

作 者 简 介

毛汉领，广西大学二级教授、博士生导师。1995年5月浙江大学机械制造专业博士毕业，工学博士。曾任广西工学院(已更名为广西科技大学)党委副书记、副院长，广西民族学院(已更名为广西民族大学)党委副书记、副院长，广西广播电视大学校长，广西大学副校长。

毛汉领教授主要从事机械振动、状态监测与故障诊断、无损检测、高等教育管理和民族学等方面的教学科研工作，已主持完成国家自然科学基金项目两项、省级项目多项、服务企业的横向课题多项；已出版学术著作 3 本，SCI和 EI 收录论文 30 多篇，国家发明专利授权 10 多件。

序

毛汉领同志于 1992 年春至 1995 年春在浙江大学机械系攻读博士。他在浙江大学读博期间，我已在浙江大学机械系工作，他总是尊敬地称我为老师。他博士毕业后到广西大学工作，很快就担任了系领导。不久就到广西工学院(已更名为广西科技大学)任副书记、副院长，再平调到广西民族学院(已更名为广西民族大学)任副书记、副院长，后来又到广西广播电视大学任校长。他干了九年的远程教育管理，因无暇兼顾他热爱的机械制造专业，2011 年底申请回到广西大学任副校长，2017 年因个人身体原因辞去校领导职务，回归为专任教师。毛博士转战广西多所不同类型高校，在高校领导岗位工作近 20 年，为母校争光，为广西高等教育事业做出了贡献。

近期，毛博士联系我，告知他写了一本关于构件疲劳损伤检测的书，并获得了 2019 年度国家科学技术学术著作出版基金资助，嘱我为之写序。我欣然表示，乐于支持。

不久，《构件疲劳损伤非线性检测的理论、方法及应用》书稿的电子清样发到了我的邮箱。作者针对传统无损检测方法只能检测到明显损伤而对尚未发展成明显损伤的疲劳损伤累积不能检测的难题，应对检测无损伤而不久又出现损伤失效事故的困境，提出了构件疲劳损伤非线性检测方法，尝试检测出早期的疲劳损伤累积，以预防构件失效事故；把国家自然科学基金项目资助完成的研究成果系统归纳，形成检测理论和方法，撰写成该专著。该专著把构件疲劳损伤检测分为全局检测和局部检测两大类，分别采用不同方法进行研究。基于 Volterra 非线性模型、脉冲锤击激励估计非线性输出频率响应函数(NOFRF)并构建疲劳损伤检测指标，实现构件疲劳损伤的全局检测；分析超声非线性特征参数、材料结构变化和服役损伤之间的关联，利用超声非线性参数对疲劳损伤的表征，实现构件疲劳损伤的局部检测；同时介绍了多方面的应用实例，取得了较满意的效果。该专著全面系统地论述了非线性检测的全局和局部检测方法的基本原理、数学概念和实现过程。该专著推导明晰，概念清楚，论述简明；理论思路和数学推导并重，便于读者理解检测理论的本质和实现方法；内容丰富、结构严谨、学术性强，特别注重理论联系实际，给出了应用实例，符合工程科学的基本规律。

疲劳损伤的非线性检测作为一种新兴的无损检测方法在学术刊物、会议和网络上有较多论文和报道，然而文献通常具有专题研究性质，读者往往不易获得方法本身的细致和系统了解。国内尚未见到构件疲劳损伤非线性检测方面的有关专著出版。该专著的出版,将有助于相关领域研究者和工程技术人员系统地了解非线性检测方法的理论和方法,为机械设备故障诊断、机械设备故障预测与健康管理、无损检测等专业科研与工程技术人员及硕士、博士研究生提供参考;对我国正在快速发展的机械设备故障预测及健康管理的研究及其应用,具有十分积极的作用。构件疲劳损伤检测的确是本领域的研究热点难点问题,希望该专著的出版能引起更多学者关注研究此问题,推动构件疲劳损伤非线性检测的实际工程应用。

祝愿毛博士不忘初心、牢记使命,再谱科学研究、教书育人新篇章。

中国工程院院士
浙江大学机械学院院长
2020 年 5 月于求是园

前　言

传统无损检测方法不能检测尚未有明显裂纹的疲劳损伤，探索有效的疲劳损伤检测理论和技术已成为当前无损检测研究领域的热点问题。非线性检测理论和技术是破解疲劳损伤检测的有效方法。作者在国家自然科学基金项目的资助下开展相关基础研究工作，提出疲劳损伤非线性检测方法，系统归纳研究成果，形成检测理论基础和技术方法，从而撰写本书。本书有助于相关领域研究者和工程技术人员系统地了解非线性检测的理论和方法，并推动其实际工程应用。

本书采用非线性方法研究构件疲劳损伤的全局检测和局部检测。对于全局检测主要应用非线性输出频率响应函数(nonlinear output frequency response function, NOFRF)，既简单实用又能反映系统本质特性，采用锤击激励把构件疲劳损伤的非线性信息激励出来，用 NOFRF 表征疲劳损伤信息；分别针对单输入单输出(single input single output, SISO)和单输入多输出(single input multi output, SIMO)系统建立了脉冲锤击激励下 NOFRF 估计的方法，借鉴多种检测概念灵活地构建损伤检测指标，实现构件疲劳损伤的全局检测；分别对柴油发动机连杆、装载机变速箱箱体、列车轮对、电力支柱绝缘子等构件进行疲劳损伤检测，为实际工程中构件内部疲劳损伤检测及识别提供了一种全新的有效方法。对于局部检测则是应用超声非线性效应，分析超声非线性特征参数、材料结构变化和服役损伤之间的关联，利用超声非线性参数对疲劳损伤的表征，分别给出了金属零部件应力状态的超声非线性表征、金属零部件疲劳损伤的超声非线性表征，探究了超声非线性输出信号的混沌特性和杜芬(Duffing)检测方法，构建了超声非线性共线与非共线混频检测理论，提出了金属零部件应力状态的检测方法、疲劳损伤的共线与非共线混频检测方法，实现构件疲劳损伤的局部检测；利用超声非线性对压榨机齿轮的早期疲劳损伤进行局部检测，取得了较满意的效果。

本书讲述检测方法的基本原理和方法，概念清晰、论述简明；检测理论和方法表述并重、辅以应用实例，将有助于推进对非线性无损检测的研究、推广和应用。

本书为作者管见所及，疏漏难免，恳请各位专家批评指正。欢迎读者提出意见和建议。

目　　录

第1章 绪 论

1.1 背景和意义

在现代社会，人们的日常生活、社会政治经济活动越来越离不开各式各样的工业产品。工业产品的使用和消费，已经成为现代社会生产、生活不可或缺的内容。从人们出行的代步工具到居家生活的家用电器，从个人办公通信设备到娱乐休闲用品，都离不开工业产品。各种使用中的工业产品设备迟早会出现故障，但人们希望能在设备产生故障危险之前进行预判。如果人们驾驶汽车正常出行时，汽车发动机突然敲缸或传动轴突然断裂或其他关键零部件突然失效，将可能造成交通安全事故，轻则经济损失、重则人身伤害。在工业生产中，有缺陷的设备持续服役会导致某些零部件断裂，将会造成严重的设备事故，甚至会伴随灾难性的人身事故。金属疲劳导致工业产品的金属结构突然脆断和开裂，是结构失效事故的主要原因。时有发生的结构失效事故，对社会生产安全及人民生命财产构成了极大的威胁。

机械结构构件和零部件在工程服役过程中主要经受腐蚀、磨损和断裂等形式的破坏，导致结构构件和零部件失效、造成严重的结构和设备的安全事故。大型化、复杂化、高效化是现代和未来机械设备及各类结构的发展方向。这就要求设备结构适应更严酷工作环境、承受更复杂的载荷和经历更长工作时间，结构构件安全将面临越来越严峻的挑战。设备结构及构件承受复杂载荷、处于严酷工作环境中持续长时间的工作，很容易导致结构及构件产生疲劳损伤，设备会因疲劳损伤而失效。为了设备结构及构件的服役安全、保障正常生产运行、防范因结构及构件损伤导致的恶性事故，必须深入研究结构及构件疲劳损伤的机理，对疲劳损伤检测和有效辨识的技术方法进行深入研究。

大力发展循环经济是保护生态环境的要求，也是维持社会发展可持续性的必然选择。随着汽车、机电产品、航空航天等产业的迅猛发展，设备折旧速度日益加快，废旧零部件的数量与日俱增，这些废旧零部件如果得不到重复利用，则会浪费资源、污染环境和占用地球空间。在这种境况下，再制造工程应运而生。应用"产品全生命周期"理念，回收报废工业产品、拆解清洗旧零部件、评估寿命、采用现代修复技术修复、重新装配成新产品等一系列工程活动就是再制造工程。再制造是节约资源、环境友好的循环经济生产方式，是经济社会可持续发展的绿色制造。机械装备再制造已经在欧美等发达国家获得成功，取得了巨大的经济效益。

再制造工程所研究的对象是已经拆解下来、经过清洗、没有明显的表面损伤的零部件。由于这些零部件都是经历过一段服役期的旧件，极有可能在其内部产生了不同程度的疲劳损伤，只是在表面上没有明显地表现出来。因此，研究旧零部件疲劳损伤检测的技术方法就显得十分必要。不是任何一个旧零件均可以作为再制造的改造对象，或者说具有再制造的价值，所以在选择再制造旧零件之前需要对旧零件进行内部的疲劳损伤检测。

对废旧零件进行评估后再制造是最节能、节材、环保的方式。通过对旧零部件受损伤情况进行检测和寿命评估，判断其有无再制造价值。因此，对旧零件损伤检测、寿命评估是再制造工程的核心基础课题，是当前的研究热点。零件在其服役过程中经受的疲劳、蠕变、磨损、腐蚀、热损伤等累积，可能外观和内部都存在损伤缺陷(如微裂纹)。外观损伤容易发现和处理，而内部损伤缺陷则隐藏其中、不易发现，却决定其再用寿命。如何将这些内部损伤或缺陷(如微裂纹)检测出来，将是再制造的关键和保障。为了确保再制造的质量，必须对每一件再制造的旧零件进行检测和寿命评估。很显然，繁杂的、费用高的检测方法是不适用的，必须寻找一种简便、高效、低成本的检测评估方法。要完成对旧零件的检测评估，必须解决以下三个问题：第一，如何使旧零件内部可能存在的疲劳损伤或缺陷(如微裂纹)产生可被检测到的信号；第二，如何建立适合的测试信号检测分析模型，提取旧零件内部可能存在的疲劳损伤或缺陷特征；第三，如何由检测提取得到的疲劳损伤或缺陷特征参数，建立旧零件寿命评估及分类的模式和方法。

对构件疲劳损伤缺陷检测评估的技术方法有重要的应用前景。因此，开展对构件疲劳损伤检测的理论和方法研究，将对攻克在役构件和再制造零件的检测关键技术、提高设备的使用安全和再制造质量等方面有重要现实意义，并将丰富、发展设备故障预测和健康管理的相关理论。

1.2　疲劳损伤的认识历程

在足够多循环的交变应力作用后，在承受交变应力的某些点或局部位置，在形成裂纹完全断裂前所发生的材料内部永久结构变化的发展过程，称为疲劳[1]。这是得到公认的美国试验与材料协会给出的疲劳定义。金属疲劳是导致机械设备结构及构件发生断裂失效事故的主要原因。机械设备结构的零部件在服役过程中，若承受的载荷较高或者承受载荷是循环变化的，该零部件就会疲劳损伤，可能发生断裂损坏失效。人们对疲劳损伤的认识是一个不断演进的历史过程，迄今已有100多年。

19世纪初，铁路交通蓬勃发展，但时有车轴疲劳断裂，构成了对交通安全的威胁。一些机车车轴在设计寿命内发生疲劳断裂，是疲劳史上遇到的首个关于疲劳损伤的现实问题。1829 年，德国的艾伯特为了模拟交变载荷对焊接链条进行反复加载试验，链条在承受约 10 万次循环载荷后就出现破坏现象。1839 年，法国的彭赛列在论文中第一次使用"疲劳"来描述实验现象。在 1843 年，苏格兰的兰金认为金属性能的逐渐变坏是导致车轴断裂破坏的主要原因。学术界公认的最先系统地实验研究疲劳强度的是德国人沃勒。他在 1850 年研制了旋转弯曲疲劳试验机，进行了系列疲劳试验。研究发现，当承受低于弹性极限的交变应力、交变循环次数足够多后车轴会发生疲劳破坏；存在一个极限应力幅值，只要承受的交变循环应力幅值小于此极限值，不会发生疲劳破坏。他提出了 S-N 曲线，奠定了疲劳研究基础。1870~1899 年，古德曼、格伯等经过近 30 年的大量试验研究，绘制了疲劳极限线图，提出了疲劳强度设计理论，推进疲劳强度设计。尤因和汉弗莱在 1903 年发表了《在反复交变应力作用下的金属断裂》的经典论文，公布了退火瑞典铁旋转弯曲疲劳试验结果。从微观和宏观相结合的认知视角，分析和解释材料发生微观滑移现象与材料的宏观疲劳破坏的有机联系，更清楚地阐述了疲劳机理。1923 年，英国的高夫发现，如果材料承受应力幅值低于疲劳极限，整体将不会发生塑性变形；应变硬化会影响材料受循环应力作用的塑性变形，随着应力循环数的增加，所产生的反复塑性变形会减少[2]。1924~1945 年，经过 20 多年的大量试验研究，迈因纳全面系统地创建了损伤线性累积的理论。早在 1954 年，科芬和曼森等就先后建立了应变-寿命方程，但直到 1961 年才逐步发展为大家熟悉并得到广泛应用的局部应力-应变法。基于随机振动理论，恩多和马特修斯在 1968 年创建了雨流计数法，通过应力-应变滞后环表现材料的塑性性质，每一个小的应力-应变循环都会累积而引起材料的损伤[3,4]。美国汽车工程师学会在复杂载荷下疲劳机理理论和实验研究的基础上总结出版专著，全面系统地介绍了局部应力-应变原理的理论及其工程应用方法，推动了广泛的工程应用[3]。

金属疲劳损伤一般经历裂纹萌生阶段、裂纹缓慢扩展阶段、裂纹快速扩展阶段、临近破坏等四个阶段。裂纹萌生阶段，金属材料产生了位错滑移，晶格发生扭曲，晶粒产生破裂，这种现象在交变应力的继续作用下不断出现，直到形成疲劳裂纹源，即疲劳裂纹成核；裂纹缓慢扩展阶段，晶粒破裂孔洞不断积累长大，但过程比较缓慢且均匀，孔洞之间连通速度也比较缓慢；裂纹快速扩展阶段，孔洞之间连通速度逐渐加快，在表面含有很多与正应力方向相同的撕裂棱；临近破坏阶段，随着金属裂纹扩展，出现突然断裂。

通过对疲劳损伤过程的研究，可以实现疲劳寿命预测；疲劳寿命的预测可分为早期、中期和晚期预测。可以用成熟的理论(如疲劳强度理论)及辅助验证试验确定设备的设计寿命或计算寿命，实现早期预测；通过对设计寿命之内的服役设备的状态监测、故障诊断、剩余寿命预测，可以避免设备运行期间出现意外事故，实现中期预测；可以用无损检测及金相检验等方法检验鉴定设备受损伤程度、分析设备当前运行状况与历史运行数据，应用断裂力学等理论及预测新技术估算剩余寿命、评估设备剩余安全运行的时间，实现晚期预测。一般在设计时都考虑一定的安全系数，致使设计寿命基本偏于保守，往往设备还有充裕的剩余寿命时就按设计寿命要求进行报废，造成很大的浪费。晚期预测通过鉴定设备受损伤程度、分析设备运行状况、估算剩余寿命、延长设备安全服役时间，对提高设备的安全使用效率显得尤其重要。收集分析大量的积累寿命资料、进行大量试验建立合理合适的破坏(失效)理论、实地设备运行的海量监测数据分析等技术基础是寿命预测成败的关键。破坏(失效)理论及其基础试验是寿命预测的前提，是支撑设备结构安全运行的重要基础。过去一百多年的大量研究，已基本揭示不同材料与结构的破坏(失效)的规律本质，寿命预测的理论体系已初步创立。寿命预测理论体系的创立经历了技术初创期、技术发展期和技术成熟期。

技术初创期：德国人沃勒 1850 年提出了著名的 S-N 疲劳寿命曲线及疲劳极限的概念，标志着技术初创期的开始，并奠定了经典疲劳强度理论基础。他采用旋转疲劳试验机进行了相当长时间的系统疲劳试验，不断深化对疲劳及疲劳损伤机理的本质规律认识，不断总结经验和提升理论，创立了历经考验的广泛认可的经典疲劳强度理论，至今在工程中仍广泛应用。

技术发展期：19 世纪末，人们尝试把金属材料微观行为(位错、滑移等)与疲劳损伤宏观行为结合起来研究，标志着技术发展期的到来。通过金相显微镜观察金属疲劳损伤过程的微观结构，发现疲劳损伤过程可分为裂纹萌生成核、疲劳裂纹形成、疲劳裂纹扩展、疲劳裂纹失稳扩展等阶段。人们对裂纹扩展规律进行了近百年的不懈探索，提出了各种裂纹扩展规律的理论。例如，20 世纪 50 年代，断裂力学在裂纹尖端应力场强度理论的基础研究中创立；1963 年 Paris 等提出了著名的 Paris 公式，用断裂力学方法表达裂纹扩展规律。在运用 Paris 公式解决不同问题时，一些学者修正和拓展了 Paris 公式，特别由此发展的"损伤容限设计"，是疲劳强度设计后来的发展方向[3,4]。通过对裂纹萌生过程(主要指宏观可见缺陷或裂纹出现之前的过程)的力学研究，定义损伤变量表征损伤演化规律、预测疲劳寿命，Janson 在 1977 年创立了损伤力学。经过连续不断的试验和理念研究，不断创新和完善连续损伤力学、微观损伤力学及微像损伤理论(宏微观结合理论)等支撑基础理论，损伤力学获得了重要发展，已成为分析工程结构疲劳损伤破坏与预测寿命的重要力学手段。

技术完善期：百多年来的大量研究促进了对疲劳及疲劳损伤本质和规律的认识，信号分析及人工智能的结合与应用，标志着寿命预测的理论进入了技术完善期。表现在以下几方面[4,5]：第一，在非线性连续损伤力学模型、金属全寿命模型和裂纹扩展速率指数模型的基础上，提出了基于小裂纹理论的疲劳全寿命预测方法、等效应变能密度寿命预测方法和基于裂纹扩展速率的寿命预测方法；第二，随着温度和腐蚀等环境因素对寿命预测影响的研究不断深化，拓展了预测理论基础，形成了复杂环境影响下的高温蠕变寿命预测技术、腐蚀寿命预测技术、疲劳蠕变寿命预测技术；第三，在复杂载荷形式影响寿命的研究基础上，创建了多轴疲劳寿命模型、多轴变幅载荷高周疲劳寿命模型，形成了多轴蠕变疲劳寿命预测技术。人工神经网络及智能专家系统有力地推动了寿命预测技术的进步和发展。

1.3 疲劳损伤检测技术的发展

构件和零部件疲劳损伤会发展为疲劳裂纹，导致结构构件损坏失效，是一种潜在的灾难性危害。为对构件和零件进行疲劳损伤检测评估，避免由损伤引起故障或事故，许多学者做了大量的研究，相应地出现了许多检测技术，如超声波、涡流、光纤热敏、引导性声波(包括 Lamb 波)、基于振动分析技术等检测方法。这些检测技术和方法可分为两大类，即局部检测技术和全局检测技术。

局部检测技术：采用无损检测技术对机械设备构件和零部件的局部位置有限区域进行检查，探查该位置的力学性能、构造特性及损伤情况，完成结构特定位置的局部损伤辨识。局部检测常用的无损检测技术有射线法、超声波法、电涡流法、磁粉检测法、渗透法等。采用无损检测技术可以方便及时地检测机械设备构件和零部件的表面缺陷或近表面缺陷，但构件和零件内部疲劳损伤则不容易检测。这些不易检测的内部疲劳损伤可能导致构件和零部件断裂失效，造成重大事故。局部检测方法不方便检测大型且复杂的机械设备结构件，在尚未明确可能损伤具体位置时，局部检测方法效果不理想、耗时且不经济。

全局检测技术：按机械动力学理论，可把机械设备及构件零件简化为以质量、阻尼、刚度等为参数的振动系统模型，并用系统动态特性来整体评价振动系统模型所表征描述的实际对象。零件结构件受到损伤后将引起该结构件固有物理参数(质量、阻尼、刚度)的改变，所构成的振动系统的频率响应函数(frequency response function，FRF)和模态参数(固有频率、阻尼和振型等)也会随之变化。利用该性质检测识别疲劳损伤，可以实现对机械设备结构及构件的整体全局损伤辨识。由于系统响应全局性、振动测试信号易采集、测点容易选择及无损、快捷和经济等优点，全局检测方法是目前很受欢迎的损伤检测技术，已开发了基于固有频率的方法、基于测试模态的方法、基于测试 FRF 的方法、基于测试应变模态的方法等工程应用技术。

疲劳损伤检测技术的发展现状，将按局部检测技术、全局检测技术和声发射的损伤检测等三方面来进行综述。

1.3.1 局部检测技术

局部检测技术是采用无损检测技术检查机械零部件的具体局部区域，了解该区域的实际构造、性能和实际损伤等。目前，射线检测、超声检测、涡流检测、磁粉检测、渗透检测等五大常规技术已被广泛采用。为满足工程应用新需求，已先后涌现出了声发射技术、金属磁记忆、红外检测、激光超声检测等许多新的局部检测技术。我们把局部检测技术按常规技术和新技术两大类来进行分析综述。

1. 局部检测常规技术

局部检测常规技术主要包括渗透检测、磁粉检测、涡流检测、射线检测和超声检测等，可以实现对构件的外表、外表/近表面、外表/内部、内部等局部位置的检测[5]。

1) 渗透检测

利用渗透液渗浸进入试件缺陷内产生扩散效应放大显示缺陷，让原来肉眼不方便观察或观察不清晰的试件表面开口缺陷直观地显现出来，该方法即是渗透检测法[6]。渗透检测的优势是设备及工艺简单、操作要求不高、缺陷显示直观、灵敏度较高，是只适用于外表面的常规检测方法，擅长检测表面开口缺陷，易受操作水平影响，不能检测多孔性材料，主要应用于铸件、锻件等零件表面缺陷检测。提高检测自动化和智能化，研制环保、廉价和高灵敏度的渗透剂、显像剂和去除剂，是渗透检测技术的发展方向[5]。

2) 磁粉检测

磁粉聚集效应会在缺陷漏磁场处产生，放大的磁痕将在材料的缺陷处形成，突出显示缺陷的存在，该方法即是磁粉检测。由于磁粉检测结果灵敏度较高、设备及工艺简单、操作容易、观察直观准确，已在工业领域获得了广泛应用。利用电荷耦合设备(charge-coupled device, CCD)对磁痕的智能化评定、建立更灵敏的检测模型、研究环保价廉的高性能磁痕显示介质及研制轻便智能磁粉探伤仪等是磁粉检测的新发展方向[6]。

3) 涡流检测

根据电磁感应原理，导电工件在交变磁场激励作用下将感生涡流，损伤缺陷将会影响感生涡流特征，通过测量涡流特征检测损伤缺陷，该方法即是涡流检测。常规的涡流检测方法较难对缺陷定性、定位、定量地测量。现代信号分析技术促进了涡流检测的技术进步，涌现了远场涡流、脉冲涡流、多频涡流等新技术[6]。

4) 红外无损检测

物体表面红外辐射能，会受物体材料结构损伤缺陷的影响。利用红外热像设备测量被检对象表面的红外辐射能，将测试信号转换成温度场，以彩色图或灰度图显示，分析比较温度场的分布情况，辨识被检构件的损伤缺陷，该方法即是红外无损检测。此方法基于表面红外辐射，自然对材料表面损伤缺陷很敏感，但较难检测构件的内部缺陷；红外无损检测设备的价格较高，并要求被检构件有较高的热辐射和较低的导热性，检测对象受限，当前尚未有大范围的应用。为了增强检测效果采用了不同的主动激励方式，已开发了振动热像法、红外热波法和调制热像法等有前景的新技术[5]。

5）射线检测

射线的衰减程度由被检构件的材料、射线类型和穿透距离决定，利用物质对射线的衰减特性进行无损检测，该方法即是射线检测。在构件一侧面照射强度均匀的射线，透射到另一侧面射线的强度分布取决于各部位对射线的衰减特性。检测构件另一侧射线强度，一般用照相、荧光屏等手段，构件内部缺陷的种类、大小及其分布情况可直接观察判定，也可通过图像处理智能算法估计。X 射线、γ 射线和中子射线是三种常用的检测射线。射线会伤人，检测时需要严格的防护措施。计算机技术及人工智能、现代信号处理技术等大力推动了射线检测的技术进步，开发了工业射线 CT（computerized tomography）、高能 X 射线、射线实时成像等新技术[6]。

6）超声检测

对被检测对象激励发射超声波，再测量接收构件缺陷反射回来的超声波，通过与标准试件对比和分析，评判被测构件内部的损伤情况，即是超声检测。该检测方法有设备轻便、检测成本低、适用对象广、操作使用安全、检测定位准确等特点，特别适合于检测平面型缺陷。由于需要用到耦合剂或采用水浸法，常规超声检测有一定局限，在某些场合不方便使用。存在近场盲区则是超声检测的不足，不便检测盲区缺陷，更适合检测构件内部的损伤缺陷。为解决超声耦合剂使用不方便的问题，采用电磁超声和空气耦合超声等新技术取得了不错的效果；为检测微小裂纹损伤，发展了超声相控阵和非线性超声技术[6]。

2. 局部检测新技术

虽然无损检测技术种类繁多，但是工程需求也不断有新的更高要求，现代传感技术和信号分析技术等相关学科的交叉融合发展，有力推动了检测技术的发展和进步，涌现出一些局部检测新技术[5-7]。

1）非线性超声

传统超声检测虽有鲜明特点和优势，但不能有效评价金属疲劳等力学性能退化，不便检测黏接、分层等界面缺陷，不能敏感地检测微缺陷、微裂纹等。随着机械设备发展超大型化、高精度和高自动化，检测疲劳损伤和材料内部微裂纹、越来越迫切。超声波在构件内传播时，超声激励力与裂纹、界面和接触面的应力应变相互作用，产生超声非线性效应现象。例如，当传播超声波的激励力作用裂纹区域时，超声激励力交变受限于构件材料的静态加载压力，会诱发裂纹张开和闭合，并产生反作用、调制超声波，使传播的超声波产生高次谐波、混频声场、快速和慢速动力特性等现象。可通过定义二次谐波幅值与一次谐波幅值的比值来定量估计裂纹、检测损伤。

2）远场涡流

远场涡流检测突破常规涡流检测技术对检测深度的限制，将涡流检测的范围从构件表面延伸扩大到材料一定深度。为了建立被检构件的内部缺陷特征、几何特性及物理性质等因素与涡流磁场强度或者检测线圈的电参数变化之间的关系，奠定远场涡流技术的理论基础，要求解一定边界条件下待检测区域的麦克斯韦方程组。远场涡流检测探头由同轴的检测线圈和激励线圈组成，共同形成螺线管线圈。检测线圈内置于远离激励线圈 2～3 倍的管内径处，不像常规涡流检测时紧靠激励线圈；低频正弦交流电接于激励线圈。不测量检测线圈的阻抗，而要测量检测线圈的感应电压幅值和相位信号，检测信号幅值微弱，对信号采集技术要求很高。

3）激光超声

根据材料的热弹性效应，当一定能量密度的脉冲激光照射到金属材料表面时，部分能量被吸收并转化成热能，引起局部温升，由此导致材料热膨胀、压力变化并使表面高频振动，产生超声波。材料损伤缺陷会改变材料声阻抗，材料声阻抗变化会对传播的超声波产生某种调制作用，使声场分布特征发生变化。通过接收并解调传播的超声波，可以获得材料内部的缺陷信息，实现超声检测。光超声具有可远距离激发和接收、抗干扰能力强、便于自动化检测等优点，具有适应复杂形状、空间分辨率高、检测效率高等能力，由于设备价格昂贵、维护成本高、灵敏度不稳定等，该技术尚未得到广泛的应用。

4）金属磁记忆检测

铁磁性构件在地球磁场的环境下承受工作载荷作用时，磁畴组织会在应力集中部位发生定向或不可逆的重新排列，当工件承受载荷消除后，这种磁状态仍保留在铁磁构件中，不会可逆变化，这就是金属磁记忆，即铁磁构件对曾经承受应力状态的记忆。利用测磁仪器测定构件表面漏磁场法向分量过零点或梯度，获得应力或应变集中区域导致的表面漏磁场改变，推断出构件曾经承受的应力集中部位及受损伤缺陷区域[7]，该方法即是金属磁记忆检测。磁记忆检测属于弱磁信号检测，容易受干扰，如在理论基础、信号检测、抗干扰及提高鲁棒性等方面有新突破，将是很有前途的检测技术。

1.3.2　全局检测技术

机械设备及工程结构不断向大型化、复杂化方向发展，以不断满足现代科技进步、现代工业发展及未来的人类需求。大型发电机组、高层建筑、新型桥梁、海洋平台、新型飞机、航天飞机、空间站等大型复杂结构，将会在复杂的服役环境中承受复杂工作载荷、并承受各种可能的突发性外在冲击激励影响，如产生风振、涡振、颤振等现象，结构及构件将面临疲劳、腐蚀磨损、蠕变、松动等，设备和结构的服役安全将受到严重威胁[8]。为了提高并保证设备和结构的服役安全，对结构件特别是对关键承载部位，全程监测（检测）缺陷和损伤、及时预警及适时维修，将可在一定程度上消除隐患、避免灾难性事故。红外检测技术、射线检测技术、电磁涡流检测技术、声发射检测技术、超声检测技术及声振或微波检测技术等已经成功地应用于检查结构部件局部的焊接缺陷、裂缝位置、松动或滑移和腐蚀磨损等[8]。这些局部检测技术各有一定的局限性，不能完全胜任结构实时损伤检测或整体损伤监测。上述局部检测技术的实施一般要求结构的全部或某些功能暂停，如汽轮机转子停止运转检查裂纹、大型客机停飞检测局部部件损伤等，停机停产检测很不经济；一些重要部位一旦发生损伤，损伤将会快速发展，还未及时发现就可能会导致整个结构的毁坏，后果将不堪设想；对于大型构件在尚不知道结构损伤的大体位置时，试图用局部检测对结构的所有位置进行全面检查，不易实施、效率低。为了保障设备结构的服役安全，需要研究开发简单便捷、经济实用、高效可靠的结构损伤全局检测技术。

全局损伤检测技术的基本思想：通过结构承受载荷激励或外加激励获得包含结构构件损伤动态信息的设备结构的动态响应，利用动力学理论和现代信号分析技术研究携带结构损伤信息的动态响应信号、提取表征损伤的特征参数，实现设备结构的损伤检测。例如，为获得结构时域响应数据可通过加速度传感器或应变片进行测试，采用快速傅里叶变换进行频谱分析、获得频域数据，运用模态识别技术提取结构的模态数据，分析比较模态数据、实现损伤检测[8]。这一方法已成功用于旋转机械状态监测与故障诊断；对于桥梁及土木工程结构、海洋石油平台及航空航天结构等受环境随机激励的大型结构，分析外界激励的差异、确定传感器位置、抑制噪声干扰及提取不同类型损伤的特征参数等，将是完善基于振动响应数据的结构损伤全局检测技术的研究方向[8]。现把全局检测技术分为动力学模型检测方法和测试信号分析检测方法等两大类进行综述。

1. 动力学模型检测方法

1）固有频率检测方法

固有频率作为重要模态参数，最容易从在线监测数据中精确获得。结构刚度直接决定固有频率，监测固有频率变化可简单直观地辨识结构损伤，如果预知损伤类型，损伤的程度和位置也可由建立的动力学模型直接辨识。Adams 等[9]和 Cawley 等[10]发现固有频率的变化是结构刚度降低量及损伤位置的函数，固有频率的变化与结构损伤有关而似乎与结构质量变化无关。他们建立了结构损伤后的任意两阶固有频率改变量之差与损伤位置的关系函数，并给出了由此关系函数进行损伤定位的方法和步骤，但无法评估损伤大小。Stubbs 和 Osegueda[11,12]建立了结构特征值和刚度参数变化量之间的灵敏度关系，提出了一种忽略结构损伤前后质量变化的很有独创性的全局损伤评估方法。该方法只用到测量精度最高的固有频率，可以诊断任意位置上的损伤及其大小。Sanders 等[13]在 Stubbs 方法的基础上结合内态变量理论研究复合材料的损伤检测，取得了较好的结果；Crema 等[14]分析了损伤位置对检测的影响及测量模态的选取准则，成功检测了损伤位置。当忽略二阶变化量且质量不变时，Hearn 和 Testa[15]由第 i 阶固有频率平方的变化量提出一种基于固有频率变化比值的损伤位置检测方法，可估计损伤位置。通过建立梁中裂纹位置与梁的二阶弯曲振动频率或轴向振动频率变化量的解析关联，Narkis 和 Castellani[16]用梁固有频率的变化来检测梁的裂纹位置，但仍不能检测裂纹的深度。黄红蓝等[17]实验测试旧零件连杆体的固有频率，运用高阶固有频率可敏感地识别损伤，但固有频率对损伤的反应变化是非线性的。利用频率变化可成功识别单一位置损伤的实验构件的损伤位置和程度，但未曾见对实际构件和多个损伤的研究。

2) 振型检测方法

振型作为重要的模态参数，相对固有频率对其测量较复杂、精度也较低，但蕴含更多的损伤信息，应该用于结构损伤的检测。最常见的就是直接分析比较结构损伤前后的振型变化，由振型变化检测结构损伤。Rizos 等[18]研究一个裂纹悬臂梁，发现测量悬臂梁两点的振动及一个振型即可确定裂纹的位置及深度。采用模态置信度判据及灵敏度分析相结合来检测识别钢构架结构的损伤[19]，是另一种较常用的振型变化检测方法。在此基础上还发展了其他的基于振型检测方法，如利用振型的二次导数即曲率检测损伤。当检测受损伤梁时，弯曲刚度下降会导致曲率的变化，由于曲率正比于应变，可以采用中心差分方法求得振型曲率，检测损伤位置[20]。

3) 柔度矩阵检测方法

由于模态振型的多阶性，实际的振型测量总难以完整，噪声干扰也会影响振型的测量精度。为了解决这些制约基于振型的损伤检测的问题，用固有频率和振型共建频率振型的测量模态信息构造柔度矩阵，提出了柔度矩阵检测损伤的方法。当模态满足质量归一化条件时，只需测量前 m 个低阶模态参数就可以获得精度较好的柔度矩阵，高频率项的柔度矩阵影响可以忽略不计。在带连接板的钢梁试验中通过松动连接板上的螺栓来模拟损伤，比较测量得到的结构损伤前后的柔度矩阵的差值，Pandey 等[21,22]完成了损伤检测和定位；采用含裂纹的宽翼缘梁，并进行了试验验证。Mayes[23]用柔度矩阵差值法对桥梁进行模态试验完成了损伤检测识别。

4) 模型修正检测方法

模型修正检测方法是一个有约束的优化问题，可以依据检测要求选择极小化的目标函数，不同的约束条件及不同的数值求解方法可以产生许多不同的损伤检测具体方法[24]。以结构未损伤的有限元模型(计算模型)或缩聚模型(试验模型)及振动测量值(实测模态参数)为参考基,寻找约束条件下的结构特征方程中与参考基最为接近进行修正,可以获得受损伤结构的模型,分析比较两者的差异,能够精确地进行损伤定位。在只考虑刚度矩阵摄动的情况下,可以直接通过求解方程得到刚度矩阵摄动,这就是矩阵优化的模型修正法。按照模态残余力或残余角为零并要求刚度增量矩阵为对称正定矩阵,Zimmerman 和 Kaouk[25-26]提出了刚度增量矩阵的最小秩摄动理论;认为评估损伤程度不需要测量全部模态,并提出了逐个区域最小秩摄动法,将最小秩理论用于评估每个损伤单元或损伤区域的损伤大小。

5) 灵敏度分析的检测方法

为了所有分析自由度都有模态测量值,可采用模态振型扩阶或模型减缩技术,虽可满足矩阵优化方法的要求,但将产生附加误差。针对此问题,Doebling 和 Kosmatka[27]提出了一种基于模型修正方法的损伤检测方法,即灵敏度分析的损伤检测方法。灵敏度矩阵的迭代形式可用牛顿-拉弗森迭代法求解;灵敏度方程的不适定的线性方程组可以采用加权最小二乘法、约束最小二乘法处理其亚定问题,通过最大秩分解法(广义逆法)、奇异值分解法等方法求解决超定问题。考虑在严重损伤情况下结构质量和刚度及质心的变化,Ricles 和 Kosmatka[28]将结构参数和测量误差都处理成随机变量,采用刚度和质量元素偏导数的分段线性化技术来测量特征向量,并以其置信度评估损伤程度。损伤位置可用模态残余力向量估计,结合加权灵敏度分析方法实现损伤程度评估。通过将分析限定于特定单元上,Hemez 和 Farhat[29]给出了单元灵敏度表达式,先对结构进行大致定位,大大降低计算量。用损伤指标对结构损伤进行大致定位后,王柏生等[30]再用灵敏度法检测识别损伤;矩阵优化模型修正方法先估计结构损伤位置,Kim 和 Bartkowicz[31]也再用灵敏度法识别损伤程度。先做损伤初步定位,再做损伤程度识别,分两步走可使灵敏度方法的应用更高效。基于模型修正方法还另外派生了特征结构配置法,就是把控制器解析为参数矩阵对未破坏结构的摄动,设计出使残余力矩阵最小的虚拟控制器[32]。

基于模型修正的损伤检测方法与模型修正检测方法的不同在于以下两点。一是基于模型修正的损伤检测方法考虑损伤一般集中于结构的一处或少数几处;而模型修正所针对的误差涉及的区域较大,分散于结构,反映了整体误差。二是测量模态选取准则。选择低阶测量模态和计算模态作模型修正,容易辨识、精度好。但有时低频模态对于损伤不敏感,受损伤影响不大,高阶模态才更重要。工程中需要有一个好的测量模态选取准则,Doebling 和 Kosmatka[33]基于应变能提出模态选取准则,用测量值作为准则量,计算量较少,更适合在线监测。

6) 神经网络检测方法

结构损伤参数与结构振动特性之间一般很难用解析式表达,理论上几乎不可能拟合出关系式,是一种非常复杂的非线性关系。人工神经网络作为一种模拟大脑的结构和思维方式的强大分布式并行计算方法，最擅长逼近这种复杂的非线性关系，可以根据结构动态特性分析、比较不同的损伤位置和程度特征参数，选择敏感地反映结构损伤的特征参数作为网络的输入向量、损伤状态作为网络的输出。采集收集输入向量(特征参数)与输出(损伤状态)的数据样本集，并划分为训练样本和检测样本，按检测要求设计确定多层神经网络的拓扑结构，用训练样本对网络进行训练；当网络训练完毕后用检测样本进行测试。训练好的人工神经网络就构建了特征参数与损伤状态的映射关系，具有模式分类功能，可由输入特征参数实现损伤检测。这就是神经网络损伤检测方法。选择敏感的特征参数作为神经网络的输入向量、设计多层神经网络的结构直接影响损伤检测的效果，是训练人工神经网络、实现结构损伤检测的关键。一般选择固有频率、位移或振型模态、频响函数、加速度信号等对损伤敏感的特征参数作为输入向量。Kirkegaard 和 Rytter[34]采用不同的连接强度模拟代表不同的损伤程度，如移去下部斜杆而代之以螺栓连接来模拟，建立多层反向传播(back propagation，BP)神经网络，选择钢塔架式结构的前五阶固有频率为输入，损伤程度为输出，将 BP 神经网络应用于主要承受风载荷高的钢塔架式结构的损伤检测诊断。当螺栓连接强度较弱时，模拟的损伤程度较大，表明大损伤程度可由 BP 神经网络较好识别。悬臂梁的纵向振动和弯曲振动将受脱层的位置和大小耦合效应的影响。对悬臂梁激振，测量激振和响应信号，建立含外源输入自回归移动平均模型(auto regressive moving average with exogenous inputs, ARMAX)，模型包含了系统固有频率、阻尼信息及损伤系数。Rhim 和 Lee[35]将 BP 神经网络应用于层压复合材料悬臂梁的脱层损伤检测，模拟随机激振力由伪随机二进制序列产生，测量在不同脱层大小位置时的悬臂梁端点响应，建立 ARMAX 模型，得到特征多项式损伤系数。研究表明，神经网络模式分类器可以很好地抑制测量噪声，表现出很强的鲁棒性。通过位移模态试验和应变模态试验获得结构测量参数，陆秋海等[36]对结构损伤采用 BP 神经网络方法完成定位和定量检测，提出基于结构模态试验参数的神经网络检测方法可以识别的六种损伤检测指标。用"半刚性连接"模拟建立螺栓损伤模型，通过连接紧固系数来定义连接螺栓的损伤程度，Yun 等[37]用 BP 神经网络检测评估钢构架中的连接螺栓损伤，从结构实测模态参数到连接紧固系数，建立了神经网络映射关系。为检测诊断结构紧固连接件损伤，以松动和拧紧螺钉来模拟损伤的有无，布置于四个位置的传感器输出模式来判别结构中螺钉连接失效损伤，石立华和陶宝祺[38]建立了与 BP 神经网络不同的函数连接型神经网络，获得了与实际输出十分接近期望输出。BP 神经网络概念明晰、结构简单、便于理解，常用于结构损伤检测诊断中的参数识别或映射逼近。BP 神经网络缺点之一，就是学习训练需要较大样本集、训练收敛较慢，样本庞大时要耗费大量的计算时间，处理大型复杂结构问题效率较低；BP 神经网络缺点之二，就是在处理具有较大搜索空间、多峰值的问题时会发生局部收敛的现象。损伤检测识别问题实际上也是有约束的优化问题,用遗传算法求解会更有优势,并行搜索、效率高、节省时间等是遗传算法的鲜明特色。遗传算法只需计算各可行解的目标值,不要求目标函数的连续性,不需要梯度信息;随机寻优搜索,不存在局部收敛问题。把遗传算法的快速全局优化功能与神经网络泛化映射能力结合起来,实现优势互补,是结构损伤检测很有前途的发展方向。

2. 信号分析检测方法

1) 统计特征识别的检测方法

设备结构承受载荷的激励响应、运行过程监测数据、外加激励响应等信号和数据一般都是随机过程产生,属于不确定的随机信号和数据。采用随机过程及数理统计分析方法估计其统计特征,分析比较正常和受损伤结构的统计特征参数,可实现结构损伤检测。Yeo 等[39]引入了一种常规假设检验对含噪声数据进行分析处理、抽取系统参数的分布特征,用参数分类的方法对结构构件进行损伤定位,并克服了试验数据的离散性,取得较好的检测效果。引入主成分分析投影技术区分损伤结构和未损伤结构,Sohn 等[40]用统计模式识别的方法来对结构损伤进行量化。通过对结构的静载特性、特征值和动态响应的监测,Sayyer 和 Rao[41]提出了一种结构损伤识别的通用方法,模糊逻辑与连续损伤力学相结合检测损伤位置及损伤程度。Trendafilove 和 Kosmatka[42]先后提出了二种不同的损伤检测的预报设想,利用贝叶斯估计原理的假设检验法进行损伤检测。Hermans 和 Farrar[43]估计损伤概率的大小来确定损伤,建立统计模式识别的损伤检测方法。Sohn 和 Farrar[44]提出了利用结构损伤的统计模式识别方法进行连续损伤监测,通过选取若干天的应变时程曲线的统计分析标准样本,实现桥面结构细节的疲劳寿命的可靠性评估。郑蕊和李兆霞[45]利用雨流计数法得到标准样本的应力幅谱对桥梁构件细节的标准分类结果已有的概率模型进行修正,得到可靠性评估的概率模型并估计桥梁疲劳寿命。邱洪兴和蒋永生[46]比较样本与每一个总体的距离,可评估样品与总体靠近度、判断损伤区域,提出将可能损伤状态定义为随机总体损伤区域的判别分析法。

2) 时频分析的检测方法

时频分布就是对信号某一时间和频率的能量密度用时间和频率的联合函数进行描述,可在三维图中清晰表达。通过时频分布可观察感兴趣的频率成分随时间的变化趋势,特别适合分析和解释非平稳信号。信号的时频分布有幅值和能量两种表达,即线性和非线性时频分布两类。线性时频分布主要有小波变换、短时傅里叶变换(short-time Fourier transform, STFT)和 Gabor 展开三种形式;非线性时频分布有Wigner-Ville 分布(Wigner-Ville distribution, WVD)、Rihaczek 分布及 Choi-Williams分布等。

机械设备和结构的故障信号一般表现为非平稳信号,并混叠于正常运行信号之中，即非平稳信号的故障信号叠加在正常运行信号中。利用时频分布对非平稳性故障信号的分析和解释优势，可实现机械设备和结构的故障诊断和损伤检测。Meng 和 Qu[47]指出，机器运行状态用 Wigner 分布来描述，可方便诊断旋转机械故障。Samimy 和 Rizzoni[48]采用 Choi-Williams 分布减少能量时频分布的交叉干扰项影响，突显不同工况下的时频图的区别，成功检测诊断内燃机爆燃的敲缸故障。Molinar 和 Farrar[49]通过分析内燃机气缸内外振动信号的 WVD，理清了内燃机噪声激励源及噪声在机体内的传播路径。耿遵敏和宋孔杰[50]分析比较了 Wigner 分布和基于自回归(autoregressive, AR)模型的 AR-Wigner 时频谱，并通过柴油机振动噪声诊断验证了各自的特点及有效性。WVD 可以用来检测齿轮的局部故障，Staszewski 和 Worden[51]通过时频分布给出了统计及神经网络两种故障模式分类方法；计算时频分布、解释分布图和建立诊断模型，是时频分布检测齿轮故障的三个步骤[52]。采用优化方法自适应地对模糊函数进行整形，根据被分析信号的模糊函数的具体形式，尽可能抑制远离原点的交叉分量、去除交叉干扰，保留集中在原点的信号模糊函数的自分量、提高分辨率，并用于机械故障诊断中[53]。Atlas 和 Bernard[54]充分发挥时频分析的信号处理价值和优势，利用时频分布成功监测机械加工过程。Cohen 簇的 WVD 已在机械故障诊断中显露身手，有不少成功事例。WVD 是能量时频分布，把信号能量表达在时间和频率二维平面上，信号能量随时间和频率的变化情况一目了然，但是 WVD 交叉干扰项问题始终没有完全解决，交叉干扰项甚至可能将故障特征信息淹没，难以诊断和识别故障，严重影响其优势的发挥。为了抑制或减少交叉干扰项，人们提出平滑伪 WVD 及 Choi-Williams 分布，但却降低特征量显示度，降低时间和频率分辨率。时频分布的优势在旋转机械结构损伤诊断中已得到充分发挥，但对非旋转机械结构损伤诊断还需要提高处理不同特征信号的分析和解释能力。

　　3)小波分析的检测方法

　　小波分析是一种线性时频分布，其本质是信号展开为傅里叶级数的广义延拓，但突破了傅里叶分析的局限，具有缩小、放大和平移等功能，可获取信号变化不同放大倍数的特征，具有优良的时频局部化特性，已成为非平稳振动信号分析的有力工具。小波分析被称为信号分析的长变焦镜头，可对信号进行更细致的分析，获得比傅里叶分析更丰富、精确的时频域信号特征。紧固连接结构的松动产生间隙，会导致结构接合部位的撞击和摩擦，结构的振动响应信号会反映由冲击和摩擦而引起信号的某些奇异性。小波奇异性检测理论可以分析此类结构发生损伤的奇异性，由结构受损时的振动信号分析判断结构受损伤时刻[54]。高宝成等[55]计算移动载荷作用于梁时的梁跨中间的响应，利用小波分析技术识别了简支梁裂缝位置。当移动载荷在越过裂缝处时，响应信号会产生畸变，小波分析的变焦细致分析可以成功地提取这一畸变特征。利用小波分析可以识别出在已知移动载荷速度下不连续点的时间，从而可以确定桥梁裂缝或其他缺陷的位置。Wang 和 Deng[56]用小波分析检测了构件在损伤处的静态变形或振型的奇异性。Hong 和 Deng[57]以 Lipschitz 指数来表达其奇异性，表征损伤的程度，检测梁的损伤。Gentile 和 Messina[58]用损伤位置振型奇异性表征损伤，提出采用小波变换检测梁中开裂位置的方法。Okafor 和 Dutta[59]对数据进行小波分解，在尺度、距离、小波系数三维图中清楚识别损伤位置和损伤程度。Corbin 等[60]对测试信号分别进行小波变换、辨别奇异信号峰值，奇异信号峰值的时间和空间分布会较敏感反应损伤情况，可由此判断损伤发生时刻和发生位置。Hou 等[61]讨论了在强背景噪声下小波分析方法检测损伤的可测度；用单自由度和多自由度的弹簧-质量-阻尼系统的损伤检测，突显损伤检测的实时性，提出"伪小波变换"概念[62]。Masuda 等[63]提出了一种消除输入奇异性影响的方法，把输入的奇异性从系统本身小波变换的奇异信号中清除，用监测基准结构进行验证。为了分析有限元模型对小波检测方法影响，Hera 和 Hou[64]讨论分析了噪声影响下损伤发生位置和时间的检测，结果不依赖有限元模型，结构损伤位置的检测可借助于先验知识。针对滚动轴承故障检测，唐英和孙巧[65]为检测和识别信号中奇异点位置和奇异性大小，求解待测信号小波变换极大模，用剩余小波极大模进行信号重构，获得对噪声极大模的抑制处理。宁佐贵等[66]通过把小波分析的频带分析与神经网络相结合，在结构损伤检测诊断中进一步发挥小波分析优势。通过结构受损时的振动信号的小波奇异性，分析结构受损伤时刻，完成结构损伤分类。当采用宽带随机力作为输入对系统进行激励时，结构损伤对各频率的响应会是不同的，在某些频率成分会产生抑制或增强，特别是会增强一些频率成分，而明显地抑制某些频率成分。结构的输出响应对于正常与受损情况会有较大的差异，信号能量在各频带内的表达会有很大差别，即某些频带内信号能量则增大，另外一些频带内信号能量减小。因此，结构输出频率响应信号的能量中包含丰富的结构特征信息及受损伤信息，根据某些频带能量改变可以诊断故障。可以用多个特征元素组成向量来表示小波分析中提取的信号特征，该向量和故障之间的关系是一种复杂的非线性映射，不能用简单的数学模型逼近，很难获得这种映射的解析关系。人工神经网络的非线性优势是擅长方便地表达这种复杂的非线性映射，可以用于解决这种向量与故障的复杂映射关系。例如，把不同的损伤位置当做结构的损伤模式，如果过于精细地划分损伤位置区间，模式识别的后续计算工作量会变得巨大，导致识别困难。因此，把振动信号小波分析的全局检测技术与局部检测技术相结合，在全局检测时可先对损伤位置区间进行较粗略划分，再局部详细检测检查，则可以有效地解决损伤检测问题。Zhang 和 Benveniste[67]通过仿射变换连接小波变换域网络系数，提出了小波神经网络的概念和算法。神经网络与小波分析相融合，就是小波神经网络。小波分析为神经网络提供输入特征向量，仅作为神经网络的前置处理手段，是最常见的结合方式；以小波函数和尺度函数构成神经元，小波分析与神经网络直接融合，则是另一种结合方式。为获得更良好的函数逼近能力和模式分类能力，可以自适应地调整小波基形状进行小波变换，实现优势互补、发挥各自的优点。吴耀军和陶宝祺[68]从二进小波变换的频域中提取复合材料损伤特征作为输入，讨论了该方法的稳定性和可靠性。从原信号时频域提取出的特征模式的小波系数，是原信号的一种压缩提取，可为小波神经网络学习和分类提供方便。Yen 和 Lin[69]利用定义的小波包节点能量分析信号特征，比小波包分解系数更具鲁棒性。Sun 和 Chang[70]通过神经网络进行模式识别，利用各频带的能量谱差别，检测损伤发生的位置、时间和程度。李宏男和孙鸿敏[71]利用小波包分析和神经网络，提出框架类结构的"能量—损伤"的检测方法，实现了结构损伤的位置、时间和程度的检测诊断。外部激励的未知和不确定性，导致结构激励响应不同，丁幼亮等[72]指出，不能直接利用小波包能量谱变化判断工程结构实时损伤。为了对结构损伤的实时报警，用能量谱极值指数和变异指数作为裂缝损伤的报警判据，实现了简支梁结构不同程度损伤的报警。把小波变换作为神经网络的前处理来构造小波神经网络，鞠彦忠等[73]深入地讨论人工神经网络和小波变换的基本理论，分析了小波神经网络检测损伤的能力。

4) 高阶统计量的检测方法

阶数大于二阶的统计量，如高阶矩、高阶累积量和高阶谱(高阶累积量谱)等就是高阶统计量(higher order statistics, HOS)，辨识非因果及非最小相位系统、抑制高斯色噪声影响、重构非最小相位信号、分析和处理循环平稳信号和检验和表征信号中的非线性等是 HOS 的突出特点。HOS 包含了功率谱和相关函数等二阶统计量不承载的信息，因此，可用于结构构件的损伤检测。Sato 和 Sasaki[74]用双谱分析齿轮振动信号，但双谱概念的物理意义难解释，不便于应用。Barker 和 Klute[75]用高阶谱特征监测刀具磨损，实现换刀预警。Murray 和 Penmen[76]提出基于线性或非线性模型的两种 HOS 的非参数相位分析方法，诊断感应电机的故障，效果不错。为了对周期含噪声信号的双相干谱进行细致的分析，Cormick 和 Nandi[77]提出基于双谱的诊断策略的旋转机械和往复机械故障的检测诊断方法。Lee 和 White[78]把 Wigner 高阶矩谱引入机械故障诊断中，其干扰项与 WVD 相比大为减少，但计算量太大。高斯过程的 HOS 等于零，利用 HOS 可以大大降低噪声的干扰；高阶谱可描述二次相位耦合，因为保存了频率间的相位信息。要进一步拓展 HOS 在结构损伤检测中的应用，还需要进一步研究 HOS 定义、物理解释及估算方法，充分挖掘其新特性并服务于结构损伤检测诊断。

另外，信号分析检测损伤的方法还有时域峰值法、振动水平诊断法、峰值因素法、峭度因子分析法、冲击脉冲法、多谱分析、倒谱分析、希尔伯特-黄变换(Hilbert-Huang transform, HHT)等一系列方法。

1.3.3 声发射的损伤检测

金属材料在变形或断裂时，材料局部受力发生形变会产生瞬态弹性波，快速释放能量，称为声发射(acoustic emission, AE)，这种现象具有不可逆性。这种应力波频率较高(80kHz 以上)、传播快速，可以通过 AE 信号实现对结构或构件损伤的局部和全局检测。

利用 AE 的特性并结合材料内部的位错、滑移等理论基础深入研究 AE 及其检测技术，特别在 AE 参数对金属疲劳表征及用于疲劳损伤检测方面开展了大量研究，取得了丰硕成果。金属疲劳损伤过程产生的 AE 信号受到各种因素影响变得非常复杂。在循环载荷下进行疲劳裂纹扩展试验，研究表明，疲劳损伤过程可分为三个阶段：裂纹的萌生阶段、裂纹稳定扩展阶段及失稳断裂阶段，可通过裂纹扩展速率 da/dN 与应力强度因子幅值 K 的关系曲线明显地表达。Morton 等[79]定义 AE 振铃计数值随时间累加值为累积振铃计数，发现累积振铃计数的斜率与裂纹扩展速率成正比，累积振铃计数可以很好地表征疲劳损伤过程。Kohn 和 Ducheyne[80]通过大量的实验研究揭示了累积振铃计数与疲劳损伤之间的规律。累积计数值的斜率(即振铃计数率)跟踪疲劳损伤变化的特点，可以表征疲劳损伤过程，并清楚地区分疲劳损伤过程的三个阶段。研究表明，在第一阶段、第二阶段和第三阶段的各阶段转折点处振铃计数率明显变高，第二阶段的振铃计数率相对平稳。Daniel 等[81]和 Han 等[82,83]做了大量各种材料的疲劳裂纹扩展 AE 试验研究，得出的结论几乎与 Kohn 完全一致，进一步深化了累计振铃计数与疲劳损伤的规律认识。Soboyejo 和 Rabeeh[84]也进一步确认 AE 累积振铃计数值对疲劳损伤最敏感。李光海和刘正义[85]分析采集 AE 信号、定义累积能量计数为 AE 能量计数值随时间的累加值，发现累积能量计数可以更加敏感地表征和辨别疲劳裂纹扩展的整个过程；AE 能量率 dE/dN 与应力强度因子幅值 K 的关系曲线可预测疲劳裂纹剩余寿命，试验验证获得效果满意。柴孟瑜等[86]分析裂纹扩展过程产生的 AE 信号，发现累积振铃计数值和累计能量值都可表征疲劳裂纹扩展过程，清楚辨别裂纹的萌生、稳定扩展和失稳断裂阶段，对失稳断裂阶段的揭示要提前于断裂力学，AE 的确可更好地预警疲劳断裂。黄振峰等[87]分析了金属疲劳损伤经历的裂纹萌生阶段、裂纹缓慢扩展阶段、裂纹快速扩展阶段、临近破坏等四个阶段 AE 信号的柯尔莫哥洛夫熵(Kolmogorov 熵，简称 K 熵)和关联维数等混沌特征量；结果表明，K 熵和关联维数的变化趋势与金属疲劳损伤过程的四个阶段具有较清晰的对应关联。刘婷等[88]分析发现，Kaiser 效应点信号的关联维数及 K 熵计算值比其前后一段时间内的计算值都低，Kaiser 点处关联维数及 K 熵的降低意味着主损伤的发生。

试验研究表明，AE 信号在疲劳损伤的三个阶段活跃程度是不同的。第一阶段，裂纹的萌生阶段，在试验开始后短时间内，AE 信号有一个显著上升的趋势，疲劳裂纹源的形成或预制裂纹尖端的塑形变形，很快产生很多的 AE 信号；第二阶段，裂纹的稳定扩展阶段，随着循环次数的增加，AE 信号的活跃度有所下降；第三阶段，失稳断裂阶段，裂纹快速扩展，AE 信号活跃度急剧增加，最后直至断裂。可以通过多种不同的 AE 参数表征疲劳损伤过程，但是累积计数值对疲劳损伤过程最为敏感，应用最为广泛。AE 信号在传播和检测中耦合、干扰噪声等致使不同疲劳试验获得的 AE 数据离散性很大，AE 振铃计数率与应力强度因子幅值 K 的确定关系很难建立。

王向红等[89]针对再制造毛坯闭合裂纹检测困难的问题，采用 AE 技术，从仿真和实验两个方面研究裂纹长度和裂纹位置对 AE 信号传播特性的影响，发现裂纹长度对于信号衰减影响比裂纹位置明显。毛汉颖等[90]探讨了金属材料在经受荷载并卸载后以断铅 AE 信号估计其声阻抗的方法，分析表明，金属材料 AE 信号声阻抗估计值可以较好地表征 AE 信号的传播特性，可能对材料经受荷载情况进行声阻抗成像，检测材料内部损伤。

对结构或构件损伤进行检测时与常规无损检测相比较，AE 技术具有以下优点：①对类机械设备结构的各种构件，只要在合适位置布置足够多的 AE 传感器，就可对整体进行监测和检测。②对应用环境要求不高，AE 传感器可以在恶劣环境运行；可适应形状复杂的构件，只要连续介质 AE 信号就可传播。③AE 传感器及监测系统可装置于设备结构中，可长期地、连续地进行监测，适用于在线监测与失效前预报。④AE 检测是用材料内部变形激发出能量、监测或检测裂纹或缺陷、判定损伤，属于动态监测；常规无损检测需要外部加载探测能量，检测缺陷大小和位置等，属于静态检测。

上述研究表明，AE 技术可同时用于局部和全局损伤检测，并做了大量的基础研究和应用实践，但它也有一些局限性：①滑移变形、裂纹扩展等材料内部变化都是不可逆的，所产生的 AE 信号瞬间消失，AE 也是不可逆的，容易漏检。②AE 信号传播路径复杂，采集时受到外界噪声干扰，缺陷产生的 AE 信号容易被淹没；AE 特性与材料、传播介质有关，对 AE 信号的解释较难，需要有丰富的经验。③单凭 AE 信号很难对缺陷进行定量分析，需要通过其他试验确定其他参数、借助其他无损检测手段。

1.4 问题与任务

从局部和全局两方面对机械结构及其零部件的损伤进行检测，是工程应用的实际要求。局部检测依靠无损检测技术对零件进行较精确的检测，发现缺陷部位，但现在常用的各种方法都有其特有的应用领域与擅长检测的缺陷类型，如：电磁感应法限于铁磁性材料，主要检测应力集中区和开口裂纹；磁粉检测方法受限于磁粉粒度，只能检测近表面的裂纹或铁磁材料表面；AE 检测是动态检测，只能捕捉损伤动态信号，容易漏检；X 射线检测方法难检测与射线方向近似垂直的裂纹，适用于体积型缺陷检测，还会伤人，需要防护；超声波检测有近场盲区、波长和耦合剂限制等。这些检测方法还不能直接用于检测疲劳损伤，如金属构件早期疲劳损伤的晶格缺陷、微塑性变形或微裂纹等还没有好的检测方法。对零部件疲劳损伤检测的研究十分活跃，发展了多种方法。如电阻检测、磁记忆检测、热像分析法等，已有一些效果，但其费用比较昂贵、试验过程复杂，实际寿命与预测寿命有较大差距；人们为了突破试验周期长、耗费大的难题，尝试开发了有限元模拟计算预测法，但要求精准了解服役情况，否则难以预测。断裂力学理论与 AE 检测对零部件寿命预估的研究较多，主要是对设备零部件在役过程中产生的 AE 信号进行监测，建立其与应力强度因子、疲劳裂纹萌生和扩展等因素的关系，并由累积 AE 振铃计数与时间关系曲线检测疲劳累积损伤及评估寿命。这不适用于卸载离线的旧零件的损伤检测。因为要使旧零件再产生 AE 信号，必须加载超过其受损伤时的载荷值，不容易实现。

非线性超声的理论与实验研究表明，非线性超声特征参数对材料早期疲劳损伤、早期力学性能退化等较敏感，已受到广泛关注。早在 1956 年 Truell 等[91]发现声速和声衰减对位错堆积和应力积累具有敏感性，可对疲劳失效发出早期预警；通过对声衰减系数与疲劳周期数之间关系的观察，较好地解释了位错迁移率及其与杂质的相互作用下声衰减系数的变化。同年，Lucke 和 Granato[92]提出了解释位错迁移过程中声衰减现象的弹簧模型和位错阻尼理论。研究者们利用非线性超声检测金属材料疲劳损伤，确定超声非线性特征参数与金属材料疲劳损伤的定量关系。

基于振动的疲劳损伤全局检测技术主要有两类：基于模型分析方法和基于试验信号分析方法。机械结构及其零部件的物理参数(如质量、刚度和阻尼)决定由其组成振动系统的模态参数(如固有频率、振型和模态阻尼)，因此振动模态参数的变化必然反映物理参数的变化。振动测试具有测点无苛刻要求、信号易提取、动态响应反应全局性、效率高和经济性好等优点，振动测试、模态分析已在工程中广泛应用，所以基于振动特性测试的损伤检测方法是最常用的全局检测技术。基于模型分析方法的损伤检测存在的问题是：固有频率对损伤反映不够敏感，低阶固有频率甚至不能反映小损伤引起的改变。研究发现，在裂纹达到其截面面积 10%~20%时，固有频率的降低仅为 0.6%~1.9%；发生损伤时，模态不满足正交条件；发生微小的损伤(如小于 5%)时，刚度和柔度都没明显变化；需要密集测点等。

基于试验信号分析的损伤检测方法，对比所检测对象与无损伤的响应信号的某种特征参数来识别损伤，不需识别结构的动力参数。一般不会直接对比动态响应信号，而是把测试得到的动态响应信号经过分析处理提取出其某些特征参数进行分析对比。分析试验信号的处理方法多种多样，一般可分为时域方法、频域方法及时频分析方法。AR 模型、滑动平均(moving average, MA)模型、自回归滑动平均(autoregressive moving average, ARMA)模型、相关函数和扩展的卡尔曼滤波算法等时域方法，傅里叶谱分析、多谱分析、倒谱分析等频域方法，WVD、小波分析及 HHT 等时频分析方法，都是常用的。特别是利用传递函数、相关函数、相干函数等来检测裂纹、诊断故障。如吴维青[93]用系统分析方法建立传递函数，在线跟踪观察疲劳损伤整个过程，验证了双线性损伤规律。王志华等[94]利用传递矩阵法推导阶梯悬臂梁振动频率的特征方程，提出两种有效估计裂纹参数的方法。杨虹[95]用控制工程的理论建立传递函数，直观、敏感地反映材料的弯曲疲劳损伤过程。张凤楼[96]采用锤击法研究裂纹故障对结构 FRF 和模态参数的影响。毛汉领等[97]采用多输入多输出(multi input multi output, MIMO)系统相干函数分析模型分析了某大型水电站厂房发电机间楼板等结构发生强烈振动的主要振源及其传递路径。国外学者也做了大量研究，如 Sinha 和 Granato[98]用高阶相干函数(正常化的高阶谱)辨认有裂纹的结构在振动时由于裂缝呼吸(关闭和开启)所产生激励频率的谐波分量，把二阶相干和三阶相干用于疲劳裂纹检查。Vanhoenacker 等[99]提出用所测得的传递函数或 FRF 的非线性畸变来检测材料中的损伤或缺陷。Leonard 和 Granato[100]充分利用 STFT 精确地处理、更直观地表达相位信息，从 STFT 每一切片的相差计算得到在每个时刻的瞬时频率变化，并利用频率的瞬时变化检测裂纹。Ryue 和 White[101]通过使用混沌激励信号给出了一种新的裂纹检测方法。近年，一些学者利用非线性振动方法研究损伤检测，取得了不错的效果。例如，Tsyfansky[102]研究发现棒的振动响应非线性对非常小的裂纹很敏感，Bovsunovsky 和 Surace[103]试验研究验证了此结论，指出振动响应非线性对裂纹的敏感度远大于固有频率或模态振型。Tsyfansky 等[104]提出了基于亚谐共振的疲劳裂纹检测的新方法，检测非线性弹性梁中的裂纹，并成功用于检测发现机翼中的裂纹。为了更好地提取系统的非线性特征、便于检测结构损伤，小波变换方法、高阶谱方法等现代的信号处理方法已经用于检测发现裂纹[105,106]。结构裂纹会产生频率混叠现象，可以利用双谱分析对频率混叠的敏感性检测梁中的裂纹[107]，双谱分析方法对噪声具有很好的鲁棒性。可见，采用新的非线性分析方法及新的信号处理方法对损伤检测具有重要的意义。

　　分析非线性系统的方法有相平面法、李雅普诺夫法和描述函数法等，常用的非线性模型有双线性模型、Hammerstein 模型、输出仿射模型等。这些方法及模型一般只能解决某些特定问题，而不能用于描述任意的一般非线性系统，有一定的局限性。

　　意大利数学家沃尔泰拉(Volterra)于 1887 年首次提出的 Volterra 级数具有时域和频域两种表示形式，具有明确的物理意义，具有许多其他非线性模型没有的优势，可以全面完整地描述非线性系统，反映系统本质特性[108]。工程实际中有一大类非线性系统满足输入信号能量有限、因果连续时不变的条件，Volterra 级数是一种十分有效的非线性模型，可以对此类工程中的非线性系统进行任意程度的逼近。Volterra 级数模型表达，可看做是一维线性卷积理论在高维空间的推广，对 Volterra 级数核进行多维傅里叶变换，定义广义频率响应函数(generalized frequency response function, GFRF)，GFRF 与系统输入无关，是非线性系统的特性的频域表示，是非线性系统的重要分析工具。GFRF 已经在非线性控制系统的设计和稳定性分析、非线性振动系统的频率响应分析和参数辨识、设备故障诊断等[109]多个领域得到了应用研究。为了对测试信号分析处理，在 1985 年 Leontaritis 和 Billings 提出了非线性系统的非线性自回归滑动平均模型[110](non-linear auto regressive moving average with exogenous inputs, NARMAX)，它是非线性系统的一般参数化表达，只要满足一定条件均可以用 NARMAX 模型来逼近非线性系统。在对 GFRF 和 NARMAX 的研究中，Lang 和 Billings[111]提出了非线性输出频率响应函数(nonlinear output frequency response function, NOFRF)的概念，很好地解释了非线性系统的能量转移特性，Peng 等[112]将 NOFRF 概念推广到 MIMO 的情况，用 NOFRF 具体分析了具有多项式类型刚度的非线性系统的共振现象，还分析了裂纹梁的非线性振动[113]，讨论了 NOFRF 的裂纹检测方法[114,115]。他们的研究表明，采用合适的激励强度计算得到 NOFRF 可作为衡量裂纹大小的指标，梁中裂纹越大，高阶 NOFRF 值越大，NOFRF 对梁中裂纹比较敏感；利用推出的 NOFRF 之间的关系可检测一维循环结构中非线性元件的位置。

　　国内学者焦李成教授早在 1988 年就论述了 Volterra 级数应用于故障诊断的优势和前景[116]。李斌等[117]应用非线性系统 Volterra 级数原理设计了飞机刹车系统惯性传感器的故障检测设备。李志农等[118]研究了旋转机械转子碰摩故障的 Volterra 级数非线性频谱。唐浩等[119]利用 Volterra 级数核函数辨识转子系统启停车过程中正常状态和碰摩状态。韩清凯等[120]应用 NOFRF 定位辨识转子系统碰摩故障。高占宝等[121]研究了基于 GFRF 的系统健康监测方法。魏瑞轩等[122]把 Volterra 级数分析方法及其在故障诊断中的应用进行了全面介绍。这些研究与实践，为我们建立基于 Volterra 非线性模型的零件构件内部损伤检测提供了理论依据和实践经验。

　　在国家自然科学基金项目"基于 Volterra 级数的旧零件内部损伤非线性检测机理研究(51365006)"和"旧零件累积损伤超声非线性特征的混沌分形检测机理(51445013)"的资助下，我们基于 Volterra 非线性模型建立测试信号的分析方法，构建对旧零件损伤敏感的指标函数，实现对旧零件疲劳损伤的全局检测；通过超声非线性技术试验研究，探究零件在不同服役损伤下的超声非线性响应，分析超声非线性特征参数、材料结构变化和服役损伤之间的关联，利用超声非线性参数对零件服役损伤进行表征，实现零件构件内部损伤的局部检测。这些研究进展和成果奠定了本书的写作基础。

　　结构疲劳损伤检测是当今的热点难点问题，研究的学者很多、方法很多、成果很多，呈现出百花齐放、百家争鸣的现象。疲劳损伤表现的弱非线性检测已成为有前景的无损检测新方向，国内外许多学者在学术期刊、会议和论坛上发表了不少论文和成果，由于篇幅所限和专题研究性质，读者不易从众多的文献中获得全面系统的了解。国内尚未见到构件疲劳损伤非线性检测方面的有关专著出版。抛砖引玉，本书通过理论与应用相结合，把基于 Volterra 级数的全局非线性检测方法及超声非线性局部检测方法系统地介绍给读者。恳请各位专家批评指正，欢迎各位读者提出建议和意见。

参 考 文 献

[1] 陈传尧. 疲劳与断裂. 武汉: 华中科技大学出版社, 2002

[2] 张元良, 张洪潮, 赵嘉旭, 等. 高端机械装备再制造无损检测综述. 机械工程学报, 2013, 49(7): 80-90

[3] 徐灏. 疲劳强度. 北京: 高等教育出版社, 1998

[4] 尚德广, 王德俊. 多轴疲劳强度. 北京: 科学出版社, 2007

[5] 张小丽, 陈雪峰, 李兵, 等. 机械重大装备寿命预测综述. 机械工程学报, 2011, 47(11): 100-117

[6] 周正干, 孙广开. 先进超声检测技术的研究应用进展. 机械工程学报, 2017, 53(22): 1-10

[7] 任吉林, 刘海朝, 宋凯. 金属磁记忆检测技术的兴起与发展. 无损检测, 2016, 38(11): 7-16

[8] 董广明. 结构损伤全局检测若干方法研究及应用. 上海: 上海交通大学, 2007

[9] Adams R D, Cawley P. A vibration technique for non-destructively assessing the integrity of structures. Journal of Mechanical Engineering Science, 1978, 78(20): 93-100

[10] Cawley P, Adams R D. The location of defects in structures from measurements of natural frequencies. Journal of Strain Analysis, 1979, 14(2): 49-57

[11] Stubbs N, Osegueda R. Global non-destructive damage evaluation in solids. The International Journal of Analytical and Experimental Modal Analysis, 1990, 5(2): 67-79

[12] Stubbs N, Osegueda R. Global damage detection in solids: experimental verification. The International Journal of Analytical and Experimental Modal Analysis, 1990, 5(2): 81-97

[13] Sanders D, Kim Y I, Stubbs N. Nondestructive evaluation of damage in composite structures using modal parameters. Experimental Mechanics, 1992, (32): 240-251

[14] Crema L B, Castellani A, Coppotelli G. Generalization of non destructive damage evaluation using modal parameters//Proceedings of the 13th International Modal Analysis Conference, London, 1995: 428-431

[15] Hearn G, Testa R B. Modal analysis for damage detection in structures. Journal of Structural Engineering, 1991, 117(10): 3042-3063

[16] Narkis Y, Castellani A. Identification of crack location in vibrating simply supported beams. Journal of Sound and Vibration, 1994, 172(4): 549-558

[17] 黄红蓝, 赵永信, 梁巍, 等. 高阶固有频率检测评估旧零件疲劳损伤的研究. 广西大学学报（自然科学版）, 2017, 42(3): 990-1001

[18] Rizos P F, Aspragathos N, Dimarogonas A D. Identification of crack location and magnitude in a cantilever beam from the vibration modes. Journal of Sound and Vibration, 1990, 138(3): 381-388

[19] Chance J, Tomlinson G R, Worden K. A simplified approach to the numerical and experimental modeling of the dynamics of a cracked beam//Proceedings of the 12th International Modal Analysis Conference, New York, 1994: 778-785

[20] Dong C, Chance J. The sensitivity study of the modal parameters of a cracked beam// Proceedings of the 12th International Modal Analysis Conference, New York, 1994: 98-104

[21] Pandey A K, Biswas M. Damage detection in structures using changes in flexibility. Journal of Sound and Vibration, 1994, 169(1): 3-17

[22] Pandey A K, Biswas M. Experimental verification of flexibility difference method for locating damage in structures. Journal of Sound and Vibration, 1995, 184 (2): 311-328

[23] Mayes R L. An experimental algorithm for detecting damage applied to the I-40 bridge over the Rio Grande//Proceedings of 13th International Modal Analysis Conference, London, 1995, 219-225

[24] 张德文, 魏卓旋. 模型修正与破损诊断. 北京: 科学出版社, 2000

[25] Zimmerman D C, Kaouk M. Structural damage detection using a minimum rank update theory. Journal of Vibration and Acoustics, 1994, 116(2): 222-230

[26] Kaouk M, Zimmerman D C. Structural health assessment using a partition model update technique//Proceedings of the 13th International Modal Analysis Conference, London, 1995, 1673-1679

[27] Doebling S W, Kosmatka J B. Minimum-rank optimal update of elemental stiffness parameters for structural damage identification. AIAA Journal, 1996, 34(12): 2615-2621

[28] Ricles J M, Kosmatka J B. Damage detection in elastic structures using vibratory residual forces and weighted sensitivity. AIAA Journal, 1992, 30(13): 2310-2316

[29] Hemez F M, Farhat C. Structural damage detection via a finite element model updating methodology. Modal Analysis: The International Journal of Analytical and Experimental Modal Analysis, 1995, 10(3): 152-166

[30] 王柏生, 倪一清, 高赞明. 青马大桥桥板结构损伤位置识别的数值模拟. 土木工程学报, 2001, 34(3): 67-72

[31] Kim H M, Bartkowicz T J. A two-step structural damage detection approach with limited instrumentation. Journal of Vibration and Acoustics, 1997, 119(2), 258-264

[32] Zimmerman D C, Kaouk M. Eigenstructure assignment approach for structural damage detection. AIAA Journal, 1992, 30(7): 1848-1855

[33] Doebling S W, Kosmatka J B. Improved damage location accuracy using strain energy-based mode selection criteria. AIAA Journal, 1997, 35(4): 693-699

[34] Kirkegaard P, Rytter A. Use of neural networks for damage assessment in a steel mast// Proceedings of the 12th International Modal Analysis Conference, New York, 1994, 1128-1134

[35] Rhim J, Lee S. A neural network approach for damage detection and identification of structures. Computational Mechanics, 1995, 16(6): 437-443

[36] 陆秋海, 李德葆, 张维. 利用模态试验参数识别结构损伤的神经网络法. 工程力学, 1999, 16(1): 35-42

[37] Yun C B, Yi J H, Bahng E Y. Joint damage assessment of framed structures using a neural networks technique. Engineering Structures, 2001, 23(5): 425-435

[38] 石立华, 陶宝祺. 结构紧固连接件损伤的神经网络诊断研究. 应用力学学报, 1997, 14(4): 21-25

[39] Yeo I, Shin S, Lee H S, et al. Statistical damage assessment of framed structures from static responses. Journal of Engineering Mechanics, 2000, 126(4): 414-421

[40] Sohn H, Czarnecki J A, Farrar C R. Structure health monitoring using statistical process control. Journal of Structural Engineering, 2000, 126(11): 1356-1363

[41] Sayyer J P, Rao S S. Structural damage detection and identification using fuzzy logic. AIAA Journal, 2000, 38(12): 2328-2335

[42] Trendafilove I, Kosmatka J B. Two statistical pattern recognition methods for damage localization//Proceedings of 17th IMAC, Tokyo, 1999: 1380-1386

[43] Hermans L, Farrar C R. Health monitoring and detection of a fatigue problem of a sports car// Proceedings of 17th IMAC, Tokyo, 1999: 42-50

[44] Sohn H, Farrar C R. Continuous structural health monitoring using statistical process control// Proceedings of 18th IMAC, Shanghai, 2000: 660-667

[45] 郑蕊, 李兆霞. 基于结构健康监测系统的桥梁疲劳寿命可靠性评估田. 东南大学学报(自然科学版), 2001, 31(6): 71-73

[46] 邱洪兴, 蒋永生. 结构损伤区域推断的判别分析法. 工业建筑, 2000, 30(4): 61-63

[47] Meng Q F, Qu L S. Rotating machinery fault diagnosis using Wigner distribution. Mechanical Systems and Signal Processing, 1991, 5(3): 155-166

[48] Samimy B, Rizzoni G. Mechanical signature analysis using time-frequency signal processing: application to internal combustion engine knock detection. Proceedings of the IEEE, 1996, 84(9): 1330-1343

[49] Molinaro F, Farrar C R. Signal processing pattern classification techniques to improve knock detection in spark ignition engines. Mechanical Systems and Signal Processing, 1995, 9(1): 51-62

[50] 耿遵敏, 宋孔杰. 关于柴油机振声特点及动态诊断方法的研究与讨论. 内燃机学报, 1995, 13(2): 140-147

[51] Staszewski W J, Worden K. Time-frequency analysis in gearbox fault detection using the Wigner-Ville distribution and pattern recognition. Mechanical Systems and Signal Processing, 1997, 11(5): 673-692

[52] Oehlmann H, Brie D. A method for analyzing gearbox faults using time-frequency representations. Mechanical Systems and Signal Processing, 1997, 11(4): 529-545

[53] 张子瑜, 陈进. 径向高斯核函数时频分布及在故障诊断中的应用. 振动工程学报, 2001, 14(1): 53-59

[54] Atlas L E, Bernard G. Application of time-frequency analysis to signals from manufacturing and machine monitoring sensors. Proceedings of the IEEE, 1996, 84(9): 1319-1329

[55] 高宝成, 时良平, 史铁林, 等. 基于小波分析的简支梁裂缝识别方法研究. 振动工程学报, 1997, 10(1): 81-85

[56] Wang Q, Deng X M. Damage detection with spatial wavelets. International Journal of Solids and Structures, 1999, 36(23): 3443-3468

[57] Hong J C, Deng X M. Damage detection using the Lipschitz exponent estimated by the wavelet transform: applications to vibration modes of a beam. International Journal of Solids and Structures, 2002, 39(7): 1803-1816

[58] Gentile A, Messina A. On the continuous wavelet transforms applied to discrete vibrational data for detecting open cracks in damaged beams. International Journal of Solids and Structures, 2003, 40(2): 295-315

[59] Okafor A C, Dutta A. Structural damage detection in beams by wavelet transforms. Smart Materials and Structures, 2000, (9): 906-917

[60] Corbin M, Hera A, Hou Z. Locating damage regions using wavelet approach //CD-ROM Proceedings of ASCE EMD, Austin, 2000: 2000-2006

[61] Hou Z, Noori M, Amand R St. Wavelet-based approach for structural damage detection. ASCE Journal of Engineering Mechanics, 2000, 126(7): 677-683

[62] Hou Z, Hera A. A system identification technique using pseudo-wavelets. Journal of Intelligent Material Systems and Structures, 2001, 12(10): 681-687

[63] Masuda A, Noori M, Hashimoto Y. Wavelet-based health monitoring of randomly excited structures//15th ASCE Engineering Mechanics Conference, New York, 2002: 1-8

[64] Hera A, Hou Z. Application of wavelet approach for ASCE structural health monitoring benchmark studies. ASCE Journal of Engineering Mechanics, 2004, 130(1): 96-104

[65] 唐英, 孙巧. 滚动轴承振动信号的小波奇异性故障检测研究. 振动工程学报, 2002, 15(1): 11-113

[66] 宁佐贵, 王雄祥, 朱长春. 小波分析方法在结构损伤检测中的应用研究. 中国核科技报告, 2002, (00): 11-22

[67] Zhang Q, Benveniste A. Wavelet networks. IEEE Transactions on Neural Networks, 1992, 3(6): 889-898

[68] 吴耀军, 陶宝祺. 基于小波神经网络的复合材料损伤诊断. 航空学报, 1997, 18(2): 252-256

[69] Yen G G, Lin K C. Wavelet packet feature extraction for vibration monitoring. IEEE Transactions on Industrial Electronics, 2000, 47(3): 650-667

[70] Sun Z, Chang C C. Structural damage assessment based on wavelet packet transform. Journal of Structural Engineering, 2002, 128(10): 1354-1361

[71] 李宏男, 孙鸿敏. 基于小波分析和神经网络的框架结构损伤诊断方法. 地震工程与工程振动, 2003, 23(5): 141-148

[72] 丁幼亮, 李爱群, 韩晓林. 基于小波包分析的结构实时损伤报警数值研究. 东南大学学报 (自然科学版), 2003, 33(5): 643-646

[73] 鞠彦忠, 鞠彦忠, 阎贵平, 等. 用小波神经网络检测结构损伤. 工程力学, 2003, 20(6): 176-181

[74] Sato T, Sasaki K. Bispectral holography. Journal of Acoustical Society of America, 1977, 62(2): 404-408

[75] Barker R W, Klute G A. Monitoring rotating tool wear using high order spectral features. Transactions of the ASME: Journal of Engineering for Industry, 1993, (115): 23-29

[76] Murray A, Penmen J. Extracting useful higher order features for condition monitoring using artificial neural networks. IEEE Transactions on Signal Processing, 1997, 45(11): 2821-2828

[77] Cormick A C Mc, Nandi A K. Bispectral and trispectral features for machine condition diagnosis. IEEE Proceedings, Vision, Image and Signal Processing, 1999, 146(5): 229-234

[78] Lee S K, White P R. Higher-order time-frequency analysis and its application to fault detection in rotating machinery. Mechanical Systems and Signal Processing, 1997, 11(4): 637-650

[79] Morton T M, Smith S, Harrington R M. Effect of loading variables on the acoustic emissions of fatigue crack growth. Experimental Mechanics, 1974, 14(5): 208-213

[80] Kohn D H, Ducheyne P. Acoustic emissions during fatigue of Ti-6A1-4V: incipient fatigue crack detection limits and generalized data analysis methodology. Journal of Materials Science, 1992, 27(12): 3133-3142

[81] Daniel I M, Luo J J. Acoustic emissions monitoring of fatigue damage in metals. Nondestructive Testing and Evaluation, 1998, 14(1/2): 71-87

[82] Han Z Y, Luo H Y, Cao J W, et al. Acoustic emission during fatigue crack propagation in a micro-alloyed steel and welds. Materials Science & Engineering A, 2011, 528: 7751-7756

[83] Han Z Y, Luo H Y, Zhang Y B, et al. Effects of micro-structure on fatigue crack propagation and acoustic emission behaviors in a micro-alloyed steel. Materials Science & Engineering, 2013, 559: 534-542

[84] Soboyejo W O, Rabeeh B. Mechanistically based models for the prediction of fatigue damage in a beta titanium alloy. Fatigue & Fracture of Engineering Materials & Structures, 1998, 21(5): 557-568

[85] 李光海, 刘正义. 基于声发射技术的金属高频疲劳监测. 中国机械工程, 2004, 15(13): 1205-1209

[86] 柴孟瑜, 段权, 张早校. Q345BR 疲劳裂纹扩展过程的声发射研究. 工程科学学报, 2015, 37(12): 1588-1593

[87] 黄振峰, 刘永坚, 毛汉颖, 等. 基于 K 熵和关联维数的金属疲劳损伤过程声发射信号特征分析. 振动与冲击, 2017, 36(15): 210-214

[88] 刘婷, 毛汉领, 黄振峰, 等. 金属材料声发射 Kaiser 效应的混沌特性分析. 振动与冲击, 2017, 36(12): 50-54

[89] 王向红, 罗志敏, 胡宏伟, 等. 裂纹长度和位置影响下声发射信号传播特性. 仪器仪表学报, 2015, 36(12): 2867-2973

[90] 毛汉颖, 刘婷, 范健文, 等. 金属材料声发射信号传播的声阻抗特性研究. 振动与冲击, 2018, 36(12): 50-54

[91] Truell R, Granato A, Lucke K. Sensitivity of ultrasonic attenuation and velocity changes to plastic deformation and recovery in aluminum. Journal of Applied Physics, 1956, 27: 396-404

[92] Lucke K, Granato A. Application of dislocation theory to internal friction phenomena at high frequencies. Journal Applied Physics, 1956, 27: 789-805

[93] 吴维青. 40Cr 钢的三点弯曲疲劳损伤在线跟踪测量. 机械强度, 2003, 25(4): 456-458

[94] 王志华, 张伟伟, 赵勇刚. 利用传递矩阵法对阶梯悬臂梁的裂纹参数识别. 机械强度, 2006, 28(5): 674-679

[95] 杨虹. 弯曲疲劳损伤的检测与控制. 机械设计, 2004, 21(12): 37-43

[96] 张凤楼. 利用参数识别法诊断裂纹故障. 石家庄铁道学院学报, 1990, 3(3): 67-72

[97] 毛汉领, 熊焕庭, 沈炜良. 偏相干分析在水电站振动传递路径识别的应用. 广西大学学报 (自然科学版), 1998, 3: 23-29

[98] Sinha J K, Granato A. Higher order coherences for fatigue crack detection. Engineering Structures, 2009, 31: 534-538

[99] Vanhoenacker K, Schoukens J, Guillaume P. The use of multi-sine excitation to characterize damage in tructures. Mechanical Systems and Signal Processing, 2004, 18: 43-57

[100] Leonard F, Granato A. Phase spectrogram and frequency spectrogram as new diagnostic tools. Mechanical Systems and Signal Processing, 2007, 21: 125-137

[101] Ryue J, White P R. The detection of cracks in beams using chaotic excitations. Journal of Sound and Vibration, 2007, 307: 627-638

[102] Tsyfansky S L, Beresnevich V. Detection of fatigue cracks in flexible geometrically non-linear bars by vibration monitoring. Journal of Sound and Vibration, 1998, 213 (1): 159-168

[103] Bovsunovsky A P, Surace C. Considerations regarding super harmonic vibrations of a cracked beam and the variation in damping caused by the presence of the crack. Journal of Sound and Vibration, 2005, 288 (4-5): 865-886

[104] Tsyfansky S L, Magone M A, Ozhiganov V M. Using nonlinear effects to detect cracks in the rod elements of structures. The Soviet Journal of Nondestructive Testing, 1998, 21: 224-229

[105] Guan D Q, Zhong X L, Ying H W. Research on sheet crack identification of frame structure using wavelet analysis. Applied Mechanics and Materials, 2011, 71: 4074-4077

[106] Liu L, Dong D S. Structural crack detection using Hilbert-Huang transform method and wavelet analysis. Applied Mechanics and Materials, 2012, 105: 710-713

[107] Hillis A J, Neild S A, Drinkwater B W, et al. Bispectral analysis of ultrasonic inter-modulation data for improved defect detection//AIP Conference Proceedings, Tokyo, 2006, 820: 89-96

[108] 胡海岩, 孟庆国, 张伟, 等. 动力学、振动与控制学科未来的发展趋势. 力学进展, 2002, 32: 294-306

[109] 程长明, 彭志科, 孟光. 一类非线性系统的随机振动频率响应分析研究. 力学学报, 2011, 43 (5): 905-913

[110] Leontaritis I J, Billings S A. Input-output parametric models for non-linear systems part I: deterministic non-linear systems. International Journal of Control, 1985, 41 (2): 303-328

[111] Lang Z Q, Billings S A. Energy transfer properties of non-linear systems in the frequency domain. International Journal of Control, 2005, 78 (5): 345-362

[112] Peng Z K, Lang Z Q, Billings S A. Non-linear output frequency response functions for multi-input non-linear Volterra systems. International Journal of Control, 2007, 80 (6): 843-855

[113] Peng Z K, Lang Z Q, Billings S A, et al. Comparisons between harmonic balance and nonlinear output frequency response function in nonlinear system analysis. Journal of Sound and Vibration, 2008, 311 (1-2): 56-73

[114] Peng Z K, Lang Z Q, Chu F L. On the nonlinear effects introduced by crack using nonlinear output frequency response functions. Computers & Structures, 2008, 86: 1809-1818

[115] Peng Z K, Lang Z Q, Billings S A. Crack detection using nonlinear output frequency response functions. Journal of Sound and Vibration, 2007, 301 (3-5): 777-788

[116] 焦李成. 非线性系统故障诊断的伏尔泰拉泛函理论. 西安交通大学学报, 1988, 22 (3): 79-85

[117] 李斌, 吕永健, 孔韬. Volterra 级数频谱非线性系统故障诊断方法. 火力与指挥控制, 2008, 33 (7): 149-152

[118] 李志农, 曾宇冬, 等. 转子碰摩故障的非线性频谱分析. 振动与冲击, 2010, 29(8): 82-83

[119] 唐浩, 屈梁生, 温广瑞. 基于 Volterra 级数的转子故障诊断研究. 中国机械工程, 2009, 20(4): 447-450

[120] 韩清凯, 杨英, 郎志强, 等. 基于非线性输出频率响应函数的转子系统碰摩故障的定位方法研究. 科技导报, 2009, 27(2): 29-32

[121] 高占宝, 李行善, 梁旭, 等. 工程系统健康描述及基于 GFRF 方法的健康监测. 北京航空航天大学学报, 2006, 32(9): 1026-1030

[122] 魏瑞轩, 韩崇昭, 张优云, 等. 非线性系统故障诊断的 Volterra 模型方法. 系统工程与电子技术, 2004, 26(11): 1736-1739

第2章 锤击激励非线性检测理论

2.1 引　言

结构模态数据(固有频率、振型、模态阻尼)、物理参数(刚度、质量、阻尼)将会随损伤的发生或扩展而发生变化。全局检测技术就是基于这样的特征变化实现损伤检测。无论是基于动力学模型的损伤检测,还是基于信号分析的损伤检测都是试图检测出由损伤引起的微弱特征变化。

国内外学者为检测损伤微弱特征变化做了大量研究,从普通的时域分析、频谱分析、相干分析到高阶相干函数、传递函数 FRF 分析、时频分析、现代的信号处理方法,如小波变换方法和高阶谱方法等检测裂纹是否存在,利用非线性方法可以更敏感地检测到损伤微弱特征变化。因此,采用新的信号处理方法评估结构响应信号的非线性将是有重要前景的损伤检测研究方向。

双线性模型、Hammerstein 模型、输出仿射模型等是分析非线性系统的常用模型;相平面法、李雅普诺夫法和描述函数法等是分析非线性系统的常用方法。这些模型和方法是针对特定问题的,有局限性,无法解决一般的非线性系统问题。

Volterra 级数的时域和频域两种形式都可以完全反映系统的本质特性,具有明确的物理意义,且不依赖系统的输入。工程中常见的非线性系统都是输入能量有限的时不变非线性系统,一般都可用 Volterra 级数进行任意程度逼近的描述。Volterra 级数作为一维线性卷积在高维空间的表达,其级数核的多维傅里叶变换就是 GFRF,表示非线性系统的频域特性,与系统输入无关。Lang 和 Billings[1]提出的 NOFRF 概念很好地解释了非线性系统的能量转移,Peng 等[2]基于 MIMO 系统 NOFRF 分析了具有多项式类型刚度的非线性系统共振现象,解释了裂纹梁的非线性振动[3],发展了用 NOFRF 检测裂纹的方法[4, 5]。可以将计算得到的 NOFRF 值敏感地评估裂纹大小,梁中裂纹越大,NOFRF 值越大;还可利用 NOFRF 值之间的关系来检测一维循环结构中非线性元件的位置。

在再制造工程中,可以把旧零件或部件作为一个对象或系统,对其进行输入激励,测量其输出,通过 Volterra 级数模型评价其非线性来检测其内部损伤。对系统的输入激励可以有多种形式,如稳态正弦激振、随机信号激振、脉冲力锤激振等。由于 Volterra 级数型不依赖系统的输入,可以完全反映系统的本质特性,我们可以选择方便、快捷的脉冲力锤激振,这样就可以实现对结构构件或零件的快捷检测。

我们推导出矩形脉冲激励信号的 NOFRF,分别针对单输入单输出(single input

single output, SISO)和单输入多输出(single input multi output, SIMO)系统建立了脉冲锤击激励下 NOFRF 估计的方法;基于 NOFRF 构建了 3 个检测零件损伤的指标函数,通过对小批量旧连杆进行激励试验和 NOFRF 指标的损伤检测,验证了上述 3 个检测指标对旧零件累积损伤检测均具有较好的适用性,为实际工程中旧零件内部损伤程度的检测提供了一种全新的方法。

本章将在介绍 Volterra 级数模型理论的基础上,重点论述对零件的脉冲力锤激振试验理论方法,论述在脉冲力锤激励输入下基于 Volterra 级数模型的 NOFRF 的估计方法。

2.2　非线性理论模型

线性理论在不同领域已得到许多学者的广泛研究,已为多数机械系统的分析、设计和故障诊断提供基础。然而,众所周知,用线性系统理论不能解释发生在非线性系统的一系列动态行为,如频率失真、次谐波和超谐波成分等现象,为理解这些非线性动态行为,需对非线性理论进行深入的研究。

随着非线性理论的发展,为分析非线性特性,相应地建立了许多非线性模型,其中 Volterra 级数和 NARMAX 模型就是两个较受欢迎的模型。

1. Volterra 级数

自 1887 年以来,Volterra 级数作为非线性动态系统的一般化描述,得到了普遍的研究和应用。Volterra 级数为一大类无记忆非线性系统提供一个明确描述系统输入输出关系的表达式,是研究非线性动态系统的一个强有力工具。通过一个足够高但有限阶的 Volterra 级数可以以任意精度无偏地对一个连续函数进行逼近。在非线性系统建模方面,Volterra 级数一直扮演着重要的角色,包括系统方程是已知的情况和系统只具有输入输出数据可用的情况。Volterra 级数理论的另一个重大优点是 Volterra 级数为在频域中对非线性系统进行研究提供方便。目前 Volterra 级数具有很广泛的应用范围,如生物医学工程、流体动力学、电气工程、机械工程等。

应用 Volterra 级数对非线性系统进行研究涉及的最主要问题是它的核函数的估计,该问题是实际中应用 Volterra 级数的一个挑战。如果目标是从输入输出信号中确定系统的结构,从本质上来说 Volterra 核就是一个病态问题。针对该问题许多学者作了相关的研究,然而目前 Volterra 核函数的辨识仍然是一个难题。

2. NARMAX 模型

Leontaritis 和 Billings[6]提出 NARMAX 模型,并已证实,一个非线性离散时不变系统总可通过 NARMAX 模型来表示。NARMAX 模型通过系统输入输出及噪声构造非线性多项式来描述非线性动态过程，包含丰富的系统信息。利用采集到的实际输入和输出对构造的非线性多项式进行模型项选择和参数计算，获得的函数式即系统的 NARMAX 模型。把多项式中与噪声有关的项排除，即可得到描述系统动态特性的非线性自回归(nonlinear autoregressive with external input, NARX)模型。而 NARX 模型能够包含损伤导致的所有系统动态特性的变化，因此可通过辨识 NARMAX 模型来充分描述系统的动态特性。需要注意的是，模型包含线性和非线性噪声成分。虽然所有的这些项对应于不可测的状态，但是它们必须包含在模型中，否则估计参数将会包含系统误差，造成相应的估计偏差。

NARMAX 模型为非线性系统的分析发展提供了基础。当模型的结构或者包含在模型中的各项已经确定时，只有各参数值是未知的，那么参数的辨识过程可表述为一个标准最小二乘问题。该问题可通过使用各种成熟的数值方法来解决。然而实际中模型结构很难预先知道，因此作为辨识过程关键的一部分，确定模型结构的方法还有待继续研究。

3. 非线性系统模型辨识研究

数学建模是理解非线性行为的一个主要方法，通过建模可以获得系统的完整表达模型。然而，系统辨识扮演着更重要的角色，因为它有助于使实验研究的数值预测与结构动态特性保持一致，能够从实验数据中提取与结构动态行为相关的信息，并且估计实验系统的参数。模型研究是非线性科学的一个基本问题，而辨识是非线性分析的关键，是非线性科学的重要组成部分。

系统模型辨识即从采样得到的数据中，构建能够描述检测系统动态行为的模型，以便未来对给定的输入提供系统响应的精确预测的过程，其包括两方面重要内容。

(1)通过已知的输入输出数据确定能够表示系统动态行为的模型结构。

(2)对已确定的或推导出的模型进行参数的辨识。

当前，随着非线性理论的不断发展，非线性系统辨识方法得到了广泛的研究，取得了许多成果，建立了许多成熟的系统估计理论，包括递归估计、在线自适应辨识等。

虽然在辨识方法上取得了重大的突破，但对非线性系统辨识方法来说还有以下几方面需要改进。

(1)模型泛化能力。通过有限的可用数据如何定义和实现模型的泛化性是所有机器学习的研究重心。

(2)模型解释性。由于非线性系统的描述比线性系统复杂得多，如果通过高阶的非线性模型对其进行解释将会非常困难。

(3) 维数灾难。在非线性系统建模中，模型的参数数量将随着所选模型维数以指数形式变化，这往往导致过度参数化，而过度参数化本质上就是一个病态问题。

(4) 计算复杂性。与维数灾难相对应的是过度的计算量，这又往往导致低效率和辨识精度降低。

(5) 输入的选择。模型项的多少将随着非线性系统输入维数的不同而不同，它们呈指数形式变化，因此如何选择正确的输入至关重要。

(6) 模型鲁棒性和噪声抑制。应用于实际的未知系统处理时，非线性辨识算法的抗噪声能力、稳定性等往往达不到预期的效果，需针对非线性辨识进行改进。

非线性理论的不断突破，为分析理解系统的非线性提供了可能。

1) Volterra 级数辨识

Volterra 级数模型辨识存在时域核 (generalized time response function, GTRF) 和频域核 (GFRF) 辨识两大类方法。GTRF 由于计算量过大辨识通常非常困难，GFRF 辨识的研究相对更多。Mathews[7]基于 Gram-Schmidt 法提出高斯输入下截断 Volterra 系统任意阶 GTRF 的正交相关法。Abbas 和 Bayoumi[8]研究了基于浮点遗传算法的 GTRF 辨识方法，选择变步长遗传算法因子，剔除进化过程中对贡献影响最小的候选项，有效地提高了非线性系统 Volterra 模型辨识的精度。Campello 等[9]为减少 Volterra 核辨识参数数量，将 Volterra 模型基于 Laguerre 函数基展开，多维核函数的辨识问题因此可转化为展开系数的估计问题。Xia 等[10]针对转子-轴承系统的激励信号的周期性引起的 Volterra 级数无穷解的问题，提出一种关键核粒子群 (key kernel-particle swarm optimization, KK-PSO) 辨识方法，通过最小均方误差值评估模型的关键核函数，利用粒子群算法 (particle swarm optimization, PSO) 对简化后的 Volterra 模型辨识其 GTRF。GFRF 的辨识研究可分为从输入输出数据出发的直接法，以及从系统非线性微分/差分方程或非线性模型的参数辨识法。非参数辨识法，一般只能确定二阶、三阶等低阶 GFRF，且不能为 GFRF 产生一个封闭形式的解，无法满足高阶 GFRF 计算时的大量数据处理。Li 和 Billings[11]为求解谐波输入下的二阶及三阶非线性系统，用动态系统连续时域模型的输入输出数据直接估算 GFRF，虽然大大减少所需数据长度，但估计精度取决于是否激励起相关阶次。Bayma 和 Lang[12]基于 Diophantine 方程解的数值方法获得 GFRF 的递推表达式，不仅适用于低阶，也可求解高阶 GFRF。Bedrosian 和 Rice[13]利用谐波的频域离散特性，提出了辨识 GFRF 的谐波探测法，减少了辨识计算量，Worden 等[14]把这种方法扩展到多谐波输入多输出的非线性系统 GFRF 估算。Jones 和 Billings[15]由 NARMAX 模型系数与 GFRF 之间的关系，获取任意阶的 GFRF 特征。Swain 和 Billings[16]推导了 MIMO 非线性系统的 GFRF 矩阵，从 NARMAX 模型参数与 GFRF 矩阵解的关系完成析解的计算。张家良等[17]基于最小二乘法由系统输入输出数据辨识前二阶 GTRF，通过多维傅里叶变换计算 GFRF。李志农等[18]提出了自适应蚁群优化辨识方法，可动态地调整发挥因子和状态转移因子，减少搜索的随机性，使得收敛速度更快、寻优时间更短。唐浩等[19]运用遗传算法分别辨识了正常状态与碰摩状态转子系统的前二阶 GTRF。李宁洲和冯晓云[20]将混沌思想策略融入量子 PSO 算法，在初始化时利用混沌序列增加种群多样性，在搜索时再利用混沌变异在更大范围内遍历从而找到微粒群的全局最优解，能保证获得较高的辨识精度。卫晓娟等[21]将改进的 PSO 算法与混沌变异策略方法相结合辨识系统的前三阶 GTRF，与遗传算法、简化 PSO 算法等比较，其精度更高、抗噪性能更强、收敛更快。韩海涛等[22]根据多音频激励下系统的输出频率特性用 Vandermonde 法分离各阶 GFRF 的输出谱，再由输出谱反推 GFRF 的值。程长明[23]根据多次激励系统的输入输出数据、基于小波基函数展开得到 Volterra 输出，并用 B 样条表示小波基函数，获得 Volterra 核函数。目前针对 Volterra 核函数辨识的研究仍主要限于前二、三阶，彭志科等[24]分析了近年来关于 Volterra 级数的研究进展，认为 Volterra 核函数辨识困难，计算量大、收敛判定复杂，工程实际应用还需要继续深入地研究与探索。

2) NARMAX 模型辨识

NARMAX 模型的概念最早由 Leontaritis 和 Billings[6]提出，该输入-输出模型可用于描述非线性离散时不变系统的非线性效应，在工程领域获得了成功应用。NARMAX 模型的辨识包括结构确定和参数估计两方面内容，模型的泛化能力依赖结构与参数的准确性，当模型结构确定时，NARMAX 模型的辨识问题本质上可归纳为最小二乘的参数估计问题。Boynton 等[25]和 Billings 等[26]在 NARMAX 模型辨识的结构选择与参数估计、有效性验证等方面做了许多开创性的研究，给出了几种基于前向回归最小二乘算法的辨识 NARMAX 模型的思路及步骤，有效地综合了结构确定与参数估计的过程；并将 SISO 的前向回归正交最小二乘辨识方法推广到 MIMO 情形。Peng 等[27]利用系统输入输出数据，根据前向正交最小二乘辨识法的思路分别得到正常与损伤系统的 NARMAX 模型。Guo 等[28]辨识未知结构 MIMO 系统的 NARMAX 模型，基本思路仍是通过前向回归正交最小二乘算法选择系统结构并实现参数估计。唐亮和许晓鸣[29]利用 NARMAX 模型与前馈神经网络模型在形式上的等价性，提出利用非线性系统输入输出数据通过前馈神经网络模型辨识 NARMAX 模型参数的方法，推广至 MIMO 情形。田谦益和王小北[30]融合 PSO 算法和人工蜂群算法，构建了全局搜索与局部搜索的混合算法框架，具有很强的寻优能力且避免了陷入局部最优的问题，与随机惯性权重 PSO 算法和人工蜂群算法相比，所辨识多项式 NARMAX 模型具有很好的鲁棒性和求解精度。芮伟等[31]以最小二乘支持向量机(support vector machine，SVM)作为拟合方法，利用风洞实际运行输入输出数据，对风洞系统进行系统辨识，建立了 MIMO 的系统模型。王晓和韩崇昭[32]在传统正交化辨识算法的基础上，提出四种改进算法提高原算法数值稳定性，在逐步回归模型选项的同时去除冗余项，相比原正交化算法有更高的参数估计辨识精度，而且所确定模型结构与选项顺序无关。程长明等[33]利用正交前向回归最小二乘辨识算法，依据模型各候选项对系统的贡献选出有限个重要项，进而估算出系统参数，将模型结构辨识与参数估计转换为低维的参数估计问题。周霞和沈炯[34]为解决多项式 NARMAX 模型阶次较大时运用传统最小二乘法计算量非常大的问题，综合基因表达式编程算法与人工免疫算法的亚群划分理论，提出一种多目标免疫基因表达式编程算法，模型参数的搜索方向选取总最优解集中所占比例最大的亚群所对应的参数，所提出算法满足模型参数的自适应搜索，可正确辨识多项式 NARMAX 模型的结构与参数。

NARMAX 模型的精度依赖模型结构的准确性，然而实际工程中模型结构很难预先知道，为更好地将这一非线性模型方法应用于零件的损伤检测，在 NARMAX 模型辨识精度、辨识算法方面仍需相关的改进研究。

2.3　基于非线性模型的损伤检测理论

零件出现损伤时，由于系统物理参数的改变，其动态特性也会随之变化，因此通过零件的动态特性的变化可以推断零件可能发生的损伤。GFRF 是线性 FRF 在非线性情形下的自然扩展，其保留了 FRF 特有的属性——能唯一表征系统的本质特性。但 GFRF 多维的属性使得基于 GFRF 的非线性系统分析变得十分困难。尽管目前有大量的 GFRF 辨识算法，但其计算过程仍然是耗时、烦琐的。同时当考虑二阶或更高阶的 GFRF 时，由于它的多维性，其在实际应用中很难表示和比较。

NOFRF 这一概念最早由 Lang 和 Billings[1]提出用来解释系统频域特性及输入在非线性情形对系统输出的影响，从 NOFRF 的定义式定性分析揭示非线性现象产生的原因，从各阶 NOFRF 定量分析输入及系统特性对输出频率响应影响的大小。Peng 等[2]又将这一概念推广到 Volterra 级数描述的 MIMO 非线性系统，并给出了 MIMO 系统 NOFRF 的批量最小二乘估算方法，通过二自由度非线性系统的仿真研究分析了二输入激励下系统能量的转移分布情况，使得 NOFRF 适用于更广的工程应用。

由 NOFRF 的定义式可知，NOFRF $G_n(j\omega)$ 是 GFRF 与系统的输入信号的加权在 n 维超平面 $\omega_1 + \omega_2 + \cdots + \omega_n = \omega$ 上的集成。因此，NOFRF $G_n(j\omega)(n = 1, 2, \cdots, N)$ 可以看做是非线性系统动态特性的一个频域表达式，而且无损伤和损伤系统的 GFRF 可以通过使用相同系统输入估计得到的 NOFRF 的差别来反映。因此，NOFRF 或者相应的指标可以用来描述所检测的系统结构的特性，也就是可用来进行损伤检测。

2.3.1　基于 NOFRF 的损伤检测

基于 NOFRF 的损伤检测，其基本思路有两种：一是直接以各阶 NOFRF 值的大小为特征量,直观地与正常系统的值比较;二是由系统能量在各阶 NOFRF 的分布情况,构建特征函数进而判别系统的状态。Xia 等[10]建立了水轮发电机的 NOFRF 模型,根据水轮发电机的运行特性,提出基于最小均方算法的 NOFRF 在线辨识方法,不同状态的水轮机的实验研究表明,相比传统时频分析方法,基于 NOFRF 的损伤检测方法可为水轮机的故障诊断与非线性分析提供一种更有效、准确的思路。Peng 等[35-37]推导了谐波激励下 NOFRF 的估算式,直接以不同裂纹状态悬臂梁的各阶 NOFRF 作为故障特征,直观比较各阶 NOFRF,仿真结果表明,NOFRF 对梁裂纹的出现非常敏感,此外,NOFRF 值的大小可表征裂纹的大小。使用谐波激励下的 NOFRF 揭示了双线性振荡器系统中能量传递及新频率等非线性现象产生的原因,对双线性振荡器描述的机械系统或结构的设计及故障诊断有重要意义[5, 35]。用单自由度双线性振荡器模型的数值分析解释了正弦激励下高次谐波、亚共振等非线性现象的发生,仿真结果表明,高阶 NOFRF 对梁裂纹的出现极其敏感,而且可定量区分不同的损伤大小。Cheng 等[38]提出基于 NOFRF 的谐波激励下二维周期结构中非线性元件的定位方法。Lang 和 Peng[39]研究谐波激励下振动系统的 NOFRF 值,实现了非线性损伤的定位与损伤程度的估计,为基于 NOFRF 的结构损伤检测方法在工程实际一维多自由度振动系统的应用提供依据。Peng 等[40]利用多自由度非线性系统 NOFRF 的特征与非线性元件位置的关系,从 NOFRF 的值逆向估算多自由度系统中非线性参数的值。用两个频率不同的正弦信号激励结构检测到的非线性元件的位置即对应周期结构中损伤的位置,通过对一维八自由度模型的仿真研究,由相邻质量块各阶 NOFRF 的比值有效地检测了非线性元件的位置[41]。基于同一思路,完成了一维多自由度模型局部非线性位置的判断[42]。Lang 等[43]研究非线性一维链式结构的 NOFRF 值,确定结构中非线性元件的位置,对工程结构的故障诊断与损伤定位有重要意义。Zhao 等[44]提出多输出系统 NOFRF 传递率的概念,通过比较系统不同模块间的传递率来完成损伤定位,在这一基础上提出基于非线性传递性分析的损伤检测与定位方法,分析比较系统在高次谐波的响应传递率来判断损伤模块的位置。韩海涛等[45]以脉冲式雷达系统为研究对象,用自适应辨识算法在线辨识出雷达的各阶 NOFRF,以 NOFRF 功率累积量为故障特征敏感指标,达到快速识别雷达状态的目的,简化了识别步骤。杨东东和马红光[46]给出了利用 NOFRF 诊断模拟电路非线性故障的思路,通过实测对比正常状态与失真状态下系统的 NOFRF 特征值来判断模拟电路的状态。邹鸿翔等[47]利用 NOFRF 对高低频简谐激励下的悬臂梁进行裂纹深度和位置的定量检测,结果表明多频激励下的 NOFRF 可检测出不同的裂纹深度与位置,且 NOFRF 对裂纹尺寸比对裂纹位置更敏感。基于 NOFRF 的损伤定位研究基本思路主要是利用不同状态下系统的非线性传递特性值来判断损伤的位置。王俊玲和马新光[48]采用两次激励获取系统基于 NOFRF 的特征值,进而定位主泵系统的裂纹损伤,仿真结果有较好的识别效果。

樊天锁等[49]同样是通过比较工作状态下与正常状态下系统的非线性传递特性，也即 NOFRF 来判断当前系统状态是否为故障状态，由多级级联电路系统不同模块间的非线性关系完成电路的故障定位，并仿真分析对比了方波激励信号与仿真雷达激励对诊断效果的影响，结果表明，方波激励下的诊断效果更好。陈民铀等[50]针对电力输电线的在线故障监测问题，基于输电线分段后 NOFRF 的非线性传递特性值，分别将输电线路断股故障、接地故障状态的非线性特征值与正常状态的比较，仿真试验证明了可在线实时监测故障。韩清凯等[51]从基于系统不同状态下各阶 NOFRF 比值提出的非线性传递特性可用于损伤定位这一特点出发，根据不同工况下转子系统的非线性特征值，判断转子系统的碰摩故障，并对碰摩位置进行估计。韩海涛等[52]还利用在线自适应辨识算法辨识出前 4 阶 NOFRF 并提取非线性模拟电路的频谱信息，然后通过核主元分析算法对提取的频谱信息进行降维和归一化处理，最后用多类别 SVM 实现模拟电路的故障识别。张家良等[53]采用 NOFRF 获取非线性频谱特征，利用贝叶斯网络构建多故障模式与非线性频谱特征之间的关系，能够实时地识别故障，识别率较高。

从国内外对基于 NOFRF 的损伤检测研究可以看出，NOFRF 不仅能表征结构或系统中非线性的存在，还能为损伤的程度、位置参数提供一个定量的评估，因此，运用 NOFRF 概念完成结构或零件构件损伤检测是可行的。

2.3.2　NOFRF 的辨识方法

Lang 和 Billings 在文献[1]给出了针对一般信号直接利用输入输出数据估计 NOFRF 的方法，即通过输入数据直接构造各阶非线性输入，然后把频域的各阶输入和输出代入非线性系统输出频率响应计算式，构造方程组，利用最小二乘法求解 NOFRF。该方法简单易于理解，且对于一般信号都适用，不足之处在于需要多次激励系统，增加了激励成本和计算量。Peng 等在文献[5]推导的谐波激励下 NOFRF 的估算式表明，利用两个频率相同幅值不同的谐波信号即可估算系统的前 4 阶 NOFRF，大大减少了计算量。Peng 等[27]提出采用一次宽频激励辨识系统 NARMAX 模型，剔除噪声项后由系统 NARX 模型仿真多次激励，最后基于文献[1]提出的方法估算系统的各阶 NOFRF，大大减少了试验的激励次数。除了基于最小二乘的一般辨识方法，程长明等[33]用正交前向回归最小二乘法识别系统的 NARMAX 模型，验证所辨识模型的有效性，再利用辨识得到的 NARMAX 模型获取系统的 NOFRF，最后通过比较正常与损伤两种状态系统的 NOFRF 指标值来判断损伤是否存在，该方法只需一次激励系统。张家良等[53]为解决 NOFRF 的实时求解问题，提出一种自适应辨识算法，通过估计输出频谱与实际输出频谱之间的偏差完成递推，并采用变步长协调该自适应算法收敛速度与稳态误差之间的矛盾，研究多变量非线性系统 NOFRF 的在线辨识问题，除了利用变步长的自适应辨识算法，还引入了归一化思想，仿真及实验结果表明，可较好地实时辨识多变量系统的 NOFRF。韩海涛等[52]则为了便于将 NOFRF 应用于模拟电路的在线实时故障诊断，利用分块最小均方算法提出一种 NOFRF 的自适应辨识算法，该方法仅需一次激励，辨识过程简单且时间短，仿真试验验证了算法的有效性。

国内外对运用 NOFRF 进行损伤检测的研究大多都是针对一般谐波信号。脉冲锤击信号作为一种宽频激励，能更好地激起结构或零件的损伤信息，实施方法成熟，在工程实际中已得到广泛地应用推广。虽然针对锤击激励的研究非常多，但这些研究主要集中在线性振动分析领域，针对脉冲锤击激励下 NOFRF 辨识估算研究仍然很少见。

2.3.3　非线性特征指标的构建

NOFRF 虽然能够很好地表征系统本质特性的变化，各阶 NOFRF 值也可以定量反映损伤程度，但存在微小损伤时系统 NOFRF 值的变化很小，此外，由于各阶 NOFRF 均是频率的一维函数，实际应用中不方便直接用来判别系统损伤情况。因此，探索基于 NOFRF 有效提取故障特征并构造对损伤敏感的指标函数的方法很有必要。利用非线性参数提取故障特征的方法在工程实际中有一些应用，常用的有信息熵分析法、复杂性分析法等。

1. 信息熵分析法

信息熵最早由 Shannon 提出，本质是对事物不确定性的一种度量和区分，因此可实现对系统状态参量的非线性特征提取，构建对机械系统非线性敏感的信息熵特征指标，从而完成对机械设备或系统的故障诊断，具有非常好的研究价值和实际意义。Bafroui 和 Ohadi[54]研究了不同转速条件下齿轮箱故障检测的小波能量和信息熵特征提取方法，通过比较故障状态和正常状态下齿轮振动信号的能量和 Shannon 熵分布实现故障识别。Liu 和 Han[55]研究了基于局部均值分解和多尺度熵的滚动轴承故障诊断，以乘积函数的多尺度熵作为特征向量，提出基于双谱熵的风机状态识别方法，从振动信号的双谱熵提取故障特征量进而评估风机的退化状态。Han 和 Pan[56]先用局部均值分解将滚动轴承的振动信号分解为一系列乘积函数，再基于样本熵和能量比构建反映振动信号规律的特征参量，可较好地提取滚动轴承的故障特征。Ai 等[57]融合时域奇异谱熵、频域功率谱熵、小波空间特征谱熵及小波能量谱熵作为特征参数，完成了滚动轴承故障的诊断。马百雪等[58]利用综合经验模态分解(ensemble empirical mode decomposition, EEMD)方法分解齿轮箱振动信号并获得其边际谱，提取反映频谱不确定程度的二维边际谱熵作为故障特征量，最后用 SVM 对齿轮箱故障进行分类故障诊断。孙宁和秦洪懋[59]将信息熵理论融入变速箱齿轮振动信号的 Winger 时频谱，得到的 Winger 谱时频熵值可反映系统故障特征，以谱熵值的大小实现变速箱齿轮磨损故障及程度的识别。费成巍等[60]基于过程功率谱熵和 SVM 实现了对转子故障类型、程度、损伤位置的识别和诊断。朱可恒[61]分别从样本熵、层次熵的角度，充分提取轴承振动信号里的故障信息，再利用 SVM 不仅实现了轴承故障类型的识别，还可准确判断损伤的程度。刘学等[62]利用时频分布和分形理论对遥测振动信号进行自适应多尺度分解，求解自适应多尺度熵，根据多尺度时频熵值判断遥测振动信号的异常。李莎等[63]首先利用 EEMD 的抗混叠效应分解振动信号，进而提取能量熵、边际谱熵等特征量，以这些特征量为输入通过 PSO-SVM 识别自动机的故障，具有较高的故障分类准确率。

由此可见，运用信息熵能够很好地提取系统非线性特征，可以考虑将信息熵融入非线性系统的传递频谱分析，实现对故障损伤信息更准确、全面的提取，从而构建能反映系统各阶非线性强度分布、能量分布的，对非线性特征敏感的更直观的检测指标。

2. 复杂度分析法

由于实际的工程信号一般比较复杂，为实现对信号非线性特征量的准确提取、估计和识别，需对信号内在的分布特性及复杂程度进行分析，将复杂度分析引入信号特征提取及信号的复杂性度量。研究表明，将振动信号处理方法与复杂度理论相结合提取系统故障特征量，可实现对机械设备或系统故障的有效监测。Zhou 和 Zhao[64]针对离心泵振动信号的非平稳、非线性特征，提出了基于经验模态分解（empirical mode decomposition, EMD）的复杂度特征和最小二乘 SVM 的故障诊断方法，可较好地获取非线性故障特征。Zanoli 等[65]将复杂度分析方法应用于离心机故障诊断，提出一种新的离心机典型故障检测与分离的方法。Cui 等[66]基于脉冲时频分析获取的周期脉冲成分和调制分析获取的调制成分，针对滚动轴承故障特征提取构建了 Lempel-Ziv 复杂度指标来评估其故障程度。朱永生等[67]对轴承振动信号进行 Lempel-Ziv 复杂度特征提取，Lempel-Ziv 复杂度指标可定量描述轴承的运行状态，可有效识别滚动轴承单一及复合故障。许小刚[68]结合小波包分析和信号复杂度分析方法，提取风机振动信号的故障特征，实现了对风机故障的准确高效诊断。黄炯龙等[69]提出了阶比复杂度的概念来表征轴承早期裂纹故障，利用阶比分析去除了转速变化的随机性影响，试验结果表明，阶比复杂度可以很好地判别早期疲劳裂纹故障。吕建新等[70]运用 EMD 和 Lempel-Ziv 复杂度测量提取故障特征，并将故障特征向量与 SVM 结合实现对滚动轴承故障类型的识别，试验研究证明了所提方法的有效性，同时具有很好的泛化能力。通过计算固有模式分量的 Lempel-Ziv 复杂度值，利用径向基函数（radial basis function, RBF）神经网络实现了工作状态的判定及故障类型的识别。唐海峰等[71]运用基于匹配追踪的复杂度概念提取滚动轴承的故障冲击频率，仿真及实验表明，即使在强噪声下也可准确地提取故障冲击频率从而完成故障诊断。赵鹏等[72]从离心泵振动信号提取其 EMD 复杂度特征，将 EMD 复杂度表征的故障特征向量输入最小 SVM，实现了对离心机故障类型的准确判断。

　　为了更全面地解析 NOFRF 中包含的系统非线性特征，从 NOFRF 频谱频率分布的角度分析很有必要，故可将 NOFRF 与系统的频域复杂度相结合，为建立系统损伤的定量检测与评估方法提供新的思路。

　　目前有关基于 NOFRF 提取故障特征构建损伤检测指标的研究较少，常用的指标仍是 Peng 等[27]提出的 Fe 指标。马少花等[73]以系统故障前后 NOFRF 频谱的变化作为故障特征量，综合 J 散度表征两频谱间的差异程度，提出了 NOFRF 频谱散度指标，试验研究取得了较好的损伤程度识别效果。从系统的 NOFRF 构建损伤检测指标仍有待深入研究。如何从各阶非线性分布、能量分布及频谱的频率分布的角度构建对损伤敏感、更直观表征损伤程度的损伤检测指标函数，将是把该方法推向工程应用的关键。

2.4　脉冲锤击激励试验方法

　　应用 NOFRF 对结构或零件进行全局损伤检测，首先要对结构或零件进行振动激励试验，把损伤信息作为系统的输出检测出来，再估计 NOFRF，构建检测指标实现结构或零件的全局损伤检测。对结构或零件进行振动试验是进行全局损伤检测的基础。振动试验方法包括两个环节：一是振动激励试验；二是输出响应信号测试。获得被测结构或零件的振动输出响应时域信号是激励试验的最终目标，以一定的激励手段使结构或零件产生振动响应是振动试验的首要任务。我们将采用力锤冲击激励结构或零件，并使用振动加速度传感器测量输出响应信号。为了正确地选择激励点和输出响应测量点，可以采用有限元方法对被测对象进行模态分析，并以柔性支承承载被测对象、以获得振动分析的自由边界条件。

2.4.1　振动激励方式的选择

　　振动激励试验是采用外部激励方式给试验对象施加振动载荷，使试验对象在一定的支承条件下产生振动，获得包含试验对象振动模态信息或动态信息的响应输出信号，为试验对象的振动模态分析或动态分析检测提供信号数据。振动激励试验是对设备结构或构件进行全局检测的基础，是全局检测的数据来源。设计和完成振动激励试验，必须确定激励方式、支承条件、激励点位置和数量、测量点位置和数量等。振动激励是振动激励试验的重要内容，主要包括激励信号和激励装置两个方面。

　　激励信号按频带范围，可分为单频信号和宽带信号两大类。单频信号包括扫描正弦信号和步进正弦信号，宽带信号包括暂态信号、周期信号和非周期信号三大类。猝发随机、触发快扫(触发扫描正弦)和冲击激励属于暂态信号，伪随机、周期随机和周期快扫(快速扫描正弦)属于周期信号，纯随机则是典型的非周期信号。最早的振动试验采用单频正弦激励。20世纪70年代，随着快速傅里叶变换算法的问世和广泛应用，各种宽频带激励技术，如脉冲冲击激励、快速扫描正弦等暂态激励和纯随机、伪随机、周期随机等随机激励技术相继提出，并在航空、航天、汽车和机械工程领域得到广泛应用。80年代，提出了猝发随机激励技术，结合了暂态信号随机信号的特点，使宽频信号谱分析中的功率泄漏问题得到了较好的解决，是激励信号技术的一大进展。同时，随着测试分析仪器的发展，出现了步进正弦激励技术。与扫描正弦相比，步进正弦有更好的信噪比、峰值有效值比，能更好地处理混迭和泄漏问题，且大大缩短了试验时间。

　　激励装置是把激励信号变成激励载荷直接作用于试验对象的重要装置。装置可以直接产生激励载荷，也可以把各种激励信号转换为激励载荷，直接作用于被测结构以激励起结构的振动响应。激振器和力锤是常见的激励装置。激振器能把激励信号转换成一定形式和大小的振动激励力作用于试验对象。激振器需要配套有信号发生器(产生激励信号源)、功率放大器(放大激励信号以足够功率推动激振器，产生振动激励力)、柔性杆(连接激振器与试验对象，传递激振力)、激振器安装等，激振器有惯性式、电动式、电磁式、电液式等类型。不同特性类型的激振器可以满足振动激励试验对不同频率、激励力和激励能量的要求；各种激振器可以采用多种激励信号，产生不同频带振动激励力。激振器产生的振动激励力对试验结果影响很大。激振器在把激励信号转换成振动激励力的过程中可能会因自身的质量问题引起波形失真、自激颤振；激振能量分布太宽，太小的激振器对大型工件容易显得激振能量不足；激振器本身重量较大，安装卸载都较困难，需要对不同激励点进行激振测量，反复安装卸载既耗时又耗力。力锤，由阻抗头和一定质量的锤体结合组成，通过直接锤击试验对象、产生脉冲冲击激励力作用于试验对象，完成振动激励。力锤激励就是将激振器替换为带有阻抗头或力传感器的力锤作为激励工具。力锤激励的基本配置是力锤、阻抗头(力和加速度的压电复合传感器，可同时输出力和加速度信号，也有只用力传感器，不用阻抗头)、电荷放大器、不同材质的锤头顶帽等。力锤产生脉冲冲击激励力的大小、频带宽度和激励能量与锤头硬度、锤体重量和试验对象接触点处的材料硬度有关。力锤锤头上安装了力传感器，当锤头对试验对象瞬间加力接触时，会产生一个冲力，这个冲击力会使力传感器产生一个接近半正弦的瞬时波形，这个脉冲信号通过低噪声电缆线进行传输，经电荷放大器调理放大供后续分析处理。力锤的冲击脉宽及频率响应范围取决于锤头及试验对象材料，力锤一般配有钢、铝、尼龙、橡胶四种锤头顶帽以供选择。一般情况下，力锤质量大小决定冲击激励力，由试件的大小及要求激励的能量决定；冲击脉宽及频率响应范围取决于选择不同的锤头材料。小试件件需要的激励能量相对较小，对小试件，用力不能过大，否则会产生非线性失真；对大试件则不能用力太小，而不足以激起各阶模态。所以力锤重量及施力大小应根据具体试件而定。锤头的材料硬度决定了力脉冲宽度及其频谱宽度。锤头越坚硬，脉冲宽度越窄，频谱就越宽；锤头越软，脉冲宽度越宽，频谱就越窄。根据试验需要，选择更换锤头顶帽，分析频带要求较宽时要用钢质锤头进行锤击。锤击法激励结构，设备简单、操作方便快捷、激励力在较宽频带内有较平直的频谱特性。在中等结构特别是小型结构的动态测试中得到广泛应用。

综上分析，在结构构件疲劳损伤全局检测的振动激励试验中，力锤激励应该是最佳方案。力锤获取信号时间短、成本低，且易操作、力脉冲宽度及其频谱宽度可方便调整，满足检测振动激励的要求。

2.4.2　模态分析辅助选择激励点和测量点

采用有限元分析方法对测试对象进行模态分析，获得测试对象的振动振型，便于合理地选择振动激励点及输出响应测量点，避免激励点和测量点选择在振型的节点上。

有限元分析方法的基本思想是将所研究的对象(可以看成是连续的求解域)离散成按照一定方式连接在一起的有限个单元体的组合体，用这个组合体来模拟所要研究的对象，可以将一个无限自由度的连续体简化为一个有限自由度的离散体，这样就可以把对整个物体的分析转变为对其中的单元体的分析。

结构有限元分析方法离不开离散化处理、单元体分析和整体分析等三方面。结构的离散化处理主要包括以下两个方面：一是选择单元类型。单元类型是根据所要解决问题的单元的节点数、形状和节点自由度来进行选择。二是划分单元网格。在进行网格的划分之前谨慎选择对应的单元类型，而且网格划分的疏密程度对计算精度有很大影响，所以需要考虑具体的结构形式进行网格划分，例如，在应力应变变化不是很大的区域就没有必要对其划分得太密。有规律地划分网格，便于使计算机自动生成网格；将同一单元设定为同一种材料。在进行网格划分之后对节点进行编码。单元的刚度矩阵可以在对离散化后的结构单元进行力学分析后获得。三是整体分析对所研究对象进行整体分析包括以下几个方面的内容：获得整体节点载荷向量；获得整体刚度矩阵；设置边界条件。

常用的有限元分析软件 ANSYS 是 1970 年 ANSYS 公司研发和发行的大型通用有限元计算软件。目前多数的计算机辅助设计(computer aided design, CAD)软件，如 AutoCAD、Pro-E、Alogor 等均可以与 ANSYS 软件结合使用，实现数据的共享和交换。

运用 ANSYS 进行数值计算分析的主要步骤是前处理、加载后求解、后处理。前处理是指对所研究的对象进行实体建模和创建其有限元模型，包括实体模型的创建、定义单元类型、划分网格、修正模型等，建立起与研究对象相应的模型是 ANSYS 进行有限元分析的前提，可以通过以下几种方式对研究对象进行 ANSYS 建模。

(1)用 ANSYS 软件直接建立实体模型，然后进行网格划分得到有限元模型。

(2)在其他建模软件中(如 UG、Pro-E、AutoCAD 等)创建所研究对象的实体模型，然后以一定的方式导入 ANSYS 中。在导入过程中可能由于数据类型兼容性不好，模型部分细节丢失，所以需要对其进行修正后再对实体模型进行网格划分获得其有限元模型。

(3)直接在 ANSYS 软件中创建各种节点和单元。

(4)利用其他软件建立研究对象的有限元模型，然后将其节点和单元以一定的方式读入到 ANSYS 软件中进行分析。

完成了 ANSYS 前处理分析后，根据所要研究的要求对所建立的模型进行加载。ANSYS 软件中可供选择的载荷类型包含了集中载荷、面载荷、体积载荷、惯性载荷等多种加载方式。加载后对分析数据进行检查，主要检查：单元类型、材料属性和设置的实常数的单位是否统一等；在检查完、保证所得到的模型中没有裂缝等问题之后，对其进行求解。

在后处理模块中，ANSYS 提供了多种表达形式来提取分析结果，主要有列表、绘制相关曲线和图形等。具体地说，可以通过彩色的云图直观地查看结构的位移、应力、应变等。也可以通过动画的形式观察到结构的振型情况，除此之外，ANSYS 还提供了多种显示方式，包括梯度、矢量图、立体切片等。

模态分析是所有动力学分析的基础，可以用来确定结构的固有频率、振型。ANSYS 模态分析的对象既可以是存在预应力的结构，也可以是循环对称的结构。ANSYS 为结构的模态分析提供了多种可选的模态提取方法，具体地讲，包括兰索斯区块法(Block Lanczos)、能量法(Power Dynamic)、缩减法(Reduced/Householder)、非对称法(Unsymmetric)、阻尼法(Damp)、阻尼和子空间法(Damp and Subspace)。

对测试对象进行模态分析，提取模态固有频率和振型的步骤如下。

第一步，对研究对象建模。

ANSYS 软件自带建模的功能，对于形状结构简单的模型，可以运用 ANSYS 自带的建模工具建立结构的实体几何模型；对于结构复杂的研究对象来说，可以首先使用其他大型三维建模软件(如 AutoCAD、UG 等)建立实体模型，然后再导入 ANSYS 软件中进行分析。但是在把实体模型导入 ANSYS 软件时会遇到由于版本限制而不能导入或导入后有些曲面及单元体等无法识别等问题，甚至会产生模型重要面缺失的严重问题。

　　在对研究对象建立模型时，需要注意以下三点：①运用 ANSYS 软件进行模态分析的前提是所有单元是线性的；②所建立模型的材料可以是线性或者非线性的（非线性特性将被忽略）、正交各向同性或者各向异性的、与温度有关的或者恒定的；③有些指定的单元类型需要进行实常数的定义，还需要对所研究对象指定弹性模量和密度。

　　第二步，加载及求解。加载及求解步骤如图 2-1 所示。

　　第三步，扩展模态。扩展模态步骤如图 2-2 所示。

图 2-1　加载及求解步骤　　　　　　图 2-2　扩展模态步骤

　　第四步：观察结果和后处理。

　　在求解结束后，可以在 ANSYS 的后处理中查看结构的模态分析结果（固有频率、振型等模态参数），及相对应的应力及应变分析结果。对于模态分析来说，最主要的是获得所研究对象的固有频率和振型等模态参数结果。固有频率结果可通过列表获得其各阶固有频率的对应值，振型则既可以通过查看各阶的相对位置云图，也可以通过动画显示来查看各阶振型的振动情况。

　　计算得到测试对象的振动振型提供了激励点和测量点选择依据，振动激励点及输出响应测量点要避免选在振型的节线或节点上。

2.4.3　测试对象的柔性支承

　　振动试验就是要把反映损伤的振动模态激励出来，要尽可能减少其他约束条件的影响，必须采用自由支承。另外，再制造中的零件作为拆卸下来的零部件，对其分析不用考虑其工作状态，为采用自由支承提供了基础。所谓自由支承实际上是为了减少其他约束条件对试验结果产生的影响，对研究对象进行自由边界条件的模态分析。由于各种条件的限制，达到完美的自由边界条件几乎不可能，因此，自由边界条件模拟的好坏，在很大程度上决定试验结果的可靠性和精度。

　　通常采用柔软支承来近似模拟研究对象的自由边界条件，对于质量较小的研究对象，通常采用橡皮绳悬挂的方式；对于质量和尺寸都中等的待测对象，通常采用充气轮胎、泡沫进行支承；对于质量和尺寸都较大的研究对象，则采用弹簧进行支承。黄琴等[74]研究了橡皮绳悬挂、轮胎支承、海绵支承三种方式下铝制圆盘模态参数提取结果的差异。结果表明，轮胎支承下铝制圆盘试验模态参数与有限元数值分析结果最为接近，进一步分析发现，不同轮胎胎压对模态参数的影响也很大。田晶等[75]研究了不同支承方式、不同支承位置对钢板模态参数提取结果的影响。试验结果显示，对于质量较小的钢板，采用悬挂的支承方式模态参数提取结果更准确，而且悬挂点越少，结果越准确。上述研究进一步证明了不同的支承方式，即自由边界模拟对模态参数提取结果影响较大。傅志芳[76]指出，当支承系统最高模态频率小于研究对象最低弹性模态频率的 1/5 时，柔软支承对结构弹性模态频率的影响将会很小。也就是说，柔软支承引入了非零频率的刚体模态，但是，如果柔软支承刚度和阻尼足够小，那么引入的刚体模态也会很小，当远小于结构最低弹性模态频率时，对模态参数提取结果的影响将会很小。我们将以支承系统的最高固有频率低于被测试对象最低阶固有频率的 1/5 的原则，设计柔软支承系统。

2.5　锤击激励输入的 Volterra 模型辨识

　　在线性系统理论中 FRF 是被广泛应用的。GFRF 可认为是线性 FRF 概念在非线性情形的一个扩展。然而，相比于线性系统，基于 GFRF 给出非线性系统输入和输出频谱之间的函数关系将变得复杂得多。这种复杂的关系表明，GFRF 不能用于提供一个完整的非线性系统输出频谱的描述。而 NOFRF 概念就是为解决这一问题而提出的。NOFRF 是线性 FRF 在非线性情形下的又一个扩展，是 GFRF 的一个补充。

　　正确获取检测对象的动态信息是正确获取非线性特征的前提。脉冲信号作为一种宽频率激励信号，相对于单频率的激励信号，更能激起系统的动态特性。矩形脉冲作用于系统，将使得系统的响应包含更多的动态信息。因此，矩形脉冲激励能激起系统更丰富的动态信息，拾取的动态响应也将包含更全面的系统信息，将更有利于判断系统的状态。在阐述 NOFRF 理论的基础上，本节介绍由矩形脉冲激励及获得的响应信号辨识 NOFRF 模型的方法。

2.5.1 NOFRF 理论基础

对于一类零状态平衡非线性系统，其平衡状态处的输出可用 Volterra 级数描述为

$$y(t) = \sum_{n=1}^{N} \int_{-\infty}^{+\infty} \cdots \int_{-\infty}^{+\infty} h_n(\tau_1, \tau_2, \cdots, \tau_n) \prod_{i=1}^{n} u(t - \tau_i) \mathrm{d}\tau_i (\mathrm{d}\tau_1, \mathrm{d}\tau_2, \cdots, \mathrm{d}\tau_n) \qquad (2\text{-}1)$$

其中，$h_n(\tau_1, \tau_2, \cdots, \tau_n)$ 为 n 阶 Volterra 核；N 表示非线性的最大阶数；$u(t)$ 和 $y(t)$ 分别为系统输入和输出。

Lang 和 Billings[1]推导了常规输入下这类非线性系统的输出频率响应表达式，即

$$\begin{cases} Y(\mathrm{j}\omega) = \sum_{n=1}^{N} Y_n(\mathrm{j}\omega) \\ Y_n(\mathrm{j}\omega) = \dfrac{1/\sqrt{n}}{(2\pi)^{n-1}} \int_{\omega_1 + \omega_2 + \cdots + \omega_n = \omega} H_n(\mathrm{j}\omega_1, \mathrm{j}\omega_2, \cdots, \mathrm{j}\omega_n) \prod_{i=1}^{n} U(\mathrm{j}\omega_i) \mathrm{d}\sigma_{n\omega} \end{cases} \qquad (2\text{-}2)$$

其中，$Y_n(\mathrm{j}\omega)$ 为系统的 n 阶输出频率响应；$U(\mathrm{j}\omega)$ 为输入 $u(t)$ 的频谱。

$$\begin{aligned} &H_n(\mathrm{j}\omega_1, \mathrm{j}\omega_2, \cdots, \mathrm{j}\omega_n) \\ &= \int_{-\infty}^{+\infty} \cdots \int_{-\infty}^{+\infty} h_n(\tau_1, \tau_2, \cdots, \tau_n) \mathrm{e}^{-\mathrm{j}(\omega_1\tau_1 + \omega_2\tau_2 + \cdots + \omega_n\tau_n)} \mathrm{d}\tau_1 \mathrm{d}\tau_2 \cdots \mathrm{d}\tau_n, \quad n = 1, 2, \cdots, N \end{aligned} \qquad (2\text{-}3)$$

定义为第 n 阶 GFRF。Lang 和 Billings[1]根据系统输出频谱表达式 (2-2)，定义 NOFRF 为

$$G_n(\mathrm{j}\omega) = \dfrac{\displaystyle\int_{\omega_1 + \omega_2 + \cdots + \omega_n = \omega} H_n(\mathrm{j}\omega_1, \mathrm{j}\omega_2, \cdots, \mathrm{j}\omega_n) \prod_{i=1}^{n} U(\mathrm{j}\omega_i) \mathrm{d}\sigma_{n\omega}}{\displaystyle\int_{\omega_1 + \omega_2 + \cdots + \omega_n = \omega} \prod_{i=1}^{n} U(\mathrm{j}\omega_i) \mathrm{d}\sigma_{n\omega}}, \quad n = 1, 2, \cdots, N \qquad (2\text{-}4)$$

满足以下条件，即

$$U_n(\mathrm{j}\omega) = \int_{\omega_1 + \omega_2 + \cdots + \omega_n = \omega} \prod_{i=1}^{n} U(\mathrm{j}\omega_i) \mathrm{d}\sigma_{n\omega} = \mathrm{FFT}(u^n(t)) \neq 0 \qquad (2\text{-}5)$$

通过 NOFRF $G_n(\mathrm{j}\omega)$ $(n = 1, 2, \cdots, N)$，方程 (2-2) 可写为

$$Y(\mathrm{j}\omega) = \sum_{n=1}^{N} Y_n(\mathrm{j}\omega) = \sum_{n=1}^{N} G_n(\mathrm{j}\omega) U_n(\mathrm{j}\omega) \qquad (2\text{-}6)$$

式 (2-6) 与线性系统的输出频率响应的描述类似，其表示的非线性系统的输出

频率响应，如图 2-3 所示。

从式 (2-6) 和图 2-3 可以看出，$G_n(j\omega)$ 是一维的，允许使用类似于分析线性系统的方式来分析非线性系统。

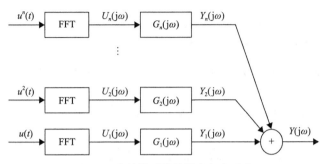

图 2-3　非线性系统的输出频率响应

2.5.2　NOFRF 辨识分析

NOFRF 描述系统在特定输入下的输出频率响应，因此针对不同的输入信号，系统 NOFRF 的描述也将不一样。

1. 一般信号输入下 NOFRF 的估算

为避免 GFRF 的计算，文献[1]、[2]提出基于系统输入输出数据直接估计 NOFRF 的方法。该方法首先将式 (2-6) 重写为

$$\boldsymbol{Y}(j\omega) = \left[U_1(j\omega), U_2(j\omega), \cdots, U_N(j\omega) \right] \boldsymbol{G}(j\omega) \tag{2-7}$$

式中，$\boldsymbol{G}(j\omega) = \left[G_1(j\omega), G_2(j\omega), \cdots, G_N(j\omega) \right]^{\mathrm{T}}$。

考虑 $u(t) = \alpha u^*(t)$，式中 α 是一个常数，$u^*(t)$ 为给定的输入信号，则可构造非线性输入为

$$
\begin{aligned}
U_n(j\omega) &= \frac{1/\sqrt{n}}{(2\pi)^{n-1}} \int_{\omega_1 + \omega_2 + \cdots + \omega_n = \omega} \prod_{i=1}^{n} U(j\omega_i) \mathrm{d}\sigma_{n\omega} \\
&= \alpha^n \frac{1/\sqrt{n}}{(2\pi)^{n-1}} \int_{\omega_1 + \omega_2 + \cdots + \omega_n = \omega} \prod_{i=1}^{n} U^*(j\omega_i) \mathrm{d}\sigma_{n\omega} = \alpha^n U_n^*(j\omega)
\end{aligned} \tag{2-8}
$$

式中，$U^*(j\omega)$ 是 $u^*(t)$ 的频谱，且有

$$U_n^*(j\omega) = \frac{1/\sqrt{n}}{(2\pi)^{n-1}} \int_{\omega_1 + \omega_2 + \cdots + \omega_n = \omega} \prod_{i=1}^{n} U^*(j\omega_i) \mathrm{d}\sigma_{n\omega}$$

式(2-7)重写为

$$Y(j\omega) = \left[\alpha U_1^*(j\omega), \alpha^2 U_2^*(j\omega), \cdots, \alpha^N U_N^*(j\omega) \right] \boldsymbol{G}(j\omega) \tag{2-9}$$

式中，$\boldsymbol{G}(j\omega) = \left[G_1(j\omega), G_2(j\omega), \cdots, G_N(j\omega) \right]^T$ 是要计算的 NOFRF。通过信号 $\alpha_i u^*(t)$ $\left(i = 1, 2, \cdots, \overline{N} \right)$ 激励系统 $\overline{N}$ 次，其中 $\overline{N} \geqslant N$，且 $\alpha_{\overline{N}} > \alpha_{\overline{N-1}} > \cdots > \alpha_1 > 0$。假设得到 $\overline{N}$ 个输出频率响应为 $Y^i(j\omega) \left(i = 1, 2, \cdots, \overline{N} \right)$，则式(2-9)可表示为

$$\boldsymbol{Y}^{1,\cdots,\overline{N}}(j\omega) = \left[Y^1(j\omega), Y^2(j\omega), \cdots, Y^{\overline{N}}(j\omega) \right]^T = \boldsymbol{A}\boldsymbol{U}^{1,2,\cdots,\overline{N}}(j\omega)\boldsymbol{G}(j\omega) \tag{2-10}$$

其中，$\boldsymbol{A}\boldsymbol{U}^{1,2,\cdots,\overline{N}} = \begin{bmatrix} \alpha_1 U_1^*(j\omega), \alpha_1^2 U_2^*(j\omega), \cdots, \alpha_1^N U_N^*(j\omega) \\ \vdots \qquad\qquad \vdots \qquad\qquad \vdots \\ \alpha_{\overline{N}} U_1^*(j\omega), \alpha_{\overline{N}}^2 U_2^*(j\omega), \cdots, \alpha_{\overline{N}}^N U_N^*(j\omega) \end{bmatrix}$

显然 NOFRF $G_1(j\omega), G_2(j\omega), \cdots, G_N(j\omega)$ 的值可利用最小二乘估计法确定，结果如下：

$$\boldsymbol{G}(j\omega) = \left[\left(\boldsymbol{A}\boldsymbol{U}^{1,2,\cdots,\overline{N}}(j\omega) \right)^T \left(\boldsymbol{A}\boldsymbol{U}^{1,2,\cdots,\overline{N}}(j\omega) \right) \right]^{-1} \left(\boldsymbol{A}\boldsymbol{U}^{1,2,\cdots,\overline{N}}(j\omega) \right)^T \boldsymbol{Y}^{1,2,\cdots,\overline{N}}(j\omega) \tag{2-11}$$

这种用来确定 NOFRF 值的方法需要系统在 $\overline{N}$ 个不同的输入信号 $\alpha_i u^*(t)$ $\left(i = 1, 2, \cdots, \overline{N} \right)$ 激励下的实验或仿真结果。实际可利用数学或有限元模型进行仿真或者在系统上完成实验，收集相应数据，然后基于该方法辨识系统的 NOFRF。

2. 谐波输入下 NOFRF 的辨识

谐波输入在许多工程系统动态测试中得到了广泛应用，因此，谐波输入下 NOFRF 概念的扩展具有相当大的工程意义。假设系统(2-1)受到的激励为谐波输入为

$$u(t) = A\cos\left(\omega_F t + \beta \right) \tag{2-12}$$

式中，ω_F 为谐波频率。此时，Lang 和 Billings[1]表明方程(2-2)可表示为

$$Y(j\omega) = \sum_{n=1}^{N} Y_n(j\omega)$$

$$= \sum_{n=1}^{N} \left(\frac{1}{2^n} \sum_{\omega_{k_1} + \omega_{k_2} + \cdots + \omega_{k_n} = \omega} H_n\left(j\omega_1, j\omega_2, \cdots, j\omega_n \right) A\left(j\omega_{k_1} \right) A\left(j\omega_{k_2} \right) \cdots A\left(j\omega_{k_n} \right) \right)$$

$$\tag{2-13}$$

式中

$$A(j\omega) = \begin{cases} |A| e^{j\,\mathrm{sign}(k)\beta}, & \omega \in \{k\omega_F, k = \pm 1\} \\ 0, & \text{其他} \end{cases} \tag{2-14}$$

由式(2-14)知系统响应的频率可表示为

$$\Omega = \bigcup_{n=1}^{N} \Omega_n \tag{2-15}$$

式中，Ω_n 为第 n 阶输出的频率成分，可通过下式进行定义：

$$\left\{ \omega = \omega_{k_1} + \omega_{k_2} + \cdots + \omega_{k_n} \,\middle|\, \omega_{k_i} = \pm\omega_F, i = 1, 2, \cdots, n \right\} \tag{2-16}$$

从方程(2-16)知如果 $\omega_{k_1}, \omega_{k_2}, \cdots, \omega_{k_n}$ 都是 $-\omega_F$，则 $\omega = -n\omega_F$。如果其中的 k 个为 ω_F，则 $\omega = (-n + 2k)\omega_F$，$k \leqslant n$，于是 $Y_n(j\omega)$ 可能的频率成分为

$$\Omega_n = \left\{ (-n + 2k)\omega_F, k = 0, 1, \cdots, n \right\} \tag{2-17}$$

那么系统输出的频率成分为

$$\Omega = \bigcup_{n=1}^{N} \Omega_n = \left\{ k\omega_F, k = -N, -N+1, \cdots, -1, 0, 1, \cdots, N \right\} \tag{2-18}$$

方程(2-18)解释了非线性系统进行谐波激励时产生超谐波成分的本质。基于谐波输入定义 NOFRF 为

$$G_n^H(j\omega) = \frac{\dfrac{1}{2^n} \displaystyle\sum_{\omega_{k_1} + \omega_{k_2} + \cdots + \omega_{k_n} = \omega} H_n(j\omega_1, j\omega_2, \cdots, j\omega_n) A(j\omega_{k_1}) A(j\omega_{k_2}) \cdots A(j\omega_{k_n})}{\dfrac{1}{2^n} \displaystyle\sum_{\omega_{k_1} + \omega_{k_2} + \cdots + \omega_{k_n} = \omega} A(j\omega_{k_1}) A(j\omega_{k_2}) \cdots A(j\omega_{k_n})} \tag{2-19}$$

满足条件

$$A_n(j\omega) = \frac{1}{2^n} \sum_{\omega_{k_1} + \omega_{k_2} + \cdots + \omega_{k_n} = \omega} A(j\omega_{k_1}) A(j\omega_{k_2}) \cdots A(j\omega_{k_n}) \neq 0 \tag{2-20}$$

那么，在谐波输入下输出频谱 $Y(j\omega)$ 可表示为

$$Y(j\omega) = \sum_{n=1}^{N} Y_n(j\omega) = \sum_{n=1}^{N} G_n^H(j\omega) A_n(j\omega) \tag{2-21}$$

假设 N 个频率中 k 个是 ω_F，其余是 $-\omega_F$，把式 (2-14) 代入式 (2-20) 得

$$A_n\left(\mathrm{j}(-n+2k)\omega_F\right)=\frac{1}{2^n}|A|^n\,\mathrm{e}^{\mathrm{j}(-n+2k)\beta} \tag{2-22}$$

则 $G_n^H(\mathrm{j}\omega)$ 可化为

$$
G_n^H\left(\mathrm{j}(-n+2k)\omega_F\right)=\frac{\dfrac{1}{2^n}H_n\left(\overbrace{\mathrm{j}\omega_F,\mathrm{j}\omega_F,\cdots,\mathrm{j}\omega_F}^{k},\overbrace{-\mathrm{j}\omega_F,-\mathrm{j}\omega_F,\cdots,-\mathrm{j}\omega_F}^{n-k}\right)|A|^n\,\mathrm{e}^{\mathrm{j}(-n+2k)\beta}}{\dfrac{1}{2^n}|A|^n\,\mathrm{e}^{\mathrm{j}(-n+2k)\beta}}
$$

$$
=H_n\left(\overbrace{\mathrm{j}\omega_F,\mathrm{j}\omega_F,\cdots,\mathrm{j}\omega_F}^{k},\overbrace{-\mathrm{j}\omega_F,-\mathrm{j}\omega_F,\cdots,-\mathrm{j}\omega_F}^{n-k}\right) \tag{2-23}
$$

式中，$H_n\left(\mathrm{j}\omega_1,\mathrm{j}\omega_2,\cdots,\mathrm{j}\omega_n\right)$ 是一个对称函数。由式 (2-21) 和式 (2-23) 可推出谐波激励下系统前四阶 NOFRF 估算式为

$$Y\left(\mathrm{j}\omega_F\right)=G_1^H\left(\mathrm{j}\omega_F\right)A_1\left(\mathrm{j}\omega_F\right)+G_3^H\left(\mathrm{j}\omega_F\right)A_3\left(\mathrm{j}\omega_F\right) \tag{2-24}$$

$$Y\left(\mathrm{j}2\omega_F\right)=G_2^H\left(\mathrm{j}2\omega_F\right)A_2\left(\mathrm{j}2\omega_F\right)+G_4^H\left(\mathrm{j}2\omega_F\right)A_4\left(\mathrm{j}2\omega_F\right) \tag{2-25}$$

$$Y\left(\mathrm{j}3\omega_F\right)=G_3^H\left(\mathrm{j}3\omega_F\right)A_3\left(\mathrm{j}3\omega_F\right) \tag{2-26}$$

$$Y\left(\mathrm{j}4\omega_F\right)=G_4^H\left(\mathrm{j}4\omega_F\right)A_4\left(\mathrm{j}4\omega_F\right) \tag{2-27}$$

由式 (2-24)~式 (2-27) 可看出，利用两个频率相同、幅值不同的谐波信号即可估算得系统的前四阶 NOFRF，有效地减少了估计量。

2.5.3　矩形脉冲激励下 NOFRF 的辨识

目前基于 NOFRF 的损伤检测研究几乎都是采用谐波激励输入。但实际应用中，非线性系统往往由多个元件组成，具有多阶固有频率，单一的频率激励将无法完全激起系统的故障信息。与单一频率的正弦信号相比，矩形脉冲信号拥有更多的频率成分，在频域中的表现更加丰富，更能激起系统的故障信息，更有利于损伤检测。矩形脉冲信号实现简单、应用广泛，在电子电路和机械工程中都普遍存在。

假设系统的激励信号为矩形脉冲信号[77]

$$u^*(t)=\begin{cases}A, & 0\leqslant t\leqslant \tau\\ 0, & \text{其他}\end{cases} \tag{2-28}$$

其中，A 为脉冲幅值；τ 为脉冲宽度，其对应的频谱为

$$U^*(\mathrm{j}\omega) = A\tau \frac{\sin(\omega\tau/2)}{\omega\tau/2} = A\tau \cdot \mathrm{Sa}(\omega\tau/2) \tag{2-29}$$

矩形脉冲时域图和频谱图如图 2-4 所示。

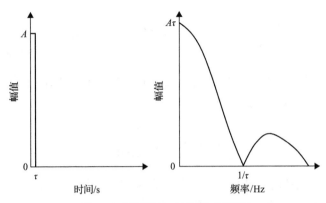

图 2-4　矩形脉冲时域图和频谱图

由抽样函数卷积不变性，频域卷积定理适用于矩形脉冲信号，则有

$$\mathrm{FFT}\left((u^*(t))^n\right) = \mathrm{FFT}\left(A^n u(t)\right) = A^n U(\mathrm{j}\omega) \tag{2-30}$$

式中，$\mathrm{FFT}(\cdot)$ 表示快速傅里叶变换，$U(\mathrm{j}\omega)$ 是单位矩形脉冲 $u(t)$ 的傅里叶变换，则系统非线性输入式(2-5)可化简为

$$U_n(\mathrm{j}\omega) = \frac{1}{\sqrt{n}}\mathrm{FFT}\left(u^n(t)\right) = \frac{1}{\sqrt{n}} A^n U(\mathrm{j}\omega) \tag{2-31}$$

由图 2-3 可得矩形脉冲激励下非线性系统的输出频率响应，如图 2-5 所示。

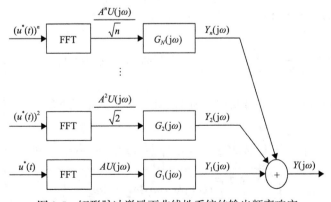

图 2-5　矩形脉冲激励下非线性系统的输出频率响应

根据图 2-5 和式 (2-6) 可得矩形脉冲激励下非线性系统输出频谱表达式为

$$Y(j\omega) = G_1(j\omega)AU(j\omega) + G_2(j\omega)\frac{A^2 U(j\omega)}{\sqrt{2}} + \cdots + G_n(j\omega)\frac{A^n U(j\omega)}{\sqrt{n}} + \cdots \quad (2\text{-}32)$$

则

$$G_1(j\omega) + \frac{AG_2(j\omega)}{\sqrt{2}} + \cdots + \frac{A^{n-1}G_n(j\omega)}{\sqrt{n}} + \cdots = \frac{Y(j\omega)}{AU(j\omega)} = \frac{G_{YU}(j\omega)}{G_{UU}(j\omega)} \quad (2\text{-}33)$$

式中，$G_{YU}(j\omega)$ 为 $u(t)$ 与 $y(t)$ 的互谱，$G_{UU}(j\omega)$ 为 $u(t)$ 的自谱。由线性理论知，线性过程的传递函数 $H(j\omega)$ 表示为

$$H(j\omega) = \frac{G_{YU}(j\omega)}{G_{UU}(j\omega)} \quad (2\text{-}34)$$

因此可利用成熟的线性传递函数分析方法估算各阶 NOFRF。从式 (2-33) 可看出，矩形脉冲激励下 NOFRF 的计算比一般信号下计算 NOFRF 的方法更简单，运算更快，且互谱自谱的运算使算法抗噪声能力更强，稳定性更好。研究表明前四阶非线性输出即可描述非线性系统，因此利用四个持续时间相同、幅值不同的矩形脉冲信号激励系统，收集相应的输出数据，利用式 (2-33) 即可求出前四阶 NOFRF 对系统进行描述。

2.6　锤击激励下 NOFRF 四种估计方法

基于 Volterra 级数理论，Lang 和 Billings[1] 给出了一大类非线性系统输出频率响应的表达式：

$$\begin{cases} Y(j\omega) = \sum_{n=1}^{N} Y_n(j\omega) \\ Y_n(j\omega) = \frac{1/\sqrt{n}}{(2\pi)^{n-1}} \int_{\omega_1+\omega_2+\cdots+\omega_n=\omega} H_n(j\omega_1, j\omega_2, \cdots, j\omega_n) \prod_{i=1}^{n} U(j\omega_i) d\sigma_{n\omega} \end{cases}$$

式中，$H_n(j\omega_1, j\omega_2, \cdots, j\omega_n)$ 是第 n 阶 GFRF。基于此定义 NOFRF 为[77]

$$G_n(j\omega) = \frac{\int_{-\infty}^{+\infty} \cdots \int_{-\infty}^{+\infty} H_n(j\omega_1, j\omega_2, \cdots, j\omega_n) \prod_{i=1}^{n} U(j\omega_i) d\omega_1 d\omega_2 \cdots d\omega_n}{\int_{-\infty}^{+\infty} \cdots \int_{-\infty}^{+\infty} \prod_{i=1}^{n} U(j\omega_i) d\omega_1 d\omega_2 \cdots d\omega_n}, \quad n = 1, 2, \cdots, N$$

满足条件 $\displaystyle\int_{-\infty}^{+\infty}\cdots\int_{-\infty}^{+\infty}\prod_{i=1}^{n}U(j\omega_i)\mathrm{d}\omega_1\mathrm{d}\omega_2\cdots\mathrm{d}\omega_n\neq 0$，则非线性系统输出可表示为

$$Y(j\omega)=\sum_{n=1}^{N}Y_n(j\omega)=\sum_{n=1}^{N}G_n(j\omega)U_n(j\omega)$$

式中

$$U_n(j\omega)=\frac{1/\sqrt{n}}{(2\pi)^{n-1}}\int_{-\infty}^{+\infty}\cdots\int_{-\infty}^{+\infty}\prod_{i=1}^{n}U(j\omega_i)\mathrm{d}\omega_1\mathrm{d}\omega_2\cdots\mathrm{d}\omega_n=\frac{1}{\sqrt{n}}\mathrm{FFT}\left(u^n(t)\right)$$

2.6.1　锤击激励下基于输入输出直接估计 NOFRF

一种直接利用输入输出数据估算 NOFRF 的方法，就是由式(2-6)，对于每一组输入输出可构建一个 N 元的非线性方程[77]：

$$Y(j\omega)=\sum_{n=1}^{N}Y_n(j\omega)=G_1(j\omega)U_1(j\omega)+G_2(j\omega)U_2(j\omega)+G_3(j\omega)U_3(j\omega)+\cdots \quad (2\text{-}35)$$

因此，若求 N 阶 NOFRF，只需 $\overline{N}$ 组波形相同、幅值不同的输入输出数据构造方程组，其中 $\overline{N}\geqslant N$，然后利用最小二乘法进行求解，即可得到前 N 阶 NOFRF 如下：

$$G(j\omega)=\left[U^{1,2,\cdots,\overline{N}}(j\omega)^{\mathrm{T}}U^{1,2,\cdots,\overline{N}}(j\omega)\right]^{-1}U^{1,2,\cdots,\overline{N}}(j\omega)^{\mathrm{T}}Y^{1,2,\cdots,\overline{N}}(j\omega) \quad (2\text{-}36)$$

其中

$$U^{1,2,\cdots,\overline{N}}(j\omega)=\begin{bmatrix} U_1^1(j\omega),U_2^1(j\omega),\cdots,U_N^1(j\omega) \\ U_1^2(j\omega),U_2^2(j\omega),\cdots,U_N^2(j\omega) \\ \vdots \quad\quad \vdots \quad\quad \vdots \\ U_1^{\overline{N}}(j\omega),U_2^{\overline{N}}(j\omega),\cdots,U_N^{\overline{N}}(j\omega) \end{bmatrix}$$

$$Y^{1,2,\cdots,\overline{N}}(j\omega)=\left[Y^1(j\omega),Y^2(j\omega),\cdots,Y^{\overline{N}}(j\omega)\right]$$

其中，$U_N^{\overline{N}}(j\omega)$ 为第 $\overline{N}$ 次激励输入的第 N 阶频谱；$Y^{\overline{N}}(j\omega)$ 为第 $\overline{N}$ 次激励的输出频谱。

当力锤和测试试件参数不变时，改变锤击速度将使力的幅度改变，而脉冲波形和宽度不变。因此可通过控制锤击速度得到不同幅值的脉冲锤击信号和相应的响应信号，然后基于式(2-35)构造方程组估计系统 NOFRF。

　　然而由锤击试验研究知，直接利用数据进行 NOFRF 估计，精度并不高，影响因素主要包含：①随机性误差，试验环境中不确定因素(噪声等)造成；②主观性误差，操作不当导致；③测试系统误差，测量方法和仪器带来。为减少误差，提高 NOFRF 估计精度，提出以下几方面进行改进：①确保所用仪器和人工操作正确；②为抑制环境噪声，提高信噪比，对力脉冲信号加力窗函数处理，对响应信号加指数窗处理；③采用多次平均的方法求 NOFRF，即进行多组试验，将多组试验求得的 NOFRF 进行平均处理，可提高 NOFRF 的精度和稳定性，消除一些非损伤引起的非线性因素。

　　该方法估计 NOFRF 虽然简便、易理解，但人工很难实现不同的锤击力度，这样在求解方程组时可能引起计算误差；再者，为提高估计精度需进行多次锤击，这容易导致人工疲劳，引入不必要的误差，造成估计精度不稳定。

2.6.2　基于 NARMAX 模型与谐波信号估计 NOFRF

　　为降低直接估计方法带来的高激励成本和不稳定性，提高 NOFRF 的估计精度和稳定性，Peng 等[2-4]引入了基于 NARMAX 模型进行 NOFRF 估计的思想：通过输入信号激励系统，收集相应的响应，然后辨识系统的 NARMAX 模型，则系统任何动态特性的变化都包含在辨识得到的模型中，包括非线性特性，然后进行模拟仿真研究，从辨识得到的 NARMAX 模型中提取 NOFRF。

　　NARMAX 模型为非线性系统提供了最为一般化的离散表达式，与系统微分方程等价，能够包含系统所有动态特性的变化，其展开回归模型为

$$y(t) = \sum_{i=1}^{M} p_i(t)\theta_i + \xi(t), \quad t = 1, 2, \cdots, N \tag{2-37}$$

式中，N 是数据长度，M 为总候选项数，多项式 $p_i(t)$ 是输入、输出项或者它们的乘积项，$\xi(t)$ 是模型误差，θ_i 为未知的估计参数。Peng 等[37,40,41]利用改进的正交前向最小二乘法识别非线性系统，是常用的辨识算法。NARMAX 模型辨识需足够的输入输出数据作为先验经验值，然而，脉冲锤击信号持续时间短，收集的输入数据不够辨识模型所需[78]。

　　假设在试验时，试件上锤击点激励位置和接收传感器安装位置如图 2-6 所示，图中 H 处为锤击激励位置，$R1$ 和 $R2$ 为接收传感器安装位置。

　　当锤击力为 F 时，收集到的系统响应分别为 Y_{R1} 和 Y_{R2}，则有

　　(1) $R1$ 处传递函数为

$$H_{R1} = \frac{Y_{R1}}{F} \tag{2-38}$$

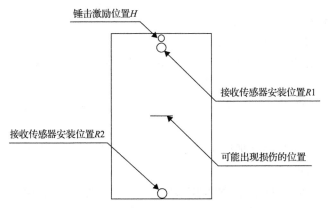

图 2-6　试件上锤击点激励位置和接收传感器安装位置

(2) $R2$ 处传递函数为

$$H_{R2} = \frac{Y_{R2}}{F} \tag{2-39}$$

当系统确定时，存在下列关系式：

$$\frac{Y_{R2}}{Y_{R1}} = \frac{H_{R2}F}{H_{R1}F} = \frac{H_{R2}}{H_{R1}} \tag{2-40}$$

式中，H_{R1} 和 H_{R2} 是系统的固有属性，能够描述系统的传递特性和动态特性，则 $R1$ 和 $R2$ 处响应之间的关系能够用来描述系统的动态特性。因此，可利用 $R1$ 处的响应 Y_{R1} 作为输入，然后收集系统另一处的响应 Y_{R2} 作为输出，来辨识这两点之间的 NARMAX 模型。试验时应确保非线性因素位置处于两个传感器的传递路径上。该方法仅需激励一次检测对象系统即可完成 NOFRF 辨识，基于 NARMAX 模型进行 NOFRF 辨识流程图如图 2-7 所示。

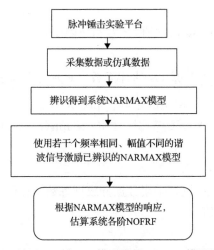

图 2-7　基于 NARMAX 模型进行 NOFRF 辨识流程图

具体步骤如下：

(1)激励检测对象系统一次；

(2)利用改进的前向回归最小二乘法基于测量得到的系统数据进行 NARMAX 模型辨识；

(3)使用 N 个频率相同、幅值不同的正弦信号激励确定的 NARMAX 模型，计算相应的系统响应；

(4)基于(3)中的激励和响应信号利用文献[3]提出正弦信号下 NOFRF 的估计方法计算各阶 NOFRF。

基于 NARMAX 模型进行 NOFRF 估计仅需一次激励系统即可完成 NOFRF 的估计，大大降低了激励成本。通过谐波信号进行数值模拟估算各阶 NOFRF，能够有效减少计算量，提高辨识精度。

2.6.3　基于改进的 NARMAX 模型与谐波信号估计 NOFRF

在实际辨识过程中，要先采用确定模型结构的方法根据实际情况确定模型结构。众所周知，最小二乘法在预测和解释方面经常是薄弱的：①虽然最小二乘法的偏差较小，但方差可能很大；②在预测时，往往希望模型中非零参数少但对响应变量有尽可能大的影响，而最小二乘法并不能满足这些要求。

提出用惩罚技术改进最小二乘法[79]。对最小二乘加入不同权重的惩罚，使得算法能够快速、精确地进行模型项选择和参数估计，定义如下：

$$\hat{\beta}^{*(n)} = \arg\min_{\beta} \left\| y - \sum_{j=1}^{p} x_j \beta_j \right\|^2 \quad \text{s.t.} \quad \lambda_n \sum_{j=1}^{p} \hat{w}_j |\beta_j| < t \tag{2-41}$$

式中，$\hat{\beta}^{*(n)}$ 是 adaptive lasso 估计值，λ 为惩罚因子，$\hat{w}_j = \dfrac{1}{|\beta_j|^\gamma}(\gamma > 0)(j = 1, 2, \cdots, p)$ 为权重，$\hat{\beta} = (\hat{\beta}_1, \hat{\beta}_2, \cdots, \hat{\beta}_p)^T$ 是 LS 估计系数，γ 为权重因子。正确构建模型是进行系统分析的基础，为保证模型的正确性和稳定性，我们提出 PSO-adaptive lasso 辨识算法进行 NARMAX 模型辨识。PSO-adaptive lasso 算法流程图如图 2-8 所示。

具体辨识步骤如下：

(1)按十倍交叉验证准则把采集数据分成训练数据和验证数据，并基于 PSO 初始化惩罚因子 λ 和权重值 γ；

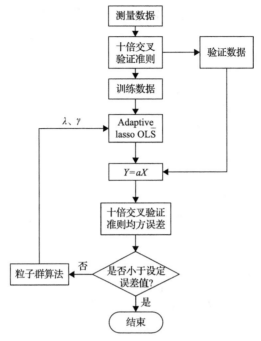

图 2-8　PSO-adaptive lasso 算法流程图

(2) 假设基于训练数据构造模型项 $p(\cdot)$ 总数为 M，令项 $p_i(k)(i=1,2,\cdots,M)$ 等于 $w_1(k)$，计算

$$
\begin{cases}
g_1^i = \dfrac{\displaystyle\sum_{k=1}^{N} w_1^i(k)y(k)}{\displaystyle\sum_{k=1}^{N}\left(w_1^i(k)\right)^2} \\[4mm]
g_1^{(\mathrm{ADL},i)} = \left(\left|g_1^i\right| - \dfrac{\lambda/\left(2\left|g_1^i\right|^{\gamma}\right)}{\displaystyle\sum_{k=1}^{N}\left(w_1^i(k)\right)^2}\right)_{+}\,\mathrm{sign}\left(g_1^i\right) \\[4mm]
[ad\varepsilon RR]_1^{(i)} = \left(\left(g_1^{(\mathrm{ADL},i)}\right)^2 \times \left(\displaystyle\sum_{k=1}^{N}\left(w_1^i(k)\right)^2\right)\middle/\displaystyle\sum_{k=1}^{N}y^2(k)\right)
\end{cases}
\tag{2-42}
$$

式中，$ad\varepsilon RR$ 是误差减少率；

(3) 找出 $[ad\varepsilon RR]_1^{(i)}$ 中最大值，假设 $[ad\varepsilon RR]_1^{(j)} = \max\left\{[ad\varepsilon RR]_1^{(i)}, 1 \leqslant i \leqslant M\right\}$，那么第 j 项作为模型的第一项选入模型，假设 $w_1(k) = p_j(k)$；

(4)余下所有项 $p_i(k)(i=1,2,\cdots,M,i \neq j)$ 作为模型第二项 $w_2(k)$ 的候选项。令 $i=1,2,\cdots,M(i \neq j)$，计算

$$
\begin{cases}
r_{12} = \dfrac{\displaystyle\sum_{k=1}^{N} w_1(k)y(k)}{\displaystyle\sum_{k=1}^{N} w_1^2(k)} \\[4mm]
w_2^i(k) = p_i(k) - r_{12}^{(i)} w_1^k \\[2mm]
g_2^i = \dfrac{\displaystyle\sum_{k=1}^{N} w_2^i(k)y(k)}{\displaystyle\sum_{k=1}^{N} \left(w_2^i(k)\right)^2} \\[4mm]
g_2^{(\mathrm{ADL},i)} = \left(\left|g_2^i\right| - \dfrac{\lambda \big/ \left(2\left|g_2^i\right|^{\gamma}\right)}{\displaystyle\sum_{k=1}^{N} \left(w_2^i(k)\right)^2}\right)_{+} \mathrm{sign}\left(g_2^i\right) \\[4mm]
[ad\varepsilon RR]_2^{(i)} = \left(\left(g_2^{(\mathrm{ADL},i)}\right)^2 \times \left(\displaystyle\sum_{k=1}^{N} \left(w_2^i(k)\right)^2\right) \Big/ \displaystyle\sum_{k=1}^{N} y^2(k)\right)
\end{cases}
\tag{2-43}
$$

式中，r_{12} 是正交化过程矩阵 $\boldsymbol{R}$ 的项，$\boldsymbol{R}$ 是上三角矩阵。

(5)同理找出最大的 $[ad\varepsilon RR]_2^{(i)}$ 值，假设

$$
[ad\varepsilon RR]_2^{(l)} = \max\left\{[ad\varepsilon RR]_2^{(i)},\ 1 \leqslant i \leqslant M,\ i \neq j\right\}
$$

那么第 l 项作为模型的第二项选入模型，假设 $w_2(k) = p_l(k)$；

(6)继续选项，直到误差减少率 $[ad\varepsilon RR]_2^{(i)}$ 达到设定的阈值，该阈值可选择非常小的非零正数，通过回代 $R\Theta = g$ 进行参数估计，得到一个拟合函数，把训练数据代入，则得到一个估计误差 ε_1；

(7)按前面步骤进行其余 9 次拟合，最后对 10 次估计误差求均方差 $\overline{\varepsilon^2}$；

(8)若 $\overline{\varepsilon^2}$ 小于设定的估计误差阈值，则辨识结束，选择 10 次拟合中估计误差最小的函数为 NARMAX 模型，若 $\overline{\varepsilon^2}$ 大于设定阈值则转(9)；

(9)利用 PSO 算法对 λ、γ 进行优化，转到步骤(2)。

对提出方法进行验证，通过式(2-44)描述的系统生成数据，即

$$y(t) = 0.5y(t-1) - 0.001y(t-1)y(t-1) + 0.000001u(t-1)u(t-1)$$
$$+ 0.5e(t-1) + u(t-2) + 0.2u(t-1)e(t-2) + e(t) \tag{2-44}$$

式中，u 为单位谐波，频率取 20Hz；噪声 $e(t)$ 为 0.04*randn(1,1024) 产生的序列，延迟时间为 $l=n_y=n_u=n_e=3$，阶数取 3，采样频率为 400Hz，采集 400 个样本点。利用两种方法进行辨识，得到各模型项及相应的参数，两种辨识方法的辨识结果如表 2-1 所示。

辨识算法各参数的设置：改进的最小二乘法的阈值为 0.001%；PSO-adaptive lasso 算法中 PSO 算法各参数按一般要求设置即可，误差阈值为 0.001%。从辨识结果可看出，即使阈值已很小，改进的最小二乘法仍没能选择完所有项；再者，由于算法是前向回归算法，会引入无关的项，PSO-adaptive lasso 算法使无关项的参数更加趋于零，所以改进的算法能够保证辨识模型更加稳定和精确。

表 2-1　两种辨识方法的辨识结果

项	MGS+[err]	PSO-adaptive lasso
$u(t-2)$	1.0000	1.0000
$y(t-1)$	0.5000	0.5000
$e(t)$	1.0000	1.0000
$e(t-1)$	0.5000	0.5000
$u(t-1)\,e(t-2)$	0.2000	0.2000
$u(t-1)\,u(t-1)$	0.1000	0.1000
$y(t-1)\,y(t-1)$	—	0.000001
$u(t-3)$	2.5918×10^{-7}	6.5665×10^{-16}
$e(t-2)$	-2.2733×10^{-8}	2.6294×10^{-16}
$e(t-3)$	-3.4679×10^{-8}	1.1103×10^{-16}

该方法流程在前述估计方法基础上，把改进的前向回归最小二乘法改为 PSO-adaptive lasso 算法来辨识 NARMAX 模型，具体步骤不再详述。

该方法中，PSO-adaptive lasso 算法能够使辨识得到的 NARMAX 模型的参数更精确、解释性更好、泛化性更强，保证模型能够很好地描述检测系统，这样能够一定程度上提高后续 NOFRF 的估计精度。

2.6.4　基于 NARMAX 模型与矩形脉冲估计 NOFRF

在实际研究中发现，由于系统的复杂性，单一频率的谐波信号并不总能完全激起系统的动态特性信息。而且，实际应用发现，对于同一个分析系统，当使用不同频率的谐波信号激励系统进行 NOFRF 估计并提取非线性特征时，得到的结果往往有一定的误差，这样容易造成系统分析的不稳定性。与谐波信号相比，脉冲信号拥有更多的频率成分，更能激起系统的动态信息。实际中，只需保证脉冲信号的上限频率足够高，即可激起足够多的动态信息，且结果稳定可靠。基于此，推导了矩形脉冲激励下 NOFRF 的估计式，并提出了基于 NARMAX 模型与矩形脉冲估计 NOFRF 的方法[79]。

矩形脉冲激励下非线性系统输出的表达式如下：

$$Y(\mathrm{j}\omega) = G_1(\mathrm{j}\omega)AU(\mathrm{j}\omega) + G_2(\mathrm{j}\omega)\frac{A^2U(\mathrm{j}\omega)}{\sqrt{2}} + \cdots + G_n(\mathrm{j}\omega)\frac{A^nU(\mathrm{j}\omega)}{\sqrt{n}} + \cdots \quad (2\text{-}32)$$

则

$$G_1(\mathrm{j}\omega) + \frac{AG_2(\mathrm{j}\omega)}{\sqrt{2}} + \cdots + \frac{A^{n-1}G_n(\mathrm{j}\omega)}{\sqrt{n}} + \cdots = \frac{Y(\mathrm{j}\omega)}{AU(\mathrm{j}\omega)} = \frac{G_{YU}(\mathrm{j}\omega)}{G_{UU}(\mathrm{j}\omega)} \quad (2\text{-}33)$$

式中，$G_{YU}(\mathrm{j}\omega)$ 为激励与响应的互谱，$G_{UU}(\mathrm{j}\omega)$ 为激励的自谱，自谱互谱的运算使算法抗噪声能力更强、稳定性更好，且计算量少，能有效减少计算误差。

基于 NARMAX 模型与矩形脉冲的 NOFRF 估计流程如图 2-9 所示。

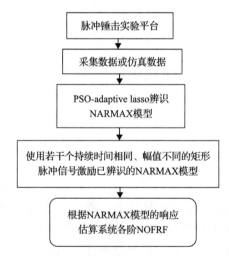

图 2-9　基于 NARMAX 模型与矩形脉冲的 NOFRF 估计流程

具体步骤如下：

(1)对需检测的系统进行一次锤击激励；

(2)根据图 2-6 安装传感器并进行数据采集，利用输入输出数据基于提出的 PSO-adaptive lasso 算法辨识系统的 NARMAX 模型；

(3)使用持续时间相同、幅值不同的矩形脉冲激励已辨识得到的模型，计算相应的响应；

(4)利用(3)中获得的输入输出数据基于矩形脉冲激励下 NOFRF 的估算方法

计算各阶 NOFRF。

激励一次系统就可估计 NOFRF，该方法的激励成本将仅为直接估计方法的 1/4。PSO-adaptive lasso 算法使辨识得到的 NARMAX 模型能很好地描述检测对象系统，一定程度上提高后续 NOFRF 的估计精度。再者，使用矩形脉冲信号比谐波信号更能激起 NARMAX 模型包含的动态信息，且稳定性更好。此外，基于 NARMAX 模型的估计方法，受直接输入信号影响小，估计精度高且稳定，因此在条件允许时应优先考虑。

2.6.5　数值仿真和锤击实验

1. 数值仿真

为说明所上述估计方法的有效性，利用如图 2-10 所示的多自由度振荡器系统进行模拟仿真验证。

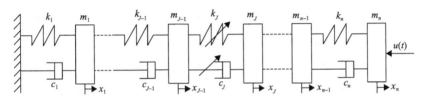

图 2-10　多自由度振荡器系统

当系统不存在非线性要素时，其动态方程为

$$M\ddot{x}(t) + C\dot{x}(t) + Kx(t) = F(t) \tag{2-45}$$

式中，M、C、K 分别为质量矩阵、阻尼矩阵和刚度矩阵，$x(t) = [x_1(t), x_2(t), \cdots, x_n(t)]^T$ 是位移向量，$F(t) = [\overbrace{0, \cdots, 0}^{n-1}, u(t)]^T$ 是作用在第 n 个质量块上的外力向量。现假设系统非线性因素位于第 $(J-1)$ 和第 J 个质量块之间，其中 $J \in \{1, 2, \cdots, n\}$，则回复力中非线性弹簧力 $FS(\Delta(t))$ 和非线性阻尼力 $FD(\dot{\Delta}(t))$ 的表达式分别为

$$FS(\Delta(t)) = \sum_{l=1}^{P} r_l \Delta^l(t), \qquad FD(\dot{\Delta}(t)) = \sum_{l=1}^{P} \omega_l \dot{\Delta}^l(t)$$

式中，$\Delta(t) = (x_{J-1}(t) - x_J(t))$，$\dot{\Delta}(t) = (\dot{x}_{J-1}(t) - \dot{x}_J(t))$，$P$ 是多项式的维数，r 和 ω 为非线性强度系数，则非线性回复力向量为

$$NF(t) = \left[\overbrace{0, \cdots, 0}^{J-2}, -FS(\Delta(t)) - FD(\dot{\Delta}(t)), FS(\Delta(t)) + FD(\dot{\Delta}(t)), \overbrace{0, \cdots, 0}^{n-J}\right] \tag{2-46}$$

则具有非线性因素的多自由度系统的动态方程表示为

$$M\ddot{x}(t) + C\dot{x}(t) + Kx(t) = F(t) + NF(t) \tag{2-47}$$

数值仿真系统的 3 个状态为：无非线性、非线性 1、非线性 2。选择 10 自由度振荡器系统，系统线性特性参数为

$$m_1 = m_2 = \cdots = m_{10} = 1 \;, \quad k_1 = k_2 = \cdots = k_5 = k_{10} = 3.6 \times 10^4 \;, \quad k_6 = k_7 = k_8 = 0.8 \times k_1 \;,$$

$$k_9 = 0.9 \times k_1 \;, \quad \mu = 0.01 \;, \quad C = \mu K$$

非线性系统 1：假设第 6 根弹簧存在非线性，其非线性特性参数为

$$r(6,1) = k_6 \;, \quad r(6,2) = 0.8k_1^2 \;, \quad r(6,3) = 0.4k_1^3 \;, \quad r(6,l) = 0, \quad l \geqslant 4$$

非线性系统 2：假设第 6 根弹簧发生非线性，其非线性特性参数为

$$r(6,1) = k_6 \;, \quad r(6,2) = 1.5k_1^2 \;, \quad r(6,3) = 0.4k_1^3 \;, \quad r(6,l) = 0, \quad l \geqslant 4$$

其中，$r(6,l)$ 表示第 6 根弹簧的第 l 阶非线性弹性系数。

加大非线性强度系数，模拟非线性变大。仿真研究如下[77-79]。

（1）由锤击试验研究可知，用半正弦脉冲信号代替脉冲锤击信号进行仿真研究，假设前 4 阶非线性即可描述系统，4 个幅值不同的半正弦脉冲信号

$$u_p(t) = \begin{cases} \alpha_p \sin\left(\dfrac{\pi}{T_c}t\right), & t \in [0, T_c] \\ 0, & \text{其他} \end{cases} \quad p = 1, 2, 3, 4 \tag{2-48}$$

式中，$\alpha_1 = 0.8$，$\alpha_2 = 0.9$，$\alpha_3 = 1.0$，$\alpha_4 = 1.1$，$T_c = 1/60$，分别作用于第 10 个质量块，利用 5 阶龙格-库塔法求出 10 个质量块的响应 $y_p^i(t)(i = 1, 2, \cdots, 10, p = 1, 2, 3, 4)$。选择第 1 个质量块的 4 个响应 $y_p^1(j\omega)(p = 1, 2, 3, 4)$ 作为计算数据，根据直接估计构造方程组求出系统的前 4 阶 NOFRF $G_n(j\omega)(n = 1, 2, 3, 4)$，频率范围为 $(0, 2 \times 80\pi)$。基于输入输出直接估计的 NOFRF 如图 2-11 所示。

（2）基于 NARMAX 模型估计 NOFRF，假设系统输入的半正弦脉冲信号如式（2-48），式中 $\alpha = 1.0$，$T_c = 1/60$，激励信号作用于第 10 个质量块，求出各质量块的响应 $y^i(t)(i = 1, 2, \cdots, 10)$；因脉冲锤击力作用时间相对响应来说非常短，所以选择第 10 个质量块的响应作为辨识 NARMAX 模型的输入数据，第 1 个质量块的响应作为输出数据，利用提出的 PSO-adaptive lasso 算法辨识 NARMAX 模型，由于篇幅的限制，在此只给出无非线性系统的 NARMAX 模型表达式（2-49），另外两个表达式在此忽略。

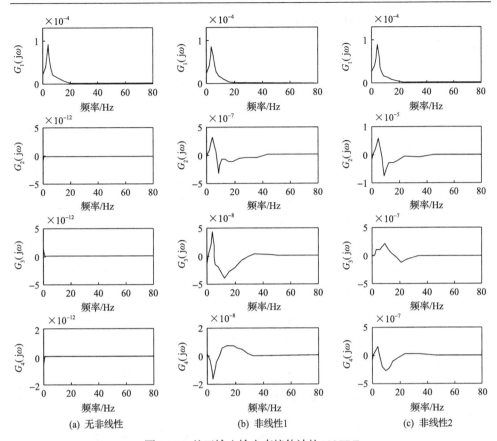

图 2-11　基于输入输出直接估计的 NOFRF

$$y(t) = 2.87744y(t-1) - 2.76273y(t-2) + 0.88495y(t-3)$$
$$-0.41096u(t-7) + 0.00421u(t) - 0.00363u(t-1)$$
\hfill (2-49)

进行模拟估计 NOFRF：

①利用两个频率为 f=400Hz，幅值分别为 $A_1 = 1.1$ 和 $A_2 = 1.2$ 的正弦信号激励辨识得到的模型，计算相应的响应，然后计算各阶 NOFRF。正弦激励下 NOFRF 的估计值如表 2-2 所示。

表 2-2　正弦激励下 NOFRF 的估计值

状态	$G_1(j\omega)$	$G_3(j\omega)$	$G_2(j2\omega)$	$G_4(j2\omega)$	$G_3(j3\omega)$	$G_4(j4\omega)$
正常	0.1970	8.9509×10^{-16}	2.7033×10^{-4}	6.8092×10^{-5}	1.7594×10^{-4}	2.1750×10^{-4}
损伤 1	0.1942	9.9079×10^{-6}	2.5114×10^{-4}	6.3249×10^{-5}	1.5711×10^{-4}	1.8952×10^{-4}
损伤 2	0.1800	0.0029	1.6877×10^{-4}	4.2096×10^{-5}	1.4423×10^{-4}	1.2266×10^{-4}

②利用式 (2-26) 描述的矩形脉冲激励辨识模型，计算相应的响应，然后根据

式(2-19)构造方程组计算各阶 NOFRF。矩形脉冲激励下估计的 NOFRF 如图 2-12 所示。

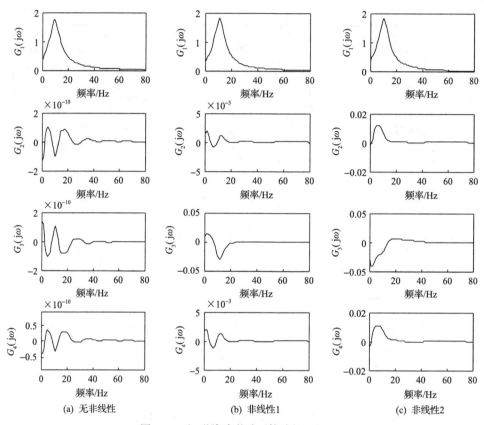

(a) 无非线性　　　　　　　(b) 非线性1　　　　　　　(c) 非线性2

图 2-12　矩形脉冲激励下估计的 NOFRF

(3)模拟仿真结果分析。因 NOFRF 是频率的一维函数,且不同的输入信号可能得到不同形式的 NOFRF,如表 2-2 和图 2-12 所示,这往往不利于 NOFRF 的描述和比较。NOFRF 虽然具有不同的表示形式,但对于特定的非线性系统,其非线性特征是不变的,因此不同形式估计得到的 NOFRF 包含的非线性特征是一致的。非线性系统的非线性输出频率响应函数 NOFRF $G_n(\mathrm{j}\omega)(n=1,2,\cdots,N)$ 包含了非线性系统的所有特性信息,即系统特性信息按一定的概率分布在各阶 NOFRF 中。由信息熵理论知,熵可对概率分布、系统复杂度等进行描述。基于此,为方便比较和理解,定义 NOFRF 特征量为

$$H = -\sum_{n=1}^{N} p(n)\log(p(n)) \tag{2-50}$$

其中

$$p(n) = \frac{\int_{-\infty}^{\infty} |G_n(j\omega)| d\omega}{\sum_{i=1}^{N} \int_{-\infty}^{\infty} |G_i(j\omega)| d\omega}, \quad 1 \leqslant n \leqslant N \tag{2-51}$$

式中，$p(n)(n = 1, 2, \cdots, N)$ 表示各阶 NOFRF 所包含的系统动态特性信息的概率。

对上述估计得到的 NOFRF 进行非线性特征量提取，得到锤击激励下 NOFRF 特征量的估计值如表 2-3 所示。表中方法一、方法二和方法三分别表示基于输入输出数据直接估计、基于 NARMAX 模型与谐波估计和基于 NARMAX 模型与矩形脉冲估计的方法。

表 2-3　锤击激励下 NOFRF 特征量的估计值

系统状态	方法一	方法二	方法三
无非线性	3.4542×10^{-7}	0.0410	6.0350×10^{-9}
非线性 1	0.0688	0.0390	0.0659
非线性 2	0.1920	0.1421	0.1977

结果比较分析：

①由 NOFRF 特征量定义知，当系统出现非线性或非线性变强时，其特征值会相应地变大。从表 2-2 可看出，基于 NARMAX 模型与谐波的方法计算得到的 NOFRF 特征值的变化与研究模型的变化存在一定差异，且与其他两种方法得到的值相差较大，表明了该方法没能很好地提取系统的 NOFRF 和非线性特征。

②比较方法一和方法三的特征值，虽然并不相等，但对应于系统相同的状态它们计算得到的特征值相差很小，在误差范围内可接受，且都能很好地反映研究系统的状态变化，说明两种方法都能很好地估计 NOFRF 和非线性特征。

③表 2-3 中方法一和方法三，基于 NARMAX 模型的方法只需一次激励，且计算量少，受直接输入信号影响小，估计精度高且稳定，因此在条件允许时应优先考虑。

2. 疲劳钢板试件锤击试验研究

为说明提出的 NOFRF 估计方法有效，选择不同疲劳状态下的钢板试件来模拟具有不同非线性程度的系统，实验使用的钢板试件如图 2-13 所示。试件尺寸分别为长 l=260mm，宽 b=60mm，高 h=15mm。图中 1 是无疲劳（无非线性）试件，2、3 是通过疲劳试验机用谐振方式进行了疲劳加载，疲劳时长分别为 18h 和 30h。

脉冲锤击试验平台如图 2-14 所示，试验装置主要包括美国 PCB 力锤 086c04（自带力传感器）、美国 IMI 加速度传感器 604B11/M006JW、北京京南 MDR-80 移动数据记录仪、北京京南 IMAS_4.20 信号采集分析系统等。

图 2-13　试验使用的钢板试件

图 2-14　脉冲锤击试验平台

1）基于输入输出直接估计 NOFRF

试验采样频率为 10000Hz，试验时除试件状态不同外，其他试验条件都保持一致，每个状态锤击 16 次（即进行 4 组试验），由于空间有限，在此只给出无疲劳试件状态下收集到的力信号和响应信号的时域数据，绘制激励和响应信号时域图，如图 2-15 所示。

对锤击力脉冲信号加力窗函数处理，对响应信号加指数窗函数处理，并去除趋势。将每个状态的 16 次试验平均分成 4 组，利用每组数据基于式（2-35）构建方程组估计 NOFRF，最后将 4 组数据计算得到的 NOFRF 进行平均处理，得到的结果即系统的 NOFRF。各状态下基于输入输出直接估计的 NOFRF 如图 2-16 所示。

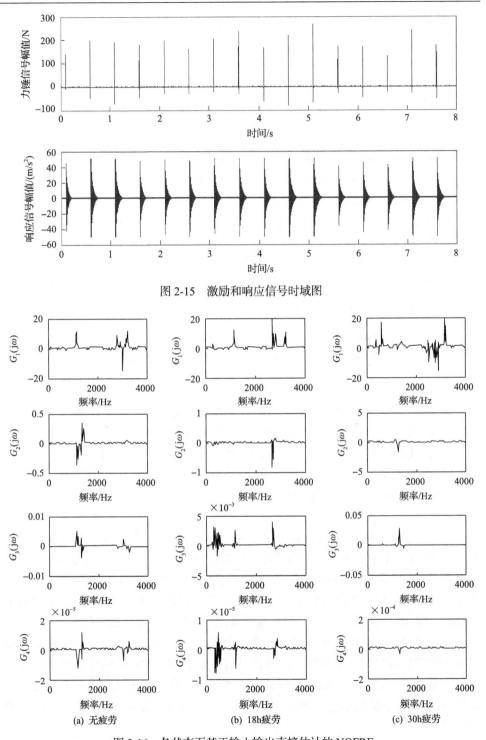

图 2-15　激励和响应信号时域图

(a) 无疲劳　　　　　(b) 18h疲劳　　　　　(c) 30h疲劳

图 2-16　各状态下基于输入输出直接估计的 NOFRF

然后得到脉冲锤击激励下 NOFRF 特征估计值如表 2-4 所示。

表 2-4 脉冲锤击激励下 NOFRF 特征估计值

状态	一般方法	基于 NARMAX 模型方法
无疲劳	0.0152	0.0132
18h 疲劳	0.1894	0.2101
30h 疲劳	0.4491	0.4413

2) 基于 NARMAX 模型与矩形脉冲估计 NOFRF

采集频率为 10000Hz，试验时除试件状态不同外，其他试验条件都保持一致，每个状态锤击 1 次，采集相应的数据。对原始数据进行预处理，包括提取趋势、去除趋势、去除预采样点数，同时去掉输入和输出数据中的延迟时间，且为去除衰减、噪声等的影响，对数据进行标准化。然后利用提出的 PSO-adaptive lasso 算法进行数据拟合，辨识试件 NARMAX 模型，由于空间的限制，在此只给出无疲劳的 NARMAX 模型表达式，即

$$\begin{aligned} y(t) = &-0.68727y(t-5) - 0.34237u(t) - 0.17686u(t-2) \\ &+0.08518u(t-1) + 0.10347y(t-3) - 0.22488y(t-2) \\ &-0.13743u(t-3) + 0.12661y(t-8) + 0.00943y(t-4)y(t-5) \end{aligned} \tag{2-52}$$

基于得到的 NARMAX 模型与矩形脉冲可以估计 NOFRF。各状态下基于 NARMAX 模型与矩形脉冲估计的 NOFRF 如图 2-17 所示。

通过 NOFRF 的估计过程与表 2-4 中 NOFRF 特征值的比较可知：

(1) 两种估计方法得到的结果都符合系统非线性特征的变化规律，且在误差允许范围内相差不大，证明这两种估计方法能够很好地提取系统的 NOFRF 和非线性特征；

(2) 直接估计 NOFRF 需多次激励系统，大大增加了激励成本，且激励信号直接对 NOFRF 的估计有影响，这不利于 NOFRF 估计精度和稳定性的提高；

(3) 基于 NARMAX 模型与矩形脉冲进行 NOFRF 估计，只需激励系统一次，激励信号不直接影响 NOFRF 的估计，且通过矩形脉冲模拟估计 NOFRF 有效减少计算量，能很好地提高 NOFRF 和非线性特征量的估计精度和稳定性。

综上可得，通过模拟仿真和锤击试验研究，结果均表明：基于输入输出直接估计 NOFRF 需多次激励系统，激励信号直接影响 NOFRF 的估计，成本高且不稳定；基于 NARMAX 模型与矩形脉冲的 NOFRF 估计方法仅激励一次系统即可估计 NOFRF，不受激励信号影响，可有效减少计算量、提高 NOFRF 估计精度和稳定性。

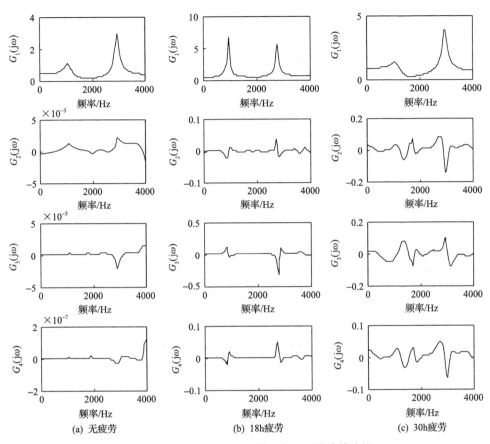

图 2-17　各状态下基于 NARMAX 模型与矩形脉冲估计的 NOFRF

2.7　锤击激励下 SIMO 的 NOFRF 的估计

对于试件及像连杆体这样的小型零件，采用 SISO 锤击试验就可以较全面地评价其动态特性，但对大型结构或大型零件，仅做 SISO 锤击试验则不能全面地评价其动态特性，需要在结构或零件的某一点激励并在多点测试响应，即 SIMO 锤击试验才能较全面地评价其动态特性，这样基于 SIMO 锤击试验求得的 NOFRF 值及相应的损伤检测指标值可较好地识别待测件的损伤程度。在再制造工程实践中，由于大型结构件的制造成本高，对大型结构件的再制造具有更大的经济价值。中大型零件再制造毛坯的检测是对其再服役过程的重要保障，为了更好地应用前述基于锤击激励下 NOFRF 的损伤检测方法，需要将 SISO 情形锤击激励下 NOFRF 的估算方法推广到 MIMO、SIMO 情形，以便更全面地获取待测件的动态损伤信息。

2.7.1　MIMO 系统 NOFRF 理论基础

类似 SISO 系统，Swain 和 Billings[16]将 Volterra 级数推广到多输入情形，给出了 MIMO 系统的输入输出之间的 Volterra 级数描述，系统第 i 个输出 $y_i(t)$ 为

$$
\left\{
\begin{aligned}
&y_i(t) = \sum_{n=1}^{N} y_i^{(n)}(t) \\
&y_i^{(n)}(t) = \sum_{N_1+N_2+\cdots+N_m=n} \int_{-\infty}^{\infty} \cdots \int_{-\infty}^{\infty} h_{(i,P_1=N_1,P_2=N_2,\cdots,P_m=N_m)}^{(n)}(\tau_1,\tau_2,\cdots,\tau_n) x_1(t-\tau_1) x_1(t-\tau_2) \\
&\qquad\qquad\qquad\qquad \cdots x_1(t-\tau_{N_1}) \cdots x_m(t-\tau_{N_1+N_2+\cdots+N_{m-1}+1}) \\
&\qquad\qquad\qquad\qquad\qquad \cdots x_m(t-\tau_n) \mathrm{d}\tau_1 \mathrm{d}\tau_2 \cdots \mathrm{d}\tau_n
\end{aligned}
\right.
$$

$$(2\text{-}53)$$

其中，$h_{(i,P_1=N_1,P_2=N_2,\cdots,P_m=N_m)}^{(n)}(\tau_1,\tau_2,\cdots,\tau_n)$ 为与第 i 个输出，N_1 阶输入 $u_1(t)$，N_2 阶输入 $u_2(t),\cdots$，N_m 阶输入 $u_m(t)$ 相关的第 n 阶核函数，且 $N_1+N_2+\cdots+N_m=n$。

文献[16]给出了多变量非线性系统 NOFRF 的定义，若系统有 m 个输入 $u_1(t),u_2(t),\cdots,u_m(t)$，$l$ 个输出 $y_1(t),y_2(t),\cdots,y_l(t)$，则式(2-53)的频域表示，即系统输出频率响应的表达式为[79]

$$
Y_i(\mathrm{j}\omega) = \sum_{n=1}^{N} Y_i^{(n)}(\mathrm{j}\omega) \tag{2-54}
$$

$$
Y_i^{(n)}(\mathrm{j}\omega) = \left(\frac{1}{2\pi}\right)^{n-1} \sum_{N_1+N_2+\cdots+N_m=n} \int_{\omega_1+\omega_2+\cdots+\omega_n=\omega} H_{(i,P_1=N_1,P_2=N_2,\cdots,P_m=N_m)}^{(n)}\left(\mathrm{j}\omega_1,\mathrm{j}\omega_2,\cdots,\mathrm{j}\omega_n\right)
$$
$$
\times \prod_{i=1}^{N_1} U_1(\mathrm{j}\omega_i) \prod_{i=N_1+1}^{N_1+N_2} U_2(\mathrm{j}\omega_i) \cdots \prod_{i=N_1+N_2+\cdots+N_{m-1}+1}^{n} U_m(\mathrm{j}\omega_i) \mathrm{d}\sigma_{n\omega}
$$

$$(2\text{-}55)$$

令 $N_0=0$，则式(2-55)可写作

$$
Y_i^{(n)}(\mathrm{j}\omega)
$$
$$
= \left(\frac{1}{2\pi}\right)^{n-1} \frac{1}{\sqrt{n}} \sum_{N_1+N_2+\cdots+N_m=n} \int_{\omega_1+\omega_2+\cdots+\omega_n=\omega} H_{(i,P_1=N_1,P_2=N_2,\cdots,P_m=N_m)}^{(n)}\left(\mathrm{j}\omega_1,\mathrm{j}\omega_2,\cdots,\mathrm{j}\omega_n\right)
$$
$$
\times \prod_{j=1}^{m} \prod_{i=N_0+N_1+\cdots+N_{j-1}+1}^{N_0+N_1+\cdots+N_j} U_j(\mathrm{j}\omega_i) \mathrm{d}\sigma_{n\omega}
$$

$$(2\text{-}56)$$

对于给定的一组 $N_1, N_2, \cdots, N_m$，定义

$$Y^{(n)}_{(i,P_1=N_1,P_2=N_2,\cdots,P_m=N_m)}(\mathrm{j}\omega)$$

$$=\left(\frac{1}{2\pi}\right)^{n-1}\frac{1}{\sqrt{n}}\int\limits_{\omega_1+\omega_2+\cdots+\omega_n=\omega} H^{(n)}_{(i,P_1=N_1,P_2=N_2,\cdots,P_m=N_m)}(\mathrm{j}\omega_1,\mathrm{j}\omega_2,\cdots,\mathrm{j}\omega_n) \quad (2\text{-}57)$$

$$\times\prod_{j=1}^{m}\prod_{i=N_0+N_1+\cdots+N_{j-1}+1}^{N_0+N_1+\cdots+N_j} U_j(\mathrm{j}\omega_i)\mathrm{d}\sigma_{n\omega}$$

则有

$$Y^{(n)}_i(\mathrm{j}\omega)=\sum_{N_1+N_2+\cdots+N_m=n}Y^{(n)}_{(i,P_1=N_1,P_2=N_2,\cdots,P_m=N_m)}(\mathrm{j}\omega) \quad (2\text{-}58)$$

定义

$$U^{(n)}_{(P_1=N_1,P_2=N_2,\cdots,P_m=N_m)}(\mathrm{j}\omega)=\left(\frac{1}{2\pi}\right)^{n-1}\frac{1}{\sqrt{n}}\int\limits_{\omega_1+\omega_2+\cdots+\omega_n=\omega}\prod_{j=1}^{m}\prod_{i=N_0+N_1+\cdots+N_{j-1}+1}^{N_0+N_1+\cdots+N_j} U_j(\mathrm{j}\omega_i)\mathrm{d}\sigma_{n\omega}$$

$$(2\text{-}59)$$

则式 (2-57) 可写为

$$Y^{(n)}_{(i,P_1=N_1,P_2=N_2,\cdots,P_m=N_m)}(\mathrm{j}\omega)$$

$$=\frac{\displaystyle\int\limits_{\omega_1+\omega_2+\cdots+\omega_n=\omega}\left(\begin{array}{c}H^{(n)}_{(i,P_1=N_1,P_2=N_2,\cdots,P_m=N_m)}(\mathrm{j}\omega_1,\mathrm{j}\omega_2,\cdots,\mathrm{j}\omega_n)\\ \times\displaystyle\prod_{j=1}^{m}\prod_{i=N_0+N_1+\cdots+N_{j-1}+1}^{N_0+N_1+\cdots+N_j} U_j(\mathrm{j}\omega_i)\end{array}\right)\mathrm{d}\sigma_{n\omega}}{\displaystyle\int\limits_{\omega_1+\omega_2+\cdots+\omega_n=\omega}\prod_{j=1}^{m}\prod_{i=N_0+N_1+\cdots+N_{j-1}+1}^{N_0+N_1+\cdots+N_j} U_j(\mathrm{j}\omega_i)\mathrm{d}\sigma_{n\omega}}$$

$$\times\left(\frac{1}{2\pi}\right)^{n-1}\frac{1}{\sqrt{n}}\int\limits_{\omega_1+\omega_2+\cdots+\omega_n=\omega}\prod_{j=1}^{m}\prod_{i=N_0+N_1+\cdots+N_{j-1}+1}^{N_0+N_1+\cdots+N_j} U_j(\mathrm{j}\omega_i)\mathrm{d}\sigma_{n\omega} \quad (2\text{-}60)$$

$$=G^{(n)}_{i,P_1=N_1,P_2=N_2,\cdots,P_m=N_m}(\mathrm{j}\omega)U^{(n)}_{(P_1=N_1,P_2=N_2,\cdots,P_m=N_m)}(\mathrm{j}\omega)$$

其中

$$G_{i,P_1=N_1,P_2=N_2,\cdots,P_m=N_m}^{(n)}(\mathrm{j}\omega)$$

$$= \frac{\displaystyle\int_{\omega_1+\omega_2+\cdots+\omega_n=\omega}\left(\begin{array}{l} H_{(i,P_1=N_1,P_2=N_2,\cdots,P_m=N_m)}^{(n)}(\mathrm{j}\omega_1,\mathrm{j}\omega_2,\cdots,\mathrm{j}\omega_n) \\ \times\displaystyle\prod_{j=1}^{m}\prod_{i=N_0+N_1+\cdots+N_{j-1}+1}^{N_0+N_1+\cdots+N_j} U_j(\mathrm{j}\omega_i) \end{array}\right)\mathrm{d}\sigma_{n\omega}}{\displaystyle\int_{\omega_1+\omega_2+\cdots+\omega_n=\omega}\prod_{j=1}^{m}\prod_{i=N_0+N_1+\cdots+N_{j-1}+1}^{N_0+N_1+\cdots+N_j} U_j(\mathrm{j}\omega_i)\mathrm{d}\sigma_{n\omega}} \quad (2\text{-}61)$$

即多输入情形对系统的第 i 个输出 $y_i(t)$ 的第 n 阶 NOFRF 定义，其中 $H_{i,P_1=N_1,P_2=N_2,\cdots,P_m=N_m}^{(n)}(\mathrm{j}\omega_1,\mathrm{j}\omega_2,\cdots,\mathrm{j}\omega_n)$ 为 n 阶 GFRF，$N_1+N_2+\cdots+N_m=n$。n 阶 $G_{i,P_1=N_1,P_2=N_2,\cdots,P_m=N_m}^{(n)}(\mathrm{j}\omega)$ 包含 $(m+n-1)(m+n-2)\cdots(m+1)m/n$ 个向量。

式(2-50)代入式(2-58)得，系统输出频率响应可通过 NOFRF 表示为

$$Y_i(\mathrm{j}\omega) = \sum_{n=1}^{N}\sum_{N_1+N_2+\cdots+N_m=n} G_{i,P_1=N_1,P_2=N_2,\cdots,P_m=N_m}^{(n)}(\mathrm{j}\omega)U_{(P_1=N_1,P_2=N_2,\cdots,P_m=N_m)}^{(n)}(\mathrm{j}\omega) \quad (2\text{-}62)$$

其中，$U_{(P_1=N_1,P_2=N_2,\cdots,P_m=N_m)}^{(n)}(\mathrm{j}\omega)$ 表示 $\underbrace{u_1(t)\cdots u_1(t)}_{N_1}\underbrace{u_2(t)\cdots u_2(t)}_{N_2}\cdots\underbrace{u_m(t)\cdots u_m(t)}_{N_m}$ 的傅里叶变换。

对 $G_{i,P_1=N_1,P_2=N_2,\cdots,P_m=N_m}^{(n)}(\mathrm{j}\omega)$ 进行排序并表示为

$$G_{(i,k)}^{(n)}(\mathrm{j}\omega), \quad k=1,2,\cdots,L_{(n,m)}$$

将 $U_{(P_1=N_1,P_2=N_2,\cdots,P_m=N_m)}^{(n)}(\mathrm{j}\omega)\,(N_1+N_2+\cdots+N_m=n)$ 进行排序并表示为

$$U_{(k)}^{(n)}(\mathrm{j}\omega), \quad k=1,2,\cdots,L_{(n,m)}$$

其中，$L_{(n,m)}=(m+n-1)\cdots(m+1)m/n!$。则系统输出频率响应：$Y_i(\mathrm{j}\omega)=U(\mathrm{j}\omega)^{\mathrm{T}}G_i(\mathrm{j}\omega)$。

$$U(\mathrm{j}\omega)=[U_{(1)}^{(1)}(\mathrm{j}\omega),U_{(2)}^{(1)}(\mathrm{j}\omega),\cdots,U_{(L_{(n,m)})}^{(1)}(\mathrm{j}\omega),U_{(1)}^{(2)}(\mathrm{j}\omega),U_{(2)}^{(2)}(\mathrm{j}\omega),\cdots,U_{(L_{(n,m)})}^{(2)}(\mathrm{j}\omega),$$
$$\cdots,U_{(1)}^{(N)}(\mathrm{j}\omega),U_{(2)}^{(N)}(\mathrm{j}\omega),\cdots,U_{(L_{(n,m)})}^{(N)}(\mathrm{j}\omega)]$$

$$G_i(\mathrm{j}\omega)=[G_{(i,1)}^{(1)}(\mathrm{j}\omega),G_{(i,2)}^{(1)}(\mathrm{j}\omega),\cdots,G_{(i,L_{(n,m)})}^{(1)}(\mathrm{j}\omega),G_{(i,1)}^{(2)}(\mathrm{j}\omega),G_{(i,2)}^{(2)}(\mathrm{j}\omega),\cdots,G_{(i,L_{(n,m)})}^{(2)}(\mathrm{j}\omega),$$
$$\cdots,G_{(i,1)}^{(N)}(\mathrm{j}\omega),G_{(i,2)}^{(N)}(\mathrm{j}\omega),\cdots,G_{(i,L_{(n,m)})}^{(N)}(\mathrm{j}\omega)]^{\mathrm{T}}$$

对于单输入非线性系统，用 N 个形式相同、幅值不同的信号激励系统，获得系统的输入输出数据，然后再根据最小二乘法，即一般估计方法即可求解 SISO 系统的 NOFRF。对于多输入非线性系统，同样地，采用激励信号 $u_i(t) = \alpha_j u_i^*(t)$ $(i = 1, 2, \cdots, m;$ $j = 1, 2, \cdots, \bar{N};\ \alpha_{\bar{N}} > \alpha_{\bar{N}-1} > \cdots > \alpha_1)$ 激励系统 $\bar{N}\left(\bar{N} \geqslant L_{(1,m)} + L_{(2,m)} + \cdots + L_{(n,m)}\right)$ 次，获取 $\bar{N}$ 组输出频谱数据 $Y_{i,j}\left(j = 1, 2, \cdots, \bar{N}\right)$，则可以得到输入频谱与 NOFRF 描述的输出频谱矩阵方程为 $Y_i(\mathrm{j}\omega) = U_A(\mathrm{j}\omega)G_i(\mathrm{j}\omega)$。其中：

$$Y_i(\mathrm{j}\omega) = [Y_{i,1}(\mathrm{j}\omega), Y_{i,2}(\mathrm{j}\omega), \cdots, Y_{i,\bar{N}}(\mathrm{j}\omega)]^{\mathrm{T}}$$

$$U_A(\mathrm{j}\omega) = \begin{bmatrix} \alpha_1 U_{(1)}^{(1)}(\mathrm{j}\omega), \alpha_1 U_{(2)}^{(1)}(\mathrm{j}\omega), \cdots, \alpha_1 U_{(L_{(1,m)})}^{(1)}(\mathrm{j}\omega), \alpha_1^2 U_{(1)}^{(2)}(\mathrm{j}\omega), \alpha_1^2 U_{(2)}^{(2)}(\mathrm{j}\omega), \\ \alpha_2 U_{(1)}^{(1)}(\mathrm{j}\omega), \alpha_2 U_{(2)}^{(1)}(\mathrm{j}\omega), \cdots, \alpha_2 U_{(L_{(1,m)})}^{(1)}(\mathrm{j}\omega), \alpha_2^2 U_{(1)}^{(2)}(\mathrm{j}\omega), \alpha_2^2 U_{(2)}^{(2)}(\mathrm{j}\omega), \\ \vdots \\ \alpha_{\bar{N}} U_{(1)}^{(1)}(\mathrm{j}\omega), \alpha_{\bar{N}} U_{(2)}^{(1)}(\mathrm{j}\omega), \cdots, \alpha_{\bar{N}} U_{(L_{(1,m)})}^{(1)}(\mathrm{j}\omega), \alpha_{\bar{N}}^2 U_{(1)}^{(2)}(\mathrm{j}\omega), \alpha_{\bar{N}}^2 U_{(2)}^{(2)}(\mathrm{j}\omega), \\ \cdots, \alpha_1^2 U_{(L_{(2,m)})}^{(2)}(\mathrm{j}\omega), \cdots, \alpha_1^N U_{(1)}^{(N)}(\mathrm{j}\omega), \alpha_1^N U_{(2)}^{(N)}(\mathrm{j}\omega), \cdots, \alpha_1^N U_{(L_{(N,m)})}^{(N)}(\mathrm{j}\omega) \\ \cdots, \alpha_2^2 U_{(L_{(2,m)})}^{(2)}(\mathrm{j}\omega), \cdots, \alpha_2^N U_{(1)}^{(N)}(\mathrm{j}\omega), \alpha_2^N U_{(2)}^{(N)}(\mathrm{j}\omega), \cdots, \alpha_2^N U_{(L_{(N,m)})}^{(N)}(\mathrm{j}\omega) \\ \vdots \\ \cdots, \alpha_{\bar{N}}^2 U_{(L_{(2,m)})}^{(2)}(\mathrm{j}\omega), \cdots, \alpha_{\bar{N}}^N U_{(1)}^{(N)}(\mathrm{j}\omega), \alpha_{\bar{N}}^N U_{(2)}^{(N)}(\mathrm{j}\omega), \cdots, \alpha_{\bar{N}}^N U_{(L_{(N,m)})}^{(N)}(\mathrm{j}\omega) \end{bmatrix}$$

根据 NOFRF 对输入信号幅值变化不敏感的性质，基于最小二乘批量算法即可辨识多变量非线性系统的 NOFRF

$$G_i(\mathrm{j}\omega) = \left[U_A^{\mathrm{T}}(\mathrm{j}\omega)U_A(\mathrm{j}\omega) \right]^{-1} U_A^{\mathrm{T}}(\mathrm{j}\omega)Y_i(\mathrm{j}\omega)$$

NOFRF 所包含分量的个数随着系统输入数量及非线性阶次的增大而增加，输入矩阵的维数也随之增加，从而导致矩阵求逆运算所需的计算量急剧增大，辨识耗时较长。对于单输入系统$(m=1)$，前 4 阶非线性$(N=1)$，仅有 4 个 NOFRF。对于 $N=4, m=2$，则有 14 个 NOFRF，需要 14 个不同的信号激励才可得到所有 NOFRF。

2.7.2　SIMO 情形 NOFRF 的估计

由于单输入情形，前 4 阶非线性$(N=1)$，仅有 4 个 NOFRF，因此对 SIMO 情形系统 NOFRF 的估计可视为将系统划分为不同的模块，同时采集多个点的输出信号，各个模块均可看做 SISO 情形。根据获取的输入及输出信号，利用锤击激励下直接估计法分别求取各个子模块的 NOFRF 及损伤检测指标值。

以单输入三输出系统为例，为求系统前 4 阶 NOFRF，采用 4 个不同幅值的输入信号激励将输入及输出频谱分别代入式(2-62)，得到系统第 i 个输出的 N 元非线性方程组[79]

$$
\begin{cases}
Y_i^{(1)}(j\omega) = G_i^{(1)}(j\omega)\alpha_1^1 U^{*(1)}(j\omega) + G_i^{(2)}(j\omega)\alpha_1^2 U^{*(2)}(j\omega) + \\
\qquad\qquad G_i^{(3)}(j\omega)\alpha_1^3 U^{*(3)}(j\omega) + G_i^{(4)}(j\omega)\alpha_1^4 U^{*(4)}(j\omega) \\
Y_i^{(2)}(j\omega) = G_i^{(1)}(j\omega)\alpha_2^1 U^{*(1)}(j\omega) + G_i^{(2)}(j\omega)\alpha_2^2 U^{*(2)}(j\omega) + \\
\qquad\qquad G_i^{(3)}(j\omega)\alpha_2^3 U^{*(3)}(j\omega) + G_i^{(4)}(j\omega)\alpha_2^4 U^{*(4)}(j\omega) \\
Y_i^{(3)}(j\omega) = G_i^{(1)}(j\omega)\alpha_3^1 U^{*(1)}(j\omega) + G_i^{(2)}(j\omega)\alpha_3^2 U^{*(2)}(j\omega) + \\
\qquad\qquad G_i^{(3)}(j\omega)\alpha_3^3 U^{*(3)}(j\omega) + G_i^{(4)}(j\omega)\alpha_3^4 U^{*(4)}(j\omega) \\
Y_i^{(4)}(j\omega) = G_i^{(1)}(j\omega)\alpha_4^1 U^{*(1)}(j\omega) + G_i^{(2)}(j\omega)\alpha_4^2 U^{*(2)}(j\omega) + \\
\qquad\qquad G_i^{(3)}(j\omega)\alpha_4^3 U^{*(3)}(j\omega) + G_i^{(4)}(j\omega)\alpha_4^4 U^{*(4)}(j\omega)
\end{cases}
\tag{2-63}
$$

记 $\boldsymbol{Y}_i(j\omega) = [Y_i^{(1)}(j\omega), Y_i^{(2)}(j\omega),\ Y_i^{(3)}(j\omega), Y_i^{(4)}(j\omega)]^{\mathrm{T}}$，定义

$$
\boldsymbol{AU}^{1,2,3,4}(j\omega) = \begin{bmatrix}
\alpha_1^1 U^{*(1)}(j\omega) & \alpha_1^2 U^{*(2)}(j\omega) & \alpha_1^3 U^{*(3)}(j\omega) & \alpha_1^4 U^{*(4)}(j\omega) \\
\alpha_2^1 U^{*(1)}(j\omega) & \alpha_2^2 U^{*(2)}(j\omega) & \alpha_2^3 U^{*(3)}(j\omega) & \alpha_2^4 U^{*(4)}(j\omega) \\
\alpha_3^1 U^{*(1)}(j\omega) & \alpha_3^2 U^{*(2)}(j\omega) & \alpha_3^3 U^{*(3)}(j\omega) & \alpha_3^4 U^{*(4)}(j\omega) \\
\alpha_4^1 U^{*(1)}(j\omega) & \alpha_4^2 U^{*(2)}(j\omega) & \alpha_4^3 U^{*(3)}(j\omega) & \alpha_4^4 U^{*(4)}(j\omega)
\end{bmatrix}
$$

则式(2-63)可写为

$$
\boldsymbol{Y}_i(j\omega) = \boldsymbol{AU}^{1,2,\cdots,C(N,m)}(j\omega)\boldsymbol{G}_i(j\omega)
\tag{2-64}
$$

由式(2-64)，对应系统第 i 个输出的 NOFRF $\boldsymbol{G}_i(j\omega) = [G_i^{(1)}(j\omega),\ G_i^{(2)}(j\omega),\ G_i^{(3)}(j\omega),\ G_i^{(4)}(j\omega)]^{\mathrm{T}}$ 可由最小二乘方法得

$$
\boldsymbol{G}_i(j\omega) = \left[\left(\boldsymbol{AU}^{1,2,\cdots,C(N,m)}(j\omega)\right)^{\mathrm{T}}\left(\boldsymbol{AU}^{1,2,\cdots,C(N,m)}(j\omega)\right)\right]^{-1}\left(\boldsymbol{AU}^{1,2,\cdots,C(N,m)}(j\omega)\right)^{\mathrm{T}}\boldsymbol{Y}_i(j\omega)
$$

$$
\tag{2-65}
$$

2.7.3　SIMO 数值仿真分析

本节通过如图 2-18 所示的一维弹簧质量多自由度振荡系统模型进行数值仿真来验证基于 SIMO 系统的 NOFRF 辨识估算法的可行性。

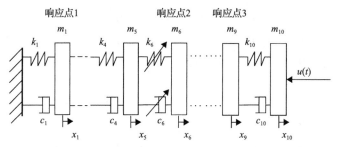

图 2-18　一维弹簧质量多自由度振荡系统模型

图 2-18 所示为一维弹簧质量块多自由度振荡系统。该系统可以由非线性微分方程表示为

$$M\ddot{x}(t) + C\dot{x}(t) + Kx(t) = \mathbf{NF}(t) + \boldsymbol{F}(t) \tag{2-66}$$

其中

$$\mathbf{NF}(t) = \left[\overbrace{0,\cdots,0}^{J-2}, \mathrm{FS}(\Delta(t)) + \mathrm{FD}(\Delta(t)), -\mathrm{FS}(\Delta(t)) - \mathrm{FD}(\Delta(t)), \overbrace{0,\cdots,0}^{n-J} \right]$$

$$\boldsymbol{F}(t) = \left[\overbrace{0,\cdots,0}^{n-1}, u(t) \right]$$

$x(t) = \left[x_1(t), x_2(t), \cdots, x_n(t) \right]^{\mathrm{T}}$ 代表系统的位移，$\mathbf{NF}(t)$ 是非线性回复力，M、C、K 分别代表系统的质量、阻尼、刚度矩阵。

$$M = \begin{bmatrix} m_1 & 0 & \cdots & 0 \\ 0 & m_2 & \cdots & 0 \\ \vdots & \vdots & & \vdots \\ 0 & 0 & \cdots & m_n \end{bmatrix}$$

$$K = \begin{bmatrix} k_1 + k_2 & -k_2 & 0 & \cdots & 0 & 0 & 0 \\ -k_2 & k_2 + k_3 & -k_3 & \cdots & 0 & 0 & 0 \\ 0 & -k_3 & k_3 + k_4 & \cdots & 0 & 0 & 0 \\ \vdots & \vdots & \vdots & & \vdots & \vdots & \vdots \\ 0 & 0 & 0 & \cdots & k_{n-2} + k_{n-1} & -k_{n-1} & 0 \\ 0 & 0 & 0 & \cdots & -k_{n-1} & k_{n-1} + k_n & -k_n \\ 0 & 0 & 0 & \cdots & 0 & -k_n & k_n \end{bmatrix}$$

$$C = \begin{bmatrix} c_1+c_2 & -c_2 & 0 & \cdots & 0 & 0 & 0 \\ -c_2 & c_2+c_3 & -c_3 & \cdots & 0 & 0 & 0 \\ 0 & -c_3 & c_3+c_4 & \cdots & 0 & 0 & 0 \\ \vdots & \vdots & \vdots & & \vdots & \vdots & \vdots \\ 0 & 0 & 0 & \cdots & c_{n-2}+c_{n-1} & -c_{n-1} & 0 \\ 0 & 0 & 0 & \cdots & -c_{n-1} & c_{n-1}+c_n & -c_n \\ 0 & 0 & 0 & \cdots & 0 & -c_n & c_n \end{bmatrix}$$

如图 2-18 所示，选择 10 个自由度振荡系统，设定数值仿真系统的三个状态：线性(无非线性)、非线性 1、非线性 2。

系统线性特性参数设定为 $m_1 = m_2 = \cdots = m_{10} = 1$，$k_1 = k_2 = \cdots = k_5 = k_{10} = 3.6 \times 10^4$，$k_6 = k_7 = k_8 = 0.8k_1$，$k_9 = 0.9k_1$，$\mu = 0.01$，$C = \mu K$。

当系统发生故障时，即出现非线性回复力，设定如下。

非线性 1 情形：假设系统的第 6 根弹簧发生非线性，其非线性特性参数为

$$r(6,1) = k_6, \quad r(6,2) = 0.8k_1^2, \quad r(6,3) = 0.4k_1^3, \quad r(6,l) = 0, \quad l \geqslant 4$$

非线性 2 情形：假设非线性发生在第 6 根弹簧，其参数为

$$r(6,1) = k_6, \quad r(6,2) = 1.5k_1^2, \quad r(6,3) = 0.4k_1^3, \quad r(6,l) = 0, \quad l \geqslant 4$$

即两个非线性系统的损伤位置一样，通过不同非线性强度系数模拟不同的非线性故障程度，系数越大非线性程度也越大。用半正弦脉冲信号模拟脉冲锤击信号进行仿真研究，所用四个幅值不同的半正弦脉冲信号为

$$u_p(t) = \begin{cases} \alpha_p \sin\left(\dfrac{\pi}{T_c}t\right), & t \in [0, T_c] \\ \\ 0, & t \notin [0, T_c] \end{cases}, \quad p = 1,2,3,4$$

式中，$\alpha_1 = 0.8$，$\alpha_2 = 0.9$，$\alpha_3 = 1.0$，$\alpha_4 = 1.1$，$T_c = 1/60$，分别作用于第 10 个质量块，并求出振荡系统的 10 个响应 $y_p^i(t)(i = 1,2,\cdots,10, p = 1,2,3,4)$。

分别选择响应点 1、2、3 处的响应 $Y_{1,2,3}^p(j\omega)(p = 1,2,3,4)$ 作为计算数据，根据式 (2-65) 构造方程组求出系统的前四阶 $G_n(j\omega)(n = 1,2,3,4)$。响应点 1、2、3 处 NOFRF 估计值分别如图 2-19、图 2-20、图 2-21 所示。

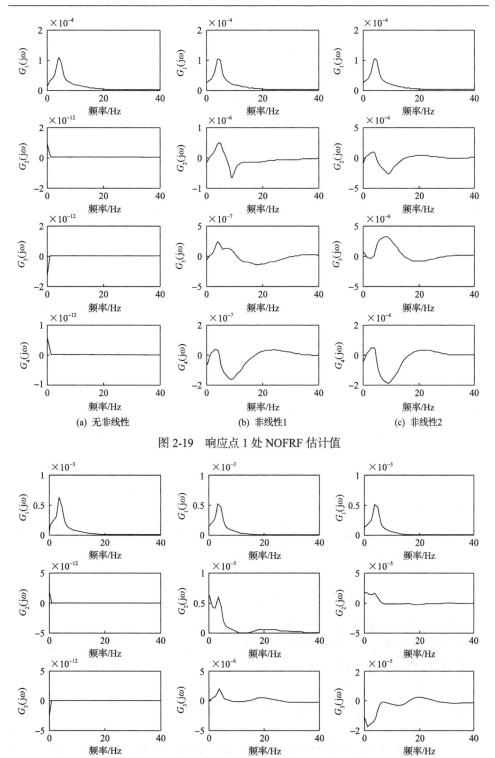

(a) 无非线性   (b) 非线性1   (c) 非线性2

图 2-19 响应点 1 处 NOFRF 估计值

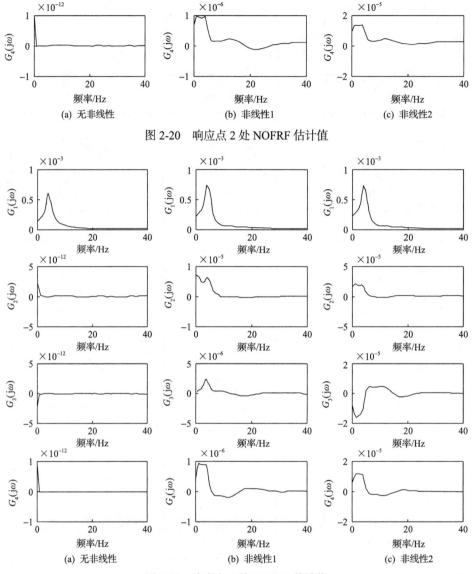

图 2-20　响应点 2 处 NOFRF 估计值

图 2-21　响应点 3 处 NOFRF 估计值

　　响应点 1、2、3 处求得的系统 NOFRF 一定程度上均能识别出不同的损伤状态，进一步还可以发现，越靠近损伤处，即越靠近非线性元件的响应点，测得的输出数据对损伤的识别效果越好。

2.8　本 章 小 结

　　主要介绍了 Volterra 级数模型和 NAMARX 模型的概念和辨识，重点论述了当结构或零件出现损伤时，由于系统物理参数的改变，其动态特性也会随之变化，因此可以通过零件的传递特性的变化推断零件可能发生的损伤，由非线性理论模型开展损伤检测。振动激励被检测的结构或零件，获得损伤信息输出，由系统输入和输出估算 NOFRF 及检测指标，检测结构或零件的全局损伤。重点介绍了脉冲锤击激励试验对结构或零件进行全局损伤检测的方法。专门介绍了 SISO 锤击试验 NOFRF 四种估计方法及 SIMO 锤击试验下的 NOFRF 的估计方法。

参 考 文 献

[1] Lang Z Q, Billings S A. Energy transfer properties of non-linear systems in the frequency domain. International Journal of Control, 2005, 78(5): 345-362

[2] Peng Z K, Lang Z Q, Billings S A. Non-linear output frequency response functions for multi-input non-linear Volterra systems. International Journal of Control, 2007, 80(6): 843-855

[3] Peng Z K, Lang Z Q, Billings S A, et al. Comparisons between harmonic balance and nonlinear output frequency response function in nonlinear system analysis. Journal of Sound and Vibration, 2008, 311(1-2): 56-73

[4] Peng Z K, Lang Z Q, Chu F L. On the nonlinear effects introduced by crack using nonlinear output frequency response functions. Computers & Structures, 2008, 86: 1809-1818

[5] Peng Z K, Lang Z Q, Billings S A. Crack detection using nonlinear output frequency response functions. Journal of Sound and Vibration, 2007, 301(3-5): 777-788

[6] Leontaritis I J, Billings S A. Input-output parametric models for non-linear systems part I: deterministic non-linear systems. International Journal of Control, 1985, 41(2): 303-328

[7] Mathews V J. Orthogonalization of correlated Gaussian signals for Volterra system identification. IEEE Signal Processing Letters, 1995, 2(10): 772-780

[8] Abbas H M, Bayoumi M M. Volterra system identification using adaptive genetic algorithms. Applied Soft Computing, 2004, 5(1): 75-86

[9] Campello R B, Amaral W C D, Favier G. A note on the optimal expansion of Volterra model using Laguerre functions. Automatica, 2006, 42(4): 689-693

[10] Xia X, Zhou J, Xiao J, et al. A novel identification method of Volterra series in rotor-bearing system for fault diagnosis. Mechanical Systems and Signal Processing, 2016, 66-67: 557-567

[11] Li L M, Billings S A. Estimation of generalized frequency response functions for quadratically and cubically nonlinear systems. Journal of Sound and Vibration, 2011, 330(3): 461-470

[12] Bayma R S, Lang Z Q. A new method for determining the generalized frequency response functions of nonlinear systems. IEEE Transactions on Circuits and Systems, 2012, 59(12): 3005-3014

[13] Bedrosian E, Rice S O. The output properties of Volterra systems (nonlinear systems with memory) driven by harmonic and Gaussian inputs. Proceedings of the IEEE, 1971, 59(12): 431-440

[14] Worden K, Manson G, Tomlinson G R. A harmonic probing algorithm for the multi-input Volterra series. Journal of Sound and Vibration, 1997, 225(3): 421-430

[15] Jones J C P, Billings S A. Recursive algorithm for computing the frequency response of a class of non-linear difference equation models. International Journal of Control, 1989, 50(5): 361-370

[16] Swain A K, Billings S A. Generalized frequency response function matrix for MIMO nonlinear systems. Journal of Sound and Vibration, 1996, 224(2): 221-233

[17] 张家良, 曹建福, 高峰. 大型装备传动系统非线性频谱特征提取与故障诊断. 控制与决策, 2012, (1): 135-138

[18] 李志农, 唐高松, 肖尧先, 等. 基于自适应蚁群优化的Volterra核辨识算法研究. 振动与冲击, 2011, 30(10): 35-38

[19] 唐浩, 屈梁生, 温广瑞. 基于Volterra级数的转子故障诊断研究. 中国机械工程, 2009, (4): 447-449

[20] 李宁洲, 冯晓云. 基于组合混沌策略自适应量子微粒群的Volterra核辨识算法. 兰州大学学报(自然科学版), 2014, (1): 128-135

[21] 卫晓娟, 丁旺才, 李宁洲, 等. 基于改进粒子群算法的Volterra模型参数辨识. 振动与冲击, 2015, (2): 228-232

[22] 韩海涛, 马红光, 于宁宇, 等. 基于多音激励的Volterra频域核非参数辨识方法. 西南交通大学学报, 2013, 48(2): 250-256

[23] 程长明. 基于Volterra级数非线性系统辨识及其应用研究. 上海: 上海交通大学, 2015

[24] 彭志科, 程长明. Volterra级数理论研究进展与展望. 科学通报, 2015, (20): 1874-1888

[25] Boynton R J, Balikhin M A, Billings S A. Online NARMAX model for electron fluxes at GEO. Annals Geophysicae, 2015, 33(3): 405-411

[26] Billings S A, Chen S, Korenberg M J. Identification of MIMO non-linear systems using a forward-regression orthogonal estimator. International Journal of Control, 1989, 49(6): 615-621

[27] Peng Z K, Lang Z Q, Wolters C, et al. Feasibility study of structural damage detection using NARMAX modeling and nonlinear output frequency response function based analysis. Mechanical Systems and Signal Processing, 2011, 25(3): 1045-1061

[28] Guo Y, Guo L, Billings S A, et al. A new efficient system identification method for nonlinear multiple degree freedom structural dynamic systems. Journal of Computational & Amp; Nonlinear Dynamics, 2015, (3): 845-861

[29] 唐亮, 许晓鸣. 一种基于前馈神经网络的NARMAX模型辨识新方法. 电机与控制学报, 1998, (3): 11-14

[30] 田歉益, 王小北. 基于Memetic框架混合群智能算法的NARMAX模型参数辨识. 山东科技大学学报(自然科学版), 2013, 32(1): 16-22

[31] 芮伟, 杜宁, 袁平, 等. 暂冲式高速风洞流场控制系统建模与仿真. 实验流体力学, 2015, (6): 89-95

[32] 王晓, 韩崇昭. NARMAX 模型辨识的直交化最小二乘新算法. 西安交通大学学报, 1997, (9): 213-219

[33] 程长明, 彭志科, 孟光. 基于 NARMAX 模型和 NOFRF 结构损伤检测的实验研究. 力学与控制学报, 2013, (1): 89-96

[34] 周霞, 沈炯. 多目标免疫 GEP 算法及其在多项式 NARMAX 模型辨识中的应用. 控制与决策, 2014, (6): 1009-1015

[35] Peng Z K, Lang Z Q, Chu F L. Numerical analysis of cracked beams using nonlinear output frequency response functions. Computers & Structures, 2008, 86(17-18): 1809-1818

[36] Peng Z K, Lang Z Q, Billings S A. Nonlinear output frequency response functions for multi-input nonlinear Volterra systems. International Journal of Control, 2007, 80(6): 843-855

[37] Peng Z K, Lang Z Q, Billings S A, et al. Analysis of bilinear oscillators under harmonic loading using nonlinear output frequency response functions. International Journal of Mechanical Sciences, 2007, 49(11): 1213-1225

[38] Cheng C M, Peng Z K, Dong X J, et al. Locating non-linear components in two dimensional periodic structures based on NOFRFs. International Journal of Non-Linear Mechanics, 2014, 67: 198-208

[39] Lang Z Q, Peng Z K. A novel approach for nonlinearity detection in vibrating systems. Journal of Sound and Vibration, 2008, 314(3-5): 603-615

[40] Peng Z K, Lang Z Q, Billings S A. Nonlinear parameter estimation for multi-degree-of-freedom nonlinear systems using nonlinear output frequency-response functions. Mechanical Systems and Signal Processing, 2008, 22(7): 1582-1594

[41] Peng Z K, Lang Z Q, Billings S A. Analysis of locally nonlinear MDOF systems using nonlinear output frequency response functions. Journal of Vibration and Acoustics Transactions of the ASME, 2009, 25(6): 1282-1294

[42] Peng Z K, Lang Z Q. The nonlinear output frequency response functions of one-dimensional chain type structure. Journal of applied Mechanics Transactions of the ASME, 2010, 26(2): 583-596

[43] Lang Z Q, Park G, Farrar C R, et al. Transmissibility of non-linear output frequency response functions with application in detection and location of damage in MDOF structural systems. International Journal of Non-Linear Mechanics, 2011, 27(6): 1578-1587

[44] Zhao X Y, Lang Z, Park G, et al. A new transmissibility analysis method for detection and location of damage via nonlinear features in MDOF structural systems. IEEE/ASME Transactions on Mechatronics, 2015, 20(4): 1933-1947

[45] 韩海涛, 马红光, 谭力宁, 等. 基于 NOFRF 的脉冲式雷达快速故障诊断方法. 计算机仿真, 2013, (4): 5-8

[46] 杨东东, 马红光. 基于 NOFRFs 的模拟电路中的非线性故障诊断. 电子测量技术, 2010, (11): 94-97

[47] 邹鸿翔, 魏克湘, 杜荣华, 等. 多频简谐激励下裂纹梁的非线性振动响应. 动力学与控制学报, 2013, 11(3): 123-131

[48] 王俊玲, 马新光. 基于非线性频率分析的主泵故障诊断技术研究. 哈尔滨商业大学学报(自然科学版), 2012, 28(4): 256-264

[49] 樊天锁, 乔术旗, 杨东东, 等. 基于 NOFRFs 的中放检波电路系统故障定位方法. 机电工程技术, 2012, (8): 151-155

[50] 陈民铀, 孙峰, 翟进乾, 等. 基于非线性频率响应函数的输电线路故障在线监测方法. 重庆大学学报, 2010, (1): 54-60

[51] 韩清凯, 杨英, 郎志强, 等. 基于非线性输出频率响应函数的转子系统碰摩故障的定位方法研究. 科技导报, 2009, (2): 29-32

[52] 韩海涛, 马红光, 曹建福, 等. 基于非线性频谱特征及核主元分析的模拟电路故障诊断方法. 工技术学报, 2012, (8): 248-254

[53] 张家良, 曹建福, 高峰. 结合非线性频谱与贝叶斯网络的复杂装备传动系统故障诊断. 电机与控制学报, 2014, (3): 107-112

[54] Bafroui H H, Ohadi A. Application of wavelet energy and Shannon entropy for feature extraction in gearbox fault detection under varying speed conditions. Neurocomputing, 2014, 133: 437-445

[55] Liu H, Han M. A fault diagnosis method based on local mean decomposition and multi-scale entropy for roller bearings. Mechanism and Machine Theory, 2014, 75: 67-78

[56] Han M, Pan J. A fault diagnosis method combined with LMD, sample entropy and energy ratio for roller bearings. Measurement, 2015, 76: 7-19

[57] Ai Y, Guan J, Fei C, et al. Fusion information entropy method of rolling bearing fault diagnosis based on n-dimensional characteristic parameter distance. Mechanical Systems and Signal Processing, 2017, 88: 123-136

[58] 马百雪, 潘宏侠, 杨素梅. 基于 EEMD 和二维边际谱熵的齿轮箱故障诊断. 车辆与动力技术, 2013, (4): 39-43

[59] 孙宁, 秦洪懋. 基于 Winger 谱时频熵在齿轮故障诊断中的应用. 制造业自动化, 2015, (3): 60-62

[60] 费成巍, 白广忱, 李晓颖. 基于过程功率谱熵 SVM 的转子振动故障诊断方法. 推进技术, 2012, (2): 293-298

[61] 朱可恒. 滚动轴承振动信号特征提取及诊断方法研究. 大连: 大连理工大学, 2013

[62] 刘学, 梁红, 张志国. 基于自适应多尺度时频熵的遥测振动信号异常检测方法. 计算机测量与控制, 2015, (8): 2629-2632

[63] 李莎, 潘宏侠, 都衡. 基于 EEMD 信息熵和 PSO-SVM 的自动机故障诊断. 机械设计与研究, 2014, (6): 26-29

[64] Zhou Y L, Zhao P. Vibration fault diagnosis method of centrifugal pump based on EMD complexity feature and least square support vector machine. Energy Procedia, 2012, 17: 939-945

[65] Zanoli S M, Astolfi G, Marczyk J. Complexity-based methodology for fault diagnosis: application on a centrifugal machine. IFAC Proceedings Volumes, 2012, 45(12): 51-56

[66] Cui L, Gong X, Zhang J, et al. Double-dictionary matching pursuit for fault extent evaluation of rolling bearing based on the Lempel-Ziv complexity. Journal of Sound and Vibration, 2016, 385: 372-388

[67] 朱永生, 袁幸, 张优云, 等. 滚动轴承复合故障振动建模及 Lempel-Ziv 复杂度评价. 振动与冲击, 2013, (16): 23-29

[68] 许小刚. 离心通风机故障诊断方法及失速预警研究. 北京: 华北电力大学, 2014

[69] 黄炯龙, 吕建新, 马文龙, 等. 基于阶比复杂度的滚动轴承早期故障诊断. 轴承, 2013, (9): 40-42

[70] 吕建新, 吴虎胜, 吴庐山, 等. 基于 EMD 复杂度特征和 SVM 的轴承故障诊断研究. 机械传动, 2011, (2): 20-23

[71] 唐海峰, 陈进, 董广明. 基于匹配追踪的复杂度分析方法在轴承故障诊断中的应用研究. 振动工程学报, 2010, 23(5): 541-545

[72] 赵鹏, 周云龙, 孙斌. 基于经验模式分解复杂度特征和最小二乘支持向量机的离心泵振动故障诊断. 中国电机工程学报, 2009, (S1): 138-144

[73] 马少花, 毛汉领, 毛汉颖, 等. NOFRFs 频谱散度 Bootstrap 分析法辨识旧零件内部损伤. 广西大学学报(自然科学版), 2016, 41(3): 345-354

[74] 黄琴, 王彤, 张耀庆. 模态试验中自由边界模拟方法. 江苏航空, 2009, (S1): 41-43

[75] 田晶, 路闯, 艾延廷, 等. 边界条件模拟方法对模态分析影响的研究. 科学技术与工程, 2013, 13(34): 10417-10420

[76] 傅志方. 模态分析理论与应用. 上海: 上海交通大学出版社, 2000

[77] 郑伟学. 脉冲锤击激励下 Volterra 级数的非线性检测理论研究. 南宁: 广西大学, 2016

[78] 马少花. 脉冲锤击激励 NOFRFs 旧零件损伤检测方法研究. 南宁: 广西大学, 2016

[79] 黄红蓝. 锤击激励下 NOFRFs 检测内部损伤的研究. 南宁: 广西大学, 2017

第3章　构建 NOFRF 损伤检测指标

3.1　引　　言

NOFRF 由 Lang 和 Billings[1]首次提出,是借助 FRF 概念推出的保留了 FRF 属性的非线性系统动态特性的一个频域表达式,可由系统输入、输出信号进行辨识,可以唯一表征系统的本质特性。在 NOFRF 基本定义的基础上,Lang 等[1]和 Peng 等[2,3]深入研究了 NOFRF 的估算辨识方法、损伤检测及故障诊断应用的理论和方法;通过推导谐波激励下 GFRF 与 NOFRF 之间的关系,利用 NOFRF 解释了非线性系统产生高次谐波和次共振的原因;他们进一步推导并得出了非线性系统 NOFRF 的一些重要性质[3,4]。Lang 和 Billings[1]提出只需以波形相同、强度不同的 $\bar{N}$ 个输入信号激励系统,由输入、输出信号即可直接估算系统的前 $N(\bar{N} \geqslant N)$ 阶 NOFRF。在此基础上,Peng 等[5]提出了基于形式相同、强度不同的多个输入信号估算系统多阶 NOFRF 的方法。Peng 等[6]还通过 NOFRF 估算了多自由度非线性系统的刚度和阻尼参数。研究和分析了非线性系统新频率产生的原因及能量转移现象,Peng 等[7]发展了 NOFRF 诊断系统故障的理论,认为 NOFRF 的共振频率非常敏感地表征系统非线性特性,因此,Lang 和 Peng[8]提出了检测振动系统非线性的新方法。Peng 等[9]通过直接对比不同状态裂纹梁的前 4 阶 NOFRF 值变化,发现 NOFRF 是裂纹存在的一个敏感指标。Peng 和 Lang[10]通过计算和比较一维多自由度弹簧质量块系统两相邻质量块的同阶 NOFRF 的值,实现了对周期结构损伤位置的判别。Peng 等[11]利用 NARMAX 模型辨识系统的 NOFRF,基于 NOFRF 进行特征提取、构建 NOFRF 指标 Fe,判别铝板的不同损伤。Huang[12]改进了基于 NARMAX 的 NOFRF 估计方法。韩清凯等[13]用 NOFRF 指标 Fe 有效地识别了转子系统的碰磨故障位置。李志农等[14]通过分析比较不同夹角、不同裂纹深度的多裂纹转子系统的 NOFRF 估计值,发现 NOFRF 值对转子的裂纹夹角大小较敏感,实现了对单裂纹转子的裂纹位置和裂纹深度的有效检测。彭志科和程长明[15,16]利用 NOFRF 指标 Fe 判别桥梁模型结构的损伤。张家良等[17]提取 NOFRF 的传递频谱特征,构建出贝叶斯网络模型,各阶 NOFRF 频谱特征为输入向量,实时地诊断了复杂装备传动系统的故障。研究表明,系统 NOFRF 具有非线性系统的“传递函数”属性,可以很好地表征系统的本质特性。系统状态变化、内部特性变化会引起系统各阶 NOFRF 变化,分析 NOFRF 特征量,可以有效地实现系统状态检测和故障诊断。

我们在总结前人研究的基础上,根据所选择的脉冲锤击激励试验方法,建立了脉冲锤击激励下的 Volterra 模型及非线性检测理论,提出了 NOFRF 的估计方法。NOFRF 虽能够很好地表征系统的本质特性的变化,各阶 NOFRF 的值也可定量反映损伤程度,但在存在微小损伤时系统 NOFRF 值的变化很小。此外,由于各阶 NOFRF 均是频率的一维函数,实际应用中并不方便直接用来判别系统损伤情况。因此,利用 NOFRF 的基本特性构建对结构或零件损伤敏感的检测指标,将是实施工程检测的关键。本章拟在前一章推导了脉冲锤击激励下 NOFRF 的估算方法的基础上,尝试由 NOFRF 构建多种检测指标。一是熵指标:基于 NOFRF 定义 NOFRF 熵 N_E,NOFRF 熵 N_E 融合了系统整体的非线性变化,对故障的出现更加敏感。二是频谱复杂度熵指标:基于 NOFRF 的试验估计分析,考察了其频谱复杂度,并由此构建了频谱复杂度熵 IFEn,作为一种新的结构损伤检测指标。三是散度指标:构建反映 NOFRF 频谱差异度的散度指标 DI,作为敏感故障特征量。下面,分别介绍这三种基于 NOFRF 的损伤检测指示。

3.2　NOFRF 熵检测指标

3.2.1　信息熵及其检测原理

借助对事物不确定性度量和区分的信息熵概念,构建对机械系统故障的信息熵特征指标,可实现机械设备或系统的故障诊断。例如,Heidari 和 Ohadi[18]通过比较故障状态和正常状态下齿轮振动信号的能量和信息熵分布,实现故障识别;Liu 和 Han[19]以多尺度熵作为特征向量,研究基于局部均值分解和多尺度熵的滚动轴承故障诊断;Han 和 Pan[20]基于样本熵和能量比构建反映振动信号规律的特征参量,较好地提取了滚动轴承的故障特征;Ai 等[21]融合时域奇异谱熵、频域功率谱熵、小波空间特征谱熵及小波能量谱熵等完成了滚动轴承故障的判断;马百雪等[22]利用二维边际谱熵作为故障特征量,对齿轮箱故障进行分类故障诊断;孙宁和秦洪懋[23]用 Winger 谱时频熵值实现了变速箱齿轮磨损故障及程度的识别;费成巍等[24]把过程功率谱熵与 SVM 结合,实现了转子故障类型和损伤位置的识别;朱可恒[25]从样本熵、层次熵提取轴承振动信号里的故障信息,准确判断了损伤的程度;刘学等[26]求解自适应多尺度熵,判断了遥测振动信号的异常;李莎等[27]提取能量熵、边际谱熵等特征量,提高了故障分类准确率。这些研究运用信息熵提取故障特征参量,进行损伤检测和故障诊断都取得了良好的效果,为将信息熵融入非线性系统的频谱分析、提取系统非线性特征,提供了借鉴和参考。用信息熵可以直接度量和区分系统各阶 NOFRF 谱的非线性强度分布、能量分布,构建敏感反映损伤的直观检测指标。

信息熵可用于衡量系统信息的不确定性。若一个系统有且仅有 n 种不同的状

态 $A_1, A_2, \cdots, A_n$，每个状态出现的概率分别为 $p_i = p(A_i)(i = 1, 2, \cdots, n)$，且 $\sum\limits_{i=1}^{n} p_i = 1$，在信息论中可定义 $-p(A_i)\log_a p(A_i)$ 为状态 A_i 的熵，那么系统的信息熵就定义为各个状态熵之和[18]，即

$$H(A) = -\sum_{i=1}^{n} p(A_i)\log_a p(A_i) \tag{3-1}$$

信息熵是一个度量不确定性的尺度。对于概率分布是否均匀、设备是否可维护、机械设备故障是否易诊断、系统结构是否复杂等问题，都可用信息熵来进行定量判定，进而实现对模棱两可事件的区分。

谱熵是基于信息熵理论发展而来的，它可以对信号的时域谱或频域谱的不确定性进行分析。其定义如下：

$$SE = \sum_{j=1}^{N/2} \mu_j \log \mu_j \tag{3-2}$$

$$\mu_j = \frac{A_j}{\sum\limits_{j=1}^{N/2} A_j} \tag{3-3}$$

其中，N 为谱图划分间隔数；A_j 为第 j 个谱图间隔的平均幅值；μ_j 为第 j 个谱图间隔的平均幅值与前 $N/2$ 间隔幅值总和之比。

其计算过程如下：首先，选取合适的谱图间隔数 N，并对系统的时域/频域谱进行等谱图间隔划分；其次，计算各谱图间隔的平均幅值 A_j，进而计算各谱图间隔的平均幅值 A_j 在整个谱图幅值总和中所占的概率，记为 μ_j；最后，根据式(3-2)计算系统谱熵 SE。

频域内的谱熵可用于对系统频谱进行检测，近年来频域谱熵分析在故障诊断和结构损伤检测方面得到了很好的应用。

故障的出现会引起系统 NOFRF 频域谱分布的变化，故而可结合信息熵的概念对 NOFRF 的频谱进行分析，进而实现对结构损伤状态的识别。我们基于不同状态下各阶 NOFRF 频谱的特点，将谱熵引入 NOFRF 的频谱分析中，进而构建 NOFRF 的频域谱熵 SE_G，根据 NOFRF 谱熵值的变化对结构的损伤状态进行识别。

NOFRF 能够很好地表征系统的内部特性。对于任意一个满足 Volterra 级数模型条件的结构或系统，都可用截断的 n 阶 Volterra 级数表示，其 NOFRF 为

$$Y(j\omega) = G_1(j\omega)U_1(j\omega) + G_2(j\omega)U_2(j\omega) + \cdots + G_N(j\omega)U_N(j\omega) \tag{3-4}$$

那么可认为，NOFRF $G_n(j\omega)(n=1,2,\cdots,N)$ 包含该系统的所有信息，即系统信息按一定的概率分布在各阶 NOFRF 中。为方便表示和理解，将各阶 NOFRF 所包含的系统信息的概率定义为[28]

$$p_n = \frac{\int_0^\infty |G_n(j\omega)| d\omega}{\sum_{i=1}^N \int_0^\infty |G_i(j\omega)| d\omega}, \quad n=1,2,\cdots,N \tag{3-5}$$

显然，式(3-5)满足

$$\sum_{n=1}^N p_n = 1$$

式中，p_n 反映了不同阶 NOFRF 所包含的系统非线性的强度大小。结合式(3-5)，将系统各阶 NOFRF 谱熵定义为[29]

$$SE_G = -\sum_{i=1}^N p_i \log p_i \tag{3-6}$$

当系统处于正常状态时，一阶 NOFRF $G_1(j\omega)$ 占主导地位，相应的概率 p_1 值接近 1，此时系统信息分布的不确定性较小，故而 NOFRF 谱熵 SE_G 值最小；当系统发生损伤时，$G_1(j\omega)$ 仍包含绝大部分系统信息，除此之外还有少量系统信息存在于高阶 NOFRF $G_n(j\omega)(n=2,3,\cdots,N)$ 中，此时各阶 NOFRF 所携带的系统信息分布不确定性增加，相应的 NOFRF 谱熵 SE_G 增大；当系统损伤愈加严重时，很大一部分系统信息涌向高阶 NOFRF $G_n(j\omega)(n=2,3,\cdots,N)$ 中，系统信息在各阶 $G_n(j\omega)$ $(n=1,2,\cdots,N)$ 中都有一定概率的分布，此时系统信息分布的不确定程度相应地增大，故而随着系统损伤程度增大，NOFRF 谱熵 SE_G 逐渐增大。需要说明的是，损伤程度和 NOFRF 谱熵 SE_G 的关系并不是比例关系，系统熵的增大幅度要比损伤程度的增大幅度大得多；若系统达到某种损伤程度使得概率 p_n 满足 $p_1=p_2=\cdots=p_N$ 时，系统熵 SE_G 达到最大，此后随着系统损伤程度的继续增大，系统熵 SE_G 开始逐渐减小。

基于 NOFRF 谱熵检测的基本原理：计算不同状态系统的 NOFRF 谱熵，与正常系统的 NOFRF 谱熵值进行对比，可判断被测系统是否处于损伤状态。

3.2.2　NOFRF 熵检测指标构建

Peng 等[11]基于 NOFRF 提出了一个简单的指标 Fe 来表征被测系统的特性，定义为

$$Fe(n) = \frac{\int_{-\infty}^{\infty}\left|G_n(j\omega)\right|d\omega}{\sum_{i=1}^{N}\int_{-\infty}^{\infty}\left|G_i(j\omega)\right|d\omega}, \quad 1 \leqslant n \leqslant N \tag{3-7}$$

式中，$Fe(n)(n=1,2,\cdots,N)$ 表示系统各阶 NOFRF 积分的占比。由定义可知，$\sum_{n=1}^{N}Fe(n)=1$。$Fe(1)=1$，表明由第 1 阶 NOFRF 主导系统特性，此时可忽略其他高阶 NOFRF 对系统频域响应的影响，系统可视为线性系统；$Fe(n)>0(n=2,3,\cdots,N)$，则表明系统存在非线性，可以通过比较 $Fe(n)$ 值的大小变化来判断系统是否发生非线性以及非线性的程度。

当系统发生早期损伤或微损伤时，各阶非线性强度变化很小，通过基本指标 Fe 很难确定系统是否发生损伤以及损伤的程度。由于信息熵可对事物不确定性加以度量和区分，进而可实现对系统状态参量的非线性特征提取，我们基于矩形脉冲下非线性系统的输出频率响应，结合信息熵的概念，提出了 NOFRF 熵指标 N_E，其本质是对 Fe 指标的整合，将会对损伤更加敏感。

矩形脉冲激励下系统 NOFRF 可由第 2 章介绍的估算方法求得。对于同一类型的输入信号，NOFRF 为系统的固有特性，其值不随信号幅值变化，令 $A=1$，由第 2 章的估算式(2-32)可得

$$Y(j\omega) = G_1(j\omega)U(j\omega) + G_2(j\omega)\frac{U(j\omega)}{\sqrt{2}} + \cdots + G_n(j\omega)\frac{U(j\omega)}{\sqrt{n}} + \cdots \tag{3-8}$$

此时，定义单位矩形脉冲激励下，系统输出各阶非线性响应的概率为[28]

$$p_Y(n) = \frac{\int_{-\infty}^{+\infty}\left|Y_n(j\omega)\right|d\omega}{\sum_{i=1}^{N}\int_{-\infty}^{+\infty}\left|Y_i(j\omega)\right|d\omega} = \frac{\int_{-\infty}^{+\infty}\left|\dfrac{G_n(j\omega)}{\sqrt{n}}\right|d\omega}{\sum_{i=1}^{N}\int_{-\infty}^{+\infty}\left|\dfrac{G_i(j\omega)}{\sqrt{i}}\right|d\omega}, \quad n=1,2,\cdots,N \tag{3-9}$$

式中，$\sum_{n=1}^{N}p_Y(n)=1$；$p_Y(n)(n=1,2,\cdots,N)$ 完全由系统各阶 NOFRF 值 $G_n(j\omega)$ $(n=1,2,\cdots,N)$ 确定，与输入无关，只随系统状态的变化而变化，因此可以很好地表征系统各阶 NOFRF 的变化，代表单位矩形脉冲激励下系统输出各阶非线性响应的概率。当系统发生故障出现非线性时，输出概率 $p_Y(n)(n=1,2,\cdots,N)$ 将变得不确定，也即系统有高阶非线性输出，输出发生混乱。由信息熵理论可知，一个系统越有序，信息熵越低；反之，一个系统越混乱，信息熵越高。基于信息熵的概念定义相应的 NOFRF 熵为[29]

$$N_E = -\sum_{n=1}^{N} p_Y(n)\log(p_Y(n)) \tag{3-10}$$

当被测系统为线性系统时，一阶 NOFRF 相对较大，其他高阶可忽略，此时 $p_Y(1) \approx 1$，非线性量在各阶 NOFRF 中的分布较稳定，此时 NOFRF 熵 N_E 较小；当被测系统为非线性系统时，其非线性量向高阶 NOFRF 转移，此时非线性量在各阶 NOFRF 的分布不确定度变大，NOFRF 熵 N_E 也增大。NOFRF 熵 N_E 从整体来分析系统的变化，且与 Fe 在形式上是相似的，因此指标 N_E 一定程度上是对原 Fe 指标的整合，但对结构和零件疲劳损伤将更加敏感，描述了单位矩形脉冲激励下系统非线性输出的变化程度，物理意义将更明确。

锤击脉冲与矩形脉冲属于同一类激励信号，即连续的宽频激励信号，所以当矩形脉冲激起的有效频率与基于锤击脉冲试验得到的传递函数的有效频率相当时，由锤击脉冲计算得到的传递函数适用于矩形脉冲，即通过该传递函数可计算矩形脉冲激励下系统的频率响应。因此，在实际应用中可通过锤击激励获取系统的 NOFRF，然后利用式(3-9)、式(3-10)估算检测指标 NOFRF 熵的 N_E 值来进行结构或零件的损伤检测。

3.2.3　NOFRF 熵检测指标的检测验证

依据第 2 章中不同疲劳时间的三点弯曲疲劳试件在锤击激励下估算得到的 NOFRF 值，由式(3-7)、式(3-9)和式(3-10)分别构造这 3 件试件的 NOFRF 指标 Fe(n) 和 N_E，NOFRF 指标估计值如表 3-1 所示，不同损伤程度下试件 NOFRF 指标的变化大小如表 3-2 所示。

表 3-1　NOFRF 指标估计值

状态	Fe(1)	Fe(2)	Fe(3)	Fe(4)	N_E
正常	0.9971	0.0029	1.6325×10^{-5}	4.0826×10^{-8}	0.0087
疲劳 1	0.9722	0.0276	2.7430×10^{-5}	7.0765×10^{-7}	0.0559
疲劳 2	0.9118	0.0827	9.0125×10^{-4}	2.4850×10^{-6}	0.1288

表 3-2　不同损伤程度下试件 NOFRF 指标的变化大小

状态	ΔFe(1)	ΔFe(2)	ΔFe(3)	ΔFe(4)	ΔN_E
疲劳 1	0.0249	0.0247	0.00026	0.0000	0.0472
疲劳 2	0.0853	0.0798	0.00088	0.0000	0.1201

由表 3-1 可知，正常无损试件的 Fe(1) 值接近 1，也即可视为线性的，随着疲劳加载时间增大，Fe(1) 的值减小，Fe(n) $\neq 0$，$n=2,3,4$，表明系统出现非线性，Fe(n) 变

化量增大，疲劳程度也增大，非线性量向高阶 NOFRF 转移，此时非线性量在各阶 NOFRF 的分布不确定度变大，NOFRF 熵 N_E 也增大，且指标 N_E 的变化量 ΔN_E 更明显。因此，表 3-2 验证了构造的 NOFRF 熵 N_E 的有效性，且比 Fe(n) 对损伤更敏感。

3.3　NOFRF 复杂度熵检测指标

3.3.1　复杂度概念及检测原理

针对复杂的实际工程信号，信号复杂性的测度指标——复杂度，可用于信号非线性特征量的提取、估计和识别，并客观、定量地描述被测结构或系统的复杂程度。常用的复杂性测度指标主要包括：Kolmogorov 复杂度[30]、Lempel-Ziv 复杂度[31]、相对复杂度[32]、复杂度 C[33]、近似熵 APEn[34]等。研究表明，复杂度理论可用于提取系统故障特征，可以对机械设备或系统故障进行监测。例如，姜建东和屈梁生[35]发现，工作状态的改变通常会引起机组振动信号复杂性的变化，利用 Kolmogorov 复杂度实现了对大型机组振动信号故障特征的有效提取；高清维等[36]将 Lempel-Ziv 复杂度应用于齿轮振动信号分析中，发现正常和疲劳剥落齿轮的振动信号复杂程度明显不同；朱永生等[37]对轴承振动信号进行 Lempel-Ziv 复杂度特征提取，实现了对滚动轴承单点及复合故障的有效识别；吕建新等[38,39]计算了固有模式分量的 Lempel-Ziv 复杂度，并将其与 SVM 相结合实现了对滚动轴承故障类型的识别，此外，他们还将该复杂度特征量与 RBF 神经网络相结合，并将其成功应用于柴油机的故障类型识别中；黄炯龙等[40]提出了将阶比分析和复杂度分析相结合的滚动轴承故障诊断方法；赵鹏等[41]对由 EMD 得到的固有模态函数(intrinsic mode function, IMF)进行复杂度特征提取，进而结合 SVM 实现了对离心泵故障类型的准确判断；唐海峰等[42]将匹配追踪原理与复杂度特征提取相结合，实现了对滚动轴承故障冲击频率的准确提取；许小刚[43]基于小波包及信号复杂度分析方法实现了对风机故障的准确、高效诊断；林洪彬[44]通过对振动信号能量分布特性的分析，探索并构建了可描述信号能量分布复杂程度的复杂度信息熵模型，进而实现了对不同状态轴承的故障分类。

传统的复杂度算法往往需要先对被测序列进行粗粒化处理，而过分的粗粒化处理可能会导致原序列特性的扭曲，显然这不利于对系统非线性特征的准确提取。屈梁生等[45]从时频域分析的角度提出了一种计算系统复杂度的新方法，无须对被分析信号进行粗粒化处理，可以更加有效地提取非线性信号或系统的复杂度特征。

系统的 NOFRF 可以表征非线性系统的本质特性，将 NOFRF 与系统频域复杂度相结合，进而提取故障特征量，可以为结构或零件的损伤检测提供一种新的检测指标。

3.3.2　NOFRF 频域复杂度熵检测指标构建

系统频域复杂度对系统变化非常敏感，能够定量描述系统的状态变化情况，并很好地描述信号在频域中的频率组成。基于屈梁生等[45]提出的频域复杂度的定义，根据 NOFRF 的各阶频谱特点，我们提出了 NOFRF 频域复杂度熵 IFEn，其定义式如下：

$$\text{IFEn}(n) = \frac{-100 \times \sum_{j=1}^{\text{Nzu}} p_{ij} \lg(p_{ij})}{\lg(\text{Nzu})}, \quad i = 1, 2, \cdots N \quad (3\text{-}11)$$

其中，$p_{ij} = \dfrac{A_{ij}}{\sum\limits_{\substack{i=1,2,3,4 \\ j=1,2,\cdots,\text{Nzu}}} A_{ij}}$。由于 p_{ij} 表示各频率段积分的占比，可知 $\sum\limits_{\substack{i=1,2,\cdots,N \\ j=1,2,\cdots,\text{Nzu}}} p_{ij} = 1$。

Nzu 为各阶 NOFRF 频谱的等频率平分的分组数，A_{ij} 为第 i 阶 NOFRF 对第 j 个等分频率段的积分。对于理想线性系统，一阶 NOFRF 占主导地位，其他高阶 NOFRF 都为零，此时指标 IFEn(1)=1，其他高阶 IFEn(n)(n = 2, 3, \cdots, N) 均为零；对于非线性系统，其高阶 NOFRF 增大，相应的一阶 NOFRF 就会减小，可根据各阶 NOFRF 频域复杂度熵的变化大小来判断结构损伤情况。

该 NOFRF 频域复杂度熵检测指标不仅考虑了系统内各阶非线性强度的分布情况，而且能够较好地表征 NOFRF 随频率的变化情况。相比于指标 Fe，指标 IFEn 更系统、更全面地提取了 NOFRF 所包含系统内部信息。基于 NOFRF 频域复杂度熵 IFEn 的损伤检测过程如下[28]：

(1)估算脉冲锤击激励下的待测零件的前 N 阶 NOFRF；

(2)将系统各阶 NOFRF 频谱分成 Nzu 个频率段，获取最佳分组数的算法流程如图 3-1 所示，并计算对应频率段内各阶 NOFRF 的积分值，分别记为 A_{ij}（$i = 1, 2, \cdots, N$，$j = 1, 2, \cdots, \text{Nzu}$）；

(3)由上各阶 NOFRF 在对应频率段内的积分值 A_{ij}，代入式(3-11)计算出频域复杂度熵 IFEn(n) 值，与无损正常零件的指标值比较，判断待测零件的损伤状态。

由于分组数 Nzu 会影响所求 IFEn(n) 值的精度，分组太小影响指标的损伤检测敏感性，分组太大则增大计算量，分组达到某一定值后对 IFEn(n) 的影响很小，因此选择合适的分组数 Nzu 至关重要。实际求解过程中，可先作出指标 IFEn(n) 随分组数 Nzu 的变化图，然后选取各阶 IFEn(n) 值变化均相对平稳时对应的分组数区间 Nzu[a,b]，最后求该区间内各 IFEn(n) 的平均值作为待测零件的频域复杂度熵值。

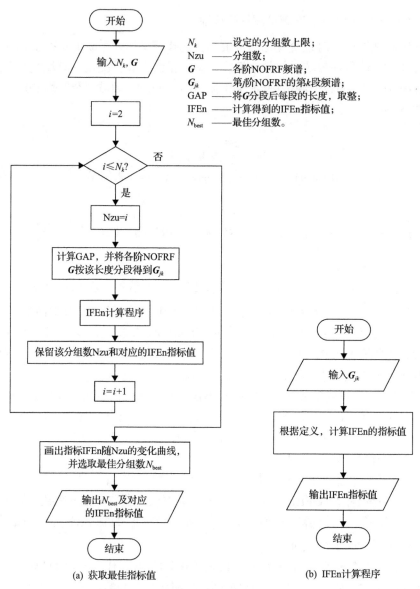

N_k ——设定的分组数上限；
Nzu ——分组数；
G ——各阶NOFRF频谱；
G_{jk} ——第j阶NOFRF的第k段频谱；
GAP ——将G分段后每段的长度，取整；
IFEn ——计算得到的IFEn指标值；
N_{best} ——最佳分组数。

(a) 获取最佳指标值   (b) IFEn计算程序

图 3-1　获取最佳分组数的算法流程

3.3.3　NOFRF 复杂度熵检测指标的仿真验证

下面以图 3-2 所示的一维八自由度弹簧质量块模型为例，对如何确定 NOFRF 频谱复杂度熵 IFEn 的最佳分组数进行说明[29]。

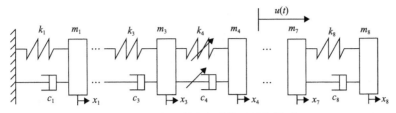

图 3-2　一维八自由度弹簧质量块模型

该模型的非线性系统运动方程为

$$M\ddot{x}(t) + C\dot{x}(t) + Kx(t) = \mathbf{NF}(t) + F(t)$$

其中，$x(t) = [x_1(t), x_2(t), \cdots, x_8(t)]^T$ 是位移向量，M、C、K 分别是该模型的质量矩阵、阻尼矩阵和刚度矩阵，相应模型参数为 $m_1 = m_2 = \cdots = m_8 = 1\text{kg}$，$k_1 = k_2 = \cdots = k_8 = 3.5531 \times 10^4 \text{ N} / \text{m}$，$\mu = 0.01$，$C = \mu K$。非线性力 $\mathbf{NF}(t)$ 设置在第 3 个和第 4 个质量块之间，即

$$\mathbf{NF}(t) = [0 \quad 0 \quad \text{NonF}(t) \quad -\text{NonF}(t) \quad 0 \quad 0 \quad 0 \quad 0]$$

$$\text{NonF}(t) = \sum_{i=2}^{P} w_i \left(\dot{x}_3(t) - \dot{x}_4(t) \right)^i + \sum_{i=2}^{P} r_i \left(x_3(t) - x_4(t) \right)^i$$

输入激励为半正弦脉冲激励，作用在第 6 个质量块上，即

$$F(t) = [0, 0, 0, 0, 0, u(t), 0, 0]^T$$

$$u(t) = \begin{cases} A_n \sin\left(\dfrac{\pi}{T_c} t \right), & t \in [0, T_c] \\ 0, & \text{其他} \end{cases}$$

其中，A_n 为脉冲幅值，T_c 为脉冲持续时间。考虑计算该一维八自由度质量块模型的前 4 阶 NOFRF，故只需用四组幅值不同、脉冲宽度相同的半正弦脉冲信号激励该系统，即可估计正常和损伤情况下的前 4 阶 NOFRF 值。

依据图 3-1 所示的 NOFRF 频谱复杂度熵 $\text{IFEn}(n)$ 的最佳分组数的算法流程，作不同状态下各阶 $\text{IFEn}(n)$ 随分组数 Nzu 的变化曲线，如图 3-3 所示，其中分组数 Nzu=2~60。

由图可知，正常状态的各阶 NOFRF 的频谱复杂度熵 $\text{IFEn}(n)$ 随分组数 Nzu 的变化曲线比较平稳；而损伤状态的各阶 NOFRF 的频谱复杂度熵 $\text{IFEn}(n)$ 值随分组数 Nzu 取值的不同有较大的波动，尤其当 Nzu=35~60 分组段，一阶 NOFRF 的频谱复杂度熵 $\text{IFEn}(1)$ 值的波动相当明显。

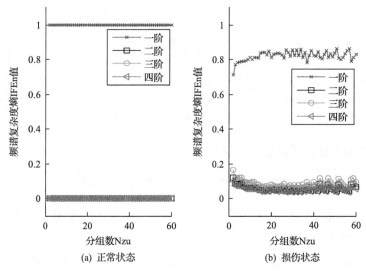

(a) 正常状态　　　　　　　　　　(b) 损伤状态

图 3-3　不同状态下各阶 IFEn(n)随分组数 Nzu 的变化曲线

　　正常和损伤状态的 NOFRF 的频谱复杂度熵 IFEn(n)的不同变化规律恰恰表明，对于同一个系统，当其处于正常状态时其内部特征趋于稳定，而当其处于损伤状态时其内部特性相对来说就会不太稳定。由于损伤状态的 NOFRF 的频谱复杂度熵 IFEn(n)值的波动较大，可以考虑通过平均处理的方式来提高 NOFRF 的频谱复杂度熵 IFEn(n)值的计算精度。选取图 3-3(b)中曲线变化较为平稳的一段，即 Nzu=20～35 所在的分组段，对该段中各分组数所对应的 NOFRF 的频谱复杂度熵 IFEn(n)值求取平均值，Nzu=20～35 时所对应的 IFEn(n)平均值如表 3-3 所示，并将该平均值作为最终的损伤判别指标。

表 3-3　Nzu=20～35 时所对应的 IFEn(n)平均值

分组数 Nzu	正常				损伤			
	一阶	二阶	三阶	四阶	一阶	二阶	三阶	四阶
20	1.0000	5.0043×10^{-9}	6.7935×10^{-9}	2.3667×10^{-9}	0.8188	0.0575	0.0816	0.0491
21	1.0000	5.3502×10^{-9}	6.6784×10^{-9}	2.3293×10^{-9}	0.8304	0.0515	0.0735	0.0446
22	1.0000	5.5704×10^{-9}	7.0206×10^{-9}	2.4317×10^{-9}	0.8345	0.0501	0.0717	0.0437
23	1.0000	5.8371×10^{-9}	7.3513×10^{-9}	2.5345×10^{-9}	0.8335	0.0490	0.0700	0.0427
24	1.0000	5.7704×10^{-9}	7.2431×10^{-9}	2.5086×10^{-9}	0.8254	0.0505	0.0721	0.0439
25	1.0000	5.4588×10^{-9}	6.8102×10^{-9}	2.4649×10^{-9}	0.8077	0.0532	0.0757	0.0457
26	1.0000	5.0313×10^{-9}	6.9257×10^{-9}	2.4142×10^{-9}	0.8572	0.0587	0.0836	0.0500
27	1.0000	3.9981×10^{-9}	6.3610×10^{-9}	2.0963×10^{-9}	0.8408	0.0425	0.0620	0.0384
28	1.0000	6.0986×10^{-9}	7.7654×10^{-9}	2.6566×10^{-9}	0.8181	0.0481	0.0690	0.0421

分组数 Nzu	正常				损伤			
	一阶	二阶	三阶	四阶	一阶	二阶	三阶	四阶
29	1.0000	5.022×10^{-9}	6.2249×10^{-9}	2.3408×10^{-9}	0.8569	0.0556	0.0790	0.0473
30	1.0000	4.0749×10^{-9}	6.5586×10^{-9}	2.1350×10^{-9}	0.8228	0.0426	0.0622	0.0384
31	1.0000	5.7148×10^{-9}	7.1965×10^{-9}	2.5981×10^{-9}	0.8578	0.0540	0.0769	0.0463
32	1.0000	4.0040×10^{-9}	6.4375×10^{-9}	2.1185×10^{-9}	0.8223	0.0423	0.0618	0.0382
33	1.0000	5.7877×10^{-9}	7.2802×10^{-9}	2.6407×10^{-9}	0.8583	0.0542	0.0771	0.0464
34	1.0000	3.9622×10^{-9}	6.4458×10^{-9}	2.1012×10^{-9}	0.8127	0.0420	0.0616	0.0381
35	1.0000	3.1935×10^{-9}	3.9090×10^{-9}	1.5024×10^{-9}	0.8431	0.0574	0.0813	0.0486

NOFRF 频谱复杂度熵 IFEn 的最佳分组数选取,可根据 IFEn(n) 随分组数变化曲线的波动大小,具体情况具体分析:若所获取的不同状态下各阶 NOFRF 频谱复杂度熵 IFEn(n) 随分组数的变化曲线波动均较小,则可求取变化平稳的分组段所对应的 IFEn(n) 的平均值或从中选取某一个分组数所对应的 IFEn(n) 值;若各阶 IFEn(n) 值随分组数的变化曲线仅在某些分组段波动较大,则必须考虑计算相对变化平稳的分组段所对应的 IFEn(n) 的平均值;若各阶 IFEn(n) 值随分组数的变化曲线波动均较大,则考虑选用其他损伤检测方法进行重新检测。仿真和试验分析表明,一般情况下 IFEn(n) 随分组数的变化曲线波动均在可接受的范围,且在分组数 Nzu=20~30 的分组段所对应的 IFEn(n) 值变化均较平稳。

基于 NOFRF 频谱复杂度熵 IFEn 的损伤检测过程如下:

(1) 估算脉冲锤击激励下的各系统的前 N 阶 NOFRF;

(2) 按图 3-1 所示流程图,获取 IFEn(n) 的最佳分组数或最佳分组段,并计算各系统的 NOFRF 频谱复杂度熵 IFEn(n);

(3) 通过对比正常状态和被测状态的 NOFRF 频谱复杂度熵 IFEn(n) 的值,实现对被测系统的损伤判别。

3.4　NOFRF 散度检测指标

3.4.1　散度概念及检测原理

由于机械设备或系统自身结构和服役过程及环境的复杂多样性,它们所表现出来的非线性特征与工作状态之间往往并不是完全对应的。这就给设备或系统的损伤检测及其状态识别带来了很大的困难。目前常用的状态识别方法主要有:对比分析、信息距离分析、势能函数分类等。这些方法各有各的特点,并且已在实际工程中得到了很好的应用。信息距离判别法在故障判别方面的应用研究,当前常用的主要有 K-L（Kullback Leibler）距离、J 散度。它们是在信息伪距离的基础上发展而来的非常有效的距离度量方式，通过提取信息之间的散度指标，可以对不同信息之间的差异程度进行很好的描述。其中，K-L 距离是通过比较参考模式的概率密度函数与待测模式的概率密度函数之间的近似程度，实现对参考模式和待测模式所处状态差异性的比较。假定有两个分布：未知分布 p 和已知分布 q，则二者之间的 K-L 距离定义为

$$D(p:q) = \sum_{i=1}^{n} p_i \log_2 \left(\frac{p_i}{q_i} \right)$$

显然，对于 K-L 距离而言，$D(p:q) \neq D(q:p)$，无对称性，即若 p 和 q 的位置互换，K-L 距离就不相同了。为了解决这一问题，人们发展出了 J 散度这一概念。J 散度具有对称性，因此可更好地表征两分布之间的差异，除此之外，还可定量表达两频域谱图之间的差异。基于信息距离判别法进行故障分类和识别的基本原理是：结合振动信号分析处理与信息距离判别法，提取故障特征，进而实现对机械设备或系统故障类型的识别。目前，该方法已在故障类型判别方面得到了较好的应用。例如，郭艳平等[46]利用 EMD 和散度指标实现了对滚动轴承不同故障状态的识别，他们首先对采集的振动信号进行 EMD 处理并选取包含故障信息的 IMF 进行重构，对重构后 IMF 信号进行 Hilbert 包络分析，进而利用散度指标提取故障特征量，最终通过对比故障特征量的变化实现故障状态识别；苗刚等[47]基于 J 散度理论提出了一种往复压缩机故障分类方法，该方法通过比较待检样本与已建立的标准样本之间的 J 散度值，并结合预先设定的 J 散度阈值，实现对被测样本的分类。

研究表明，通过对振动信号进行处理，并提取散度特征量，进而实现故障诊断，是一种非常有效的故障识别方法。然而前人的研究都是在振动信号基础上进行的，鲜有基于线性或非线性系统"传递函数"提取故障特征进而实现故障诊断的研究。NOFRF 是基于系统激励、响应信号估算而来的，可以很好地表征非线性系统的本质特性，相当于非线性系统的"传递函数"，因此有必要对不同系统的 NOFRF 之间的散度特征进行研究。

J 散度是一种非常有效的距离度量方式。它可以用来定量地表达两个分布之间的差异，也可以表达两个时间序列之间的差异，在频域中还可以表示两个谱图之间的差异。J 散度的定义为

$$J(S_1, S_2) = \frac{1}{2K} \sum_{j=1}^{K} \left(\frac{S_{2j}}{S_{1j}} + \frac{S_{1j}}{S_{2j}} - 2 \right) \tag{3-12}$$

其中，K 为谱图上等分的频率间隔的数目，S_1、S_2 为两个谱图，S_{1j}、S_{2j} 为谱图

中第 j 个频率间隔内的谱线幅值的总和。由定义式可知：①$J(S_1,S_2)$ 是非负的；②当两谱图完全相同时，其 J 散度等于零；③两谱图间的差异性越大，J 散度也越大。

3.4.2 散度检测指标构建

对任意一个可由 Volterra 级数表示的系统，其输出谱可表示为

$$Y(j\omega) = G_1(j\omega)U_1(j\omega) + G_2(j\omega)U_2(j\omega) + \cdots + G_n(j\omega)U_n(j\omega)$$

其一阶 NOFRF $G_1(j\omega)$ 表征系统的线性特性，高阶 NOFRF $G_n(j\omega)(n=2,3,\cdots)$ 表征系统非线性特性。当系统发生损伤后，会表现出非线性，相应的高阶 NOFRF 值就会增大；损伤越严重，非线性特征越明显，高阶 NOFRF 值就越大。从 NOFRF 频谱角度分析，即系统发生损伤前后，各阶 NOFRF 频谱的谱线幅值之和会发生变化。换言之，即损伤系统和正常系统的各阶 NOFRF 的频谱存在差异，且损伤越严重，两系统的各阶 NOFRF 谱图差异越明显。

基于 J 散度可定量表示两频谱图之间差异的特性，我们给出了一种基于 NOFRF 谱图的散度指标 DI，用于评价两不同系统(被测系统和正常系统)的各阶 NOFRF 谱之间的差异，其定义如下：

$$DI = \frac{1}{2N}\sum_{n=1}^{N}\left(\frac{A_{2n}}{A_{1n}} + \frac{A_{1n}}{A_{2n}} - 2\right) \tag{3-13}$$

其中，N 为 NOFRF 的阶数，A_{1n}、A_{2n} 分别为正常系统、被测系统的第 n 阶 NOFRF 的在频域的积分，即

$$A_n = \int_{-\infty}^{\infty}|G_n(j\omega)|d\omega, \quad n=1,2,\cdots,N \tag{3-14}$$

NOFRF 的散度指标 DI 刻画了被测系统的 NOFRF 谱图与正常系统的相应阶 NOFRF 谱图之间的差异。两系统 NOFRF 的散度指标 DI 越小，表明被测系统的各阶 NOFRF 谱图与正常系统的差异越小，即被测系统的损伤越小；反之，DI 越大，两系统的各阶 NOFRF 谱图差异越大，被测系统损伤越严重。

为了提高利用散度指标 DI 进行损伤识别的稳定性和准确性，可对计算得到的多个 DI 进行平均处理，即

$$\overline{DI} = \frac{\sum_{i=1}^{\bar{N}}DI_i}{\bar{N}} \tag{3-15}$$

其中，$\bar{N}$ 为共计算得到的指标 DI 的个数。

利用统计分析法可以对统计特征量的不确定性进行评价。研究表明[45]，均值、标准差、置信区间等数学统计量通常可很好地反映结构或机械零部件状态的变化。然而，工程应用中，我们很难通过试验获得足够的样本数据，导致实际中很难得到被统计量的统计特性。再采样是实现小样本数据统计分析的一种很有效的方法，通过对已有少量数据进行直接或间接反复采样，扩充样本容量，可计算扩充后的大样本数据的统计特征量，如均值、标准差、概率分布等。

早在 20 世纪 40 年代末重采样这一概念就已问世，重采样的出现解决了实际工程中难以获取大量数据这一问题。随后，学者们纷纷对其进行研究，并提出了许多重采样方法，如置换法、折叠法等，然而这些方法都有各自的弊端和不足。1979 年，美国学者 Efron 在总结和归纳前人研究成果的基础上提出了 Bootstrap 方法[45,48]。Bootstrap 方法一经提出，便得到了统计学许多学者的推崇，并逐渐被应用到统计学之外的其他各大领域，如经济学、医学、故障诊断学等。

Bootstrap 方法的计算流程如图 3-4 所示。

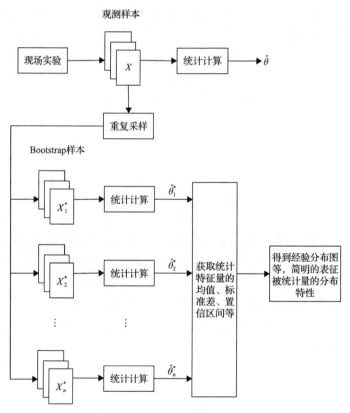

图 3-4　Bootstrap 方法的计算流程

　　下面以一个随机序列为例，详细介绍 Bootstrap 方法用于确定序列平均值的过程。利用 Matlab 软件随机产生一组长度为 50，服从 $\alpha=0.5$ 的指数分布随机序列 $\{x_1, x_2, \cdots, x_{50}\}$，如图 3-5 所示。原始序列的直方图如图 3-6 所示。

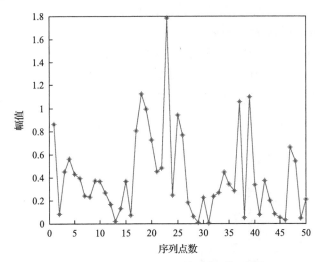

图 3-5　服从 $\alpha=0.5$ 的指数分布随机序列

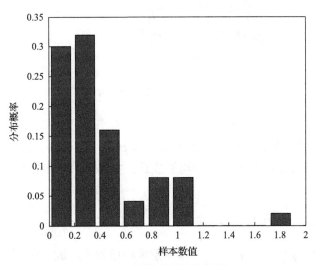

图 3-6　原始序列的直方图

　　下面具体介绍利用 Bootstrap 法求该序列平均值和相应 95%的置信区间的方法。
　　首先，对原序列进行重采样。利用随机数发生器随机产生 1 行、50 列的随机数组，数组中数字由 1～50（分别代表原序列样本的第 1～50 个数据）的可重复数字组成，数组如下所示。

$$\underbrace{24\ 30\ 14\ 6\ 7\ 17\ \cdots\ 43\ 49\ 15\ 45\ 32\ 40}_{50个}$$

以上述数组为依据，可对原始序列进行重构。重构后的新序列的第 1 个值由原序列的第 24 个值代替，其第 2 个值由原序列的第 30 个值代替。以此类推，即可在原序列基础上得到新的重构序列。

重采样序列的直方图如图 3-7 所示。由图可看出，重采样后的直方图分布与原序列的分布（图 3-6）基本相似。为获得足够数据，可按上述方法重复采样多次，本例中共重复采样 1000 次，故可得到 1000 组新序列 $\left\{x_1^{*t}, x_2^{*t}, \cdots, x_{50}^{*t}\right\}(t=1,2,\cdots,1000)$。

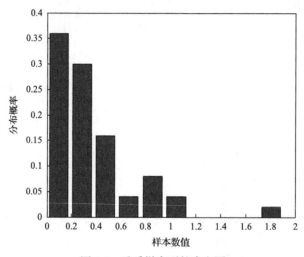

图 3-7　重采样序列的直方图

其次，计算新样本序列的平均值。分别计算各新序列的平均值 $\mu_t(t=1,2,\cdots,1000)$，将这些平均值按升序排列 $\mu_1 \leqslant \mu_2 \cdots \leqslant \mu_{1000}$，将升序排列后平均值序列 10 等分，计算各等分区间所包含的平均值数目，并作重采样序列均值的直方图，如图 3-8 所示[29]。

最后，确定原序列的均值和置信区间。均值为 $\mu=\dfrac{1}{1000}\sum_{t=1}^{1000}\mu_t$，置信区间为 $\left[\mu\lfloor N(1-\alpha)/2\rfloor, \mu\lfloor N(1+\alpha)/2\rfloor\right]$。得到重采样序列的均值、方差及 95% 置信区间如表 3-4 所示。

由利用 Bootstrap 方法对序列 $\{x_1, x_2, \cdots, x_{50}\}$ 均值的估计案例可知，Bootstrap 样本重采样次数是人为确定，显然不同采样次数会得到不同的均值。为研究重采样次数对最终计算的均值和置信区间的影响，下面分别选用不同的采样次数，估算得到样本序列的均值和置信区间。不同采样次数的序列均值和置信区间如表 3-5 所示，不同采样次数的序列均值概率分布如图 3-9 所示。

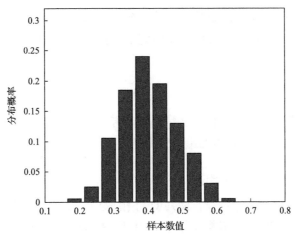

图 3-8　重采样序列均值的直方图

表 3-4　重采样序列的均值、方差及 95%置信区间

序列	采样次数	均值	方差	置信区间（95%）
序列 $\{x_1, x_2, \cdots, x_{50}\}$	1000	0.3992	0.3481	[0.3687, 0.4297]

表 3-5　不同采样次数的序列均值和置信区间

采样次数	N=100	N=500	N=1000	N=2000
均值	0.3992	0.3996	0.3997	0.3998
置信区间	[0.2761, 0.5223]	[0.2726, 0.5266]	[0.2766, 0.5228]	[0.2769, 0.5227]

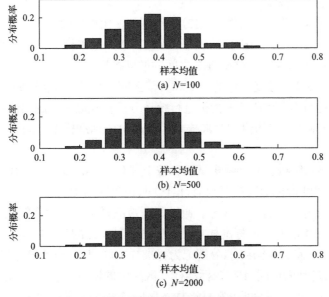

图 3-9　不同采样次数的序列均值概率分布

由表 3-4 和图 3-9 可知，重采样次数对统计量的计算结果及其经验分布影响不是很大。1997 年，Davison 和 Hinkley 给定了一种确定重采样次数的方法，并得到了推广应用[49-51]，即令

$$N=40n \qquad\qquad (3-16)$$

其中，n 为样本数，N 为重采样次数。一般而言，重采样次数应与原样本数目成正比，样本数越多，重采样样本的组合种类越多。

3.4.3　散度检测指标的仿真验证

针对机械设备故障前后各阶 NOFRF 谱的变化特性以及现实条件下较难获取大量故障样本的问题，本节提出了一种基于 Bootstrap 方法对不同状态系统的 NOFRF 散度特征进行统计分析的损伤检测方法，其损伤辨识的基本思想为：首先，对各已知工作状态的系统进行试验和分析，确定各已知系统的故障特征量的标准样本均值和标准样本区间；其次，对被测系统进行试验分析和故障特征量的估算；最后，结合前述的标准样本区间范围，判断被测系统的故障特征量所在的区间，推断被测试件可能的工作状态。

脉冲锤击激励下基于 NOFRF 频谱散度和 Bootstrap 方法的损伤辨识过程如下。

(1)脉冲锤击试验。对正常和已知损伤状态的系统分别进行多次脉冲锤击试验，并获取输入、输出数据。

(2)估算系统 NOFRF。估算各状态系统的 NOFRF，为减小计算误差，可对多组 NOFRF 进行平均处理。

(3)对 NOFRF 进行重采样。对(2)中得到的多组 NOFRF 进行 m 次重采样，即利用随机数发生器产生一定数目的随机数组，按照重采样后随机数组中的数字计算各损伤状态与正常状态的 NOFRF 之间的散度指标。

(4)确定 NOFRF 散度指标的均值和置信区间。根据本节所述的 Bootstrap 方法对(3)中所得到的 NOFRF 散度指标进行统计分析，获取相应的均值和置信区间，分别将其作为标准样本均值和标准样本区间，每个标准样本区间对应一个系统工作状态。

(5)对被测系统进行脉冲锤击试验，按上述(2)至(4)步，计算其与正常系统之间的 NOFRF 散度指标 DI 的均值和置信区间(记为区间 1′)。

(6)辨识被测系统的工作状态。通过判断被测系统与正常系统之间的 NOFRF 散度指标 DI 的均值所在的标准样本区间，推断其所处的工作状态。若该 DI 的均值恰好落在两个标准样本区间(分别记为标准样本区间 1、标准样本区间 2)的重叠部分，则可通过判断区间 1′在两标准样本区间中的覆盖率多少，判别该被测系统的工作状态。例如，若区间 1 在标准样本区间 2 中的覆盖率更大，则可推断该被

测系统处于标准样本区间 2 所对应的系统工作状态。

　　下面以 15 次脉冲锤击测试为例，详细介绍基于 Bootstrap 方法的 NOFRF 散度指标 DI 的计算过程，如图 3-10 所示。

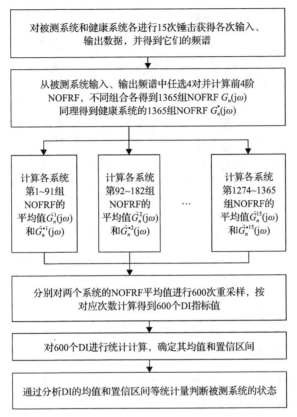

图 3-10　基于 Bootstrap 方法的 NOFRF 散度指标 DI 的计算过程

　　采用预制裂纹损伤的三点弯曲标准试件可以对 NOFRF 散度特征提取和 Bootstrap 法相结合的损伤检测方法的可行性和有效性进行校验。

　　试验对象为根据某疲劳试验机设计的三点弯曲标准试件，其材料为 45 号钢，尺寸为长 $l=260$mm、宽 $b=60$mm、高 $h=15$mm。用线切割机在标准试件的相同位置分别预制不同深度的裂纹，以模拟该批试件的不同损伤情况，并定义裂纹深度与试件宽度的比值为裂纹率 α。为对所提出的损伤检测方法进行可行性研究，试验时将试件分为两大组：一组为样本组，用于确定该批试件的各状态间指标 DI 的样本区间，样本组包括正常试件（记为 Norm）、裂纹损伤试件 1（记为 Dam1，裂纹率 $\alpha=0.167$）、裂纹损伤试件 2（记为 Dam2，裂纹率 $\alpha=0.250$）、裂纹损伤试件 3（记为 Dam3，裂纹率 $\alpha=0.333$）；另一组为被测组试件（记为 Test1），用于检验前述损伤检测方法的有效性。不同裂纹率的三点弯曲标准试件如图 3-11 所示。

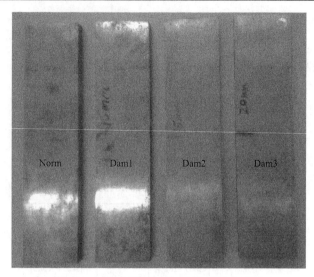

图 3-11　不同裂纹率的三点弯曲标准试件

分别对样本组的各试件进行 15 次脉冲锤击试验，并收集相应的输入和输出数据。依据图 3-10 所给的方法，计算各状态试件的前 4 阶 NOFRF，每个状态可得 15 组 $\bar{G}_n(\mathrm{j}\omega)(n=1,2,3,4)$。由随机数发生器产生 2 行、15 列的随机数组，依次代表前面求得的 1～15 组，如下所示：

第1行：　4　15　9　9　1　14　1　13　4　6　2　9　7　2　15

第2行：　5　10　6　3　2　9　12　2　5　3　11　14　8　3　6

以上述矩阵为依据，第 1 行数字代表正常试件的 1～15 个 $\bar{G}_n(\mathrm{j}\omega)$，第 2 行数字代表损伤试件的第 1～15 个 $\bar{G}_n(\mathrm{j}\omega)$。第 1 行和第 2 行一一对应，共可计算出 15 个散度指标 DI，计算 15 个 DI 的平均值 $\overline{\mathrm{DI}}$。由 10 组 2 行、15 列的随机数组计算散度指标的平均值 $\overline{\overline{\mathrm{DI}}}$。得到基于 Bootstrap 计算的各组 DI 平均值和总体平均值，如表 3-6 所示。

表 3-6　基于 Bootstrap 计算的各组 DI 平均值和总体平均值

随机数组	Norm-Norm	Norm-Dam1	Norm-Dam2	Norm-Dam3
1	0.1793	0.7170	1.2615	2.0646
2	0.1444	0.7726	1.1799	1.9130
3	0.0380	0.8312	1.5638	1.9360
4	0.1691	0.9363	1.5278	1.7199
5	0.1270	0.6658	1.0837	1.9545
6	0.1573	0.5444	1.1590	2.1484

随机数组	Norm-Norm	Norm-Dam1	Norm-Dam2	Norm-Dam3
7	0.0758	0.7816	0.9391	1.8053
8	0.1622	0.7365	1.3708	1.6421
9	0.0820	0.7345	1.6716	1.8916
10	0.1570	0.6604	1.4199	1.9375
均值	0.1292	0.7380	1.3177	1.9012

产生 100 个随机数据，并计算各数组所对应的 $\overline{\mathrm{DI}}$ 值，则可得到各损伤样本与正常试件之间的 NOFRF 散度指标的平均经验分布，如图 3-12 所示，相应的 NOFRF 散度指标的均值、方差和置信区间（样本组）如表 3-7 所示。

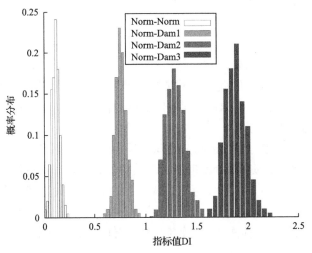

图 3-12　NOFRF 散度指标的平均经验分布

表 3-7　NOFRF 散度指标的均值、方差和置信区间（样本组）

状态	Norm-Norm	Norm-Dam1	Norm-Dam2	Norm-Dam3
均值	0.1265	0.7642	1.3097	1.8859
方差	0.4163	0.5755	0.8352	0.7627
置信区间	[0.0449,0.2081]	[0.6514,0.8770]	[1.1460,1.4734]	[1.7364,2.0354]

由图 3-12 及表 3-7 可知，不同损伤程度的试件与标准试件之间的散度指标均值 $\overline{\mathrm{DI}}$ 不同：损伤程度越大，NOFRF 散度指标 DI 的平均值越大，换言之，即试件损伤越严重，那么它与正常试件的各阶 NOFRF 的频谱差异度越大；反之，试件损伤越小，NOFRF 散度指标 DI 的平均值越小，即该试件与正常试件的各阶 NOFRF 之间的频谱差异度越小。试验结果与非线性系统各阶 NOFRF 的频谱特点相一致，

验证了该检测方法的可行性。

对被测试件(Test1)进行脉冲锤击试验，按照前述步骤对试验所收集的数据进行平均处理，并结合 Bootstrap 方法计算出 100 组该试件与正常试件之间的 NOFRF 散度指标平均值 $\overline{\mathrm{DI}}$。NOFRF 散度指标的均值、方差和置信区间(被测组)如表 3-8 所示。由表 3-8 可知，总均值 $\overline{\mathrm{DI}}=0.3950$，且置信度为 95%的置信区间为[0.3121, 0.4779]。结合表 3-7 和图 3-12，判断该被测试件的损伤程度介于正常和损伤 1(裂纹率 $\alpha=0.167$)之间。通过对被测试件(Test1)裂纹深度的实际测量可知，其裂纹长度约为 5mm，裂纹率 $\alpha=0.083$。说明所提出的损伤检测方法对被测试件的损伤程度可有效进行判断。

表 3-8　NOFRF 散度指标的均值、方差和置信区间(被测组)

状态	均值	方差	置信区间
Norm-Test1	0.3950	0.4229	[0.3121,0.4779]

在实际检测过程中需要注意的是：不同材质、不同形状的结构，经脉冲锤击所获得的样本区间不同。因此对不同类型的被测结构，均需先对标准样本试件进行分析，并获取相应的 NOFRF 散度指标 DI 的样本区间，然后可对该类型被测试件的工作状态进行判别。

考虑到 J 散度可很好地描述两谱图间差异性的特性，我们基于系统 NOFRF 理论，引入 J 散度理论，实现对 NOFRF 的非线性特征提取，通过仿真分析验证了该特征提取方法的有效性；针对实际工程应用中难以采集大量试验数据这一问题，引入 Bootstrap 方法实现对小样本数据的统计分析，并提出了一种 NOFRF 频谱散度和 Bootstrap 法的损伤检测理论。预制裂纹试件的损伤检测结果表明该方法可实现试件裂纹程度的辨识。

3.5　NOFRF 检测指标的检测分析

3.5.1　由 NOFRF 构建的检测指标

Peng 提出 Fe 指标定义[11]：

$$\mathrm{Fe}(n)=\frac{\displaystyle\int_{-\infty}^{\infty}|G_n(\mathrm{j}\omega)|\mathrm{d}\omega}{\displaystyle\sum_{i=1}^{N}\int_{-\infty}^{\infty}|G_i(\mathrm{j}\omega)|\mathrm{d}\omega},\quad n=1,2,\cdots,N$$

若 $\mathrm{Fe}(1)=1$，则系统为线性系统；当 $\mathrm{Fe}(n)>0(n=2,3,\cdots,N)$，则表示系统存在非线性，$\mathrm{Fe}(n)$ 的范围是[0,1]，指标 Fe 表示系统各阶非线性的强度。

通过前面章节的介绍，我们由 NOFRF 构建三种损伤检测指标[52]，分别是信息熵指标 N_E、频域复杂度熵指标 IFEn、散度指标 NDI。

1. 信息熵指标 N_E

当零件出现疲劳损伤时，各阶 NOFRF 都变化。信息熵可对事物不确定性加以度量和区分，因此可以建立 NOFRF 信息熵指标

$$N_{\mathrm{E}} = -\sum_{i=1}^{N} p_Y(i)\log_{10}\left(p_Y(i)\right)$$

其中

$$p_Y(n) = \frac{\int_{-\infty}^{+\infty}\left|Y_n(\mathrm{j}\omega)\right|\mathrm{d}\omega}{\sum_{i=1}^{N}\int_{-\infty}^{+\infty}\left|Y_i(\mathrm{j}\omega)\right|\mathrm{d}\omega} = \frac{\int_{-\infty}^{+\infty}\left|\dfrac{G_n(\mathrm{j}\omega)}{\sqrt{n}}\right|\mathrm{d}\omega}{\sum_{i=1}^{N}\int_{-\infty}^{+\infty}\left|\dfrac{G_i(\mathrm{j}\omega)}{\sqrt{i}}\right|\mathrm{d}\omega}, \quad n=1,2,\cdots,N$$

$p_Y(n)$ 由各阶 NOFRF 确定，与输入无关。当系统为线性时，$N_E=0$；当系统的非线性程度增加时，N_E 值也随之增大。

这一指标具有较好的鲁棒性。为了证明它的鲁棒性，我们绘制了 $y=-x\log x$ 曲线，如图 3-13 所示。

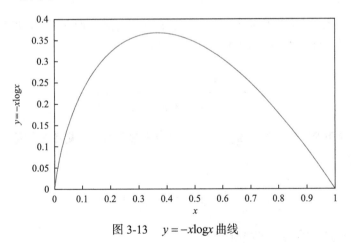

图 3-13　$y=-x\log x$ 曲线

图 3-13 横坐标代表 $p_Y(n)$ 的值，纵坐标代表 N_E 的第 n 阶分量的值。当系统为线性系统时，$p_Y(1)=1$，$p_Y(2)=p_Y(3)=\cdots p_Y(N)=0$。此时，$-p_Y(1)\log_{10}p_Y(1)=-p_Y(2)\log_{10}p_Y(2)=\cdots=-p_Y(N)\log_{10}p_Y(N)=0$。当损伤出现时，$p_Y(1)=1$ 将会从 1 开始减小，$p_Y(2),p_Y(3),\cdots,p_Y(N)$ 将会从 0 开始增加。从图 3-13 中可以看出，

$-p_Y(1)\log_{10}p_Y(1)$，$-p_Y(2)\log_{10}p_Y(2)$，$\cdots$，$-p_Y(N)\log_{10}p_Y(N)$ 的值都会增加。y 最大值的横坐标值约为 0.37，即 $P_Y(1)$ 从 1 降至 0.37 的过程中，$-p_Y(1)\log_{10}p_Y(1)$ 单调增加。值得注意的是，$p_Y(1)=\mathrm{Fe}(1)$，根据本书中的实验和其他研究者的论文可知，$\mathrm{Fe}(1)$ 的值从未降至 0.37 以下，因此 N_E 指标的鲁棒性得到了证明。

2. 频域复杂度熵指标 IFEn

基于频谱复杂度和信息熵建立了 IFEn 指标，它的定义式如下：

$$\mathrm{IFEn}(n) = \frac{-100\sum_{j=1}^{\mathrm{Nzu}} p_{ij}\log_{10}(p_{ij})}{\log_{10}(\mathrm{Nzu})}, \quad i=1,2,\cdots,N$$

其中，$p_{ij}=\dfrac{A_{ij}}{\sum\limits_{\substack{i=1,2,\cdots,N \\ j=1,2,\cdots,\mathrm{Nzu}}} A_{ij}}$。由于 p_{ij} 表示各频率段积分的占比，可知 $\sum\limits_{\substack{i=1,2,\cdots,N \\ j=1,2,\cdots,\mathrm{Nzu}}} p_{ij}=1$。

Nzu 是将各阶 NOFRF 等分的数量，它将会影响 $\mathrm{IFEn}(n)$ 的准确性。但分组数过多将导致计算量过于庞大。A_{ij} 是第 i 阶 NOFRF 的第 j 段的积分。$\mathrm{IFEn}(n)$ 的取值范围是 $[0,100/\log_{10}(\mathrm{Nzu})]$。

3. 散度指标 DI

NOFRF 谱图的散度指标 DI，用于评价两不同系统(被测系统和正常系统)的各阶 NOFRF 谱之间的差异，3.4.2 节的定义如下：

$$\mathrm{DI} = \frac{1}{2N}\sum_{n=1}^{N}\left(\frac{A_{2n}}{A_{1n}}+\frac{A_{1n}}{A_{2n}}-2\right)$$

其中，N 为 NOFRF 的阶数，A_{1n}、A_{2n} 分别为正常系统、被测系统的第 n 阶 NOFRF 对频率积分，即

$$A_n = \int_{-\infty}^{\infty} \left|G_n(\mathrm{j}\omega)\right|\mathrm{d}\omega, \quad n=1,2,\cdots,N$$

引入 NL 是非线性尺度指标[52]

$$\mathrm{NL} = \frac{\int_{-\infty}^{+\infty}\left|G_2(\mathrm{j}\omega)\right|\mathrm{d}\omega + \int_{-\infty}^{+\infty}\left|G_3(\mathrm{j}\omega)\right|\mathrm{d}\omega + \cdots + \int_{-\infty}^{+\infty}\left|G_n(\mathrm{j}\omega)\right|\mathrm{d}\omega}{\int_{-\infty}^{+\infty}\left|G_1(\mathrm{j}\omega)\right|\mathrm{d}\omega}, \quad 2\leqslant n\leqslant N \quad (3\text{-}17)$$

NL是一个只与系统特性有关的变量。线性系统的NL等于零，非线性系统的NL大于零。NL_M是待测系统的NL值，NL_0是健康系统的NL值。

在散度指标DI的原定义基础上给出了散度指标NDI，评价被测系统和健康系统之间的差异，其定义如下：

$$NDI = \frac{1}{2N} \sum_{n=1}^{N} \left(\frac{NL_M}{NL_0} + \frac{NL_0}{NL_M} - 2 \right) \tag{3-18}$$

其中，N是NOFRF的截断阶数，NDI指标只与系统状态有关，当待测系统是健康系统时，$NL_M=NL_0$，此时NDI=0。

3.5.2 NOFRF检测实验分析

1. 试件及实验设置

锤击检测中采用的试件材质为45号钢，尺寸为260mm×60mm×15mm，其密度是7890kg/m³，弹性模量是210GPa。用于锤击检测的试件，事先经过了三点弯曲疲劳试验，对不同疲劳加载时间的试件进行锤击检测。使用PX-20疲劳试验机对试件进行三点弯曲疲劳加载。对试件支承点的跨度为240mm。试验机的静载荷设置为–10kN，动载荷为8kN，振动频率为133.3kHz。加载时间间隔为20h，约为循环加载9.36×10^9次，共加载约500h。选择以振动幅度最小的区域为悬挂支承区域，振动幅度最大的区域为锤击激励点和响应信号采集点。试件安装、锤击和测量点示意图如图3-14所示，疲劳加载及锤击检测试验如图3-15所示。

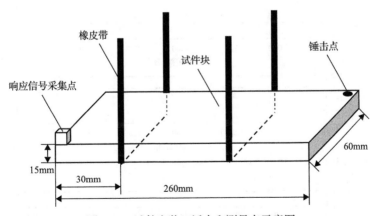

图3-14 试件安装、锤击和测量点示意图

 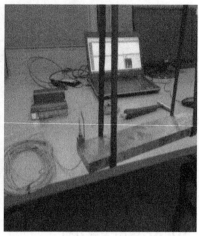

　　　　(a) 疲劳加载试验　　　　　　　　　　　(b) 锤击检测实验

图 3-15　疲劳加载及锤击检测试验

2. 检测实验分析

以试件循环加载次数 1.87×10^{10} 为例，计算得到疲劳加载后试件的前 4 阶 NOFRF，如图 3-16 所示。

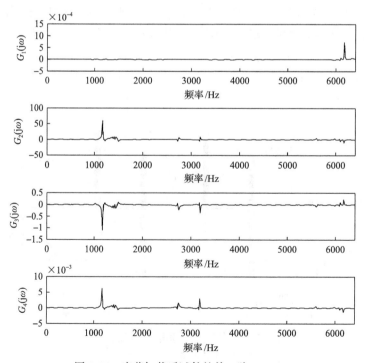

图 3-16　疲劳加载后试件的前 4 阶 NOFRF

对经过不同疲劳加载试验后试件进行锤击实验，分别估计 NOFRF，并通过上述检测指标计算式计算得到各项指标，可得到各项指标与疲劳加载时间的关系曲线。

各阶 Fe 指标值的变化曲线如图 3-17 所示，Fe 指标值符合理论上的变化趋势，而高阶 Fe 值的变化比低阶 Fe 值的变化更不稳定。从 Fe 的变化规律可以看出：随着损伤疲劳载荷循环次数的增加，$G_1(j\omega)$ 会比例减小，剩余阶数增加。

N_E 指标值的变化曲线如图 3-18 所示，N_E 指标值的变化曲线与理论上的变化趋势一致。对于频域复杂度指标 IFEn，当分组数产生变化时，各阶 IFEn 指标值随分组数 Nzu 的变化如图 3-19 所示。经过分析和比较发现，在分组数为 0 到 500 之间时，取分组数为 350 左右各阶 IFEn 值更稳定。对试件不同加载时间下的各阶 IFEn 值进行计算，得到的各阶 IFEn 指标值的变化曲线如图 3-20 所示。散度指标 NDI 指标值的变化曲线如图 3-21 所示。新定义的非线性尺度指标 NL，NL 指标值的变化曲线如图 3-22 所示。

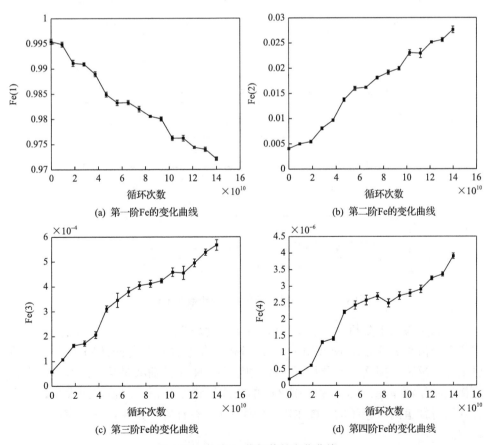

(a) 第一阶Fe的变化曲线　　　　　　(b) 第二阶Fe的变化曲线

(c) 第三阶Fe的变化曲线　　　　　　(d) 第四阶Fe的变化曲线

图 3-17　各阶 Fe 指标值的变化曲线

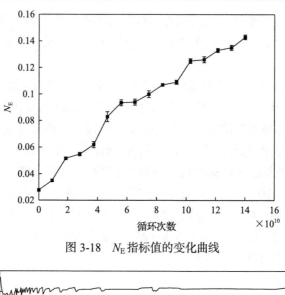

图 3-18　N_E 指标值的变化曲线

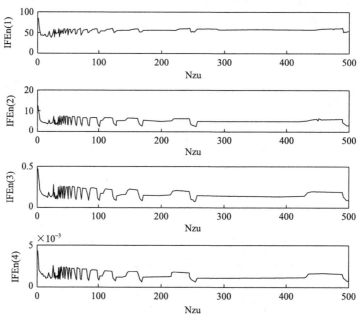

图 3-19　各阶 IFEn 指标值随分组数 Nzu 的变化

　　检测实验结果分析表明：①IFEn 的计算量是这些指标当中最大的；②Fe 使用了多个值来表征各阶 NOFRF；③N_E 指标综合考虑了各阶 NOFRF 的信息，能更敏感地反映出损伤的变化情况；④散度指标 NDI 的曲线是从原点开始出发，直接反映了测量系统与健康系统之间的非线性程度差距，即损伤的大小，但它必须同时知道两个系统的 NOFRF，否则不能进行计算，这使得它的应用受到了限制。

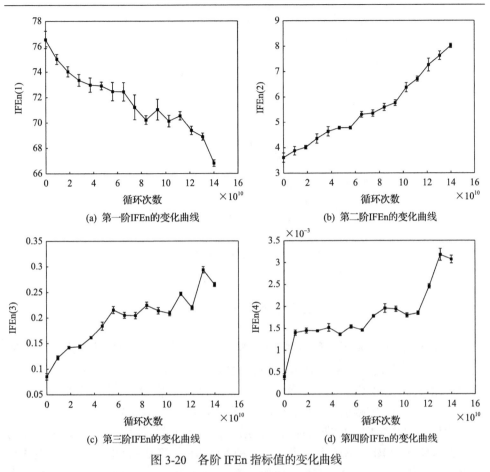

图 3-20　各阶 IFEn 指标值的变化曲线

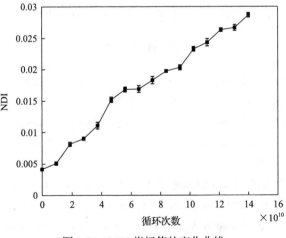

图 3-21　NDI 指标值的变化曲线

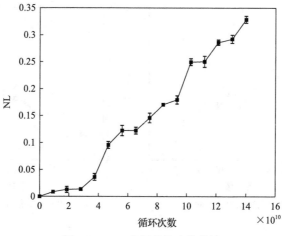

图 3-22　NL 指标值的变化曲线

3.6　本 章 小 结

利用 NOFRF 构建了三种检测指标。第一，利用谱熵分析的高抗噪性、广泛适用性等优点，基于多阶 NOFRF 谱熵特征提出了一种 NOFRF 谱熵指标 N_E；第二，针对实测信号及 NOFRF 谱熵复杂多变，引入频域复杂度分析方法，分析不同状态系统多阶 NOFRF 的频谱复杂度，提出了一种 NOFRF 频谱复杂度熵指标 IFEn，能更全面地反映系统内部的非线性特征；第三，引入了散度理论，分析正常和损伤系统的各阶 NOFRF 谱图差异，提出了一种 NOFRF 散度指标 DI，评估被测系统与正常标准系统之间 NOFRF 差异，检测被测系统的损伤。通过检测试验，并与已有 NOFRF 指标 Fe 进行对比表明，三种损伤检测指标更可靠、对损伤更敏感。

参 考 文 献

[1] Lang Z Q, Billings S A. Energy transfer properties of non-linear systems in the frequency domain. International Journal of Control, 2005, 78(5): 345-362

[2] Peng Z K, Lang Z Q, Billings S A, et al. Comparisons between harmonic balance and nonlinear output frequency response function in nonlinear system analysis. Journal of Sound and Vibration, 2008, 311(1-2): 56-73

[3] Peng Z K, Lang Z Q, Chu F L. On the nonlinear effects introduced by crack using nonlinear output frequency response functions. Computers & Structures, 2008, 86: 1809-1818

[4] Peng Z K, Lang Z Q, Billings S A. The Nonlinear output frequency response function and its application to fault detection. IFAC Proceedings Volumes, 2006, 39(13): 36-41

[5] Peng Z K, Lang Z Q, Billings S. A. Non-linear output frequency response functions for multi-input non-linear Volterra systems. International Journal of Control, 2007, 80(6): 843-855

[6] Peng Z K, Lang Z Q, Billings S A. Nonlinear parameter estimation for multi-degree-of-freedom nonlinear systems using nonlinear output frequency-response functions. Mechanical Systems and Signal Processing, 2008, 22(7): 1582-1594

[7] Peng Z K, Lang Z Q, Billings S A. Non-linear output frequency response functions of MDOF systems with multiple non-linear components. International Journal of Non-Linear Mechanics, 2007, 42(7): 941-958

[8] Lang Z Q, Peng Z K. A novel approach for nonlinearity detection in vibrating systems. Journal of Sound and Vibration, 2008, 314(3-5): 603-615

[9] Peng Z K, Lang Z Q, Billings S A. Crack detection using nonlinear output frequency response functions. Journal of Sound and Vibration, 2007, 301(3-5): 777-788

[10] Peng Z K, Lang Z Q. The nonlinear output frequency response functions of one-dimensional chain type structure. Journal of applied Mechanics Transactions of the ASME, 2010, 26(2): 583-596

[11] Peng Z K, Lang Z Q, Wolters C, et al. Feasibility study of structural damage detection using NARMAX modeling and nonlinear output frequency response function based analysis. Mechanical Systems and Signal Processing, 2011, 25(3): 1045-1061

[12] Huang H L, Mao H Y, Mao H L, et al. Study of cumulative fatigue damage detection for used parts with nonlinear output frequency response functions based on NARMAX modelling. Journal of Sound and Vibration, 2017, 411(22): 75-87

[13] 韩清凯, 杨英, 郎志强, 等. 基于非线性输出频率响应函数的转子系统碰摩故障的定位方法研究. 科技导报, 2009, (2): 29-32

[14] 李志农, 唐高松, 肖尧先, 等. 基于自适应蚁群优化的 Volterra 核辨识算法研究. 振动与冲击, 2011, 30(10): 35-38

[15] 程长明. 基于 Volterra 级数非线性系统辨识及其应用研究. 上海: 上海交通大学, 2015

[16] 彭志科, 程长明. Volterra 级数理论研究进展与展望. 科学通报, 2015, (20): 1874-1888

[17] 张家良, 曹建福, 高峰. 结合非线性频谱与贝叶斯网络的复杂装备传动系统故障诊断. 电机与控制学报, 2014, (3): 107-112

[18] Bafroui H H, Ohadi A. Application of wavelet energy and Shannon entropy for feature extraction in gearbox fault detection under varying speed conditions. Neurocomputing, 2014, 133: 437-445

[19] Liu H, Han M. A fault diagnosis method based on local mean decomposition and multi-scale entropy for roller bearings. Mechanism and Machine Theory, 2014, 75: 67-78

[20] Han M, Pan J. A fault diagnosis method combined with LMD, sample entropy and energy ratio for roller bearings. Measurement, 2015, 76: 7-19

[21] Ai Y, Guan J, Fei C, et al. Fusion information entropy method of rolling bearing fault diagnosis based on n-dimensional characteristic parameter distance. Mechanical Systems and Signal Processing, 2017, 88: 123-136

[22] 马百雪, 潘宏侠, 杨素梅. 基于 EEMD 和二维边际谱熵的齿轮箱故障诊断. 车辆与动力技术, 2013, (4): 39-43

[23] 孙宁, 秦洪懋. 基于 Winger 谱时频熵在齿轮故障诊断中的应用. 制造业自动化, 2015, (3): 60-62

[24] 费成巍, 白广忱, 李晓颖. 基于过程功率谱熵 SVM 的转子振动故障诊断方法. 推进技术, 2012, (2): 293-298

[25] 朱可恒. 滚动轴承振动信号特征提取及诊断方法研究. 大连: 大连理工大学, 2013

[26] 刘学, 梁红, 张志国. 基于自适应多尺度时频熵的遥测振动信号异常检测方法. 计算机测量与控制, 2015, (8): 2629-2632

[27] 李莎, 潘宏侠, 都衡. 基于 EEMD 信息熵和 PSO-SVM 的自动机故障诊断. 机械设计与研究, 2014, (6): 26-29

[28] 马少花. 脉冲锤击激励 NOFRFs 的旧零件损伤检测方法研究. 南宁: 广西大学, 2016

[29] 黄红蓝. 锤击激励下 NOFRFs 检测内部损伤的研究. 南宁: 广西大学, 2017

[30] Kolmogorov A N. Three approaches to the quantitative definition of information. Problems of Information Transmission, 1965, 1(1): 1-7

[31] Lempel A, Ziv J. On the complexity of finite sequences. IEEE Transactions on Information Theory, 1976, 22(1): 75-81

[32] Kaspar F, Schuster H G. Easily calculable measure for the complexity of spatiotemporal patterns. Physical Review A, 1987, 36(2): 842-848

[33] 陈芳, 徐京华. 人脑信息传输的复杂性//第八次全国生物物理学术会议, 北京, 1998: 234-240

[34] Pincus S M. Approximate entropy as a measure of system complexity. Proceedings of the National Academy of Sciences of the United States of America, 1991, 88(6): 2297-2308

[35] 姜建东, 屈梁生. 大机组振动信号复杂性的定量描述. 西安交通大学学报, 1998, (6): 31-35

[36] 高清维, 李川奇, 庄镇泉. 齿轮箱振动信号的复杂度分析. 电子测量与仪器学报, 2002, 16(2): 1-4

[37] 朱永生, 袁幸, 张优云, 等. 滚动轴承复合故障振动建模及 Lempel-Ziv 复杂度评价. 振动与冲击, 2013, 16: 23-29

[38] 吕建新, 吴虎胜, 吴庐山, 等. 基于 EMD 复杂度特征和 SVM 的轴承故障诊断研究. 机械传动, 2011, 35(2): 20-23

[39] 吕建新, 吴虎胜, 来凌红, 等. 基于 IMF 复杂度和 RBF 网络的配气机构故障诊断. 计算机测量与控制, 2011, 19(5): 1040-1043

[40] 黄炯龙, 吕建新, 马文龙, 等. 基于阶比复杂度的滚动轴承早期故障诊断. 轴承, 2013, (9): 40-43

[41] 赵鹏, 周云龙, 孙斌. 基于经验模式分解复杂度特征和最小二乘支持向量机的离心泵振动故障诊断. 中国电机工程学报, 2009, (S1): 138-144

[42] 唐海峰, 陈进, 董广明. 基于匹配追踪的复杂度分析方法在轴承故障诊断中的应用研究. 振动工程学报, 2010, 23(5): 541-545

[43] 许小刚. 离心通风机故障诊断方法及失速预警研究. 北京: 华北电力大学, 2014

[44] 林洪彬. 信息熵分析方法研究及其在故障诊断中的应用. 秦皇岛: 燕山大学, 2005

[45] 屈梁生, 张西宁, 沈玉娣. 机械故障诊断理论与方法. 西安: 西安交通大学出版社, 2009

[46] 郭艳平, 颜文俊, 包哲静, 等. 基于经验模态分解和散度指标的风力发电机滚动轴承故障诊断方法. 电力系统保护与控制, 2012, (17): 83-87

[47] 苗刚, 马孝江, 任全民. 基于 J 散度的模式分类方法在故障诊断中的应用. 中国机械工程, 2007, 18(4): 431-433

[48] Efron B. Computers and the theory of statistics: thinking the unthinkable. SIAM Review, 1979, 4: 460-480

[49] 姚良, 成曙, 张振仁, 等. 基于加权时域同步平均与 Bootstrap 方法的柴油机供油系统故障诊断. 机械科学与技术, 2007, 26(12): 1584-1587

[50] 刘刚, 屈梁生. 应用 Bootstrap 方法构造机械故障特征库. 振动工程学报, 2002, 15(1): 106-110

[51] 许平, 李涛, 张振仁. 基于 Bootstrap 方法构造故障特征库的研究. 小型内燃机与摩托车, 2003, 32(6): 10-13

[52] Mao H L, Tang W L, Huang Y, et al. The construction and comparison of damage detection index based on the nonlinear output frequency response function and experimental analysis. Journal of Sound and Vibration, 2018, 427: 82-94

第 4 章　柴油发动机连杆的疲劳损伤检测

4.1　引　　言

绿色再制造工程是节约资源、促进循环应用的新兴产业。再制造毛坯是已经从机械设备上拆解下来，经过清洗、检查后，确认没有明显损伤缺陷的旧零部件；是曾在报废的机械设备中经历了一定服役时间的，在服役过程中经受了不同工作或环境载荷、在其内部必然产生了不同程度的疲劳损伤，只是还没有明显外观缺陷。由此可见，检测这些旧零部件的疲劳损伤就显得十分必要。

五大常规的无损检测方法[1](包括超声波检测、射线检测、渗透检测、磁粉检测和涡流检测)仍然是国内外用于对旧零件进行无损检测的主要手段。虽然常规超声波检测能够检测出结构的表面和内部损伤，但是对于形状较复杂的检测对象仍然具有一定的局限性。射线检测不仅成本高，而且会对人体造成伤害，对所检测对象也只局限于射线的投射方向，试件厚度不能太厚，试件形状不能太复杂。渗透检测仅适用于被检表面有开口缺陷的情况，虽然操作简单，但是无法反映旧零件的内部损伤。磁粉检测和涡流检测也只能发现表面和近表面缺陷。常规无损检测方法未能对经受过一段时间疲劳的旧零件进行疲劳损伤检测，难以判断再制造旧零件的内部损伤情况，因此，迫切需要一种既方便快捷又行之有效的再制造旧零件无损检测方法。

连杆是柴油发动机中连接活塞与曲轴的重要零件，通过连杆将活塞的直线运动传递至曲轴并转化为圆周运动，从而带动车辆动力总成运动，其可靠性直接影响车辆的运行与安全。连杆是柴油发动机再制造工程中数量较多、外观品质好的零件，常规检测基本没有发现缺陷。但连杆在工作过程中长时间经受交变力载荷和热载荷的作用，会使连杆内部产生疲劳累积损伤，只有较为准确地检测连杆的疲劳损伤状态，评估确定其服役寿命，才能确定其是否可用于再制造生产，保证再制造质量。

我们选择苏州某再制造工厂的连杆为检测对象，分别用固有频率检测和NOFRF 非线性检测方法进行检测研究。

4.2　连杆体的模态分析

由某再制造公司提供的某柴油发动机的某型号旧零件连杆体如图 4-1 所示。

为了选择振动激励实验的支承、激励和响应测点，要先对其进行模态分析。

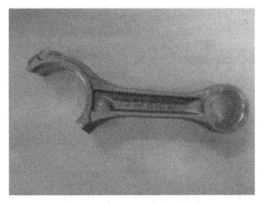

图 4-1　某型号旧零件连杆体

4.2.1　连杆体建模

　　根据旧连杆体的零件尺寸，运用 ANSYS 软件直接建立连杆体的三维实体模型，连杆体的实体几何模型建立好后，对其进行网格划分，获取连杆体的有限元模型。由于连杆体的结构复杂、形状不规则，采用 ANSYS 14.0 软件中的 Solid187 单元给连杆体的实体几何模型进行网格划分。Solid187 单元是一个三维的实体四面体单元，每个单元由 10 个节点组成，每个节点均有三个方向的移动自由度，可以对不规则结构的各向异性进行模拟。旧连杆体的材料为 45 号或 40Cr 钢，在 ANSYS 软件中对连杆体的材料参数进行设置时，可将连杆体的材料特性分别设置为连续、均质且各向同性的线弹性材料。由于旧零件连杆体属于小型结构，且结构不是很复杂，可根据旧零件连杆体的结构尺寸，直接在 ANSYS 软件中建立连杆体零件的三维实体模型。对连杆体的三维实体模型进行自动网格划分，共有 25547 个节点，15144 个单元，连杆体的三维有限元模型如图 4-2 所示。

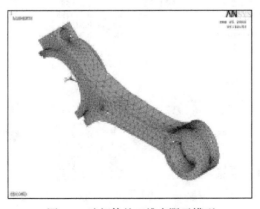

图 4-2　连杆体的三维有限元模型

4.2.2 连杆体的模态分析

通过 ANSYS 模态分析[2]获得连杆体的前 15 阶振型如图 4-3 所示。由图可见,

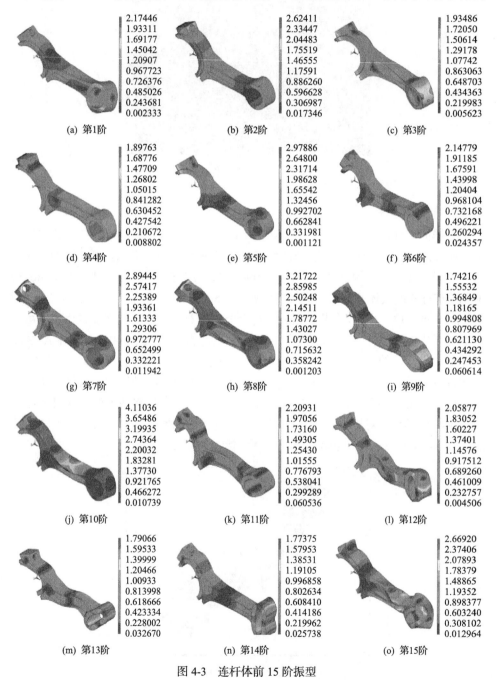

图 4-3　连杆体前 15 阶振型

连杆体第 1、3、5、7、8、10、12、15 阶振型在同一个方向；连杆体第 2、4、6、9、11、13、14 阶振型在同一个方向。

可通过 ANSYS 软件中 Block Lanczos 模态提取方法，提取连杆体零件的前 15 阶固有频率。借助降低材料弹性模量来模拟旧零件连杆体长期使用后材料强度的退化，分别设置弹性模量 E 为 290GPa（无损）、200GPa、190GPa、180GPa，可获得旧连杆体有限元模型的前 15 阶固有频率如表 4-1 所示。

表 4-1　旧连杆体有限元模型的前 15 阶固有频率　　　　（单位：Hz）

阶数	E=290GPa	E=200GPa	E=190GPa	E=180GPa
1	1492	1472.21	1449.7	1426.58
2	1735	1706.3	1673.7	1640.2
3	2045	2015.4	1981.7	1947.1
4	3365	3307.9	3243	3176.3
5	3500	3435	3361.2	3285.3
6	5400	5293.5	5172.2	5047.7
7	6500	6390.7	6266.3	6138.6
8	7800	7660.1	7500.8	7337.4
9	7980	7838.4	7677.4	7512
10	9120	8951	8758.7	8561.3
11	9200	9025.5	8827	8623.1
12	11100	10881.3	10632.9	10377.9
13	11502	11281.7	11030.5	10772.7
14	11881	11654	11396.2	11131.5
15	13520	13254	12951	12639

4.3　连杆体的固有频率测试

4.3.1　连杆体锤击激励测试方法

锤击实验的支承方式对实验结果有很大的影响，一般考虑选择自由支承。自由支承是指被测结构的每一个坐标均不受约束。实际上，任何结构与环境之间总是有着某种联系，故在锤击实验中，实际的自由支承可以用很软的橡皮绳将结构悬吊在空中或者用泡沫、软塑料等将结构支承在空中。理论分析表明：当结构与其支承所构成的系统的最高固有频率远小于被测结构的最低固有频率的 1/5 时，支承对结构的固有频率的影响就很小，可以忽略不计。在选择悬挂的方式来模拟结构自由支承状态时，一般最佳悬挂点选择在结构的相对位移最小位置，最好是结构振型节点位置。

激励方式的分类方法很多，按照激励点的个数来分，分为单点的激励、多点的激励和单点分区的激励。所谓单点的激励是指对结构上一个点在某一个方向进行激励，对于中小型结构来说，采用这种激励方式就可以获得比较满意的结果。多点的激励则是选择结构上多个点同时激励，这种激励方式毫无疑问是增加了激励的能量，但是也使得激励的复杂性加大。对于大型结构需要有足够大的激励能量，故适合选择多点激励。单点分区激励方式的基本思想是：对结构分区—各分区块单点激励—获得各区块的频响函数—合并各区块的频响函数—获得整体的频响函数。对于比较复杂的大型结构，一般选择单点分区的激励方式。

最佳测点的选择包括最佳激励点和最佳响应点的选择。根据测点的选择原则并结合在实验前对被测对象的有限元振型分析进行选择，可以获得最佳测点。最佳激励点的选择原则：尽量避开模态振型的节线位置；激励时，应选择结构刚度较大的位置激励；尽可能多地激出研究对象所研究频段内的模态；留有足够的空间便于激励。最佳响应点的选择原则：基本反映结构轮廓；避开节点与节线部位；能清晰显示结构的振型特征；在结构的密集模态处可适当增加响应点个数；结构振型振动幅度较大的地方可以选做最佳响应点的位置。

连杆是小型构件，单点激励单点响应的激励方式足以激励其前 15 阶固有频率。结合测点选择的原则和对连杆体的模态振型分析结果来选择最佳测点位置[3]，即连杆体锤击激励位置（H 点）、测点位置（$R1$、$R2$ 点）及悬挂位置（O 点）如图 4-4 所示。由于连杆体的各阶振型并不是都在同一个方向，从振型结果可以看出连杆体的三个方向都有振动。考虑到传感器安装方便的原则，选择了在两个方向进行激励实验，如图 4-4(c)、(d)所示。按图 4-5 所示的锤击实验测试系统来完成锤击实验来测试结构的固有频率并获得输入输出响应信号用于后面的 NOFRF 估算。

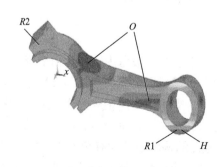
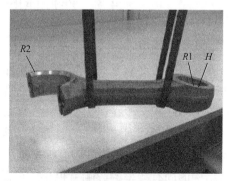

(a) 实验前进行有限元振型分析　　　　　(b) 由有限元振型分析结果选择布局

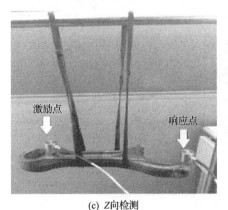
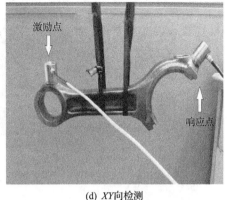

(c) Z向检测　　　　　　　　　　　　(d) XY向检测

图 4-4　连杆体锤击激励位置(H 点)、测点位置($R1$、$R2$ 点)及悬挂位置(O 点)

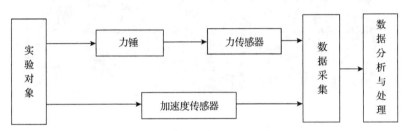

图 4-5　锤击实验测试系统

4.3.2　连杆体声振扫频实验测试

为了更精确地测试连杆的固有频率，我们还采用声振扫频技术进行测试。声振扫频就是采用扫频率技术激励声振传感器，产生频率连续步进变化的声波，用于激励被测结构。当某一个频率的声波与被测结构的固有频率一致时，结构产生共振，此时声振传感器接收到的信号峰值频率则对应结构的固有频率，从而检测出结构的固有频率。声振扫频测试系统由带扫频的信号发生器、声振传感器、待测试结构、把数据采集与信号处理及显示集成于一体的计算机等部分组成。高灵敏声振传感器是此技术的关键，它是一种新型复合传感器，该传感器既可以拾取高频 AE 信号也可以拾取低频振动信号，与传统的加速度传感器和 AE 传感器相比，声振传感器具有很高的灵敏度，还可作为激振器，带宽大(0～800kHz)，灵敏度高是声振传感器的一大优势，可较为准确地检测出结构的剥落、裂纹、压痕、腐蚀凹坑和胶合等缺陷，在旋转机械微小缺陷检测方面已有了很好的应用。旧连杆体声振扫频实验响应信号的频谱如图 4-6 所示，可以直接读取峰值所对应的频率值、获得各方向的固有频率[4, 5]。

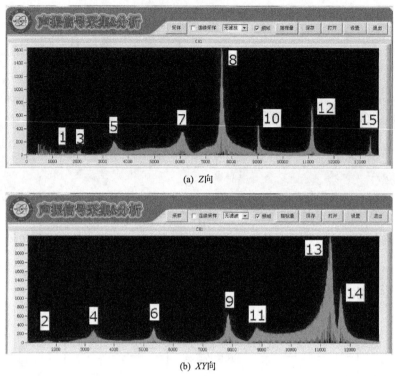

(a) Z向

(b) XY向

图 4-6　旧连杆体声振扫频实验响应信号的频谱

4.3.3　两种测试方法的对比

对无损试件进行锤击实验，测试得到前 3 阶固有频率，与 ANSYS 计算的无损的理论值进行对比。锤击法测试无损试件的前 3 阶固有频率与理论值如表 4-2 所示。锤击法得到的前 3 阶固有频率与理论计算值的误差均在 3%以内，结果是可靠的，但是由于力锤激励的能量不足以及传统的加速度传感器的频响函数范围不大等原因，锤击激励测试难以精确获得试件的高阶固有频率。声振扫频法测试无损试件的前 15 阶固有频率与 ANSYS 计算理论值如表 4-3 所示。无损试件的固有频率与理论值的误差均在 3%以内，说明由声振检测仪测试试件的固有频率的实验数据是较精确的。通过声振扫频实验获得了试件精确可靠的高阶固有频率实测值，并验证了声振检测仪测试试件的高阶固有频率的可行性、可靠性和精度。

对一件新的连杆体进行声振扫频实验，测试其前 15 阶固有频率，声振扫频法测试得到新连杆体的前 15 阶固有频率与 ANSYS 计算理论值如表 4-4 所示。声振扫频法测得的新连杆体固有频率与理论值的误差均在 2.5%以内，进一步说明声振检测仪测试连杆体的固有频率是可靠的和精确的。

表 4-2　锤击法测试无损试件的前 3 阶固有频率与理论值

阶数	计算值/Hz	无损实测值/Hz	误差/%
1	1162	1180	1.54
2	2785.6	2820	1.20
3	3147.1	3220	2.30

表 4-3　声振扫频法测试无损试件的前 15 阶固有频率与理论值

阶数	计算值/Hz	无损实测值/Hz	误差/%
1	1162	1129	2.80
2	2785.6	2819	1.20
3	3147.1	3151	1.20
4	4034.8	3923	2.70
5	5677.8	5573	1.80
6	6014.4	6042	0.40
7	8768.4	8615	1.70
8	9183.6	9178	0.06
9	9624.9	9478	1.50
10	9880.2	9600	2.80
11	12132	11998	1.10
12	13841	14215	2.70
13	15009	15134	0.80
14	15827	15822	0.03
15	18375	18923	2.90

表 4-4　声振扫频法测试得到新连杆体的前 15 阶固有频率与理论值

阶数	理论值/Hz	无损实测值/Hz	误差/%
1	1492	1479	0.87
2	1735	1719	0.92
3	2045	2022	1.12
4	3365	3357	0.24
5	3500	3440	1.71
6	5400	5303	1.80
7	6500	6356	2.22
8	7800	7660	1.79
9	7980	7971	0.11
10	9120	9001	1.30
11	9200	8997	2.21
12	11100	11083	0.15
13	11502	11416	0.75
14	11881	11723	1.33
15	13520	13378	1.05

锤击法所能测试结构的频率范围是由力锤所能激励起结构的频率范围决定的。理论上，力锤锤击结构时得到的是脉冲信号，是一个宽频信号。实际上，力锤所产生的信号是时间极短的半正弦信号，故力锤所能激起结构的频率范围还是有限的。声振扫频试验运用信号发生器产生正弦信号、激励被测对象，信号发生器所产生的正弦信号的频率范围容易控制，所以声振扫频实验可以很容易和精确地激励出结构的高阶固有频率[4, 5]。通过对比分析验证了声振检测仪测试连杆体的高阶固有频率的可行性、可靠性和精确度。

4.3.4　旧连杆体固有频率测试分析

我们对苏州某再制造企业的一批旧连杆体的固有频率进行了测试。这批再制造的旧连杆体已被标注了使用时间。实验对象为从旧柴油机上拆卸下来的型号相同、使用时间不同的批量旧连杆体，如图 4-7 所示。根据连杆体的振型图和理论固有频率范围，选定测点位置和扫频范围、通过声振扫频试验实测了 15 件旧连杆体的前 15 阶固有频率实测值如表 4-5 所示；并绘制了 15 件旧连杆体及 1 件新连杆体前 15 阶实测频率变化量与阶数的关系，如图 4-8 所示。从图中可见，旧零件随着使用时间的增加，各阶固有频率值都会变化，低阶的变化量较小，高阶变化量较大。总的来说，随着旧零件使用的时间增加，固有频率均呈下降趋势，而且是一种非线性的下降[4, 5]。批量旧零件连杆体的实测数据对比分析结果表明，高阶固有频率更能够敏感地反映旧零件连杆体的损伤变化，而且固有频率变化与损伤的关系是非线性的。

图 4-7　批量旧连杆体

表 4-5　15 件旧连杆体的前 15 阶固有频率实测值　　　　（单位：Hz）

阶次	41h	55h	62h	77h	81h
1	1407	1386	1392	1380	1366
2	1700	1692	1611	1605	1665
3	2055	2043	2043	2001	1968
4	3303	3303	3223	3270	3217
5	3407	3386	3386	3440	3407
6	5163	5276	5109	5330	5109
7	6075	6048	6102	6129	6048
8	7460	7579	7519	7654	7546
9	7945	7945	7998	7885	7885
10	8807	8834	8834	8721	8834
11	8931	8997	8937	8964	8877
12	11038	11071	11077	11044	10937
13	11141	11302	11389	11416	11222
14	11583	11583	11620	11723	11469
15	13184	13285	13325	13372	13217

阶次	100h	123h	130h	134h	138h
1	1359	1380	1380	1380	1392
2	1719	1692	1584	1605	1611
3	2007	2007	2022	2001	2022
4	3303	3277	3270	3223	3223
5	3359	3440	3299	3353	3380
6	5216	5330	5056	5109	5249
7	6048	6182	6048	6048	5741
8	7546	7519	7573	7520	7573
9	7938	7864	7965	7971	7831
10	8915	8834	8828	8834	8560
11	8937	8884	8904	8964	8904
12	11017	11017	10958	11011	10904
13	11275	11308	11222	11308	11362
14	11577	11670	11590	11583	11562
15	13271	13285	13232	13292	13205

阶次	157h	200h	256h	288h	450h
1	1454	1386	1407	1353	1419
2	1692	1605	1692	1665	1719
3	1962	2022	2049	1935	2022
4	3384	3350	3330	3340	3330

续表

阶次	157h	200h	256h	288h	450h
5	3440	3407	3466	3386	3400
6	5249	5276	5196	5276	5276
7	6188	6182	6296	6129	6242
8	7687	7567	7594	7600	7633
9	7864	7951	7918	7837	7891
10	9001	8948	8921	8813	8894
11	8884	8990	8911	8797	8910
12	11044	11000	10984	10877	10984
13	11335	11341	11362	11341	11368
14	11476	11649	11589	11482	11502
15	13259	13292	13211	13118	13211

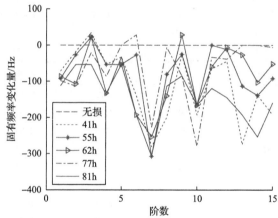

(a) 无损试件及使用时间41h至81h试件固有频率变化量

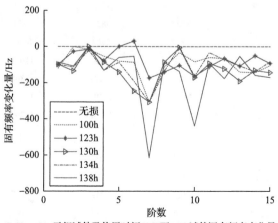

(b) 无损试件及使用时间100h至138h试件固有频率变化量

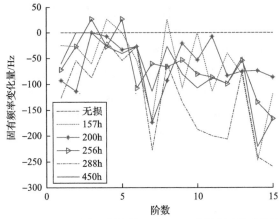

(c) 无损试件及使用时间157h至450h试件固有频率变化量

图 4-8　15 件旧连杆体及 1 件新连杆体前 15 阶实测频率变化量与阶数的关系

4.4　柴油机旧连杆非线性检测研究

从某型柴油机上拆卸下来的型号材质均相同的连杆中，选取 6 组不同工作时间长度(以下简称"时长")的连杆，分别为未使用过新连杆(记为 NL)、使用时长 200h 的连杆(DL1)、使用时长 296h 的连杆(DL2)、使用时长 450h 的连杆(DL3)为实验样本组。不同工作时长的连杆如图 4-9 所示。另一组为验证组，分别为连杆 1′(TL1)、连杆 2′(TL2)，验证组连杆使用时长未知。按图 4-4 对连杆进行脉冲锤击试验，获得输入输出响应信号。

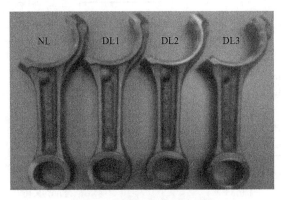

图 4-9　不同工作时长的连杆

4.4.1　锤击激励连杆的 NOFRF 估计

分别用一般估计法与基于改进算法 NARMAX 模型与矩形脉冲结合的估计法

求连杆体的前 4 阶 NOFRF，再分别计算各状态试件非线性特征值。

1. 基于输入输出数据的一般估计法

对每件旧连杆体进行 4 组共 16 次锤击试验，由激励及响应信号计算前 4 阶 NOFRF 值，然后对 4 组数据辨识得到的 NOFRF 平均，得到三件连杆体的前 4 阶 NOFRF 值。一般估计法估计得到的 NOFRF 如图 4-10 所示，提取锤击激励下连杆体的 NOFRF 特征量估计值如表 4-6 所示。

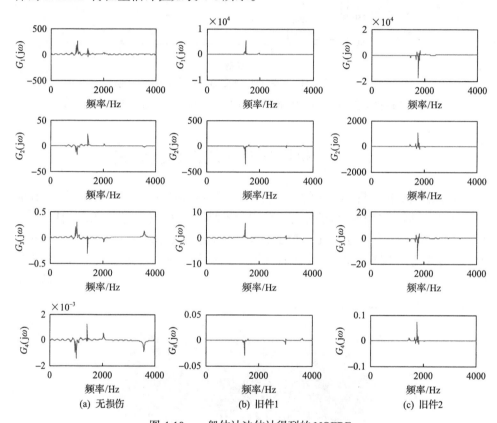

图 4-10　一般估计法估计得到的 NOFRF

表 4-6　锤击激励下连杆体的 NOFRF 特征量估计值

状态	一般估计法	基于 NARMAX 模型的方法
无损伤	0.0135	2.0079×10^{-11}
旧件 1	0.1800	0.2889
旧件 2	0.2897	0.4022

2. 基于改进算法 NARMAX 模型与矩形脉冲结合的估计法

首先由采集的输入输出响应数据，根据 PSO-adaptive lasso 算法辨识得到无损伤、旧件 1 及旧件 2 的 NARMAX 模型[6,7]，它们分别为：

无损伤（新连杆）

$$
\begin{aligned}
y(t) = {}& 0.03007\ u(t-5) - 1.23843\ y(t-2) - 1.26602\ y(t-4) \\
& - 0.05385\ u(t-3) + 0.24282\ y(t-1) + 0.26171\ y(t-9) \\
& - 0.08936\ u(t-4) - 0.43844\ y(t-8) - 0.61907\ y(t-6)
\end{aligned}
$$

旧件 1

$$
\begin{aligned}
y(t) = {}& -0.77257\ y(t-4) + 0.00940\ y(t-2)y(t-2)y(t-2) - 0.16826\ u(t-2) \\
& - 0.38138\ y(t-8) + 0.17179\ y(t-2)y(t-7)u(t-3) - 0.23905\ u(t-4) \\
& - 0.01979\ y(t-1)y(t-7)y(t-7) - 0.76635\ u(t-1) - 0.20525\ y(t-7) \\
& - 0.67340\ u(t-3) - 0.88675\ y(t-2) + 0.12504\ u(t) - 0.41793\ y(t-9) \\
& - 0.21613\ u(t-5) - 0.42683\ y(t-6) - 0.22227\ y(t-2)y(t-5)y(t-7)
\end{aligned}
$$

旧件 2

$$
\begin{aligned}
y(t) = {}& +0.06321\ u(t-1) + 0.13565\ y(t-2)y(t-6)y(t-6) - 0.66667\ u(t-2) \\
& - 0.02219\ y(t-6)y(t-7)u(t-2) + 0.11208\ y(t-1)y(t-4)u(t-3) \\
& + 0.19906\ y(t-2)y(t-4)u(t-5) - 0.04648\ y(t-8)y(t-8)u(t-3) \\
& + 0.09120\ y(t-3)u(t-2)u(t-4) - 0.67867\ u(t) + 0.21460\ y(t-1) \\
& + 0.03649\ y(t-6)y(t-6)y(t-6) - 0.26974\ y(t-7) - 1.04266\ y(t-2) \\
& - 0.82609\ u(t-4) - 0.86373\ y(t-4) - 0.24529\ y(t-2)y(t-9)u(t)
\end{aligned}
$$

然后利用式(2-23)计算各阶 NOFRF。基于改进算法 NARMAX 模型与矩形脉冲结合估计法估计的 NOFRF 如图 4-11 所示，非线性特征值如表 4-6 所示。

两种方法所提取的系统 NOFRF 特征量的值随着连杆使用时长的增加而增大，说明利用 NOFRF 特征量的值能够对旧连杆损伤存在及损伤程度作初步判断。基于 NARMAX 模型与矩形脉冲结合的方法只需激励系统一次，而且所得到的 NOFRF 特征量对连杆状态的区分效果更明显。

4.4.2　连杆的 NOFRF 熵指标 N_E 检测

根据估算得到的 NOFRF 值，分别计算连杆体的 NOFRF 指标估计值，如表 4-7 所示，并计算旧连杆体各指标的变化大小，如表 4-8 所示。

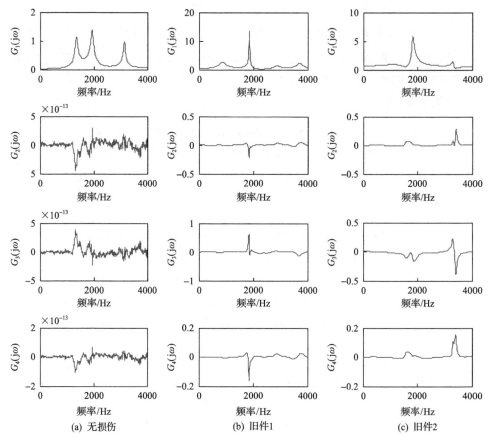

(a) 无损伤   (b) 旧件1   (c) 旧件2

图 4-11　基于改进算法 NARMAX 模型与矩形脉冲结合估计法估计的 NOFRF

表 4-7　连杆体的 NOFRF 指标估计值

状态	Fe(1)	Fe(2)	Fe(3)	Fe(4)	N_E
无损伤	0.9988	0.0012	2.2331×10^{-5}	1.2623×10^{-7}	0.0099
旧件 1	0.9735	0.0260	4.9860×10^{-4}	2.8858×10^{-6}	0.1368
旧件 2	0.9505	0.0487	7.4771×10^{-4}	3.3132×10^{-6}	0.2242

表 4-8　旧连杆体各指标的变化大小

状态	$\Delta Fe(1)$	$\Delta Fe(2)$	$\Delta Fe(3)$	$\Delta Fe(4)$	ΔN_E
旧件 1	0.0253	0.0248	0.0004	0.0000	0.1269
旧件 2	0.0253	0.0472	0.0007	0.0000	0.2143

随着连杆的使用时长增加，连杆体的疲劳程度也增大，高阶 NOFRF 增大，非线性量在各阶 NOFRF 的分布不确定性变大，NOFRF 熵指标 N_E 的值也增大。内部

损伤程度不同的连杆体，其对应的各指标都不同，即损伤的出现及大小反映在指标的变化上，表明了指标对损伤的敏感性、用于检测连杆的疲劳损伤是可行和有效的。

4.4.3　连杆的 NOFRF 频谱复杂度熵 IFEn 检测

对已知使用时长的样本组连杆（即 NL、DL1、DL2、DL3），采用 NOFRF 频谱复杂度熵 IFEn(n)方法进行损伤检测分析[6,8]。对上述连杆分别进行多次脉冲锤击试验，获取脉冲锤击和响应信号，并估算其 NOFRF。根据流程，令分组数 Nzu=2～60，分别计算各分组数下 4 种状态标准试件的 NOFRF 频谱复杂度熵 IFEn(n)，进而可作各状态的 IFEn(n)随分组数 Nzu 的变化曲线，如图 4-12 所示。

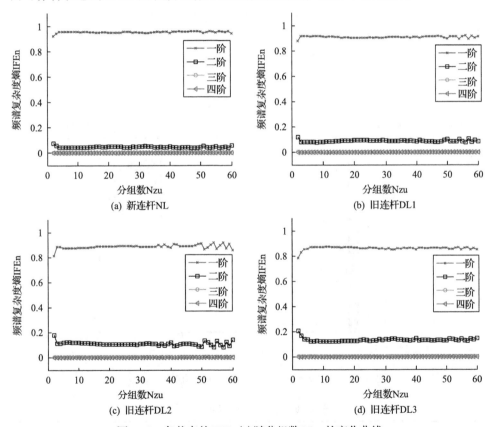

图 4-12　各状态的 IFEn(n)随分组数 Nzu 的变化曲线

选取图中曲线变化较为平稳的一段为分组段，分别获取该分组段中各分组数所对应的 NOFRF 的频谱复杂度熵值，并对此求平均值，不同状态下 IFEn(n)的平均值如表 4-9 所示。图 4-13 为不同状态下各阶 IFEn(n)平均值的对比直方图。由表 4-9 和图 4-13 可知，无损伤的新连杆 NL 相对其他不同使用时长的旧连杆来说，其一阶值较大，其他高阶相对一阶均较小；比较各不同使用时长的旧连杆的各阶值可知，随着连杆使用时长的增加，相应的 NOFRF 频谱复杂度熵 IFEn(n) 的一阶值逐渐减小，其他高阶值均有不同程度的增大。上述各阶值的变化基本与 NOFRF 频谱信息熵的检测结果相符。实验分析结果还表明，通过对比新连杆和旧连杆的各阶 NOFRF 频谱复杂度熵值 IFEn(n) 的变化，可较好地判别被测试旧件是否处于损伤状态。表 4-10 是不同状态下 Fe(n) 的值。为了方便比较已有 NOFRF 指标 Fe(n) 和 NOFRF 频谱复杂度熵 IFEn(n) 对旧连杆疲劳损伤的敏感性[7,8]，分别作各状态下两种指标的变化百分比，如表 4-11 所示，由表中两指标的变化百分数可知，相比 NOFRF 指标 Fe(n) 而言，NOFRF 频谱复杂度熵 IFEn(n) 的损伤检测方法对旧连杆试件的内部疲劳损伤更为敏感。

表 4-9　不同状态下 IFEn(n) 的平均值

状态	IFEn(1)	IFEn(2)	IFEn(3)	IFEn(4)
NL	0.9546	0.0449	5.1281×10^{-4}	1.9053×10^{-7}
DL1	0.9104	0.0885	0.0012	3.9285×10^{-6}
DL2	0.8886	0.1093	0.0020	8.9801×10^{-6}
DL3	0.8636	0.1343	0.0022	8.2888×10^{-6}

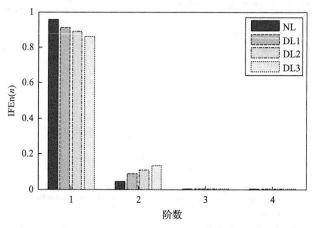

图 4-13　不同状态下各阶 IFEn(n) 平均值的对比直方图

表 4-10　不同状态下 Fe(n) 的值

状态	Fe(1)	Fe(2)	Fe(3)	Fe(4)
NL	0.9929	0.0070	1.0479×10^{-4}	3.5844×10^{-7}
DL1	0.9763	0.0234	2.1345×10^{-4}	6.3298×10^{-7}
DL2	0.9686	0.0310	3.5393×10^{-4}	1.0519×10^{-6}
DL3	0.9546	0.0449	4.6990×10^{-4}	1.3252×10^{-6}

表 4-11　各状态下两种指标的变化百分比

不同状态之间	Fe(n) 的变化率/%	IFEn(n) 的变化率/%
DL1 相对 NL	3.30	8.85
DL2 相对 NL	4.83	13.12
DL3 相对 NL	7.62	18.21

4.4.4　连杆的 NOFRF 散度检测

以已知使用时长的样本组连杆(即 NL、DL1、DL2、DL3)及验证组连杆(TL1、TL2)为对象,采用 NOFRF 散度指标 DI 进行损伤检测。估算 NL、DL1、DL2、DL3 四个不同状态的连杆 NOFRF,并结合 NOFRF 散度特征提取和 Bootstrap 方法,计算 4 个状态下的 NOFRF 散度指标 DI 的均值、方差和 95%置信区间,如表 4-12 所示。由表 4-12 中数据可知,随着连杆连续工作时间的延长,连杆使用时间越长,其与新连杆之间的 NOFRF 散度指标的平均值就越大。这表明,当连杆投入服役运行一段时间后,由于持续的交变载荷作用,连杆内部特性发生了一些变化,导致它与正常连杆的各阶 NOFRF 频谱之间出现了差异性。产生这些差异性的原因包括:①连杆服役运行过程中长时间的交变载荷和热载荷作用,致使连杆整体出现了轻微扭曲变形;②在持续的交变载荷作用下,连杆内部出现一定程度的疲劳损伤。

表 4-12　NOFRF 散度指标 DI 的均值、方差和 95%置信区间(样本组)

状态	NL-NL	NL-DL1	NL-DL2	NL-DL3
均值 $\overline{\mathrm{DI}}$	0.2475	0.5867	0.8930	1.5485
方差	0.6434	0.8168	0.8005	0.7816
样本区间	[0.1196,0.3736]	[0.4266,0.7468]	[0.7361,1.0499]	[1.3953,1.7017]

在得到表 4-12 所示样本组指标数据的基础上,对事先未知服役时间的两个旧连杆 TL1、TL2 进行脉冲锤击试验,并计算它与样本组中新连杆之间的 NOFRF 散度指标。经多次重采样得到 NOFRF 散度指标 DI 的均值、方差及 95%的置信区间如表 4-13 所示。由表可知,验证组连杆(TL1)与新连杆(NL)之间的散度均值 $\overline{\mathrm{DI}}$,以 95%的置信度落在区间[0.6900,1.0196]。结合表 4-13,判断 $\overline{\mathrm{DI}}$ 落在样本连杆 DL2(工作时长 296h)所在的样本区间,故可推断该被测连杆为已投入工作的旧连杆,且连杆工作时长在 250~350h,进而推断该连杆可能具有与样本连杆(DL2)相似程度的疲劳损伤。通过查看再制造企业的拆卸记录可知[8],该验证连杆已连续工作 288h,与前述推断结果基本吻合。被测连杆(TL2),其与新连杆(NL)之间的

散度均值落在样本连杆 DL2（工作时长 200h）和样本连杆 DL3（工作时长 296h）所在样本区间的重叠区域，可推断该被测连杆为已投入工作的旧连杆、工作时长约 200~300h[8,9]。查看再制造企业拆卸零件记录，确认该被测连杆已连续工作时长为 256h，与前述检测推断相同。

表 4-13　NOFRF 散度指标 DI 的均值、方差和 95%置信区间（被测组）

状态	NL-TL1	NL-TL2
均值 $\overline{DI}$	0.8548	0.7523
方差	0.8408	0.8082
置信区间	[0.6900,1.0196]	[0.5975,0.9107]

4.5　本章小结

为了探索旧连杆的疲劳损伤检测方法，我们研究了固有频率和 NOFRF 检测方法。通过声振扫频方法，精确地测量了一批旧连杆的固有频率，发现高阶固有频率变化比低阶固有频率对疲劳累积损伤的反映更为敏感，但与连杆的服役时间很难有确定的关联性，较难推测旧零件的服役使用时间。为了探索 NOFRF 检测旧连杆疲劳损伤，我们分别研究了 NOFRF 熵指标、NOFRF 频谱复杂度指标和散度指标的检测效果。结果表明，这三个指标都对旧连杆的疲劳损伤有较好的检测效果，能够明显地区分不同服役时间的连杆，特别是散度指标还能够以一定的置信度推测出旧连杆的服役时间。对于经过不同服役时间的旧连杆疲劳损伤检测，NOFRF 检测方法明显要比固有频率测试检测方法有效、灵敏，NOFRF 检测有望成为旧连杆再制造中的疲劳损伤检测和寿命估算的新方法。

参 考 文 献

[1] 冉启芳. 无损检测方法的分类及其特征简介. 无损检测, 1999, (2): 75-80

[2] 傅志方. 模态分析理论与应用. 上海: 上海交通大学出版社, 2000

[3] 田晶, 路闯, 艾延廷, 等. 边界条件模拟方法对模态分析影响的研究. 科学技术与工程, 2013, 13(34): 10417-10420

[4] 赵永信. 旧零件固有频率数值计算和实测及其与疲劳损伤的关联性研究. 南宁: 广西大学, 2016

[5] 黄红蓝, 赵永信, 梁巍, 等. 高阶固有频率检测评估旧零件疲劳损伤的研究. 广西大学学报（自然科学版）, 2017, 42(3): 990-1001

[6] Huang H L, Mao H Y, Mao H L, et al. Study of cumulative fatigue damage detection for used parts with nonlinear output frequency response functions based on NARMAX modelling. Journal of Sound and Vibration, 2017, 411: 75-87

[7] 马少花. 脉冲锤击激励 NOFRFs 的旧零件内部损伤检测方法研究. 南宁: 广西大学, 2016

[8] 黄红蓝. 锤击激励下 NOFRFs 检测内部损伤的研究. 南宁: 广西大学, 2017

[9] 马少花, 毛汉领, 毛汉颖, 等. NOFRFs 频谱散度 Bootstrap 分析法辨识旧零件内部损伤. 广西大学学报(自然科学版), 2016, 41(3): 345-354

第5章　装载机变速箱箱体的疲劳损伤检测

5.1　引　　言

人们应用产品全生命周期理念，采用先进表面修复技术，使再制造产品能够节约成本、减少能耗、节约材料，使再制造产品的质量可以接近或达到和新产品一样的水平。如果能对生产成本较高的零部件进行回收再制造，经济效益将会更明显。装载机变速箱箱体是回收价值较高的复杂零件，其再制造过程主要包括拆卸、清洁、检测分类、再制造方案设计、再制造加工、产品性能测试、产品包装等。装载机变速箱箱体再制造基本流程如图 5-1 所示。

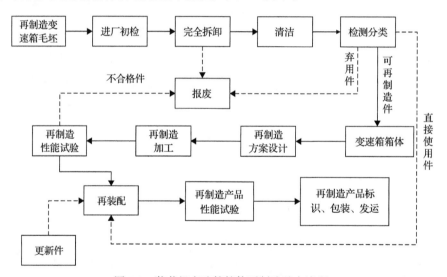

图 5-1　装载机变速箱箱体再制造基本流程

从装载机变速箱箱体再制造流程可看到，检测分类是其再制造过程的入口控制节点，它决定着再制造毛坯是直接弃用、直接使用还是进行再制造加工。变速箱经过一段时间的服役后，其残余应力和损伤状况在很大程度上影响着再制造产品的质量。因此，寻求精度高、效率高、成本低的检测方法对再制造工程意义重大。

对于实际再制造工程中遇到的形状复杂、质量较大的毛坯，所提出的 NOFRF 损伤检测方法能否很好地对损伤程度及损伤区域进行评估，需要进一步验证。因此，我们对某再制造公司的装载机变速箱箱体的疲劳损伤检测进行探索研究。首先，对装载机变速箱箱体进行有限元分析，了解其振动模态及受力情况；再根据分析结果设计装载机变速箱箱体 SIMO 锤击试验；然后估计 SIMO 的 NOFRF 值，分别采用单一检测指标和综合检测指标进行检测及验证。

5.2　变速箱箱体检测的锤击实验

锤击法的模态实验一般常采用自由支承、固定支承、原装支承等三种方式。再制造中的箱体作为已拆卸下来的零部件，对其分析不用考虑其工作位置状态，故可以采用自由支承。理想自由支承，就是不受任何约束；实际自由支承则是要尽可能减少其他约束条件对模态试验的影响，以获得自由边界条件模态分析。由于各种条件的限制，要达到完美的自由边界条件几乎不可能。因此，自由边界条件模拟的好坏，在很大程度上决定了试验结果的可靠性和精度。柔性支承可以减少约束影响，常用于近似模拟自由边界条件。实现柔性支承有多种方式，如采用橡皮绳悬挂质量较小的研究对象；采用充气轮胎、泡沫支承中等质量和尺寸的研究对象；采用弹簧顶尖支承较大质量和尺寸的研究对象。通过分析比较橡皮绳悬挂、轮胎支承和海绵支承等三种方式下铝制圆盘模态参数的差异，黄琴等[1]发现，轮胎支承下铝制圆盘试验模态参数与有限元理论分析结果最接近，而且模态参数受轮胎胎压影响很大。通过分析比较不同支承方式、不同支承位置对钢板模态参数提取结果的影响，田晶等[2]发现悬挂支承质量较小钢板提取的模态参数更准确，悬挂点越少越准确。自由边界模拟的不同支承方式，密切影响模态参数的提取结果。当模拟自由边界条件支承系统的最高固有频率小于研究对象最低阶固有频率的 1/5 时，支承系统可成功地模拟自由边界条件，对模态频率的影响可以忽略[3]。这也是后续锤击试验所设计柔性支承装置对自由边界条件模拟可行性的原则之一。为了设计好变速箱箱体的柔性支承，进行锤击实验，必须先对变速箱箱体进行模态分析。

5.2.1　变速箱箱体模态分析

某再制造公司提供的再制造毛坯装载机变速箱箱体如图 5-2 所示，该变速箱箱体的材料主要为 HT200，尺寸为 1080mm×485mm×595mm，重量为 274kg，变速箱箱体材料属性如表 5-1 所示。变速箱箱体是经过机加工的铸造件，其上分布有很多螺纹孔、油道孔、加强筋、隔板等。ANSYS Workbench 自带的三维造型软件对于形状结构简单的几何体，由于构建模型后不需要中间格式的转换，在分析模块中可以直接进行计算和分析，因此有一定的优势。对于几何形状复杂的结构体，建模比较困难，因此可以选择更简便的 SolidWorks 对箱体建模。在对变速箱箱体建模的过程中，要对箱体进行不同程度的简化，以减少网格划分的数量和后续模态分析计算量。如箱体上的螺纹孔、油道孔、倒圆、倒角等特征结构对模态分析的影响很小，在尽可能保证分析结果准确的条件下将忽略这些特征。经简化后的变速箱箱体三维模型如图 5-3 所示。

新件　　　　　　　　　　旧件1　　　　　　　　　　旧件2

图 5-2　再制造毛坯装载机变速箱箱体

表 5-1　变速箱箱体材料属性

材料	弹性模量/Pa	密度/(kg/m³)	泊松比
HT200	1.3×10^{11}	7.20×10^{3}	0.25

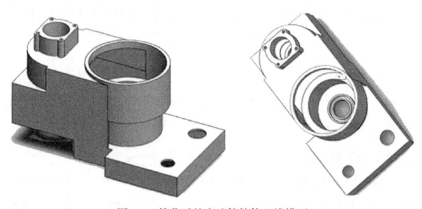

图 5-3　简化后的变速箱箱体三维模型

假设变速箱箱体是理想状态的线性系统，根据达朗贝尔原理，可用振动微分方程(5-1)来近似描述该系统[3]，即

$$M\ddot{\delta} + C\dot{\delta} + K\delta = P \tag{5-1}$$

式中，M、C、K 分别代表变速箱箱体的质量、阻尼和刚度矩阵，M、C、K 都是

实对称、n 阶数矩阵；δ、$\dot{\delta}$、$\ddot{\delta}$ 分别代表变速箱箱体的位移、速度、加速度向量；P 为变速箱箱体动态激励的 n 阶向量。由于外部动载荷为零且阻尼对系统的影响不大，在求解结构振动特性参数时，可以忽略 C 和 P，系统振动微分方程可简化为

$$M\ddot{\delta} + K\delta = 0 \tag{5-2}$$

设方程(5-2)的特解为

$$\delta = \boldsymbol{\Phi}\sin(\omega t + \varphi) \tag{5-3}$$

式中，$\boldsymbol{\Phi}$ 是代表系统按一定运动规律振动的振幅向量，将式(5-3)代入式(5-2)描述的系统振动微分方程，有

$$K - \omega^2 M\boldsymbol{\Phi} = 0 \tag{5-4}$$

$\boldsymbol{\Phi}$ 代表系统振幅值，即离振动中心最大的位置，因此 $\boldsymbol{\Phi}$ 的值应该是非零的，那么只需要计算出方程(5-4)广义特征值，式(5-4)中 $\boldsymbol{\Phi}$ 的解不为零需要满足

$$\det(K - \omega^2 M) = 0 \tag{5-5}$$

求解式(5-5)就可以得到箱体的各阶固有频率值。分别计算出 n 个正数根 ω_1^2，$\omega_2^2, \cdots, \omega_n^2$，进一步通过这 n 个正数根计算出变速箱箱体 n 个固有频率值 $\omega_i(i = 1, 2, \cdots, n)$。将箱体各阶固有频率值代入方程(5-4)即可得到变速箱箱体第 i 阶振型 $\boldsymbol{\Phi}_i(i = 1, 2, \cdots, n)$。

模态结果的提取方法在一定程度上影响着求解的速度和效率，也影响着结果的精度，应该根据研究对象的特性选择合适的提取方法。ANSYS Workbench 提供了以下几种方法：Block Lanczos、Subspace、能量法、非对称法等。Block Lanczos 法采用了稀疏矩阵求解法，其收敛速度更快，求解效率更高，因此，我们采用 Block Lanczos 法提取变速箱箱体的模态结果。

网格划分越细，计算结果精度越高，相应地，求解时间越长，对计算机要求也更高。结合实际情况，采用 Solid187 网格单元，设置 Smart Sizing 为 7，自动划分网格。变速箱箱体网格划分结果如图 5-4 所示。由于对变速箱箱体作自由模态分析，不对其添加任何约束，箱体前 6 阶自由边界的模态频率值及振型描述如表 5-2 所示，变速箱箱体前 6 阶振型如图 5-5 所示。根据振型图，可以合理选择锤击点、响应点及传感器布置点。为了减少支承装置的接触对分析结果的影响，支承位置可以选择在箱体振型的节点位置；为了收集到箱体更多振动信息，锤击点、响应点应优先选择在多阶固有频率振动的方向上。

图 5-4　变速箱箱体网格划分结果

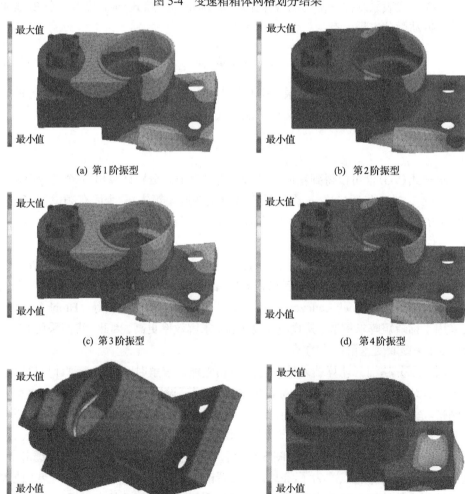

(a) 第1阶振型　　　　　　　　　　　(b) 第2阶振型

(c) 第3阶振型　　　　　　　　　　　(d) 第4阶振型

(e) 第5阶振型　　　　　　　　　　　(f) 第6阶振型

图 5-5　变速箱箱体前 6 阶振型

表 5-2　箱体前 6 阶自由边界的模态频率值及振型描述

阶数	频率/Hz	振型描述
1	81.357	箱体底部 Y 向摆动
2	201.56	箱体底部 Y 向摆动
3	269.89	箱体外部整体扭转
4	276.86	箱体底部扭转
5	337.18	箱体隔板 Z 向弯曲
6	353.59	箱体底部扭转、X 向弯曲

5.2.2　变速箱箱体锤击实验的支承

为了提高模态锤击试验的可靠性和精度，需要构建箱体零件的柔性支承，以获得被试验对象的自由边界。考虑到变速箱箱体质量较大，选择弹簧为主要受力元件，具体设计步骤如下[4]。

1. 弹簧材料

弹簧主要承受箱体重量，为一般载荷，故选择第Ⅲ类（载荷作用次数小于 10^3 次）碳素弹簧钢丝 SL 型。

2. 弹簧直径

$$d \geqslant 1.6 \sqrt{\frac{F_{\max} KC}{[\tau]}} \tag{5-6}$$

式中，d 为弹簧直径；$F_{\max}$ 为最大载荷；K 为弹簧曲度系数；C 为旋绕比；$[\tau]$ 为许用切应力。其中

$$K \approx \frac{4C-1}{4C-4} + \frac{0.615}{C} \tag{5-7}$$

箱体质量 M=274kg，考虑用 4 个支承，质量块质量为箱体的 1/4，因此各个支承装置所受最大载荷 $F_{\max} \approx 274 \times 10 \div 4 \approx 685\text{N}$，旋绕比 $C = \dfrac{D}{d}$，通常取 5~8，现暂取 8，中径 D=40mm，弹簧直径 d=5mm。将 C=8 代入式（5-7）得 $K \approx 1.184$。根据弹簧直径和材料属性查表得 $[\tau]=830\text{MPa}$，代入式（5-6）得

$$d \geqslant 1.6 \sqrt{\frac{685 \times 1.184 \times 8}{830}} \approx 4.4742$$

可以看到，所选择的弹簧直径 $d = 5\text{mm}$，接近理论计算值，选取合理。

3. 弹簧圈数

将柔性支承下的箱体零件简化为如图 5-6 所示的箱体柔性支承弹簧质量系统简化模型。

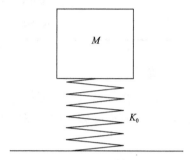

图 5-6　箱体柔性支承弹簧质量系统简化模型

K_0 为弹簧弹性系数，不考虑空气阻力，假设系统为线性，则有

$$\omega^2 = \frac{K_0}{M} \tag{5-8}$$

式中，ω 代表箱体柔性支承系统的固有角频率。由自由边界模拟的条件可知，支承系统的固有频率应低于被支承对象的第一阶固有频率的 1/5。所以，要求系统的固有角频率应该满足 $\omega < 2\pi \times \dfrac{81.357}{5} = 102.18\text{rad/s}$，弹簧的弹性系数可由下式确定：

$$K_0 = \frac{G \times d^4}{8 \times N \times D^3} \tag{5-9}$$

式中，G 为弹簧弹性模量；N 为弹簧圈数；D 为弹簧中径。

为了使得支承装置具备一定的柔度，应选择一个最大变形量 $\lambda_{\max}$，取 $\lambda_{\max} = 50\text{mm}$。

$$\lambda_{\max} = \frac{8F_{\max}C^3N}{Gd} \tag{5-10}$$

式中，G 为弹簧材料切变模量，查表为 80000MPa，并将旋绕比 $C=8$、各支承装置所受最大载荷 $F_{\max}=685\text{N}$、弹簧直径 $d=5\text{mm}$ 代入式(5-10)得

$$N = \frac{50 \times 80000 \times 5}{8 \times 685 \times 8^3} = 7.1282$$

取 $N=8$。将弹簧圈数 N 代入式 (5-9) 计算得 $K_0 = \frac{80000 \times 5^4}{8 \times 8 \times 40^3} = 12.207\text{N}/\text{mm}$，将 $\omega < 2\pi \times 16.27\text{rad}/\text{s}$ 代入式 (5-8) 得 $K_0 < 715.19\text{N}/\text{mm}$，可以看到，弹簧刚度满足自由边界模拟的条件。

4. 导杆与导套

为了弹簧在箱体重量作用下不失稳，设计了如图 5-7 所示的柔性支承装置，它由导杆、导套、弹簧组合构成。为了使装置与箱体接触面积更小，导杆顶端设计成顶尖的形式。

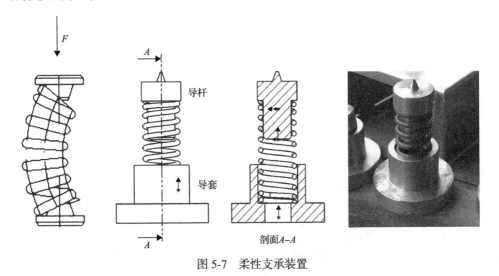

图 5-7　柔性支承装置

5.2.3　变速箱箱体检测的锤击实验

我们利用最小二乘法估算各响应点的前 4 阶 NOFRF，并计算出损伤检测指标值，锤击试验流程如图 5-8 所示。

通过对变速箱箱体进行自由模态分析，得到了箱体的前 6 阶振型图，我们结合箱体的重量、参考设计手册和相应国标设计了以弹簧为主要受力元件的柔性支承装置，如图 5-7 所示。经过试验证明，该支承装置满足箱体自由边界条件的模拟。为了使得锤击实验中激励信号能激起箱体更多的振动模态，为了使传感器获取箱体更丰富的振动信息，根据箱体自由模态分析结果和选择最佳锤击点、响应点的原则，结合实验现场实际情况，选择箱体的锤击点、响应点的位置和布置方式如图 5-9 所示。箱体锤击实验测试装置如图 5-10 所示。

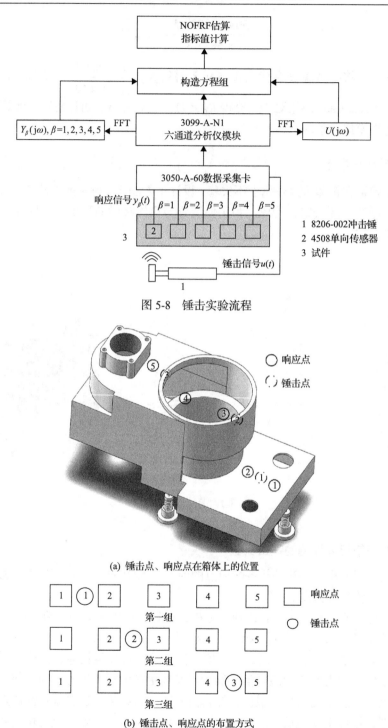

图 5-8　锤击实验流程

(a) 锤击点、响应点在箱体上的位置

(b) 锤击点、响应点的布置方式

图 5-9　锤击点、响应点位置和布置方式

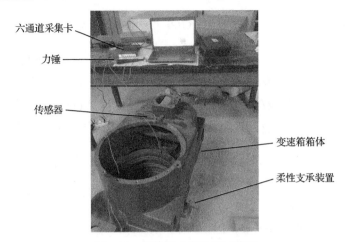

六通道采集卡

力锤

传感器

变速箱箱体

柔性支承装置

图 5-10　箱体锤击实验测试装置

为了对三个箱体进行损伤程度的检测和损伤区域的评估，试验分为三组。第一组，锤击点在传感器 1 和传感器 2 之间；第二组，锤击点在传感器 2 和传感器 3 之间；第三组，锤击点在传感器 4 和传感器 5 之间。分别进行多次锤击实验，测量 SIMO 计算要求的振动响应信号，为后续分析提供数据。

5.3　变速箱箱体的 NOFRF 检测

可将 SIMO 系统划分为不同的模块，同时采集不同模块多个点的输出信号，估计 NOFRF，实现 SIMO 系统 NOFRF 估计。锤击激励获取输入及输出信号，用直接估计法分别求取各个子模块的 NOFRF。例如，要估计单输入三输出系统的前 4 阶 NOFRF，分别进行 4 次不同幅值的激励，由输入及输出信号计算其频谱并代入，得到系统非线性方程组：

$$
\begin{cases}
Y_i^{(1)}(\mathrm{j}\omega) = G_i^{(1)}(\mathrm{j}\omega)\alpha_1^1 U^{*(1)}(\mathrm{j}\omega) + G_i^{(2)}(\mathrm{j}\omega)\alpha_1^2 U^{*(2)}(\mathrm{j}\omega) \\
\qquad + G_i^{(3)}(\mathrm{j}\omega)\alpha_1^3 U^{*(3)}(\mathrm{j}\omega) + G_i^{(4)}(\mathrm{j}\omega)\alpha_1^4 U^{*(4)}(\mathrm{j}\omega) \\
Y_i^{(2)}(\mathrm{j}\omega) = G_i^{(1)}(\mathrm{j}\omega)\alpha_2^1 U^{*(1)}(\mathrm{j}\omega) + G_i^{(2)}(\mathrm{j}\omega)\alpha_2^2 U^{*(2)}(\mathrm{j}\omega) \\
\qquad + G_i^{(3)}(\mathrm{j}\omega)\alpha_2^3 U^{*(3)}(\mathrm{j}\omega) + G_i^{(4)}(\mathrm{j}\omega)\alpha_2^4 U^{*(4)}(\mathrm{j}\omega) \\
Y_i^{(3)}(\mathrm{j}\omega) = G_i^{(1)}(\mathrm{j}\omega)\alpha_3^1 U^{*(1)}(\mathrm{j}\omega) + G_i^{(2)}(\mathrm{j}\omega)\alpha_3^2 U^{*(2)}(\mathrm{j}\omega) \\
\qquad + G_i^{(3)}(\mathrm{j}\omega)\alpha_3^3 U^{*(3)}(\mathrm{j}\omega) + G_i^{(4)}(\mathrm{j}\omega)\alpha_3^4 U^{*(4)}(\mathrm{j}\omega) \\
Y_i^{(4)}(\mathrm{j}\omega) = G_i^{(1)}(\mathrm{j}\omega)\alpha_4^1 U^{*(1)}(\mathrm{j}\omega) + G_i^{(2)}(\mathrm{j}\omega)\alpha_4^2 U^{*(2)}(\mathrm{j}\omega) \\
\qquad + G_i^{(3)}(\mathrm{j}\omega)\alpha_4^3 U^{*(3)}(\mathrm{j}\omega) + G_i^{(4)}(\mathrm{j}\omega)\alpha_4^4 U^{*(4)}(\mathrm{j}\omega)
\end{cases}
\tag{5-11}
$$

记 $\boldsymbol{Y}_i(\mathrm{j}\omega)=[Y_i^{(1)}(\mathrm{j}\omega)\ Y_i^{(2)}(\mathrm{j}\omega)\ Y_i^{(3)}(\mathrm{j}\omega)\ Y_i^{(4)}(\mathrm{j}\omega)]^{\mathrm{T}}$，定义

$$
\boldsymbol{AU}^{1,2,3,4}(\mathrm{j}\omega)=\begin{bmatrix}
\alpha_1^1 U^{*(1)}(\mathrm{j}\omega) & \alpha_1^2 U^{*(2)}(\mathrm{j}\omega) & \alpha_1^3 U^{*(3)}(\mathrm{j}\omega) & \alpha_1^4 U^{*(4)}(\mathrm{j}\omega) \\
\alpha_2^1 U^{*(1)}(\mathrm{j}\omega) & \alpha_2^2 U^{*(2)}(\mathrm{j}\omega) & \alpha_2^3 U^{*(3)}(\mathrm{j}\omega) & \alpha_2^4 U^{*(4)}(\mathrm{j}\omega) \\
\alpha_3^1 U^{*(1)}(\mathrm{j}\omega) & \alpha_3^2 U^{*(2)}(\mathrm{j}\omega) & \alpha_3^3 U^{*(3)}(\mathrm{j}\omega) & \alpha_3^4 U^{*(4)}(\mathrm{j}\omega) \\
\alpha_4^1 U^{*(1)}(\mathrm{j}\omega) & \alpha_4^2 U^{*(2)}(\mathrm{j}\omega) & \alpha_4^3 U^{*(3)}(\mathrm{j}\omega) & \alpha_4^4 U^{*(4)}(\mathrm{j}\omega)
\end{bmatrix}
$$

则式(5-11)可写为

$$
\boldsymbol{Y}_i(\mathrm{j}\omega)=\boldsymbol{AU}^{1,2,\cdots,C(N,m)}(\mathrm{j}\omega)\boldsymbol{G}_i(\mathrm{j}\omega) \tag{5-12}
$$

由式(5-12)，对应系统第 i 个输出的 NOFRF

$$
\boldsymbol{G}_i(\mathrm{j}\omega)=[G_i^{(1)}(\mathrm{j}\omega)\ G_i^{(2)}(\mathrm{j}\omega)\ G_i^{(3)}(\mathrm{j}\omega)\ G_i^{(4)}(\mathrm{j}\omega)]^{\mathrm{T}}
$$

可由最小二乘方法得

$$
\boldsymbol{G}_i(\mathrm{j}\omega)=\left[(\boldsymbol{AU}^{1,2,\cdots,C(N,m)}(\mathrm{j}\omega))^{\mathrm{T}}(\boldsymbol{AU}^{1,2,\cdots,C(N,m)}(\mathrm{j}\omega))\right]^{-1}(\boldsymbol{AU}^{1,2,\cdots,C(N,m)}(\mathrm{j}\omega))^{\mathrm{T}}\boldsymbol{Y}_i(\mathrm{j}\omega)
$$

$$\tag{5-13}$$

估算完 SIMO 系统 NOFRF 值后，就用 NOFRF 检测指标 Fe、Ne 和综合检测进行检测分析。

5.3.1　NOFRF 的 Fe 和 N_{E} 指标检测

Peng 等[5,6]提出了一个由 NOFRF 构建的指标 Fe，定义为

$$
\mathrm{Fe}(n)=\frac{\displaystyle\int_{-\infty}^{\infty}\left|G_n(\mathrm{j}\omega)\right|\mathrm{d}\omega}{\displaystyle\sum_{i=1}^{N}\int_{-\infty}^{\infty}\left|G_i(\mathrm{j}\omega)\right|\mathrm{d}\omega},\quad 1\leqslant n\leqslant N \tag{5-14}
$$

式中，$\displaystyle\sum_{n=1}^{N}\mathrm{Fe}(n)=1$；$\mathrm{Fe}(n)$ $(n=1,2,\cdots,N)$，分别是对系统各阶非线性的度量，通过比较 $\mathrm{Fe}(n)$ 值大小变化辨识系统是否存在非线性及其程度。若 $\mathrm{Fe}(1)=1$，表明 $G_1(\mathrm{j}\omega)$ 由主导系统特性，系统为线性，其他高阶 NOFRF 接近为零；$\mathrm{Fe}(n)>0$ $(n=2,3,\cdots,N)$ 表示系统存在非线性，也即构件系统存在损伤。

当系统出现早期疲劳损伤或微损伤尚未出现裂纹时，表现出来的非线性变化很小，通过基本指标 Fe 不容易辨识系统是否发生损伤及其程度。信息熵可对事物不确定性加以度量和区分，进而可实现对系统状态参量的非线性特征提取。第 3

章基于矩形脉冲下非线性系统的输出频率响应,结合信息熵的概念,提出了 NOFRF 熵指标 N_E,其本质是对 Fe 指标的整合,因此对损伤更加敏感。系统输出各阶非线性响应的概率为

$$p_Y(n) = \frac{\int_{-\infty}^{+\infty}|Y_n(j\omega)|d\omega}{\sum_{i=1}^{N}\int_{-\infty}^{+\infty}|Y_i(j\omega)|d\omega} = \frac{\int_{-\infty}^{+\infty}\left|\frac{G_n(j\omega)}{\sqrt{n}}\right|d\omega}{\sum_{i=1}^{N}\int_{-\infty}^{+\infty}\left|\frac{G_i(j\omega)}{\sqrt{i}}\right|d\omega}, \quad n=1,2,\cdots,N \quad (5\text{-}15)$$

式中,$\sum_{n=1}^{N}p_Y(n)=1$;$p_Y(n)$($n=1,2,\cdots,N$),完全由系统各阶 NOFRF 值 $G_n(j\omega)$ ($n=1,2,\cdots,N$) 确定,只取决于系统状态,与输入无关,为系统输出各阶非线性响应的概率,可以很好地表征系统各阶 NOFRF 的变化。当系统故障严重时非线性变大,系统有高阶非线性输出,出现混乱,输出概率 $p_Y(n)$($n=1,2,\cdots,N$) 将变得不确定。系统出现非线性越大,输出越混乱,信息熵越高;当系统趋向线性时,输出将变有序,信息熵就越低。基于信息熵的概念定义相应的 NOFRF 熵为[7]

$$N_E = -\sum_{n=1}^{N}p_Y(n)\log(p_Y(n)) \quad (5\text{-}16)$$

当被测系统为线性时,完全由一阶 NOFRF 主导,其他高阶 NOFRF 几乎为零,分布较稳定,NOFRF 熵 N_E 较小;当被测系统为非线性时,其频谱能量由一阶向高阶 NOFRF 转移,高阶 NOFRF 不再为零,分布不确定度变大,NOFRF 熵 N_E 也增大。NOFRF 熵 N_E 估计式(5-16)与 Fe(n)在形式上是相似的,但却是从整体分析系统的变化。锤击脉冲与矩形脉冲都是宽频激励信号,当矩形脉冲激起的有效频率与锤击脉冲是很接近的,由锤击脉冲计算得到的传递函数可以适用于矩形脉冲情形,由此可计算矩形脉冲激励下系统的频率响应。通过锤击激励获取系统输入和输出、估计 NOFRF 及利用式(5-15)和式(5-16)求解检测指标 N_E,可以实现旧零件的损伤检测[8]。经过多次实验及数据的平均后分别得到变速箱的箱体锤击试验各组指标 Fe(1)值如表 5-3 所示,箱体锤击试验各组指标 N_E 值如表 5-4 所示。

从表 5-3 可以看到,对于新箱体,三组试验中,指标 Fe(1)值最小为 0.98518、最大为 0.99797,且小于 0.99 的只有两个(第三组试验中响应点 3、4 处)。可以认为新箱体整体损伤程度非常小,这也与实际情况相符。由前面的理论知道,对于线性系统(即系统中不存在非线性因素),Fe(1)值应该为 1,而新箱体指标 Fe(1)之所以不为 1,总结为以下几点原因:①系统误差造成,现实中不存在绝对的线性系统,因此计算出的指标值在一定程度上受系统本身存在的非线性的影响;②操作误差,虽然激励点、响应点均按照相关理论和选取原则进行,但是锤击试验是

表 5-3　箱体锤击试验各组指标 $Fe(1)$ 值

箱体	响应点序号	第一组	第二组	第三组
新箱体	1	0.99797	0.99533	0.99059
	2	0.99717	0.99399	0.99032
	3	0.99579	0.99138	0.98822
	4	0.99611	0.99222	0.98518
	5	0.99653	0.99382	0.99082
旧箱体 1	1	0.97221	0.96345	0.94576
	2	0.97156	0.96139	0.94547
	3	0.96573	0.95636	0.94204
	4	0.96607	0.95837	0.94108
	5	0.97013	0.95998	0.95006
旧箱体 2	1	0.95792	0.93902	0.96106
	2	0.94963	0.91471	0.95899
	3	0.95213	0.94532	0.96547
	4	0.95450	0.94131	0.96838
	5	0.95554	0.94226	0.97783

表 5-4　箱体锤击试验各组指标 N_E 值

箱体	响应点序号	第一组	第二组	第三组
箱体	1	0.01575	0.03228	0.05848
	2	0.02100	0.04013	0.05987
	3	0.02959	0.05452	0.07037
	4	0.02767	0.04981	0.08503
	5	0.02499	0.04105	0.05742
箱体 1	1	0.13878	0.17695	0.24217
	2	0.1388	0.18499	0.24306
	3	0.16832	0.20280	0.25406
	4	0.16642	0.19642	0.25751
	5	0.14253	0.18996	0.22703
旧箱体 2	1	0.19921	0.24418	0.18662
	2	0.24329	0.34342	0.19413
	3	0.22782	0.26468	0.16886
	4	0.21057	0.25728	0.14997
	5	0.20737	0.25458	0.11839

人工锤击，难免导致操作上的误差；③新箱体本身含有微弱非线性，这应该是由箱体结构引起的。复杂的结构本身对激励响应是有一定的非线性影响的，新箱体在锤击检测难免有微小的非线性。对于旧箱体 1，三组试验中，指标 $Fe(1)$ 值最小为 0.94108、最大为 0.97227，各组 $Fe(1)$ 指标值均有不同程度的下降，说明旧箱体 1 经过一段时间的服役后，损伤程度变大了。在同一组试验中，激励点、激励信号是相同的，但可看到，各个响应点指标 $Fe(1)$ 值不同，有的相差很大，说明箱体不同位置损伤程度也不同。旧箱体 2 在三组试验后，指标 $Fe(1)$ 值最小为 0.91471、最大为 0.97783，和旧箱体 1 接近，$Fe(1)$ 指标值均有所下降，说明旧箱体 2 是服役一段时间、受到一定程度疲劳损伤。在同一组试验中，各个响应点指标值 $Fe(1)$ 也有较大差异，说明各个部位损伤程度也不一样。

从表 5-4 可以看到，对于新箱体，三组试验中，指标 N_E 值最小为 0.01575、最大为 0.08503，由理论可知，指标 N_E 也是基于 NOFRF 构造的，是对指标 Fe 的整合，不同之处在于，指标 N_E 值越小，系统非线性程度也越小，即系统损伤程度越小，这一点与指标 $Fe(1)$ 相反。但是指标 N_E 在指标 Fe 的基础上结合了信息熵理论，理论上比指标 Fe 对损伤的变化更加敏感，也就是在相同的损伤程度变化情况下，指标 N_E 的变化率要大于指标 Fe 变化率。为了验证这一点，选取新箱体第一组试验中响应点 1、2(可以任意替换为其他两点)两个指标值变化情况加以说明[8]。响应点 1 指标 $Fe(1)$ 值 0.99797、响应点 2 指标 $Fe(1)$ 值 0.99717，变化率 0.08%(取绝对值)；响应点 1 指标 N_E 值 0.01575、响应点 2 指标 N_E 值 0.021，变化率 33.33%。变化率表明指标 N_E 比指标 $Fe(1)$ 可以更敏感地反映损伤。新箱体指标 N_E 值不为 0，其原因和前面的分析一样，这里不再重复叙述。

对于旧箱体 1，三组试验中，指标 N_E 值最小为 0.13878、最大为 0.25751，相比新箱体，各测点指标 N_E 值均有明显增大，说明旧箱体 1 经过服役后，损伤程度增大。在同一组试验中，各个测点指标值不同，差异较大，说明旧箱体 1 不同位置，损伤状态不一样。旧箱体 2 三组试验后的指标 N_E 值最小为 0.11839、最大为 0.34342，与旧箱体 1 接近，说明旧箱体 2 服役损伤也较大。在同一组试验中，各个测点指标值差异较大，说明旧箱体不同位置的损伤程度差异也较大。

为了进一步比较与分析，将表 5-3、表 5-4 的数据分别用曲线表示。箱体各组指标 $Fe(1)$ 值如图 5-11 所示，箱体各组指标 N_E 值如图 5-12 所示。

从图 5-11 可以看到，各组试验中，新箱体指标 $Fe(1)$ 值在各个测点均明显大于旧箱体 1、旧箱体 2，且新箱体指标 $Fe(1)$ 值在同一组试验中，各测点指标 $Fe(1)$ 值变化幅度很小，说明三个箱体中，新箱体损伤程度最低。旧箱体 1 在第一组、第二组数据中，各个测点指标 $Fe(1)$ 值均大于旧箱体 2 指标 $Fe(1)$ 值，旧箱体 1 在第三组数据中，各测点指标 $Fe(1)$ 值却均小于箱体 2 指标 $Fe(1)$ 值，这说明旧箱体 1 有的区域比旧箱体 2 损伤程度大，有的区域损伤程度小于旧箱体 2。从图 5-12

可以看出，新箱体指标 N_E 值在各个测点均明显小于旧箱体 1、旧箱体 2，新箱体损伤程度最低。在第一、二组试验数据中，旧箱体 1 各个测点指标 N_E 值均小于旧箱体 2 指标 N_E 值，而在第三组试验数据中，旧箱体 1 各测点指标 N_E 值却大于箱体 2 指标 N_E 值，说明旧箱体 1、旧箱体 2 各个区域损伤程度几乎不同。

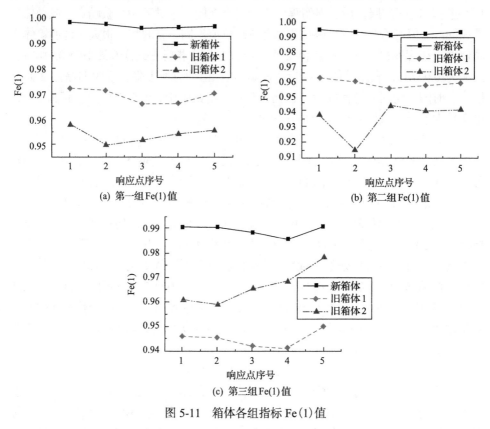

(a) 第一组 Fe(1) 值　　　　　　　　　　　(b) 第二组 Fe(1) 值

(c) 第三组 Fe(1) 值

图 5-11　箱体各组指标 Fe(1) 值

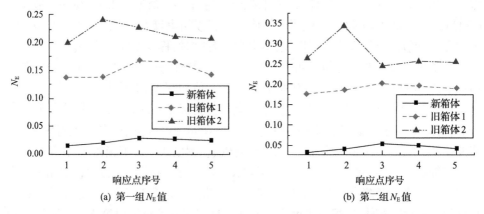

(a) 第一组 N_E 值　　　　　　　　　　　(b) 第二组 N_E 值

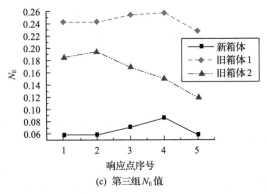

(c) 第三组 N_E 值

图 5-12　箱体各组指标 N_E 值

为验证 SIMO 辨识得到的 NOFRF 构造的指标 Fe(1) 能在一定程度上反映箱体损伤位置信息，现将旧箱体 2 各位置指标 Fe(1) 值用图 5-13 表示。

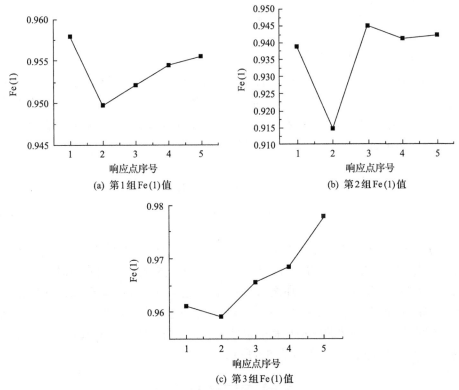

(a) 第 1 组 Fe(1) 值　　　　　　　　(b) 第 2 组 Fe(1) 值

(c) 第 3 组 Fe(1) 值

图 5-13　旧箱体 2 各位置的指标 Fe(1) 值

从图 5-13 可以看到，锤击点在 1、2 号响应点之间(第一组)时，响应点 2 处指标值 Fe(1) 最小，说明锤击激励箱体后，锤击点右侧各响应点反映出系统非线性程度更大，即箱体损伤程度更大。这说明锤击点 1 及右侧的响应点构成的损伤路径包含箱体更多的损伤信息，损伤更严重区域在锤击点右侧；锤击点在 2、3 响应点之间(第二组)时，1、2 响应点处的指标 Fe(1)值较小，说明锤击点 2 与其左侧响应点构成的损伤路径包含箱体更多损伤信息，损伤更严重区域在锤击点 2 左侧；锤击点在 4、5 响应点之间(第三组)时，响应点 5 处指标 Fe(1)值最大，说明锤击点 3 及其左侧响应点构成损伤路径包含箱体更多损伤信息，损伤更严重区域在锤击点 3 左侧；各组数据中，响应点 2 的指标 Fe(1)都最小。由上述分析可知，旧箱体 2 的损伤较严重的区域在锤击点 1、2 构成的路径上，且在响应点 2 附近。

通过以上对箱体损伤检测指标的分析可以得出如下结论：

(1)基于 NOFRF 构造的损伤检测指标 Fe、N_E 均能很好地检测到服役后的旧箱体损伤程度明显高于新箱体，能很好区分箱体的"新"与"旧"；

(2)指标 Fe、N_E 不仅能很好地反映箱体各个部位损伤程度，而且能反映出箱体的损伤位置信息；

(3)指标 N_E 对损伤变化要比指标 Fe 敏感。

5.3.2 NOFRF 综合检测指标

从前面的结论中可以看到，旧箱体 1、旧箱体 2 哪个损伤程度更大，似乎还难以下结论，因为两个箱体各个部位损伤程度不一致，为了进一步直接比较两个旧箱体的损伤程度，构造一个整合不同部位损伤信息的综合评价指标 CI (comprehensive evaluation index)，定义为[8]

$$CI = 1 - \frac{\sum_{i=1}^{m}\sum_{j=1}^{n} Fe_{ij}(1)}{mn} \tag{5-17}$$

式中，m、n 分别代表锤击点及响应点的数目，i、j 分别为锤击点、响应点的序号。可以看到，指标 CI 是基于指标 Fe(1)构造的，当箱体未经过服役，损伤程度较小时，指标 $Fe_{ij}(1)$ 均接近于 1，那么指标 CI 值接近于 0；当箱体经过较长时间服役后，损伤程度很大，指标 $Fe_{ij}(1)$ 均变得很小，那么指标 CI 值将变得很大。简单来说，CI 值越大，反映出箱体损伤程度也越大。通过旧箱体 1、旧箱体 2 指标 Fe(1)数据计算得到综合指标 CI 值如表 5-5 所示。

表 5-5　综合指标 CI 值

箱体编号	旧箱体 1	旧箱体 2
指标 CI 值	0.04202	0.04773

从表 5-5 可以看到，旧箱体 2 指标 CI 值大于旧箱体 1，说明旧箱体 2 整体损

伤程度更大。综合指标 CI 解决了再制造毛坯不同部位损伤情况不一致时需要进行整体评估的问题，为再制造毛坯后续可再制造性评估提供了一种新方法。

5.3.3　变速箱箱体损伤区域颜色标识

箱体损伤较严重的区域在响应点 2 附近，为了能更准确地评估损伤严重区域，对响应点 2 所在的区域做了进一步测试。响应点 2 所在圆环型接口内径为 205mm，外径为 235mm，以 5mm、45°角为间隔均匀布置传感器。以圆环圆心为中心，构造平面坐标系。测点 1、2、3 横坐标以 5mm 为间隔依次增大，测点序号逆时针方向排序。箱体圆环型接口传感器布置示意图如图 5-14 所示，得到测试点 N_E 值如表 5-6 所示。

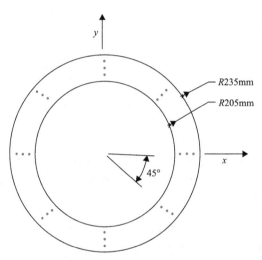

图 5-14　箱体圆环型接口传感器布置示意图

表 5-6　测试点 N_E 值

测点序号	N_E值	测点序号	N_E值	测点序号	N_E值
1	0.20277	9	0.27962	17	0.23690
2	0.22672	10	0.41849	18	0.24226
3	0.27026	11	0.36157	19	0.22703
4	0.23201	12	0.34263	20	0.21997
5	0.25603	13	0.31908	21	0.24217
6	0.20166	14	0.29703	22	0.23675
7	0.24306	15	0.27938	23	0.21057
8	0.23408	16	0.29167	24	0.21578

根据建立的坐标轴，构造如下 3 个矩阵：X、Y、N_E。

$$X = \begin{bmatrix} 210 & 220 & 230 & \frac{\sqrt{2}}{2} \times 210 & \frac{\sqrt{2}}{2} \times 220 & \frac{\sqrt{2}}{2} \times 230 \\ 0 & 0 & 0 & -\frac{\sqrt{2}}{2} \times 210 & -\frac{\sqrt{2}}{2} \times 220 & -\frac{\sqrt{2}}{2} \times 230 \\ -210 & -220 & -230 & -\frac{\sqrt{2}}{2} \times 210 & -\frac{\sqrt{2}}{2} \times 220 & -\frac{\sqrt{2}}{2} \times 230 \\ 0 & 0 & 0 & \frac{\sqrt{2}}{2} \times 210 & \frac{\sqrt{2}}{2} \times 220 & \frac{\sqrt{2}}{2} \times 230 \end{bmatrix}$$

$$Y = \begin{bmatrix} 0 & 0 & 0 & \frac{\sqrt{2}}{2} \times 210 & \frac{\sqrt{2}}{2} \times 220 & \frac{\sqrt{2}}{2} \times 230 \\ 210 & 220 & 230 & \frac{\sqrt{2}}{2} \times 210 & \frac{\sqrt{2}}{2} \times 220 & \frac{\sqrt{2}}{2} \times 230 \\ 0 & 0 & 0 & -\frac{\sqrt{2}}{2} \times 210 & -\frac{\sqrt{2}}{2} \times 220 & -\frac{\sqrt{2}}{2} \times 230 \\ -210 & -220 & -230 & -\frac{\sqrt{2}}{2} \times 210 & -\frac{\sqrt{2}}{2} \times 220 & -\frac{\sqrt{2}}{2} \times 230 \end{bmatrix}$$

$$N_E = \begin{bmatrix} 0.20277 & 0.22672 & 0.27026 & 0.23201 & 0.25603 & 0.20166 \\ 0.24306 & 0.23408 & 0.27962 & 0.41849 & 0.36157 & 0.34263 \\ 0.31908 & 0.29703 & 0.27928 & 0.29167 & 0.23690 & 0.24226 \\ 0.22703 & 0.21997 & 0.24217 & 0.23675 & 0.21057 & 0.21578 \end{bmatrix}$$

　　矩阵 X 表示测点 X 轴坐标，矩阵 Y 表示测点 Y 轴坐标，矩阵 N_E 表示各测点 N_E 指标值。在 MATLAB 中对所构造 3 个矩阵分别进行 matlab4 样条函数内插，对有限的采样点特征值进行拟合，并将圆环的指标 N_E 值按颜色深度表示，生成二维等值线图和三维图，圆环指标 N_E 颜色深度表示如图 5-15[8]所示。

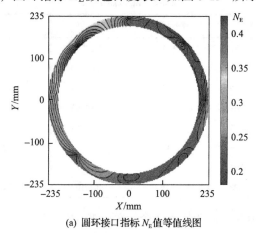

(a) 圆环接口指标 N_E 值等值线图

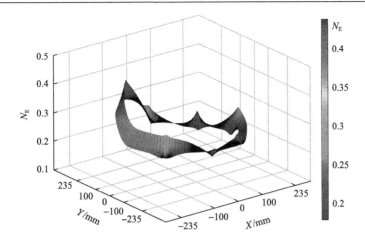

(b) 圆环接口指标 N_E 值等值三维图

图 5-15　圆环指标 N_E 颜色深度表示

从图 5-15 可以看到，随着指标 N_E 值增大，颜色深度逐渐加深，损伤程度最严重的区域在圆环左上角深色区域处。通过对圆环指标值进行颜色标识，可以发现表格数据中难以发现的特征，对特征值进行插值拟合，在一定程度上丰富了测点信息，虽然拟合的结果不一定完全接近实际情况，但是可以为进一步缩小损伤区域的范围提供参考，使损伤区域的评估更加准确，不再局限于路径评估。

5.4　本　章　小　结

为了验证检测方法在实际再制造工程中应用的可行性，对某再制造公司提供的新旧三个装载机变速箱箱体进行了 SIMO 锤击试验，并设计了箱体锤击试验的柔性支承系统；构造的综合检测指标 CI 整合了箱体各个部位的损伤信息，实现了箱体整体损伤程度的比较；初步确定箱体损伤区域后，对所关注的区域再次进行多测点检测，并对指标 N_E 值进行插值拟合，完成了所关注区域的颜色标识。

SIMO 相比于 SISO 能获得系统更多的振动信息，从而更准确地提取系统非线性特征。根据不同响应点处的指标值大小，描述了系统的损伤位置与响应点之间的关系，如何从机理上实现损伤定位也是值得进一步研究的问题。

参 考 文 献

[1] 黄琴, 王彤, 张耀庆. 模态试验中自由边界模拟方法. 江苏航空, 2009, (S1): 41-43
[2] 田晶, 路闯, 艾延廷, 等. 边界条件模拟方法对模态分析影响的研究. 科学技术与工程, 2013, 13(34): 10417-10420

[3] 傅志方. 模态分析理论与应用. 上海: 上海交通大学出版社, 2000

[4] 濮良贵, 陈国定, 吴立言. 机械设计. 9 版. 北京: 高等教育出版社, 2013

[5] Peng Z K, Lang Z Q, Billings S A. Crack detection using nonlinear output frequency response functions. Journal of Sound and Vibration, 2007, 301 (3-5): 777-788

[6] Peng Z K, Lang Z Q, Chu F L. On the nonlinear effects introduced by crack using nonlinear output frequency response functions. Computers & Structures, 2008, 86: 1809-1818

[7] 黄红蓝. 锤击激励下 NOFRFs 检测内部损伤的研究. 南宁: 广西大学, 2017

[8] 黄杨. 单点锤击输入多输出下 NOFRFs 检测再制造变速箱箱体内部损伤的研究. 南宁: 广西大学, 2018

第6章 列车轮对的疲劳损伤检测

6.1 引　言

随着列车速度一次次大幅提升，对行车安全性能的要求也越来越高、越来越严格，列车的状态监测和故障诊断的重要性也越来越突显。

列车轮对是列车的重要部件，由于其长时间高负载地在粉尘多、温差大的复杂恶劣的环境中工作，很容易产生疲劳损伤。列车长时间在高速、重载的工况中运行，列车轮对难免出现故障和缺陷，就算很小的故障和缺陷也可能存在着巨大的安全隐患，必须及时排查和解决。

疲劳损伤在早期会形成微裂纹，难以被发现，从微裂纹形成到出现宏观裂纹通常占结构整个疲劳寿命的 80%～90%。当出现宏观裂纹时，车轮的刚度会降低，严重时可能会造成安全事故，造成生命财产损失。因此研究检测列车轮对疲劳累积损伤的方法，对轮对实施有效的早期损伤检测具有重要的工程意义和社会意义。针对这个问题，我们采用锤击激励的 NOFRF 非线性检测进行探索研究，以寻找一种新的有效的检测方法。

6.2　列车轮对故障检测研究现状

列车轮对损伤检测是保障列车安全运行的重要一环，国内外很多研究机构和铁路公司对列车轮对的损伤检测进行了研究，积累了一些研究成果，推出了一些商用产品。轮对的损伤检测可分为离线检测和在线检测两种方式。离线检测是列车在非运行状态下进行的检测，主要是检修工厂将轮对拆卸下来检测或工人现场检测，这也是现今应用于轮对检测最多的方式。在线检测是在列车运行时完成的检测，相对于离线检测更加快捷高效，但目前只在部分场合得到应用。

列车轮对的离线检测方法主要是基于超声的损伤检测法和基于金属磁记忆的损伤检测法。基于超声的损伤检测法是利用超声在待检测件中传播时的波速、衰减系数等参数发生变化检测缺陷和损伤[1,2]。1951 年，铁路工厂和铁道科学研究院共同展开了使用超声检测列车轮对车轴的研究，开启了我国超声检测轮对的先河[3,4]。蒋秋月[5]利用超声检测图像获取车轮缺陷信息，设计了一套自动识别缺陷的算法来实现缺陷的自动定位,并通过试验验证了算法的可行性。Makino 和 Biwa[6]通过应用弹簧界面模型描述了轮轴界面对轮对疲劳裂纹超声检测的影响，并通过计算剪切斜波入射的反射系数来阐明界面刚度对入射角的影响。唐语等[7]提出了 IWT 阈值压缩算法，对列车轮对的超声检测数据进行压缩，相对于传统阈值压缩方法，该算法不仅能在保证信号精度的基础上获取更高的压缩倍数，还能更好地还原检测信号。Brizuela 等[8]提出通过测量轨道发出的超声脉冲来检测车轮踏面平整度的新方法。赵阳等[9]提出用三次样条插值法提取列车车轮轮辋的超声探伤信号，可剔除信号中的噪声等干扰信号，提高了探伤信号的精度。ИрееВ[10]提出对列车轮对车轴进行检查时临时调整超声波探伤仪灵敏度的方法，并开发了"NDTRT-18"软件来实现该方法的自动化，该软件已成功应用于卢甘斯克机车公司的轮对车轴检测工艺中。基于金属磁记忆的损伤检测法是利用铁磁构件受载后内部产生远高于地磁场的磁场强度、载荷消除后仍被保留，通过测量表面漏磁场，推断损伤位置。邓远辉等[11]对于列车轮对的损伤提出了基于微磁检测的方法，实验证实该方法检测效果良好并研制了微磁检测损伤仪。林嵩[12]用 HHT 变换和第二代自适应提升小波相结合的方法对金属磁记忆方法获取的列车轮对疲劳损伤的漏磁信号进行降噪，可更好地提取特征值信息。张军等[13]为解决列车轮对金属磁记忆检测信号难以定量评估的问题，提出相轨迹方法对轮对损伤进行半定量化评估，并通过实验验证了该方法的有效性。毕贞法和孔乐[14]通过对轮对进行疲劳加载试验，发现载荷在 50～150kN 时，载荷越大，磁记忆信号的变化也越大；且随着疲劳加载次数的增加，磁记忆信号的离散程度更明显，即轮对的疲劳程度越大。

列车轮对的在线检测方法主要是基于电磁超声的损伤检测法、基于光电图像的损伤检测法和基于振动的损伤检测法。基于电磁超声的损伤检测法是利用高频交变电流产生交变磁场，电流在磁场中产生洛伦兹力，金属在交变应力下产生超声波来检测损伤。2000 年，Tittmann 等[15]通过实验验证了电磁超声可以用于列车轮对的自动探伤，确定了电磁超声在轮对探伤中的地位。季怀中[16]设计了电磁超声探伤装置，实验表明该装置可检测出踏面以下 10mm 内的缺陷。冯剑钊等[17]将电磁超声技术和现场可编程门阵列(field-programmable gate array, FPGA)技术相结合设计了列车轮对踏面缺陷在线检测装置，可在列车运行速度 20km/h 时检测出深度是 3mm 的踏面缺陷。赵昌鹏[18]对电磁超声探头进行了设计，该探头将回波信噪比提高了 24%，并在轮对的在线探伤实验中成功探测到踏面 2mm 深的裂纹。Mian 等[19]研制了基于电磁超声的轮对探伤系统，可实现轮对缺陷的快速定位，但该系统并没有投入到实际应用中。德国弗劳恩霍夫协会推出基于电磁超声检测轮对损伤的产品 AUROPA Ⅲ，于 2005 年在郑州火车站投入使用并多次检测出轮对损伤，之后在该产品成都站和北京站也相继投入使用[20]。基于光电图像的损伤检测法是将采集到的图像信息数字化，提取其中的损伤信息来检测损伤。吴开华和严匡[21]用激光位移传感器对车轮踏面进行扫描，将得到的数据转化为数字图像，通过数学形态噪声处理和图像阈值分割相结合的方法自动识别缺陷。高向东等[22]利用光视觉传感器采集激光源扫描的轮对踏面信息，建立踏面数字矩阵并提取踏面特征信号，通过光电图像的识别算法检测轮对踏面损伤，并通过与铁路部门专用检测仪检测到的踏面擦伤进行对比，验证了此法的可行性。Zhao 等[23]通过 PSO 算法对 RBF 神经网络进行参数优化，并以此来识别轮对踏面损伤的位置和类型。基于振动的损伤检测法通过分析振动传感器采集的振动信号，结合一定的信号处理技术在频谱图中找到故障特征信息来检测损伤。陆爽等[24]通过小波变换分离了铁路火车轮对滚动轴承振动信号中的故障信号和噪声信号，得到了令人满意的诊断结果。姜爱国和王雪[25]提出粗糙集与多个神经网络相结合的车轮踏面损伤检测方法，用提取到的损伤的振动信号确定神经网络的初始拓扑结构，通过网络训练建立损伤特征与损伤之间的映射关系，并通过实验验证该方法具有良好的效果。Wu 和 Meng[26]在列车故障诊断中常用的二维图谱基础上增加了时间维，形成了三维谱分析法。

综上所述，超声检测法可以快速检测列车轮对损伤且分辨率高，但是只能检测宏观裂纹等缺陷，不能对裂纹还未形成前的疲劳损伤进行检测。金属磁记忆检测法可以检测轮对疲劳损伤引起的材料性能退化，但其理论尚未完善，检测效率及可靠性还不满意。电磁超声检测法检测精度高且无须耦合，可实现在线检测，但只能检测车轮踏面或近踏面的裂纹。光电图像检测法具有设备体积小、操作方便、便于现场检测的优点，但只能检测车轮踏面的裂纹等缺陷。振动检测法相对比较灵活，可实现在线检测，但现有方法灵敏度相对较低。

国内外基于 NOFRF 的损伤检测研究表明，NOFRF 不仅可以用来判断结构是否存在裂纹损伤，而且可以判断是否存在还没形成裂纹的疲劳损伤，还可以通过比较各阶 NOFRF 值的大小进一步对结构损伤程度和位置进行评估，是一种有较好前景的全局损伤检测方法。因此，我们将 SIMO 下 NOFRF 的损伤检测方法用于探索列车轮对的疲劳损伤检测，构建了锤击激励下 SIMO 系统 NOFRF 的估算方法及损伤检测指标 NKL(NOFRF-Kullback-Leibler Divergence, K-L 散度)，对不同损伤状态的列车轮对进行锤击检测试验，分析检测指标 NKL 对损伤程度的识别效果。

6.3　NOFRF-KL 损伤检测指标

当激励信号在频域内连续时，在频域内辨识得到的各阶 NOFRF 也是连续的，难以通过辨识得到的 NOFRF 来比较不同损伤系统的损伤程度的大小。Peng 等[27]基于 NOFRF 理论基础，对各阶 NOFRF 值进行积分，构建了一个具有综合性描述非线性系统特征变化的指标 Fe，其定义为

$$\mathrm{Fe}(n) = \frac{\int_{-\infty}^{\infty}\left|G_n(\mathrm{j}\omega)\right|\mathrm{d}\omega}{\sum_{i=1}^{N}\int_{-\infty}^{\infty}\left|G_i(\mathrm{j}\omega)\right|\mathrm{d}\omega}, \quad 1 \leqslant n \leqslant N \tag{6-1}$$

其中，$G_n(\mathrm{j}\omega)$ 是 NOFRF 的各阶估计值。$\mathrm{Fe}(1)=1$，表明系统只有 1 阶 NOFRF 值即 $G_1(\mathrm{j}\omega)$，说明其他高阶 NOFRF 对系统频率响应的影响可以忽略不计，该系统为线性系统。$\mathrm{Fe}(1)<1$，表示系统存在非线性，且值越小时说明其他高阶 NOFRF 对系统频率响应的影响越大，系统非线性程度越大，用于损伤检测分析时，说明损伤越严重。

当系统还未出现疲劳裂纹时，各阶 NOFRF 值变化非常小，难以通过检测指标 Fe 来判断系统的损伤状态。KL 散度 (Kullback-Leibler divergence) 是用来度量使用基于 Q 的编码来编译来自 P 的样本平均所需的额外字节数。在数学上，可用 KL 散度来衡量两个概率分布的匹配程度，两个分布差异越大，KL 散度越大。其定义为

$$D_{\mathrm{KL}(p//q)} = \sum_{i=1}^{N} p(x_i)\log\left(\frac{p(x_i)}{q(x_i)}\right) \tag{6-2}$$

其中，$p(x_i)$ 表示目标分布，$q(x_i)$ 表示去匹配的分布。如果两个分布完全匹配，那么 $D_{\mathrm{KL}(p//q)}=0$。若用 KL 散度来衡量两个系统的匹配程度，则 $p(x_i)$ 表示目标系统输出的第 i 个状态的概率；$q(x_i)$ 表示去匹配系统输出的第 i 个状态的概率；N 为输出状态的总数量。损伤的出现会加重系统的非线性程度，当系统的损伤程度增大时，系统的非线性程度增大，将导致系统更加混乱，与线性系统的差异增大。由式 (6-1) Fe 的定义式知，$\mathrm{Fe}(n)$ 表示 NOFRF 的第 n 阶估计值与 NOFRF 各阶估计值之和相比时的概率，结合 KL 散度理论，将 KL 散度的概念引入 NOFRF 中，比较两个 n 阶 NOFRF 概率不同系统的情况，提出 NOFRF-KL 散度指标 NKL 来描述系统非线性程度[28]，即

$$\mathrm{NKL} = \sum_{n=1}^{N}\left|\mathrm{Fe}_1(n)\log\left(\frac{\mathrm{Fe}_1(n)}{\mathrm{Fe}_2(n)}\right)\right| \tag{6-3}$$

式中，$\mathrm{Fe}_1(n)$ $(n=1,2,\cdots,N)$ 代表目标系统，$\mathrm{Fe}_2(n)$ $(n=1,2,\cdots,N)$ 则是匹配系统。当目标系统为线性系统，匹配系统为损伤系统时，损伤程度越大，NKL 值越大。需要说明的是，如果目标系统是线性系统，那么 $\mathrm{Fe}_1(2),\mathrm{Fe}_1(3),\cdots,\mathrm{Fe}_1(N)$ 的值为零，则此时 $\left|\mathrm{Fe}_1(n)\log(\mathrm{Fe}_1(n)/\mathrm{Fe}_2(n))\right|$ $(n=2,3,\cdots,N)$ 没有定义。然而，当目标系统无限接近线性系统，即 $\mathrm{Fe}_1(2),\mathrm{Fe}_1(3),\cdots,\mathrm{Fe}_1(N)$ 无限接近于零，则

$$\lim_{\mathrm{Fe}_1(n)\to 0}\left|\mathrm{Fe}_1(n)\log\left(\mathrm{Fe}_1(n)/\mathrm{Fe}_2(n)\right)\right|=0 \text{。}$$

为了验证 NOFRF-KL 散度方法检测损伤的可行性，我们采用如图 6-1 所示的一维多自由度弹簧质量块振荡系统模型进行数值仿真。

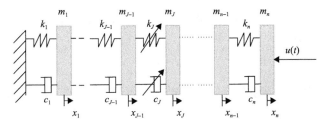

图 6-1　一维多自由度弹簧质量块振荡系统模型

输入 $u(t)$ 作用在第 n 个质量块上，位于第 $(J-1)$ 和第 J 个质量块之间的弹簧和阻尼器是系统的非线性元件，一维多自由度弹簧质量系统的运动微分方程为

$$M\ddot{x}(t)+C\dot{x}(t)+Kx(t)=\mathbf{NF}(t)+\mathbf{F}(t) \tag{6-4}$$

$$\mathbf{NF}(t)=\left(\overbrace{0,\cdots,0}^{J-2},\mathrm{FS}(\Delta(t))+\mathrm{FD}(\Delta(t)),-\mathrm{FS}(\Delta(t))-\mathrm{FD}(\Delta(t)),\overbrace{0,\cdots,0}^{n-J}\right),\quad \mathbf{F}(t)=\left(\overbrace{0,\cdots,0}^{n-1},u(t)\right)\text{。}$$

M、C、K 分别是系统的质量、阻尼、刚度矩阵，$\mathbf{NF}(t)$ 是非线性回复力，$x(t)$ 是系统的位移。

$$M=\begin{bmatrix} m_1 & 0 & \cdots & 0 \\ 0 & m_2 & \ddots & \vdots \\ \vdots & \ddots & \ddots & 0 \\ 0 & \cdots & 0 & m_n \end{bmatrix}$$

$$K=\begin{bmatrix} k_1+k_2 & -k_2 & 0 & \cdots & 0 & 0 & 0 \\ -k_2 & k_2+k_3 & -k_3 & \cdots & 0 & 0 & 0 \\ 0 & -k_3 & k_3+k_4 & \cdots & 0 & 0 & 0 \\ \vdots & \vdots & \vdots & & \vdots & \vdots & \vdots \\ 0 & 0 & 0 & \cdots & k_{n-2}+k_{n-1} & -k_{n-1} & 0 \\ 0 & 0 & 0 & \cdots & -k_{n-1} & k_{n-1}+k_n & -k_n \\ 0 & 0 & 0 & \cdots & 0 & -k_n & k_n \end{bmatrix}$$

$$C = \begin{bmatrix} c_1 + c_2 & -c_2 & 0 & \cdots & 0 & 0 & 0 \\ -c_2 & c_2 + c_3 & -c_3 & \cdots & 0 & 0 & 0 \\ 0 & -c_3 & c_3 + c_4 & \cdots & 0 & 0 & 0 \\ \vdots & \vdots & \vdots & & \vdots & \vdots & \vdots \\ 0 & 0 & 0 & \cdots & c_{n-2} + c_{n-1} & -c_{n-1} & 0 \\ 0 & 0 & 0 & \cdots & -c_{n-1} & c_{n-1} + c_n & -c_n \\ 0 & 0 & 0 & \cdots & 0 & -c_n & c_n \end{bmatrix}$$

选择 10 自由度弹簧质量系统，设置 3 个不同系统状态，参考文献[28]具体参数设置为

(1)无非线性：$m_1 = m_2 = \cdots = m_{10} = 1$，$k_1 = k_2 = \cdots = k_5 = k_{10} = 3.6 \times 10^4$，$k_6 = k_7 = k_8 = 0.8k_1$，$k_9 = 0.9k_1$，$\mu = 0.01$，$C = \mu K$。

(2)非线性 1：假设系统的第 6 根弹簧设置为非线性，其非线性特性参数为

$$r(6,1) = k_6, \quad r(6,2) = 0.8k_1^2, \quad r(6,3) = 0.4k_1^3, \quad r(6,l) = 0, \quad l \geqslant 4$$

(3)非线性 2：假设系统的第 6 根弹簧设置为非线性，其非线性特性参数变为

$$r(6,1) = k_6, \quad r(6,2) = 1.5k_1^2, \quad r(6,3) = 0.4k_1^3, \quad r(6,l) = 0, \quad l \geqslant 4$$

脉冲锤击信号可用半正弦脉冲信号进行数值仿真，4 个幅值不同的半正弦脉冲信号分别为

$$u_p(t) = \begin{cases} \alpha_p \sin\left(\dfrac{\pi}{T_c} t\right), & t \in [0, T_c] \\ \\ 0, & t \notin [0, T_c] \end{cases}, \quad p = 1,2,3,4$$

式中，$\alpha_1 = 0.8$，$\alpha_2 = 0.9$，$\alpha_3 = 1.0$，$\alpha_4 = 1.1$，脉冲持续时间 $T_c = 1/60$，作用于第 10 个质量块上。选择第 1 个质量块位置的响应 $y_p^1(\mathrm{j}\omega)$（$p = 1,2,3,4$），作为计算数据，求出系统前 4 阶 $G_n(\mathrm{j}\omega)$（$n = 1,2,3,4$）。质量块 1 处前 4 阶 NOFRF 估计值如图 6-2 所示。

由图 6-2 可知，系统无非线性状态时，仅有一阶 NOFRF 存在，二阶以上 NOFRF 接近于 0；系统存在非线性状态时，二阶以上 NOFRF 不再为 0，可直观通过波形图判断系统非线性的存在。通过进一步计算 3 种状态系统的 NKL 值发现，非线性程度更大的非线性 2 系统的 NKL 值大于非线性 1 系统的 NKL 值，验证了 NKL 值的大小可以反映系统非线性程度，即系统非线性程度越大，NKL 值越大。为了进一步研究 NKL 检测指标值与系统损伤位置的关系，将激励条件和系统状态设置为与上述相同，在质量块 6 和质量块 9 处分别设置响应点，得到质量块 6、9

处前 4 阶 NOFRF 估计值，如图 6-3、图 6-4 所示，并计算出不同非线性程度下质量块 1、质量块 6 和质量块 9 的 NKL 值，如表 6-1 所示。

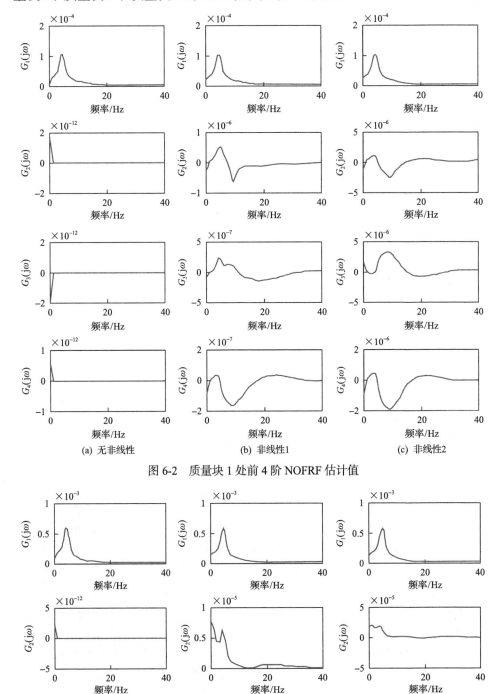

(a) 无非线性　　　　　(b) 非线性1　　　　　(c) 非线性2

图 6-2　质量块 1 处前 4 阶 NOFRF 估计值

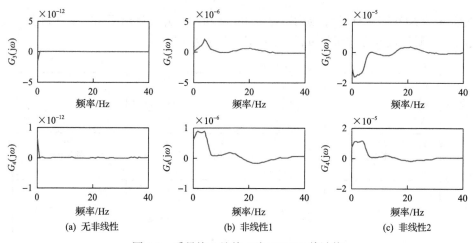

图 6-3　质量块 6 处前 4 阶 NOFRF 估计值

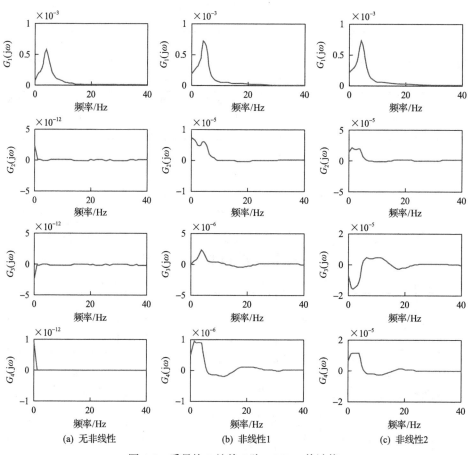

图 6-4　质量块 9 处前 4 阶 NOFRF 估计值

表 6-1　不同非线性程度下质量块 1、质量块 6 和质量块 9 的 NKL 值

位置	无非线性	非线性系统 1	非线性系统 2
质量块 1	0	0.0269	0.1743
质量块 6	0	0.0170	0.1674
质量块 9	0	0.0154	0.1516

从表 6-1 可见，当系统为非线性时，NKL 大于 0。系统的非线性程度可以用系统的 NKL 值来表示。如果系统的非线性程度越大，NKL 值就越大。

由图表数据分析，可得到质量块 6、质量块 9 处与质量块 1 处相同的结论：系统非线性是否存在可以通过系统 NOFRF 波形图直接看出，当系统存在非线性时，系统 2 阶以上 NOFRF 大于 0；系统非线性程度的大小可以通过系统的 NKL 值的比较得出，NKL 值越大时系统非线性程度越大。由图可知，响应点在质量块 1 处时，激励点和响应点在非线性元件的两侧；响应点在质量块 6 处时，激励点和响应点在非线性元件的同侧（左侧），且非线性元件距离响应点较近；响应点在质量块 9 处时，激励点和响应点在非线性元件的同侧（左侧），且非线性元件距离响应点较远。比较发现，当激励条件和非线性状态（非线性 2）相同时，质量块 1 处 NKL 值比质量块 6、质量块 9 处 NKL 值大，说明质量块 1 处所反映的系统非线性程度更大。可得结论，当非线性元件包含在激励点和响应点构成的路径之内时，响应点反映出的非线性程度要比非线性元件不在激励点和响应点构成的路径之内时大。相同激励条件和非线性状态（如非线性 2），质量块 6 处和质量块 9 处的响应点，质量块 6 响应点的 NKL 值更大，质量块 6 处的非线性更大。当激励点与响应点之间不包括非线性元件时，响应点位置离非线性元件越近，测得的系统非线性程度就越大。

可以通过比较基于 NOFRF 和 KL 散度构造的损伤指标 NKL 值的大小来比较不同系统非线性程度的大小，NKL 值越大，系统的非线性程度越大；对于同一非线性系统，当激励相同时，可以通过比较不同响应点的 NKL 值，对损伤位置做一定的预估；若激励点与响应点构成的路径上包含非线性元件，离非线性元件更近的响应点反映的系统非线性程度更大。

结合 NOFRF 的相关概念和 KL 散度的定义，构建了疲劳损伤检测指标 NKL；通过十自由度弹簧质量系统的数值仿真，验证了 NKL 可以对系统的非线性进行检测，系统非线性程度越大，NKL 值越大；并且验证了 NKL 可以对系统的非线性区域进行定位，在激励点与响应点构成的路径上，越靠近非线性元件的响应点，对应的 NKL 值越大。

6.4　列车轮对的有限元分析

构建的检测指标 NKL 不仅可以用来比较系统损伤非线性程度的大小，还能在一定程度上反映系统损伤位置信息。在激励点和响应点构成的路径上，越靠近损伤位置的响应点，其值越大。因此，为了更加有效、准确地检测列车轮对的损伤情况，锤击试验测点布置应使激励点和响应点构成的路径穿过损伤区域，且响应点尽量布置在损伤区域附近[28]。为制订锤击试验测点布置方案提供依据，我们先对列车轮对进行模态分析和静力学仿真，并模拟分析轮对最易受损区域。

6.4.1　列车轮对三维建模

某列车采用整体式车轮，车轮滚动圆直径为 860mm，轮辋厚度为 135mm，采用 LMA 型踏面。为减轻重量，采用空心轴设计，轴身直径 145mm，轴颈直径为 130mm，轴长 2298mm，列车轮对结构示意图如图 6-5 所示，轮对主要尺寸及材料参数如表 6-2 所示。

选择三维造型更为简便且与 ANSYS 具有良好接口的 SolidWorks 软件对轮对按照 1 : 1 进行建模，并将建好的模型导入 ANSYS 软件。建模时，在尽可能保证轮对性能和分析结果准确的基础上，对模型的圆弧、圆角、倒角等进行了适当的简化，以减少网格划分的数量和后续计算的复杂度，网格划分后的轮对模型由 52179 个六面体单元和 65642 个节点组成，轮对的三维模型如图 6-6 所示。

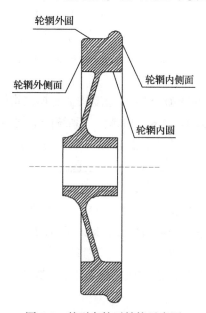

图 6-5　某列车轮对结构示意图

表 6-2　轮对主要尺寸及材料参数

参数	数值	参数	数值
车轮滚圆直径/mm	860	轴颈直径/mm	160
车轮踏面厚度/mm	38	密度/(kg/m³)	7.80×10^3
车轮轮辋外直径/mm	750	材质	HT200
车轮轮辋厚度/mm	135	弹性模量/MPa	2.1×10^{11}
车轴总长/mm	2298	泊松比	0.3

(a) 轮对三维实体模型　　　　　　　　　　　　(b) 轮对有限元模型

图 6-6　轮对的三维模型

6.4.2　列车轮对模态分析

　　模态分析是忽略系统摩擦、阻尼等非线性条件后对结构系统进行的线性分析，它与系统所受负载无关，得到是系统固有的力学振动特征量，如系统的模态振型和固有频率，为系统进行振动特性分析和振动故障诊断提供理论依据。模态分析基本原理在前面已有说明，使用 ANSYS 软件中的模态分析模块对轮对的有限元模型进行自由模态分析，可以得到轮对的前 12 阶计算频率和振型[28]。轮对自由边界下前 12 阶固有频率如表 6-3 所示，振型如图 6-7 所示。

表 6-3　轮对自由边界下前 12 阶固有频率

阶数	1	2	3	4	5	6
频率/Hz	49.0	57.1	78.2	136.4	136.9	240.9
阶数	7	8	9	10	11	12
频率/Hz	379.8	631.6	739.2	1426.7	1537.3	1637.4

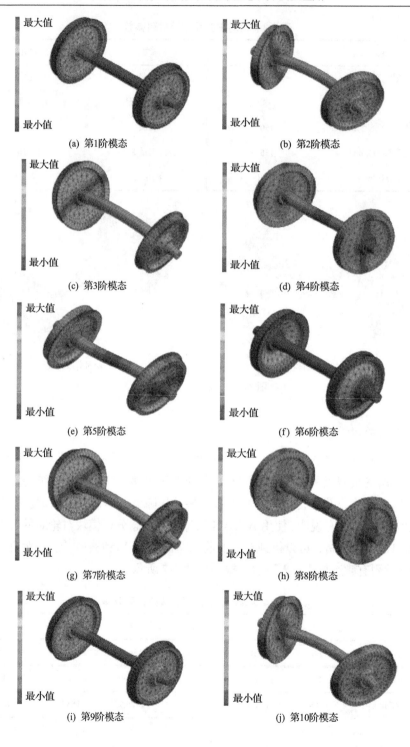

(a) 第1阶模态

(b) 第2阶模态

(c) 第3阶模态

(d) 第4阶模态

(e) 第5阶模态

(f) 第6阶模态

(g) 第7阶模态

(h) 第8阶模态

(i) 第9阶模态

(j) 第10阶模态

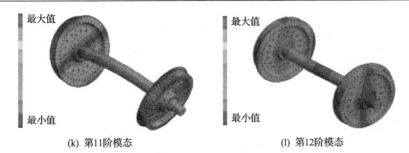

(k) 第11阶模态　　　　　　　　　　(l) 第12阶模态

图 6-7　轮对自由边界下前 12 阶振型

由轮对的振型图可见，轮对振型特点如下：第 1 阶为车轴沿轴线方向震颤，第 2、3、7、8 阶为轮对沿垂直轴线方向弯曲，第 4 和 5 阶为轮对车轴绕轴线方向扭转，第 6 阶为轮对车轮两辐板沿轴线方向向外鼓状变形，第 9 阶为轮对车轮两辐板沿轴线方向向内弯曲变形，第 10 和 11 阶为轮对车轮扭转变形，第 12 阶为轮对的复合扭曲变形。

6.4.3　列车轮对受力分析

列车在实际运行中，轮对在不同条件下的受力是非常复杂的，为方便分析计算，国际铁路组织 UIC510-5 对轮对经过直线轨道、曲线轨道和道岔三种不同工况下的受力进行了规定。根据规定保留，可计算不同工况下的载荷[28]。三种不同工况下车轮载荷位置和方向如图 6-8 所示。

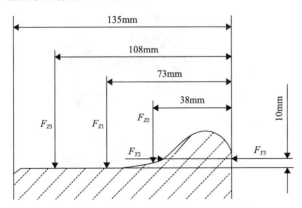

图 6-8　三种不同工况下车轮载荷位置和方向

直线轨道、曲线轨道和道岔工况下车轮载荷计算方法如下：

(1) 直线工况：$F_{Z1} = 1.25 P_0$，$F_{Y1} = 0$；

(2) 曲线工况：$F_{Z2} = 1.25 P_0$，$F_{Y2} = 0.6 P_0$；

(3) 道岔工况：$F_{Z3} = 1.25 P_0$，$F_{Y3} = 0.36 P_0$。

其中，P_0 为轮重。由上述计算式计算得出不同工况下轮对所受载荷值见表 6-4。

表 6-4	不同工况下轮对所受载荷值	（单位：kN）
工况	Z 方向	Y 方向
直线	$F_{Z1}=87.5$	$F_{Y1}=0$
曲线	$F_{Z2}=87.5$	$F_{Y2}=49$
道岔	$F_{Z3}=87.5$	$F_{Y3}=29.4$

按标准 UIC510-5 规定，计算在不同工况下各载荷确定位置的加载，对轮对进行静强度有限元分析，用 ANSYS 软件模拟轮对在直线、曲线、道岔三种工况下的受力情况，得到轮对不同工况下等效应力图、等效应变图、总变形图，分别如图 6-9～图 6-11 所示。

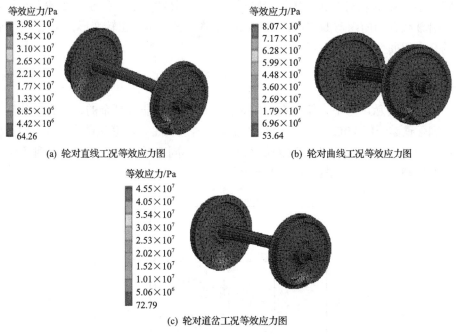

(a) 轮对直线工况等效应力图　　　　　　(b) 轮对曲线工况等效应力图

(c) 轮对道岔工况等效应力图

图 6-9　轮对不同工况下等效应力图

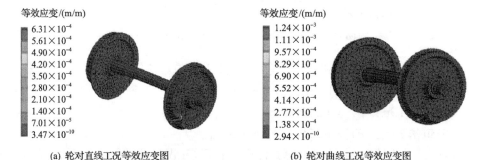

(a) 轮对直线工况等效应变图　　　　　　(b) 轮对曲线工况等效应变图

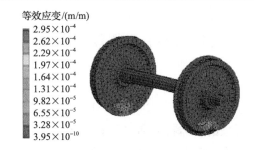

(c) 轮对道岔工况等效应变图

图 6-10　轮对不同工况下等效应变图

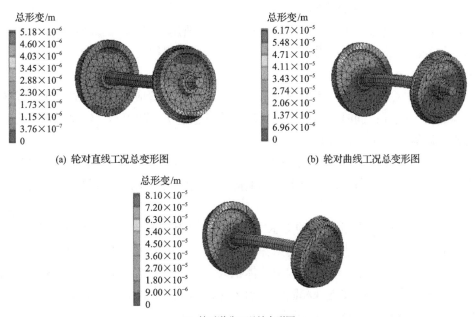

(a) 轮对直线工况总变形图　　　　　　　　(b) 轮对曲线工况总变形图

(c) 轮对道岔工况总变形图

图 6-11　轮对不同工况下总变形图

　　由上述轮对在不同工况下的应力云图分析，可以得到轮对最大等效应力值及出现位置，如表 6-5 所示。

表 6-5　轮对最大等效应力值及出现位置

工况	最大等效应力值/MPa	出现位置
直线	39.819	轮辋内圆靠近辐板处
曲线	80.7	轮辋内圆靠近辐板处
道岔	45.507	轮辋内圆靠近辐板处

6.5　轮对锤击激励实验

6.5.1　锤击试验方案

合理的实验方案是实验能够顺利进行并获取准确实验结果的必要前提，因此在实验前应根据实验对象的具体特征和实际情况合理地选择力锤参数、锤击点位置、响应点位置、支承方式等。下面对力锤参数、锤击点位置、响应点位置、支承方式等的选择方案进行具体说明[28]。

(1)力锤参数。研究表明，当锤头与被测对象之间的表面接触刚度增大时，获取的锤击信号更加尖锐，力的功率谱更宽。实验所用丹麦 B&K8206-002 力锤有钢质、橡胶、尼龙三种不同材料锤头可供选择，可以根据实验对象和实验需求的频率范围选择合适的锤头。

(2)锤击点位置。为了防止模态的丢失，锤击点位置应尽量避免选在前几阶模态振型的节点处；同时，为了使一次激励能够激起更多的振型，锤击点应优先选择在多阶振型的振动方向上。

(3)响应点位置。同锤击点一样，响应点也要尽量避开节点位置，优先选择在多阶振型的振动方向上，由锤击点和响应点组成的路径应该包含尽可能多的结构最脆弱区域的信息。

(4)支承方式。锤击实验的支承方式通常有自由支承、原装支承和固定支承三种。自由支承即自由边界的无约束弹性支承，是对锤击实验数据影响最小的一种支承方式。在实际中，有些结构由于体积太大或质量太大等原因，无法采用自由支承方式，常使用原装支承和固定支承。为减小支承对采集数据准确度的影响，支承点一般选在多阶振型的节点处。

采用丹麦 B&K 公司开发的脉冲 Labshop 数据采集分析系统可完成锤击实验。该系统主要包括脉冲锤 8206-002、单轴加速度传感器 4508-B 和数据采集模块 3050-A-60。用脉冲锤对车轮系统进行激振，加速度传感器采集响应信号，数据采集模块处理和记录信号。

系统的激励信号和响应信号分别由力传感器和加速度传感器采集。根据激励信号和响应信号的 NOFRF 估计，估计系统的 NOFRF 和 NKL 指数，判断系统的损伤状态。

通过对不同工况下轮对的模态和应力分析，我们合理选择锤击(输入)点位置和响应(输出)点位置。为防止模态损失，锤击点位置应尽量避免在前几阶模态振型的节点处；同时，为了丰富采集到的振动信息，应在固有频率振动幅度较大的方向上选择锤击点和响应点的位置。通过对轮对的应力分析可知,轮辋内圈是等效力和总变形最大的区域,因此理论上轮辋内圈是最脆弱的区域。为了收集更多的损伤信息,由锤击点和响应点组成的路径应该包含尽可能多的最脆弱区域的信息。根据锤击点和响应点的位置不同,我们设计了三种不同的方案(测试方案 1、测试方案 2、测试方案 3)。不同锤点和响应点位置的试验方案如表 6-6 所示,三种不同方案锤击点和响应点的不同位置如图 6-12 所示,轮对锤击试验现场如图 6-13 所示。

表 6-6　不同锤点和响应点位置的试验方案

方案	布置方式	锤击点	响应点	草图
测试方案 1	锤击点和响应点布置在轮对的径向	① ②	1 2 3 4 5	图 6-12(a)
测试方案 2	锤击点和响应点沿轮辋圆周布置	① ②	1 2 3 4 5	图 6-12(b)
测试方案 3	锤击点在辐板上,响应点布置轮缘圆周上	① ②	1 2 3	图 6-12(c)

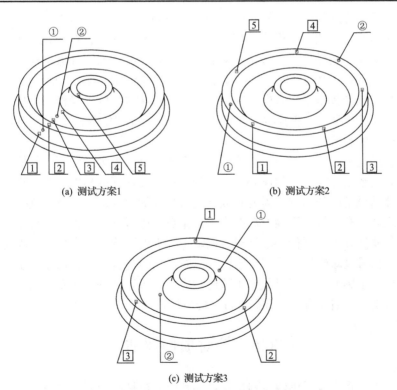

(a) 测试方案1　　　　　　(b) 测试方案2

(c) 测试方案3

图 6-12　三种不同方案锤击点和响应点的位置

(a) 列车轮对 　　　　　　　　　　　(b) 锤击检测设备

图 6-13　轮对锤击试验现场

6.5.2　锤击实验规范及数据预处理

在信号采集过程中，有较多因素影响信号采集的精度，最常见的是周围环境噪声、振动的影响和人工操作不当的影响。为了减小误差，提出几点实验操作规范[28]：①对于分析精度要求较高的实验，应尽量选择在噪声和振动较小的环境下操作；②试验中采用的是丹麦 B&K4508-B 单向加速度传感器，应尽量保证锤击激励方向与传感器数据采集方向在同一方向上；③锤击试验前操作人员应对锤击的力度、角度进行预估，实验时应准确把握锤击的力度和角度，以免出现连击现象，影响分析结果的精度。

实验过程中，环境噪声、实验设备的系统误差、人为操作不当等原因，会导致采集到的数据存在一定的误差，进一步影响后续计算的精度。为了降低上述因素对计算结果精度的影响，需要对数据进行合理的预处理：①选择激励信号和响应信号之间具有良好相干性的数据作为原始数据进行分析，提高分析精度；②对数据进行滤波处理，降低环境噪声、振动等因素的影响，提高信号信噪比；③由于锤击力信号衰减较快，采用汉宁窗函数对力信号进行处理，由于系统阻尼会对响应信号产生影响，采用指数窗函数对响应信号进行处理；④对一组实验进行多次数据采集，对估算得到的数据进行平均平滑处理。

6.6　轮对损伤评估

某铁路局修理段提供两组列车轮对，其中一组是有微裂纹轮对，另一组是已修复轮对，并提供了一对同型号的未使用过的新轮对作为检测匹配目标。以这两组轮对为研究对象，基于 NOFRF 相关理论提出 NOFRF-KL 散度指标 NKL 进行损伤检测和辨识，对 NKL 指标用于损伤检测的可行性进行验证，并对轮对的损伤情况进行判别。根据前述轮对自由模态分析结果和静力学有限元仿真分析结果，并结合测点选择原则和实际情况，对轮对的锤击点和响应点，按如图 6-12 所示的三种不同检测方案进行布置。轮对的有限元仿真分析表明，轮对高阶振型是沿径向扭曲，车轮受力变形也是径向方向，应该把大部分测点沿车轮径向布置。为了使锤击点和响应点构成的路径能够大致预估损伤区域，测点采用沿直线布置的方式，以便通过后续的分析对损伤位置更准确定位。考虑到车轮在行驶过程中沿踏面滚动，损伤沿圆周方向分布较均匀，故只采集车轴一侧的损伤信息来评估整个车轮。

6.6.1　轮对的锤击检测评估

检测中，以健康轮对为目标系统，以已修复的轮对、有微裂纹的轮对和不同使用时间但无微裂纹的轮对为匹配系统，计算各组实验的 NKL 值[28]。

1. 微裂纹轮对和已修复轮对的锤击试验 1

两对轮对，一对存在微裂纹，另一对刚刚修复。根据轮对模态和应力分析结果，选择试验方案 1 布置轮对锤击点和响应点，如图 6-12(a)所示。

根据锤击点位置的不同，将试验分成了两组。第一组锤击点位于响应点 1 和响应点 2 之间；第二组锤击点位于响应点 3 和响应点 4 之间。由前述有限元仿真可知，轮对高阶振型是车轮沿径向扭曲且车轮受力变形主要也是沿径向方向，所以测点大部分是沿车轮径向布置。

车轮沿踏面滚动，损伤将会沿圆周均匀分布，可通过采集轴一侧信息来评估整个车轮损伤状态。每组进行 4 次锤击试验，计算得到测试方案 1 中微裂纹轮对与已修复轮对的 NKL 值如表 6-7 和图 6-14 所示。

表 6-7　测试方案 1 中微裂纹轮对与已修复轮对的 NKL 值

轮对类型	锤击点序号	响应点序号	NKL 值
微裂纹轮对	1	1	0.019292
		2	0.020044
		3	0.023605
		4	0.020443
		5	0.022186
	2	1	0.021387
		2	0.020189
		3	0.023646
		4	0.017496
		5	0.016262

轮对类型	锤击点序号	响应点序号	NKL 值
已修复轮对	1	1	0.003809
		2	0.004053
		3	0.006716
		4	0.004425
		5	0.004201
	2	1	0.003862
		2	0.004426
		3	0.004612
		4	0.003812
		5	0.004262

　　根据表 6-7 比较微裂纹轮对与已修复轮对的 NKL 值。第一组实验中，微裂纹轮对的最大 NKL 值为 0.0236，最小 NKL 值为 0.0192；已修复轮对的最大 NKL 值为 0.0044，最小 NKL 值为 0.0038。第二组实验中，微裂纹轮对的最大 NKL 值为 0.0236，最小 NKL 值为 0.0163。已修复轮对的最大 NKL 值为 0.0046，最小 NKL 值为 0.0038。微裂纹轮对的 NKL 值明显高于已修复轮对的 NKL 值。以上分析表明，NKL 值对裂纹缺陷非常敏感，对存在微裂纹的轮对和返修后的轮对可以用 NKL 指标进行识别。

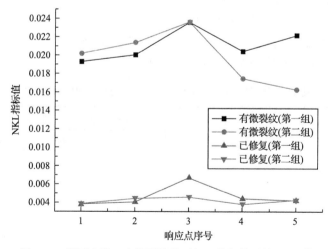

图 6-14　测试方案 1 中微裂纹轮对与已修复轮对的 NKL 值

　　从图 6-14 可以看出，同一组中不同响应点的 NKL 值不同，有些响应点的 NKL 值相差很大，说明不同部位的损伤程度不同。当在响应点 1 和响应点 2 之间锤击时，响应点 1 的 NKL 值小于其他响应点的 NKL 值，说明锤击点与其右边响应点组成的路径包含了更多的损伤信息，即锤击点右侧的损伤程度较大。当锤击点位置在响应点 3 和响应点 4 之间时，响应点 4 和响应点 5 的 NKL 值小于其他响应点的 NKL 值，说明锤击点与其左响应点组成的路径包含了更多的损伤信息，锤击点位置左侧损伤程度较大。在这两组数据中，响应点 3 的 NKL 指数值最大。综上所述，轮对损伤较大的区域位于锤击点 1 和锤击点 2 的路径上，响应点 3 附近（轮辋内圈附近）是损伤最严重的区域。

2. 微裂纹轮对和已修复轮对的锤击试验 2

根据模态分析和应力分析，轮辋内圈附近是轮对损伤最严重的区域。为了更准确地评估最严重的损坏区域，对轮辋区域进行了进一步的测试，并在测试方案 2 中选择了两对有微裂纹的轮对和已修复的轮对，如图 6-12(b) 所示。五个响应点沿轮辋内侧 20mm 的圆周均匀分布。锤击点 1 位于响应点 1 和响应点 5 的中点，锤击点 2 位于响应点 2 和响应点 3 的中点。对有微裂纹和已修复的轮对进行锤击试验，计算得到测试方案 2 中微裂纹轮对与已修复轮对的 NKL 值如表 6-8 和图 6-15 所示。

表 6-8　测试方案 2 中微裂纹轮对与已修复轮对的 NKL 值

轮对类型	锤击点序号	响应点序号	NKL 值
微裂纹轮对	1	1	0.025817
		2	0.026189
		3	0.025585
		4	0.022850
		5	0.023025
	2	1	0.024917
		2	0.024124
		3	0.024395
		4	0.023175
		5	0.023682
已修复轮对	1	1	0.003809
		2	0.006053
		3	0.004716
		4	0.004425
		5	0.004201
	2	1	0.003862
		2	0.004426
		3	0.004612
		4	0.003812
		5	0.004262

表 6-8 比较已修复轮对与有微裂纹轮对轮辋附近区域的 NKL 值。微裂纹轮对的最大 NKL 值为 0.0261，最小 NKL 值为 0.0229。已修复轮对的最大 NKL 值为 0.0062，最小 NKL 值为 0.0025。在轮辋附近，微裂纹轮对的 NKL 值大于返修轮对的 NKL 值。结果与试验方案 1 中轮对径向直线布置响应点时的结果相同。在 NKL 值上可以区分有微裂纹的轮对和已修复的轮对。

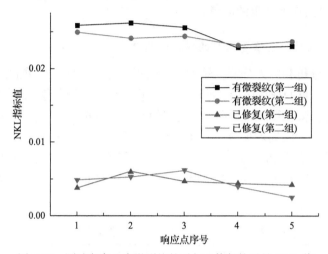

图 6-15　测试方案 2 中微裂纹轮对与已修复轮对的 NKL 值

比较试验方案 1（径向直线布置）和试验方案 2（周向布置）微裂纹轮对 NKL 值，如图 6-16 所示。通过比较测试方案 1 和测试方案 2 的 NKL 值的变化，发现周向布置的 NKL 值极差小于径向直线布置的 NKL 值极差。周向布置的 NKL 值普遍

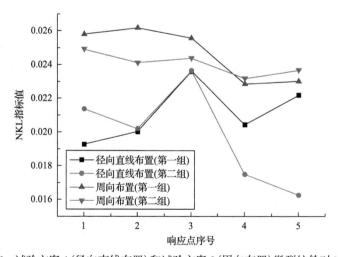

图 6-16　试验方案 1（径向直线布置）和试验方案 2（周向布置）微裂纹轮对 NKL 值

高于径向直线布置，说明周向布置中检测到的损伤信息较多，即轮辋内圈附近区域是损伤较严重的区域。

3. 微裂纹轮对和已修复轮对的锤击试验 3

对两对微裂纹轮对、3 对已修复轮对进行了锤击试验，按图 6-12(c)所示的试验方案 3 布置。三个响应点沿距轮辋内表面 20mm 的圆周均匀分布。轮辋内圈附近的区域损坏最严重，在辐板上设置锤击点，使锤击振动信号通过该区域。测试方案 3 中微裂纹轮对和已修复轮对的 NKL 值及平均值分别如表 6-9 和表 6-10 所示。

表 6-9　测试方案 3 中微裂纹轮对的 NKL 值及平均值

轮对序号	锤击点序号	响应点序号	NKL 值	平均值
1	1	1	0.021644	0.026035
		2	0.019279	
		3	0.021228	
	2	1	0.032283	
		2	0.031646	
		3	0.030131	
2	1	1	0.026105	0.027935
		2	0.023813	
		3	0.025683	
	2	1	0.029198	
		2	0.031813	
		3	0.030991	

由表 6-9 可知，两对微裂纹轮对的平均 NKL 值分别为 0.0260 和 0.0279。根据表 6-10，3 对轮对疲劳损伤修复后的平均 NKL 值分别为 0.0070、0.0051 和 0.0053。比较不同微裂纹轮对和已修复轮对的 NKL 值，如图 6-17 所示，表明 NKL 值可区分和辨识不同微裂纹轮对和已修复轮对。

4. 基于测试方案 3 的不同服役时间轮对锤击检测

对 14 对不同使用时间的无微裂纹的未修复轮对进行了锤击试验。测试方案 3 中不同使用时间下无微裂纹轮对的 NKL 值如表 6-11 所示。

表 6-10　检测方案 3 中已修复轮对的 NKL 值及平均值

轮对序号	锤击点序号	响应点序号	NKL 值	平均值
1	1	1	0.004392	0.006978
		2	0.007613	
		3	0.005171	
	2	1	0.005093	
		2	0.009674	
		3	0.009906	
2	1	1	0.007218	0.005150
		2	0.006563	
		3	0.005752	
	2	1	0.003620	
		2	0.004023	
		3	0.003724	
3	1	1	0.003583	0.005265
		2	0.006025	
		3	0.003991	
	2	1	0.004614	
		2	0.006591	
		3	0.006787	

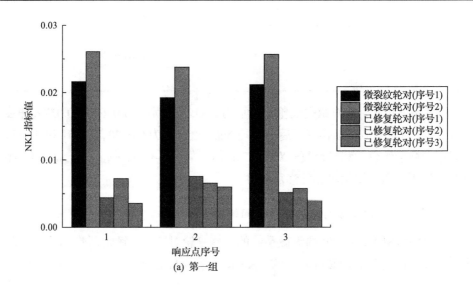

(a) 第一组

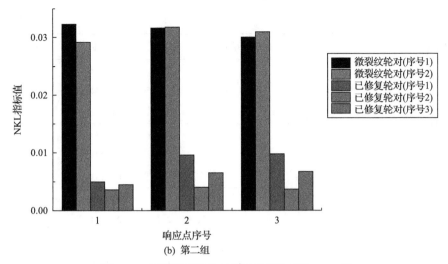

图 6-17　不同微裂纹轮对和已修复轮对的 NKL 值

表 6-11　测试方案 3 中不同使用时间下无微裂纹轮对的 NKL 值

开始使用日期	序号	使用时间/月	锤击点	响应点	NKL 值	平均值
2001/11/22	1	209	1	1	0.015069	0.023982
				2	0.017179	
				3	0.017586	
			2	1	0.032283	
				2	0.031646	
				3	0.030131	
2002/02/28	2	207	1	1	0.015874	0.021456
				2	0.017362	
				3	0.017897	
			2	1	0.026105	
				2	0.025813	
				3	0.025683	
2005/09/07	3	164	1	1	0.019109	0.019589
				2	0.019228	
				3	0.017748	
			2	1	0.020227	
				2	0.019682	
				3	0.021537	

续表

开始使用日期	序号	使用时间/月	锤击点	响应点	NKL 值	平均值
2006/03/23	4	158	1	1	0.015321	0.018435
				2	0.013645	
				3	0.015027	
			2	1	0.022867	
				2	0.022415	
				3	0.021338	
2007/04/29	5	145	1	1	0.017768	0.017019
				2	0.019943	
				3	0.020725	
			2	1	0.013999	
				2	0.014148	
				3	0.015535	
2008/03/22	6	133	1	1	0.017566	0.016963
				2	0.011639	
				3	0.023018	
			2	1	0.016282	
				2	0.017169	
				3	0.015535	
2009/04/17	7	120	1	1	0.017768	0.015919
				2	0.019943	
				3	0.020725	
			2	1	0.013999	
				2	0.014148	
				3	0.015498	
2009/09/01	8	116	1	1	0.013559	0.013127
				2	0.009349	
				3	0.017436	
			2	1	0.012134	
				2	0.014113	
				3	0.012172	
2009/10/14	9	115	1	1	0.014896	0.012257
				2	0.018472	
				3	0.017287	

续表

开始使用日期	序号	使用时间/月	锤击点	响应点	NKL 值	平均值
2009/10/14	9	115	2	1	0.007281	0.012257
				2	0.007813	
				3	0.007793	
2011/09/14	10	90	1	1	0.026974	0.027652
				2	0.027142	
				3	0.025059	
			2	1	0.028553	
				2	0.027785	
				3	0.030397	
2012/10/06	11	77	1	1	0.010326	0.009318
				2	0.010697	
				3	0.009627	
			2	1	0.007026	
				2	0.009036	
				3	0.009194	
2013/03/21	12	68	1	1	0.007187	0.008571
				2	0.005681	
				3	0.006058	
			2	1	0.011775	
				2	0.008703	
				3	0.014884	
2013/04/22	13	69	1	1	0.011886	0.008215
				2	0.006691	
				3	0.006067	
			2	1	0.008883	
				2	0.009727	
				3	0.006031	
2016/08/08	14	29	1	1	0.007409	0.007450
				2	0.006411	
				3	0.009227	
			2	1	0.007686	
				2	0.006954	
				3	0.007011	

从表 6-11 可以看出，14 对未修理轮对的 NKL 值随着使用时间的延长而逐渐增大。最长使用时间轮对的平均 NKL 值为 0.0240，最短使用时间轮对的平均

NKL 值为 0.0075。10 号轮对的平均 NKL 值突然增大为 0.0277，经超声波检测后发现微裂纹。

假设 FeN 是 Fe 的非线性部分之和，计算得到测试方案 3 中不同使用时间下无微裂纹轮对的 FeN 值如表 6-12 所示。

表 6-12　测试方案 3 中不同使用时间下无微裂纹轮对的 FeN 值

使用时间/月	209	207	164	158	145	133	120
FeN 值	0.013593	0.011955	0.016181	0.015075	0.008888	0.008879	0.012646
使用时间/月	116	115	90	77	68	69	29
FeN 值	0.009937	0.005655	0.016182	0.006287	0.004466	0.007331	0.005860

我们把表 6-11 中的数据进行线性拟合。由于使用 90 个月的 10 号轮对存在微裂纹，线性拟合时没有考虑该数据。根据表 6-11 和表 6-12 的数据，用最小二乘法拟合的 NKL 曲线为 $y=9.8\times10^{-5}x+0.0027$，FeN 的拟合曲线为 $y=5.5\times10^{-5}x+0.0030$。得到 NKL 值和 FeN 值随轮对使用时间的变化趋势如图 6-18 所示。

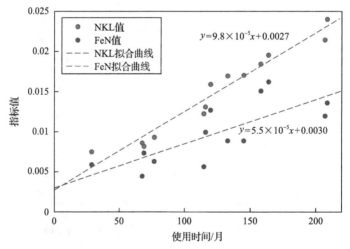

图 6-18　NKL 值和 FeN 值随轮对使用时间的变化趋势

从图 6-18 还可以看出，在不出现微裂纹的情况下，14 对未修复对轮的平均 NKL 值和平均 FeN 与使用时间成正相关。随着使用时间的延长，疲劳损伤程度逐渐增大，NKL 和 FeN 也逐渐增大。NKL 的测试数据比 FeN 更集中在拟合线附近，说明 NKL 可以减少构件结构本身和测试过程的非线性影响。

6.6.2　评估结果讨论

针对现有方法在对大型零件进行检测时不能保持高灵敏度的问题，我们提出了 NKL 的损伤检测方法。它比现有的 NOFRF 指标具有更清晰直观的物理意义，与传统的 NOFRF 检测指标相比，该方法同样对损伤具有较高的敏感性。NKL 指标是将目标系统与匹配系统在同一位置上的多阶非线性指标的 KL 散度相匹配，且采用了 SIMO 方法，因此 NKL 方法对于大型零件的损伤检测是全局性的，可以消除构件本身的结构非线性的影响。上述检测试验结果表明：①通过一维 10 自由度数值模拟验证了 NKL 判断损伤程度的可行性。仿真结果表明，NKL 值能很好地反映系统的非线性程度。②对 3 对微裂纹轮对、4 对已修复轮对和 14 对未修复无微裂纹轮对进行了系统试验。实践证明，NKL 指标不仅能区分微裂纹轮对和已修复轮对，而且能根据 NKL 值区分轮对的不同使用时间。③对 14 对不同服役时间的未修复轮对的 NKL 和 FeN 的比较表明，NKL 指标比 Fe 指标的非线性部分对损伤的变化更为敏感。④SIMO 方法对大型零件的检测有较好的效果。因为对于大型零件来说，数量更多、分布更广的测点意味着对零件有更全面的了解。

6.7　本 章 小 结

通过对某铁路局提供的一对有微裂纹轮对和一对已修复轮对进行 SIMO 锤击试验，验证了基于 NOFRF 和 KL 散度构造的 NKL 能够对系统损伤进行很好的区分；其次通过比较有裂纹轮对不同响应点的 NKL 值大小，验证了轮对易受损伤区域是轮辋内圆附近区域；最后通过对有微裂纹轮对、已修复轮对和长期使用且未出现微裂纹的轮对的三种不同损伤状态的共 19 对轮对进行锤击检测试验，分别计算其 NKL 值，发现 NOFRF-KL 检测指标可以表征轮对的早期损伤状态，且与轮对的使用时间呈强线性关系。

通过对多副轮对进行离线检测并计算损伤指标 NKL 值，实现了轮对损伤区域及损伤程度的评估，但评估结果很大程度上受轮对安装状态和载荷情况的影响，进一步可对在线安装状态的轮对进行损伤测试，研究工作安装状态下轮对损伤检测。

参 考 文 献

[1] 董锡明. 轨道列车可靠性、可用性、维修性和安全性. 北京: 中国铁道出版社, 2009
[2] 贾利民. 高速铁路安全保障技术. 北京: 中国铁道出版社, 2010
[3] 黄采伦, 樊晓平, 陈特放. 列车故障在线诊断技术及应用. 北京: 国防工业出版社, 2006
[4] 刘仕远. 轨道车辆 RD2 轮对的超声检测工艺研究. 上海: 上海交通大学, 2015
[5] 蒋秋月. 轮对缺陷超声检测图像自动识别算法实现. 成都: 西南交通大学, 2010
[6] Makino K, Biwa S. Influence of axle-wheel interface on ultrasonic testing of fatigue cracks in wheelset. Ultrasonics, 2013, 53(1): 239-248

[7] 唐语, 郭前岗, 周西峰. 基于整数小波变换的机车轮对超声检测数据压缩. 无损检测, 2015, 37(8): 21-25

[8] Brizuela J, Fritsch C, Ibáñez A. Railway wheel-flat detection and measurement by ultrasound. Transportation Research Part C: Emerging Technologies, 2011, 19(6): 975-984

[9] 赵阳, 梅劲松, 石峥映, 等. 机车轮辋超声探伤信号的数字处理技术. 无损检测, 2012, 34(9): 23-26

[10] ИрееВ А Н К. Улучшение ультразвукового контроля оси колеса локомотива. ВесТНИК ВНМ НЖТ, 2016, 2: 116-121

[11] 邓远辉, 陈妍, 李路明, 等. 基于磁机械效应的列车轮对勒伤检测方法. 无损检测, 2007, 29(6): 301-303

[12] 林嵩. 强噪声背景下高铁轮对早起故障的诊断研究. 上海: 上海应用技术大学, 2016

[13] 张军, 朱晟桢, 毕贞法, 等. 基于金属磁记忆效应的高铁轮对早期故障诊断. 仪器仪表学报, 2018(1): 162-170

[14] 毕贞法, 孔乐. 基于金属磁记忆的高铁轮对早期故障检测研究. 河北科技大学学报, 2018, 39(4): 306-313

[15] Tittmann B, Alers R, Lerch R. Ultrasonics for locomotive proceedings wheel integrity//IEEE Ultrasonics Symposium, San Juan, 2000: 743-746

[16] 季怀忠. EMAT 检测技术的研究. 安徽冶金科技职业学院学报, 2000, 10(1): 8-13

[17] 冯剑钊, 米武军, 王淑娟. 基于电磁超声的轮对踏面缺陷在线检测装置. 科技创新导报, 2009, (30): 71-72

[18] 赵昌鹏. 用于列车轮对在线探伤的电磁超声发射系统研究. 哈尔滨: 哈尔滨工业大学, 2012

[19] Mian Z F, Peabody W, Haller T. Wheel inspection system: United States, 6523411B1. 2003-2-25

[20] Salzburger H J, Wang L, Gao X R, et al. In-motion ultrasonic testing of the tread of high-speed railway wheels using the inspection system AUROPA Ⅲ//Insight: Non-Destructive Testing and Condition Monitoring. Northampton, 2008: 370-372

[21] 吴开华, 严匡. 车辆轮对踏面缺陷的光电检测方法研究. 光电技术, 2005, 31(3): 465-467

[22] 高向东, 谢子芳, 赵传敏, 等. 基于结构光视觉传感的轮对踏面擦识别方法. 中国机械工程, 2004, 15(18): 1641-1643

[23] Zhao Y, Ye H, Kang Z S, et al. The recognition of train wheel tread damages based on PSO-PBFNN algorithm//Eighth International Conference on Natural Computation(ICNC), Chongqing, 2012: 1093-1095

[24] 陆爽, 曲守平, 张晓辉. 小波分析在轴承故障诊断的应用. 长春大学学报, 2000, 10(6): 5-7

[25] 姜爱国, 王雪. 车轮踏面擦伤的集成粗糙神经网络预示诊断. 清华大学学报(自然科学版), 2005, (2): 170-173

[26] Wu F Q, Meng G. Feature extraction based on the 3D spectrum analysis of acoustic signals to identify rotor malfunction. The International Journal of Advanced Manufacturing, 2006, 28 (11)：1146-1151

[27] Peng Z K, Lang Z Q, Billings S A. Crack detection using nonlinear output frequency response functions. Journal of Sound and Vibration, 2007, 301 (3-5)：777-788

[28] 朱婉莹. 单输入多输出 NOFRFs-KL 散度指标检测列车轮对疲劳损伤的研究. 南宁：广西大学, 2020

第7章 电力支柱绝缘子的损伤检测

7.1 引　言

绝缘子俗称瓷瓶，它是输电、配电设备中的重要元器件，通常由固态绝缘材料制造而成；安装布置在不同电位的导体之间或接地构件和导体之间，是能够耐受电压和机械应力作用的部件。绝缘子的种类繁多，广泛应用于各种输配电场合。发电厂与变电站中使用的绝缘子以支柱瓷绝缘子为主。支柱瓷绝缘子是绝缘子中的一类，如图 7-1 所示，一般由五部分组成，在安装状态下，从上到下依次为上法兰盘、水泥胶合剂、覆釉瓷体、水泥胶合剂和下法兰盘；它不仅起到母线或者隔离开关与电气设备的绝缘保护作用，还能够提供机械固定支撑[1,2]。

图 7-1　支柱瓷绝缘子

支柱瓷绝缘子在电网中一般以立柱式绝缘子支撑结构形式存在，在工作状态下还要承受导线牵引力、电气设备重力在垂直方向的分量荷载，以及导线牵引为主形成的水平载荷。近年来，挂网运行的支柱瓷绝缘子断裂事故时有发生[3]。如2010 年 10 月 24 日，山东某供电局 110 千伏某段母线刀闸 C 相支柱瓷瓶断裂，造成局部停电事故；2011 年 3 月 15 日，山东某供电局小桥变 110 千伏母线支柱瓷瓶断裂等。2012 年北京供电局发生两起支柱绝缘子断裂事故；2012 年 11 月，在短短的

20 天的时间内，河北省的沧州、衡水、邯郸三局的变电站接连发生支柱绝缘子断裂重大事故，导致了变电站全站停电的重大事故。电网事故往往涉及面较广，严重危害人民的生命财产安全。电力企业与电站的实践经验表明，要避免此类安全事故发生，关键在于能够在日常的检修过程中及时及早检测出缺陷，及时预警并根据具体情况做好维护。

基于振动测试技术并结合 NOFRF 非线性检测理论，我们探讨支柱瓷绝缘子带电损伤检测的新方法，提高绝缘子损伤检测的灵敏性、实用性、高效性，将为维护电力系统的安全稳定运行提供新的思路。

7.2　绝缘子常规检测方法

《国家电网有限公司十八项电网重大反事故措施(2018 修订版)》中防止变电站全停事故部分明确规定[4]："定期检查避雷针、支柱绝缘子、悬垂绝缘子、耐张绝缘子、设备架构、隔离开关基础、GIS 母线筒位移与沉降情况以及母线绝缘子串锁紧销的连接，对管母线支柱绝缘子进行探伤检测及有无弯曲变形检查"。现有的支柱瓷绝缘子健康状态检测方法主要由两部分组成，出厂前检测和挂网运行后的检测，每一部分都是维护电网安全稳定运行的重要保障。

7.2.1　出厂前绝缘子的检测

《高压绝缘子瓷件技术条件》(GB/T 772—2005)中明确规定[1]，对于标准电压超过 1000V 与频率低于 100Hz 交流系统中架空线路、电气装置和设备上使用的绝缘瓷件，必须要做的例行检查包括：外观、尺寸、形位公差、工频火花电压试验，瓷壁耐压和机械负荷试验等内容。其他进行的抽样检测试验还有冷热试验、瓷壁工频耐压试验、水压试验、弯曲负荷试验、超声波瓷体与钢脚检测及陡波试验法。

7.2.2　挂网运行后绝缘子的检测

绝缘子挂网运行后，长期处于户外恶劣的自然环境中，容易产生疲劳损伤和材料温差应力诱发的微裂纹，导致其可靠性能降低、使用寿命缩短甚至发生瞬时断裂，造成严重事故。为了维护电网的安全稳定运行，针对绝缘子在使用过程中可能出现各种缺陷，国内外学者对绝缘子损伤检测方法进行了大量的理论与应用研究。

1. 观察法

人们用肉眼或者高倍望远镜等工具对绝缘子进行观察，可以在其运行状态下直观地发现绝缘子表面缺陷，包括伞裙闪烁或外覆层开裂破碎、侵蚀变形等情况。

观察法是目前检测低压电网绝缘子的主要手段，是一项相对简单、成本低廉的基本诊断技术。明显的缺陷，如腐蚀、痕迹、油漆飞溅和其他形式的严重污染，很容易被发现。虽然该方法使用的设备简单易操作但是需要耗费大量人力，效率较低且判断结果正确与否依赖工作人员的经验积累，对于绝缘子内部出现的损伤也无法及时发现。目前随着科学技术的不断发展，借助无人机技术并以图像处理技术为核心的新"观察法"正在不断完善中[5,6]。

2. 火花间隙法

火花间隙法是一种利用火花间隙悬式绝缘子测零器进行检测的方法[7]。运行状态下绝缘子两端电压水平不同；日常巡检时，使用操作杆短接绝缘子两端；正常的绝缘子因其两端存在电压差而产生放电现象；而如果绝缘子本身存在缺陷，此时的绝缘电阻较小，操作杆被短路，无法提供足够的击穿电压，则观察不到发光放电现象。该方法测试设备原理简单、操作方便但需要在带电情况下进行人工登塔操作，劳动强度大且危险系数高，易受高压电场的影响。

3. 红外线检测法

红外线检测法利用存在缺陷的绝缘子表面电流发生变化而引起的局部温度突变测量分析绝缘子的健康状态[8,9]。当绝缘子发生损伤时，泄漏电流增大，绝缘子表面温度不断升高，不断地向外辐射红外能量。该方法可在带电运行状态下远距离快速检测，安全便捷；但仅对涂有半导体釉的耐污绝缘子的检测效果明显。对于玻璃绝缘子或普通釉的瓷绝缘子，它们在健康状态下和出现损伤缺陷时的局部温度差别很小，而且在室外自然环境动态影响因素较多的条件下识别比较困难。

4. 紫外线检测法

绝缘子在工作状态下，其周围电场互相干扰极不均匀，当电场强度到达一定极限后，气体电离产生放电现象。当绝缘子存在缺陷时，电场强度突变，产生局部放电和电晕放电现象。测量时采用紫外线成像仪来收集放电产生的紫外线，结合光视频图谱，判断其放电强度和位置，并可以检测出因局部放电造成的绝缘子外覆层釉严重腐蚀的碳化性通道等故障[10,11]。紫外线检测法与红外线检测方法一样，具有不用停电、远距离大面积快速检测等优点；而且相对于红外线检测，可应用的绝缘子类型更加广泛；但是该方法需要满足一定的检测条件才能进行，即要存在局部放电现象，无法对绝缘子低压区域进行有效检测。

5. 泄漏电流检测法

绝缘子表面的泄漏电流是指运行电压下流过绝缘子表面的电流，电流强度主要由绝缘子表面污秽程度、环境作用和工作电压决定。当绝缘子完好时，绝缘电阻非常大，泄漏电流维持在比较低的水平。当绝缘子表面积累污物达到一定程度或是绝缘子串中存在有缺陷的绝缘子时，绝缘电阻值急剧下降，相应的泄漏电流将明显增大。泄漏电流检测法通过在绝缘子的低压端使用引流卡或者泄漏电流传感器来采集泄漏电流、脉冲频度和温湿度等作为故障特征参数进行实时检测[12,13]。该方法集成仪器已在国内外绝缘子检测中广泛投入运行，具有实时性好的优点[14]。但该方法受环境因素影响非常大，只有在潮湿条件下不同状态的绝缘子的泄漏电流之间的差别才比较明显，且泄漏电流量及脉冲数报警值的设定需要大量的历史数据作为参考，绝缘子状态评判依据有待统一；而且泄漏电流检测法对传感器要求严格，成本较高。

6. 电压分布法

绝缘子串每个零部件对导线、塔杆和地之间都存在复杂散乱的电容，在多因素影响下，绝缘子串电压呈两端高中间低的趋势分布[15,16]。当绝缘子串中出现缺陷时，其上的电压分布会出现突变，可据此变化来对绝缘子的状态进行评估。该方法是目前电力系统绝缘子检测使用较多的方法[17]。虽然可以在不停电的情况下进行检测，但准确率偏低，需要耗费大量人力，耗时长且具有一定的危险性，不适合在变电站、紧凑型线路等多电磁场混合的情况中应用。

7. 超声检测法

在支柱绝缘子法兰等处发射相应的超声波，超声波遇到内部缺陷或者边界时便会发生反射，反射信号经处理可实现对绝缘子健康状态的检测，即是超声检测法。针对不同的缺陷类型，超声检测法又具体细分为爬波法、小角度纵波斜入射法和双晶斜探头横波法[18-20]。其中的爬坡法可有效检测支柱绝缘子表面与内部的气孔、裂纹等缺陷，是国内外电网公司认可的无损检测方法之一。但超声检测法只能在停电的情况下对绝缘子进行检测，存在超声波耦合与衰减等因素的影响，须登高作业，耗费人力。可能更适合作为绝缘子出厂前或安装前的检测而不适合现场在线检测[21]。

8. 激光多普勒检测法

激光多普勒检测法是一种利用激光超声及激光多普勒测振方法远程检测试件微小损伤的检测技术。基于光经过受到超声波作用下发生局部弹性应变的区域时会发生衍射这一特点，激光超声技术将处理后的激光作用于试件；当试件表面存在损伤时，超声表面波使得检测的激光束发生多普勒频移现象，再通过对探测传感器获取的包含了试件损伤信息的响应信号进行分析。该方法很好地解决了超声检测法中因传感器耦合不良引起的问题，同时无须停电检测。有研究表明，激光多普勒检测法对开裂绝缘子的测量距离可达 50m，但只对已开裂的绝缘子有效，且遥感灵敏度的问题有待进一步解决[22,23]。

根据电网的运行状态，常规绝缘子损伤检测方法可分为带电检测与停电检测，带电检测减少了停电时间，避免了停电给人们生产生活带来的影响，带电检测是电网检测的发展方向；上述绝缘子健康状态检测方法大多数在电力系统中得到了应用，在实际应用中，针对某一方面的缺陷检测都取得了良好的效果，但均存在不同程度的局限性。

7.3　支柱瓷绝缘子的有限元分析

实际工程问题中，研究对象的构造和边界条件等往往比较复杂，利用解析法进行求解时非常困难。虽然能够将模型进行简化再求解，但不可避免地存在一定误差累积；有效的解决方法就是应用数值法，最大限度地逼近研究对象实际模型。有限元法应用领域广泛，特别是在力学、非线性系统分析等领域解决了很多复杂的工程问题。有限元静力学分析适合求解载荷对结构的最终影响问题，有限元动力分析则适合求解结构在瞬态、动态循环载荷下的实时响应规律问题。通过绝缘子动态响应仿真分析，我们研究支柱瓷绝缘子在安装约束状态下的激振响应规律，为绝缘子带电损伤检测方案的制定提供参考。

7.3.1　有限元动力学分析基本原理

动力学分析与静力学有一个明显区别，即在动力学分析中所有涉及的载荷、位移、速度、加速度与力等变量都是时间的函数。对有限元模型内任意单元 e 进行分析，单元内的位移近似的插值函数为

$$f(t) = Nq(t)^e \tag{7-1}$$

式中，N 是单元内部的、坐标的连续函数，是单元的基函数；$q(t)^e$ 表示单元上的节点位移向量。单元 e 上的应变与应力为

$$\varepsilon(t) = Bq(t)^e \tag{7-2}$$

$$\sigma(t) = D\varepsilon(t) = DBq(t)^e \tag{7-3}$$

式中，B 是与时间无关的单元应变矩阵；D 是只与材料参数相关的单元的弹性矩阵。单元 e 上的刚度矩阵可按虚功原理方程得到，即

$$F(t)_0^e = \iiint_V \boldsymbol{B}^e \boldsymbol{D} \boldsymbol{B} \mathrm{d}V \boldsymbol{\delta}(t)^e = \boldsymbol{K}^e \boldsymbol{\delta}(t)^e \qquad (7\text{-}4)$$

$$\boldsymbol{K}^e = \iiint_V \boldsymbol{B}^e \boldsymbol{D} \boldsymbol{B} \mathrm{d}V \qquad (7\text{-}5)$$

式中，$\boldsymbol{K}$ 为单元刚度矩阵；V 为单元单位体积。单元的体积力、集中力与表面力载荷形成的单元节点载荷向量可以用关于时间的函数 $\boldsymbol{F}(t)^e$ 来统一表示；而对由于单元惯性与阻尼力所产生的单元节点载荷向量则需要具体分析。设单元上任意点的单位体积上的惯性力为

$$\boldsymbol{p}(t)_I = -\rho \ddot{\boldsymbol{f}}(t) \qquad (7\text{-}6)$$

式中，ρ 为单元的材料密度，$\ddot{\boldsymbol{f}}(t)$ 为单元内的加速度矢量函数

$$\ddot{\boldsymbol{f}}(t) = \boldsymbol{N} \ddot{\boldsymbol{q}}(t)^e \qquad (7\text{-}7)$$

则单元的惯性力所形成的节点载荷向量表达式为

$$\boldsymbol{F}(t)_I^e = -\iiint_V \rho \boldsymbol{N}^{\mathrm{T}} \ddot{\boldsymbol{f}}(t) \mathrm{d}V = -\iiint_V \rho \boldsymbol{N}^{\mathrm{T}} \boldsymbol{N} \mathrm{d}V \ddot{\boldsymbol{q}}(t)^e \qquad (7\text{-}8)$$

式中，令 $\iiint_V \rho \boldsymbol{N}^{\mathrm{T}} \boldsymbol{N} \mathrm{d}V = \boldsymbol{M}^e$ 为单元的质量矩阵，则有

$$\boldsymbol{F}(t)_I^e = -\boldsymbol{M} \ddot{\boldsymbol{q}}(t)^e \qquad (7\text{-}9)$$

同理，假定结构振动时存在与速度成正比的阻尼力，阻尼系数为 γ，则单元阻尼力产生的节点载荷向量为

$$\boldsymbol{F}(t)_C^e = -\iiint_V \gamma \boldsymbol{N}^{\mathrm{T}} \dot{\boldsymbol{f}}(t) \mathrm{d}V = -\iiint_V \gamma \boldsymbol{N}^{\mathrm{T}} \boldsymbol{N} \mathrm{d}V \dot{\boldsymbol{q}}(t)^e \qquad (7\text{-}10)$$

令 $\iiint_V \gamma \boldsymbol{N}^{\mathrm{T}} \boldsymbol{N} \mathrm{d}V = \boldsymbol{C}^e$ 为单元的阻尼矩阵，则有

$$\boldsymbol{F}(t)_C^e = -\boldsymbol{C}^e \dot{\boldsymbol{q}}(t)^e \qquad (7\text{-}11)$$

由达朗贝尔原理可得，有限元求解弹性结构的动力平衡方程为

$$\boldsymbol{M} \ddot{\boldsymbol{q}}(t) + \boldsymbol{C} \dot{\boldsymbol{q}}(t) + \boldsymbol{K} \boldsymbol{q}(t) = \boldsymbol{F}(t) \qquad (7\text{-}12)$$

式中，$\boldsymbol{M}$、$\boldsymbol{C}$、$\boldsymbol{K}$ 分别为求解系统的质量矩阵、阻尼矩阵和刚度矩阵，采用瑞利阻尼确定阻尼矩阵，设置固定的材料比例阻尼系数；$\boldsymbol{q}(t)$ 为节点位移向量；$\boldsymbol{F}(t)$ 为节点动载荷向量。

大多数工程问题传统求解方法往往需要引入一定的简化与条件假设才能得到解析的近似答案，然而过度的简化常常使得求解出来的结果无法对高度非线性问题进行准确的描述；有限元数值分析方法的出现成功地解决了几何形状复杂对象的问题。

ABAQUS 是 ABAQUS 公司推出的被公认功能最强的有限元分析软件，具有十分全面的单元、材料模型，可求解的问题不仅包含简单的线性问题，还拓展到了复杂的非线性与多因素耦合等领域。我们采用 ABAQUS 有限元软件对支柱瓷绝缘子动力激振响应进行仿真分析。

7.3.2　支柱瓷绝缘子建模

某电力有限责任公司科学研究院提供了 110kV 支柱瓷绝缘子 2 件 (其中 1 件预置有缺陷)，我们采用三维软件 SolidWorks 造型、导入 ABAQUS 平台建立支柱瓷绝缘子有限元模型。支柱瓷绝缘子实物及有限元模型如图 7-2 所示。

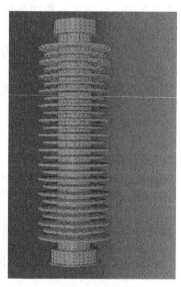

(a) 实体试件　　　　　　　　　　　　(b) 有限元三维模型

图 7-2　支柱瓷绝缘子实物及有限元模型

支柱瓷绝缘子一般是由瓷柱与金属附件法兰盘通过水泥胶装而成。为了分析绝缘子在动力激振作用下整体结构的动力响应、提高计算分析效率，在不影响最终计算结果准确性的前提下对实际模型做如下简化：对绝缘子有限元模型上不同表面间的过渡不再做工艺倒角处理，以减少局域网格划分难度；对绝缘子上下金属法兰附件上螺栓孔忽略不计，仿真时在绝缘子样件法兰孔对应位置上的单元节点采用固定约束。依据支柱瓷绝缘子样件材料，确定支柱瓷绝缘子有限元模型材料参数，如表 7-1 所示；依据支柱瓷绝缘子样件的实际测量尺寸参数，并适当简化样件部分组成部分，确定支柱瓷绝缘子有限元模型主要尺寸参数如表 7-2 所示。

表 7-1　支柱瓷绝缘子有限元模型材料参数

材料	弹性模量/MPa	泊松比	密度/(kg/mm³)
瓷件	118000	0.16	2.6×10^{-6}
铸铁	175000	0.28	7.8×10^{-6}
水泥胶合剂	31000	0.215	2.3×10^{-6}

表 7-2　支柱瓷绝缘子有限元模型主要尺寸参数

杆径	高度	大伞外径	小伞外径	伞数
59mm	1175mm	125mm	108mm	27

7.3.3　支柱瓷绝缘子模态分析

针对结构特征方程特征值与模态的求解，ABAQUS 提供了 AMS、分区 Lanczos 与子空间迭代三种求解器。AMS 特征值求解器能够高效地实现大型结构的大体量特征值与 100 万个自由度以上的模型及 500 阶以上模态的提取。对于传统的结构，分区 Lanczos 是 ABAQUS 默认的特征值提取方法，使用分区 Lanczos 可以直接设定特征值提取的范围，并允许计算到特征值真正的误差要求；而子空间迭代法计算结束条件则是判断相邻迭代之间特征值的相对变化量。因此，分区 Lanczos 法的计算精度要高于子空间迭代法。综合考虑，分区 Lanczos 法更适合支柱瓷绝缘子的模态分析，求解精度高且计算速度快。采用分区 Lanczos 法进行模态参数求解，分析前 5 阶固有频率与模态振型；采用丹麦 B&K 公司的 PULSE Lab shop 通用锤击测试系统对处于自由状态的支柱瓷绝缘子进行锤击试验，以系统固有频率为指标，验证绝缘子有限元模型的准确性。

对建立的支柱瓷绝缘子有限元模型进行自由模态分析，不添加任何边界条件约束，支柱瓷绝缘子前 5 阶振型如图 7-3 所示。

由图 7-3 可知，绝缘子在自由状态下前 5 阶模态振型以径向平面弯曲振型为主，第 4 阶模态振型为轴向伸缩模态。自由状态下，振型图中绝缘子瓷柱两端的第 3 个伞裙附近区域多次显示为振动位移零点位置，而两端法兰区域则多次显示为振动位移较大位置。因此，可依据振型图中零位移节点常出现的位置，在锤击试验中合理选择测试点及支承点。

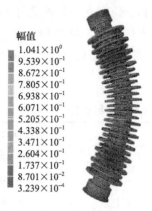

(a) 第1阶弯曲振型(频率334.00Hz)

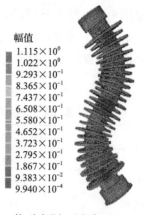

(b) 第2阶弯曲振型(频率851.98Hz)

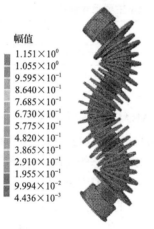

(c) 第3阶弯曲振型(频率1536.2Hz)

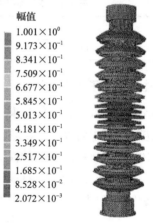

(d) 第4阶伸缩振型(频率1823.9Hz)

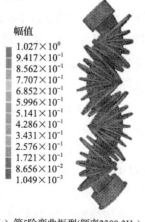

(e) 第5阶弯曲振型(频率2309.3Hz)

图 7-3 支柱瓷绝缘子前 5 阶振型

为了验证支柱瓷绝缘子有限元模型的准确性，依据模态振型分析结果，并结合实际情况，采用了绝缘子固有频率锤击试验，如图 7-4 所示。

(a) 径向锤击

(b) 轴向锤击

(c) 锤击系统

图 7-4　绝缘子固有频率锤击试验

由于绝缘子质量较大，试验中使用泡沫板作为支承材料，支承位置位于绝缘子左右两端第 3 个大伞群。具体试验步骤如下：

(1) 径向锤击，目的是获取绝缘子径向平面的弯曲模态信息。用力锤在绝缘子两端上下法兰区域径向锤击，各锤击一组响应数据。

(2) 轴向锤击，目的是获取绝缘子轴向与径向上的伸缩、弯曲模态信息。用力锤在下法兰端面边缘轴向锤击绝缘子，并采集锤击方向上的响应信号。

(3) 为降低随机误差，每组实验重复多次取平均值；最后通过快速傅里叶变换计算出绝缘子各阶次模态的模态频率。

绝缘子锤击响应加速度信号时域图与频域图如图 7-5 所示。支柱瓷绝缘子仿真与试验前 5 阶固有频率如图 7-6 和表 7-3 所示。

由表 7-3 与图 7-6 可知，除支柱瓷绝缘子的第 4 阶有限元模态频率与试验模态频率误差为 5.73%，其他各阶次误差在 3% 以内。可以认为有限元模型的固有频率与试验固有频率结果是相吻合的，由此可以验证支柱瓷绝缘子有限元模型是准确的，可用于工程分析。

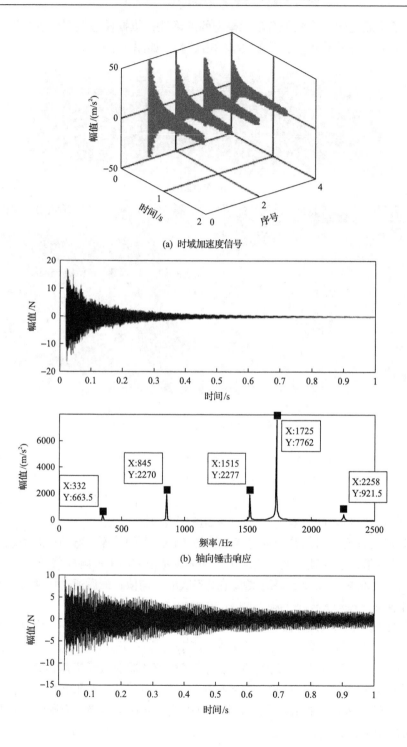

(a) 时域加速度信号

(b) 轴向锤击响应

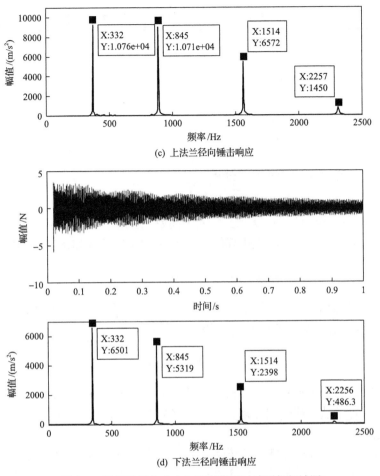

(c) 上法兰径向锤击响应

(d) 下法兰径向锤击响应

图 7-5　绝缘子锤击响应加速度信号时域图与频域图

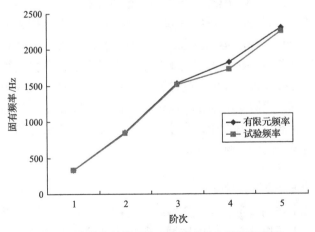

图 7-6　支柱瓷绝缘子仿真与试验前 5 阶固有频率

表 7-3　支柱瓷绝缘子仿真与试验前 5 阶固有频率

阶数	有限元频率/Hz	试验频率/Hz	误差/%
1	334.00	332.00	0.60
2	851.98	845.00	0.83
3	1536.20	1514.33	1.44
4	1823.90	1725.00	5.73
5	2309.30	2257.00	2.32

7.3.4　支柱瓷绝缘子的谐波响应分析

谐波响应分析目的在于求得受周期变化载荷的结构在指定的频率范围下的稳态响应位移对频率的曲线；就是要研究不同激振位置、不同激振角度和不同激励幅值下绝缘子位移随频率的变化规律。由式(7-12)可得结构谐波响应运动方程

$$M\ddot{x}(t) + C\dot{x}(t) + Kx(t) = F\sin(ft)　　　　　　　(7\text{-}13)$$

式中，M 为质量矩阵，C 为阻尼矩阵，K 为刚度矩阵，F 为简谐载荷的幅值向量，f 为激振力的频率。求解可得，位移响应为

$$x(t) = A\sin(ft + \varphi)　　　　　　　(7\text{-}14)$$

式中，A 为位移幅值向量，与结构固有频率 ω 和载荷频率 f 及阻尼 C 有关，φ 为位移响应滞后激励载荷的相位角。通过位移响应还可以求出结构的速度、加速度等其他响应。

ABAQUS 中稳态动力响应分析求解方法可分为基于直接积分的直接稳态动力学分析法、基于模态叠加法的模态稳态动力学分析法和将运动方程投影到子空间的稳态动力学分析法三种。模态法在求解模态稳态响应时的基本思想是先提取无阻尼的特征模态，通过变换使系统解耦，得到一组用模态坐标表示的单自由度运动方程；求解各个单自由度运动方程得到系统在模态坐标下的稳态响应后，再通过变换获得系统在物理坐标下的稳态响应。虽然模态法计算精度稍低于直接法和子空间法，但是具有分析速度快、耗时最少等优点。在 ABAQUS 中利用已求解模型得到的模态参数，我们采用 Steady-stats Dynamics Modal 法对模型节点施加单点激振，研究安装状态下支柱瓷绝缘子上下法兰端面固定约束时的振动响应特性，而完成支柱瓷绝缘子的谐波响应分析。

1. 不同激振位置的振动响应

电力安全操作守则规定，支柱瓷绝缘子在网运行时，人们只能接触零电位处的下法兰区域。为了提高在有限的区域进行操作的检测效率、获得最佳的测试响

应效果，选取 4 组不同激励-拾振位置进行有限元谐波响应分析，绝缘子谐响分析方案示意图如图 7-7 所示。

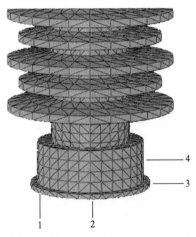

图 7-7 绝缘子谐响分析方案示意图

第 1 组绝缘子下法兰端面边缘轴向激励-拾振，第 2 组绝缘子下法兰端面圆心轴向激励-拾振，第 3 组绝缘子下法兰边缘径向激励-拾振，第 4 组绝缘子下法兰圆柱面径向激励-拾振。激振力幅值为 100N，提取激振点附近点，得到绝缘子不同激励-拾振位置位移-频率振动响应如图 7-8 所示，以及绝缘子不同激励-拾振位置振动响应位移峰值如表 7-4 所示。

在 0~3000Hz 范围内，支柱瓷绝缘子振动响应，第 1 组仿真测试位置获得了 5 个共振峰，第 2 组只有 1 个共振峰，第 3 组有 5 个共振峰，第 4 组有 4 个共振峰。将表 7-4 的数据表达成与模态阶次的关系图，如图 7-9 呈现了绝缘子不同激励-拾振位置振动响应位移峰值。

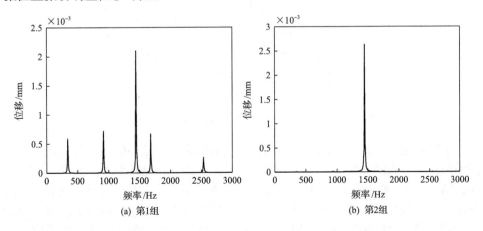

(a) 第1组　　　　　　　　　　(b) 第2组

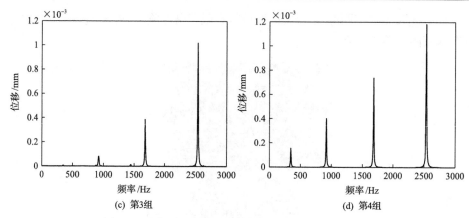

图 7-8　绝缘子不同激励-拾振位置位移-频率振动响应

表 7-4　绝缘子不同激励-拾振位置振动响应位移峰值　　（单位：mm）

组别	1 阶模态	2 阶模态	3 阶模态	4 阶模态	5 阶模态
1	0.00059705	0.00071918	0.00210866	0.00066772	0.00027076
2	0.00000000	0.00000000	0.00281600	0.00000000	0.00000000
3	0.00000549	0.00004258	0.00002254	0.0002029	0.00070760
4	0.00014736	0.00039925	0.00000000	0.00073262	0.00117928

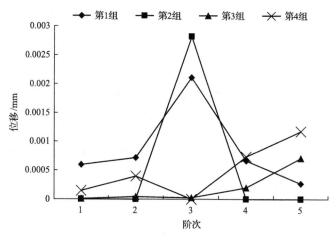

图 7-9　绝缘子不同激励-拾振位置振动响应位移峰值

　　研究表明，在振动测试中要想获得研究对象全面的状态信息，前提是要保证能够激起足够的模态振型。显然，第 2 组和第 3 组难以满足要求。由图 7-8(b) 可知，第 2 组测试位置位于绝缘子下法兰断面圆心并且其激振方向是沿绝缘子轴向激振，故只激起了绝缘子约束状态下的轴向伸缩模态；在这一模态振型中，绝缘子受到正弦变化的轴向载荷作用，由于拉应力的应力刚化效果小于等值压应力的应力软化效果,该阶次模态固有频率相对于自由模态下的固有频率明显降低。第 3 组与第 4 组测试位置均沿绝缘子径向激振,只有弯曲共振模态响应;此时,在弯曲模态的平面上载荷拉应力占主导地位,因此相应的弯曲模态频率大于自由模态。由整体响应分析可知,绝缘子平均位移响应幅值第 1 组大于第 4 组,第 4 组缺少第 3 阶伸缩共振模态;激振时需要沿绝缘子下法兰径向激励,在支柱瓷绝缘子实际安装状态下,操作人员处于较低位置,不便于径向激振。综上所述,第 1 组为较好的激励-拾振测试方案;可操作性强,符合电力安全操作规定,安全可靠,并且能够获得绝缘子较为全面的振动响应信息。

2. 不同激振角度下的振动响应

在前述第 1 组激振位置,我们选取不同激振角度再研究支柱瓷绝缘子振动响应。图 7-10 是绝缘子不同激振角度示意图,谐波响应分析激振方向与绝缘子轴向夹角 α 分别取 90°、60°、45° 和 0°(即轴向激振),激振力幅值为 100N。

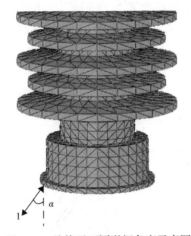

图 7-10　绝缘子不同激振角度示意图

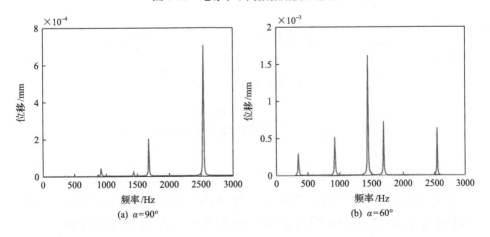

(a) $\alpha=90°$　　　　(b) $\alpha=60°$

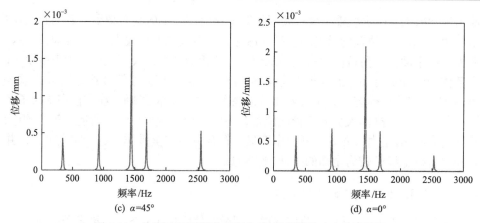

图 7-11 绝缘子不同激励角度位移-频率振动响应仿真结果

　　绝缘子不同激励角度位移-频率振动响应仿真结果如图 7-11 所示，不同激励角度位移-频率振动响应变化曲线如图 7-12 所示。由图 7-11 与图 7-12 可知，当谐波激振方向为 90°，即与绝缘子下法兰端面平行时，绝缘子轴向水平分力为 0，在激振方向上只有高阶响应比较明显；随着激振角度减小，绝缘子轴向水平分力增加，低频响应逐渐增加；当激振方向与绝缘子轴向平行时，绝缘子前 5 阶稳态振动响应水平最好。综合考虑，当对支柱瓷绝缘子进行在线损伤检测时，应尽量沿绝缘子轴向实施激振与采集信号。

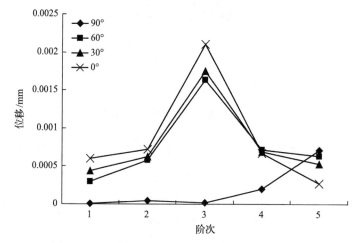

图 7-12 不同激励角度位移-频率振动响应变化曲线

3. 不同激振力下的振动响应

　　按前述第 1 组激振位置、沿绝缘子轴向激振，我们再研究激励的幅值大小对支柱瓷绝缘子振动响应的影响。在谐波响应分析中，谐波载荷幅值分别取 80N、

100N、120N、140N 和 160N，提取支柱瓷绝缘子激振点附近点的前 5 阶轴向位移-频率曲线进行分析，不同谐波载荷幅值的响应位移分析结果如图 7-13 所示。

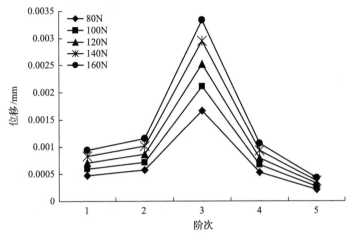

图 7-13　不同谐波载荷幅值的响应位移分析结果

由图 7-13 可知，绝缘子前 5 阶稳态轴向振动响应幅值均随着激振力幅值的增大而增大，其中第 3 阶伸缩模态幅值变化明显；谐波载荷对其振动响应幅值具有促进作用，谐波载荷在 80～160N 范围内均能激起绝缘子前 5 阶模态。通过对上下法兰固定约束状态下的支柱瓷绝缘子有限元模型的谐波激励振动响应分析，我们研究了支柱瓷绝缘子在不同激振位置、不同激振角度与不同激振力幅值下的振动响应，为支柱瓷绝缘子的在线损伤检测方案的制定提供了参考。

7.4　支柱瓷绝缘子损伤检测仿真研究

用 ABAQUS 软件已建立的支柱瓷绝缘子有限元模型，我们将利用模型预置各种裂纹，对带有裂纹的支柱瓷绝缘子的损伤检测方法进行仿真研究。

7.4.1　时间历程分析基础

时间历程分析目的是研究多类型载荷共同作用下结构位移、加速度、力等随时间的变化规律。对于系统的运动方程式(7-12)，时间历程分析常用的求解方法有振型叠加法和直接积分法[24]。直接积分法就是直接将动力学方程在时间上进行逐段求解，只要在离散时间点满足动力学方程即可，然后计算每一时刻的位移数值，这样就可以由初始条件逐步求出后续各个时间节点的响应值。具体地，根据时间格式的不同还可以分为中心差分格式的显式算法与 Newmark 隐式算法。Newmark 隐式算法本质上是线加速度法的一种推广，即

$$\dot{q}_{t+\Delta t} = \dot{q}_t + \left[(1-b)\ddot{q}_t + b\ddot{q}_{t+\Delta t}\right]\Delta t \tag{7-15}$$

$$q_{t+\Delta t} = q_t + \dot{q}_t \Delta t + \left[\left(\frac{1}{2} - a\right)\ddot{q}_t + a\ddot{q}_{t+\Delta t}\right]\Delta t^2 \tag{7-16}$$

式中，q、$\dot{q}$、$\ddot{q}$ 分别表示时间 t 的单元节点位移、速度、加速度矢量；其中 b 和 a 由积分精度和稳定要求决定；当 $b=1/2$ 和 $a=1/6$ 时，则有线性加速度法格式的 Newmark 隐式算法：

$$\ddot{q}_{t+\Delta t} = \frac{1}{a\Delta t^2}(q_{t+\Delta t} - q_t) - \frac{1}{a\Delta t}\dot{q}_t - \left(\frac{1}{2a} - 1\right)\ddot{q}_t \tag{7-17}$$

Newmark 隐式算法是由 $t + \Delta t$ 时刻动力学方程推导得出，由式（7-12）

$$M\ddot{q}_{t+\Delta t} + C\dot{q}_{t+\Delta t} + Kq_{t+\Delta t} = F_{t+\Delta t} \tag{7-18}$$

可得

$$\begin{aligned}
\hat{K}q_{t+\Delta t} = &P_{t+\Delta t} + M\left[\frac{1}{a\Delta t^2}q_t + \frac{1}{a\Delta t}\dot{q}_t + \left(\frac{1}{2a} - 1\right)\ddot{q}_t\right] \\
&+ C\left[\frac{1}{a\Delta t}q_t + \left(\frac{b}{a} - 1\right)\dot{q}_t + \left(\frac{b}{2a} - 1\right)\Delta t\ddot{q}_t\right]
\end{aligned} \tag{7-19}$$

其中

$$\hat{K} = K + \frac{1}{a\Delta t^2}M + \frac{\beta}{\alpha\Delta t}C$$

α、β 为阻尼比例系数。在 ABAQUS 中，隐式求解采用 Newmark 隐式时间积分，系统方程求解的稳定性不受外界因素的影响，时间步长 Δt 越小求解的准确性越高。隐式求解能够分析各种复杂的接触问题，故可以利用 ABAQUS 中的隐式 Newmark 算法对模型进行时间历程分析。

7.4.2 支柱瓷绝缘子常见损伤形式

绝缘子在生产制造过程中由于生产工艺等原因难免会存在一些难以在出厂前检测出来的微小裂缝或小气泡等缺陷，挂网运行后这些微小缺陷在长时间的风吹雨打、局部放电、母线与隔离开关负荷、人工操作应力的作用下逐渐发展成为初始扩展裂纹；雷击、过电压与绝缘子不同材料间的热胀冷缩挤压效应促使绝缘子进一步开裂；这些裂纹的存在致使绝缘子强度、绝缘子性能大大降低，如不及时检出，非常容易发生突发性断裂事故。据统计，支柱瓷绝缘子断裂事故有 95%以上发生在法兰口内 30mm 到第 1 伞裙之间的区域[25-27]。图 7-14 是支柱瓷绝缘子裂纹断面图[26]，由图中观察可知，绝缘子断面存在明显的初始裂纹，初始裂纹由外表面滋生，有雨水渗透的痕迹，在风吹雨打等循环载荷长期作用下，裂纹不断向瓷柱中心扩展，在达到某一临界值后突然发生破裂。支柱瓷绝缘子损伤主要位于下法兰第一伞裙至水泥胶装区域。此类裂纹在受力时张开、静态时闭合，即是"呼吸型"裂纹。我们将在支柱绝缘子此区域设置"呼吸"型裂纹来模拟绝缘子损伤。

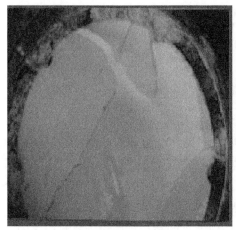 

(a) 裂纹断面裂纹源   (b) 裂纹断面断裂区

图 7-14   支柱瓷绝缘子裂纹断面图

7.4.3   呼吸裂纹模型设置

目前，对于支柱瓷绝缘子损伤检测模拟多是针对开口型缺陷进行研究，此种贯穿型缺陷相当于把绝缘子的损伤程度放大，相对于真实的缺陷条件简化了很多，并且忽略了裂纹开合行为产生的非线性接触效应，不利于对绝缘子微小损伤的检测研究。根据前述对支柱瓷绝缘子的常见损伤形式分析，建立具有代表性的呼吸裂纹有限元模型。呼吸型裂纹，在外激励的作用下，裂纹两个表面的接触区域发生变化，一张一合近似于呼吸的动态过程[28,29]。支柱瓷绝缘子呼吸裂纹模型如图 7-15 所示，设置呼吸裂纹位于第一伞裙至下法兰水泥胶装区域，距离下法兰端面 80mm，分别设置多种不同深度 Δr 的呼吸裂纹，每次递增 5mm，图中 r=59mm，L 为贯穿裂纹横截面宽度，具体支柱瓷绝缘子呼吸裂纹尺寸如表 7-5 所示。

表 7-5   支柱瓷绝缘子呼吸裂纹尺寸

损伤程度	a	b	c	d
裂纹深度 Δr /mm	5	10	15	20
裂纹横截面宽 L /mm	47.54	65.73	78.61	100.13

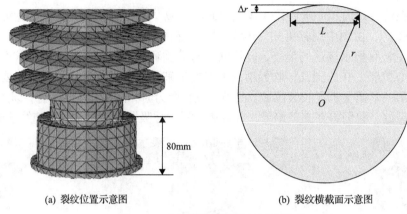

(a) 裂纹位置示意图　　　　　　　　(b) 裂纹横截面示意图

图 7-15　支柱瓷绝缘子呼吸裂纹模型

在 ABAQUS 中，对距支柱瓷绝缘子下法兰端面 80mm 处的瓷体进行分割。非裂纹区域使用 TIE 工具绑定，绑定区域之间无相对运动与变形；裂纹区域使用 CONTACT 工具来设定两个相对的、独立的裂纹面之间的接触属性。使用有限滑移算法来描述两个裂纹面之间的相对滑动，此时，ABAQUS 需要持续地计算两个裂纹面的接触位置。静止时裂纹面之间的距离为 0，设置接触可以传递位移和力，接触压力在两个裂纹接触面之间可以传递任何大小的载荷；并设置接触面之间存在摩擦，当两裂纹接触面的切向力小于其最大静摩擦力时，接触副在切向上无相对滑动。受到外载荷作用时两个裂纹面逐渐分开，一张一合表现出与呼吸动作类似的动态行为。

7.4.4　谐波检测法仿真分析

利用谐波检测法，对支柱瓷绝缘子呼吸裂纹有限元模型进行检测，结合前述支柱瓷绝缘子的振动响应分析可知，对模型的下法兰端面边缘处节点施加轴向单点谐波激励，激振表达式为

$$F = F_0 \sin(2\pi f t) \tag{7-20}$$

式中，F_0 取 130N，为激振力幅值；f 为谐波激励载荷，选取绝缘子谐波响应分析模型第 4 阶轴向伸缩模态频率为激励频率。提取稳态运动时绝缘子下法兰端面边缘处节点的位移响应，并对其进行快速傅里叶变换处理，利用频谱图进行损伤检测分析[30]。无缺陷时支柱瓷绝缘子轴向时频域振动响应如图 7-16 所示；不同损伤程度裂纹的轴向时频域振动响应如图 7-17 所示；支柱瓷绝缘子不同损伤程度下高次谐波与谐波频谱幅值的比值如图 7-18 所示。

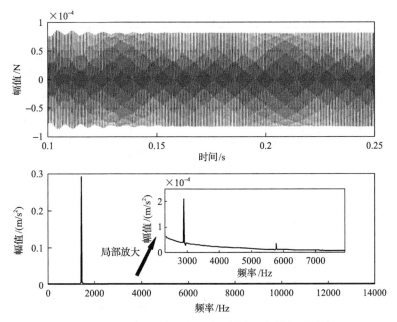

图 7-16　无缺陷时支柱瓷绝缘子轴向时频域振动响应

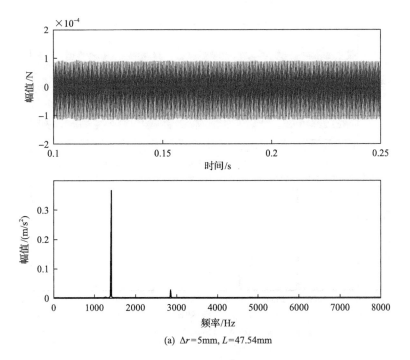

(a) Δr=5mm, L=47.54mm

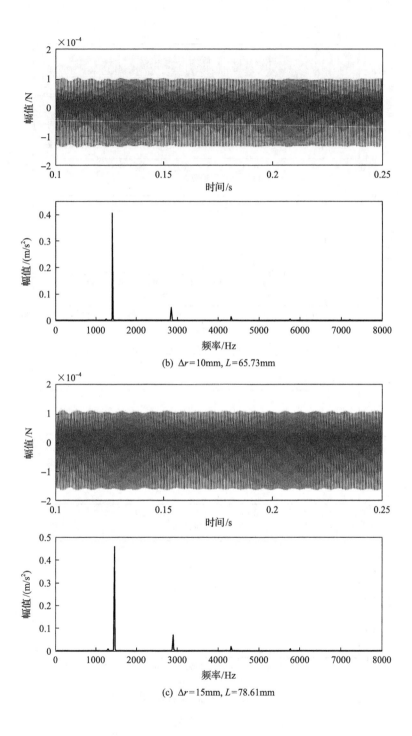

(b) $\Delta r = 10\mathrm{mm}$, $L = 65.73\mathrm{mm}$

(c) $\Delta r = 15\mathrm{mm}$, $L = 78.61\mathrm{mm}$

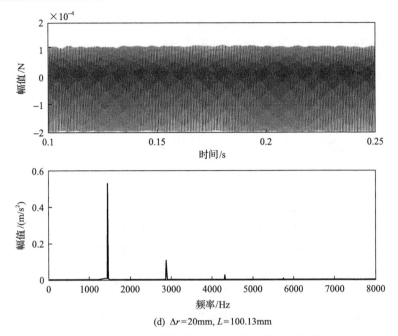

(d) $\Delta r = 20\text{mm}$, $L = 100.13\text{mm}$

图 7-17　支柱瓷绝缘子不同损伤程度时绝缘子轴向时频域振动响应

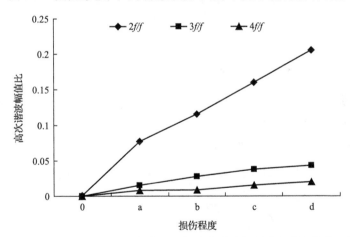

图 7-18　支柱瓷绝缘子不同损伤程度下高次谐波与谐波频谱幅值的比值

由图 7-17 和图 7-18 分析可知，无预制裂纹的支柱瓷绝缘子与呼吸裂纹绝缘子均产生了非线性响应，其频谱图不仅包含激励信号的频率成分，还包含了 2 倍、3 倍和 4 倍频成分，2 倍频的谐波分量大于其他谐波分量。事实上无预制裂纹的绝缘子有限元模型由几种不同材料装配而成，装配体具有一定程度的材料非线性，相对应的非线性响应比较弱。在预制裂纹后的不同损伤程度下，从初始裂纹逐渐加深的过程中，绝缘子非线性响应越来越明显，各高次谐波与谐波激励频率能量幅值比呈增大的趋势[30]；所以，可将绝缘子下法兰端面边缘处节点的非线性特征频率的能量幅值比作为评估绝缘子损伤程度的指标。

7.4.5　NOFRF 检测法仿真分析

分别利用谐波、三角脉冲激励支柱瓷绝缘子的 ABAQUS 模型，获得响应时间信号；计算出谐波激励与三角脉冲激励下绝缘子的前 4 阶 NOFRF 值，并根据指标估算式计算相应的损伤指标[30]，完成检测仿真。

1. 谐波激励下 NOFRF 检测仿真

由前述支柱瓷绝缘子的振动响应分析可知，对模型的下法兰端面边缘处施加轴向单点谐波激励与拾振，即分别以中心频率为 1440Hz，幅值为 130N、140N、150N 和 160N 的谐波信号作为激励，并以 6000Hz 的采样频率获得绝缘子系统 4 个输入及对应输出的仿真数据，计算出不同损伤程度下绝缘子的非线性检测指标 Fe 和 N_E，可得如表 7-6 所示谐波激励下支柱瓷绝缘子不同损伤程度的损伤检测指标值。

表 7-6　谐波激励下支柱瓷绝缘子不同损伤程度的损伤检测指标值

损伤状态	Fe(1)	Fe(2)	Fe(3)	Fe(4)	N_E
无缺陷	0.99998	1.31×10^{-5}	2.23×10^{-6}	3.07×10^{-10}	0.00020
a	0.95198	0.04768	$3.36e \times 10^{-4}$	6.83×10^{-7}	0.21773
b	0.94583	0.05383	3.33×10^{-4}	8.66×10^{-7}	0.23890
c	0.91683	0.08289	2.91×10^{-4}	1.29×10^{-6}	0.33012
d	0.89787	0.10182	3.06×10^{-4}	1.85×10^{-6}	0.38400

将表 7-6 的指标值数据绘制为谐波激励下损伤检测指标随支柱瓷绝缘子损伤程度变化曲线，如图 7-19 所示。

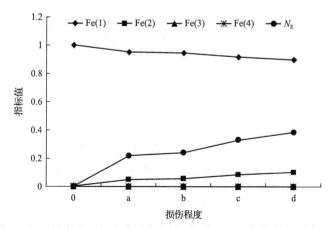

图 7-19　谐波激励下损伤检测指标随支柱瓷绝缘子损伤程度变化曲线

2. 三角脉冲激励下 NOFRF 检测仿真

根据前述支柱瓷绝缘子的振动响应分析，对模型的下法兰端面边缘处施加轴向单点三角脉冲激励与拾振，即分别以相同脉宽为 5×10^{-4}s，幅值为 130N、140N、150N 和 160N 的三角脉冲信号作为激励，并以 6000Hz 的采样频率获得 4 个输入及对应输出的仿真数据。计算出不同损伤程度下绝缘子的非线性检测指标 Fe 和 N_E，可得如表 7-7 所示的三角脉冲激励下支柱瓷绝缘子不同损伤程度的损伤检测指标值。将表 7-7 的指标值数据绘制为三角脉冲激励下损伤检测指标随支柱瓷绝缘子损伤程度变化曲线，如图 7-20 所示。

表 7-7　三角脉冲激励下支柱瓷绝缘子不同损伤程度的损伤检测指标值

损伤状态	Fe(1)	Fe(2)	Fe(3)	Fe(4)	N_E
无缺陷	0.99600	0.00390	9.66×10^{-5}	6.85×10^{-7}	0.02834
a	0.97733	0.02228	3.85×10^{-4}	1.94×10^{-6}	0.12059
b	0.95414	0.04526	6.05×10^{-4}	2.41×10^{-6}	0.21106
c	0.89666	0.10211	1.22×10^{-3}	5.45×10^{-6}	0.39099
d	0.85126	0.14514	3.58×10^{-3}	2.07×10^{-5}	0.51399

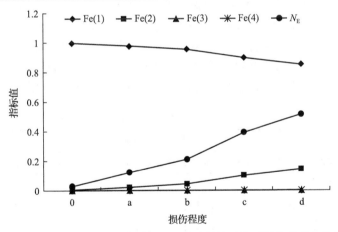

图 7-20　三角脉冲激励下损伤检测指标随支柱瓷绝缘子损伤程度变化曲线

由表 7-7 和图 7-20 可知，在谐波激励与三角脉冲激励下，通过检测指标 N_E 与 Fe 能够直观地反映出绝缘子损伤情况的变化，根据指标值的大小可评估绝缘子的损伤情况。绝缘子无缺陷时，检测指标 N_E 数值很小，Fe 的一阶检测指标值 Fe(1) 数值接近于 1，表明此时由绝缘子材料非线性产生非线性响应很小；随着预制呼吸裂纹损伤程度的加大，1 阶检测指标 Fe(1) 逐渐减小，高阶 Fe(2) 和检测指标 N_E 呈增大的趋势；特别地，在初始阶段，非线性特征检测指标对裂纹的有无非常敏感，绝缘子损伤前后的指标值产生了明显的变化。由 NOFRF 的物理意义可知，绝缘子损伤程度越严重，系统的非线性特征就越强，高阶非线性特征响应对输出的影响就越大；系统非线性特征向量向高阶分布转移，系统不确定性随之增大，在信息熵基础上发展而来的 NOFRF 检测指标值 N_E 增大。

仿真分析结果表明，支柱瓷绝缘子在受到损伤后，包括模拟安装固定约束在内的整个系统呈现出非线性特征，绝缘子的损伤程度与系统的非线性特征紧密相关，绝缘子损伤越严重，系统非线性特征就越明显；通过不同的非线性损伤检测指标，可以实现绝缘子健康状态的准确评估。

7.4.6 呼吸裂纹参数检测敏感性分析

建立的具有代表性呼吸型裂纹仿真检测分析，初步验证了谐波检测法与 NOFRF 检测法在支柱瓷绝缘子损伤检测中的有效性，而且损伤检测指标 N_E 更加敏感[30]。下面进一步分析检测对于呼吸裂纹的位置、长度和方向的敏感性。

1. 呼吸裂纹正交仿真检测分析

三角脉冲信号与实际应用中的锤击信号相类似，相对于单一频率的谐波信号，包含了更宽的频带信息，能够激励起更多的系统信息。因此，设置在三角脉冲信号激励下对支柱瓷绝缘子损伤三因素三水平正交仿真检测试验，分别以相同脉宽为 5×10^{-4}s、不同幅值的三角脉冲信号激励预制了不同呼吸裂纹的支柱瓷绝缘子，其因素水平表如表 7-8 所示，呼吸裂纹设置示意图如图 7-21 所示；并以 6000Hz 的采样频率获得 4 个输入及对应输出的仿真数据，计算得到直观分析表，如表 7-9 所示。根据统计学显著性检验方法得到方差分析表，如表 7-10 所示。

表 7-8　因素水平表

水平	各因素的水平值		
	A 裂纹位置	B 裂纹深度固定 5mm 时的裂纹长度/mm	C 裂纹方向与轴向的夹角/(°)
1	上法兰	3	30
2	绝缘子中部	5	60
3	下法兰	15	90

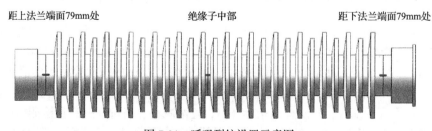

图 7-21　呼吸裂纹设置示意图

表 7-9　直观分析表

试验序号	A	B/mm	C/(°)	D(误差项)	估计值 N_E
1	1	1	1	1	0.1379
2	1	2	2	2	0.1629
3	1	3	3	3	0.3089
4	2	1	2	3	0.0948
5	2	2	3	1	0.1275
6	2	3	1	2	0.3864
7	3	1	3	2	0.1141
8	3	2	1	3	0.2227
9	3	3	2	1	0.3350
均值 k_1	0.2032	0.1156	0.2490	0.2001	
均值 k_2	0.2029	0.1710	0.1976	0.2211	
均值 k_3	0.2239	0.3434	0.1835	0.2088	
极差	0.0207	0.2279	0.0655	0.0210	

表 7-10　方差分析表

方差来源	自由度 f	偏差平方和 S	均方和 V	F 值	P 值
A	2	0.000869	0.000435	1.30	0.434
B	2	0.084707	0.042353	126.85	0.008
C	2	0.007129	0.003565	10.68	0.086
误差	2	0.000668	0.000334		
合计	8	0.093373			

通过表 7-9 可知，依据各因素的极差大小可判断，在这三种因素中裂纹长度对绝缘子损伤检测 N_E 值的影响最大，N_E 值随裂纹长度的增大而增大；裂纹与绝缘子轴向夹角及裂纹位置对 N_E 值的影响较小。表 7-10 中统计显著性检验方法所得到的 P 值可知，仅有呼吸裂纹长度 B 的 P 值小于 0.05，为非常显著；由此可见，呼吸裂纹长度变化对损伤检测指标值的影响很大。

2. 多裂纹仿真检测分析

对支柱瓷绝缘子同时存在 3 个裂纹时进行仿真检测试验，在前述正交仿真分析的基础上分别以相同脉宽、不同幅值的三角脉冲信号激励根据表 7-8 中设计的预制呼吸裂纹的支柱瓷绝缘子；获得 4 种裂纹组合的输入及对应输出的仿真数据。根据表 7-10 进行多裂纹仿真检测分析，4 种组合的 3 个裂纹设置原则为 3 个 N_E 最小、2 个 N_E 最小 1 个随机、1 个 N_E 最小 2 个随机、3 个 N_E 最大，得到多裂纹仿真检测分析结果如表 7-11 所示。N_E 值随裂纹数量的增多而变大，单一裂纹的损伤检测估计值大小对多裂纹组合下的损伤检测值具有较大的影响，损伤程度越严重，N_E 越大。

表 7-11　多裂纹仿真检测分析结果

裂纹设置	A	A/mm	C/(°)	估计值 N_E
3 个 N_E 最小	1	1	1	
	2	1	2	0.26498
	3	1	3	
2 个 N_E 最小 1 个随机	1	1	1	
	2	1	2	0.32841
	3	2	1	
1 个 N_E 最小 2 个随机	1	2	2	
	2	1	2	0.34263
	3	2	1	
3 个 N_E 最大	1	3	3	
	2	3	1	0.61797
	3	3	2	

　　根据支柱瓷绝缘子损伤的原因、特点及形式，我们建立了具有代表性的"呼吸"型裂纹仿真模型；分别用谐波检测法与 NOFRF 检测法对具有"呼吸"型裂纹的支柱瓷绝缘子进行模拟仿真检测分析。结果表明，谐波检测法通过非线性特征频率的相对幅值的变化可以检测出绝缘子的损伤并对其损伤程度进行评估；NOFRF 非线性检测指标可以直观地辨识出绝缘子的损伤并对其损伤程度做出判断；呼吸裂纹不同位置、长度、轴向夹角及同时存在 3 个呼吸裂纹组合的检测有效性和敏感性得到了深入讨论。

7.5　支柱瓷绝缘子损伤检测实验研究

　　为验证支柱瓷绝缘子谐波法损伤检测与 NOFRF 检测法非线性检测指标 N_E 的有效性，对某电力研究院提供的无缺陷及在法兰内部预制裂纹的支柱瓷绝缘子进行实验研究[30]。实验时绝缘子垂直放置于地面上，由绝缘子的自重约束模拟支柱瓷绝缘子现场安装状态。

7.5.1　声振谐波实验检测

　　仿真检测表明，谐波检测法能够实现支柱瓷绝缘子裂纹的检测及其损伤程度的识别，下面将利用声振测试系统对谐波检测法的有效性进行实验验证。

　　支柱瓷绝缘子损伤谐波检测使用的仪器是电子科技大学梁巍博士自主开发的声振传感器及声振检测系统，其声振传感器，既能够检测出低频段的振动，也能够采集到 20～800kHz 范围的超高频段振动信号；同时具有几倍于传统的声振传感器灵敏度的优势。该系统的振动信息采集模块由 16 位、1MHz 采样率数据采集卡组成。数据处理模块采用三星 Cortex-A9 架构的 Exynos4412 作为主处理器，运行主频高达 1.5GHz。Exynos4412 内部集成了 Mali-400MP 的高性能图形引擎，支持 3D 图形流畅运行，可流畅编解码 1080p 的视频文件。双通道 DDR3 1G 内存，4GB emmc 对主处理器提供了强有力的支持。数据显示模块经由有线以太网拓展的 Ethernet 网口传输至 Exynos4412 进行分析和计算，处理结果以 TTL(transistor transistor logic)信号的形式传输至显示屏，触摸屏实现对仪器的操作。具有强大的数据统计分析功能，可实现统计指标提取、滤波、时频域分析处理等，该检测系统已经在军方及大型设备的实时监测得到实际应用。实验使用的声振测试系统如图 7-22 所示，由谐波信号发生器(Tektronix AFG3022C)、功率放大器(LM1875)、直流电源、声振传感器、待测试绝缘子样件和集成信号分析仪组成。声振谐波检测实验流程如图 7-23 所示。

　　具体实验步骤如下：

　　(1)利用 ABAQUS 有限元软件对支柱瓷绝缘子建模，进行绝缘子端面固定约束状态下的有限元振动响应分析，仿真分析结果为实验激励-信号采集位置与激振频率的选择提供了依据。

　　(2)确定实验边界条件，实验研究的最终目的是要实现绝缘子在线带电损伤检测，绝缘子采取地面支承的形式模拟原装支承；该型号的绝缘子属于大质量体，因此由绝缘子的自重实现固定约束。

　　(3)设置谐波激振频率，在绝缘子下法兰边轴向激励-信号采集，并进行数据保存与分析。

图 7-22　声振测试系统

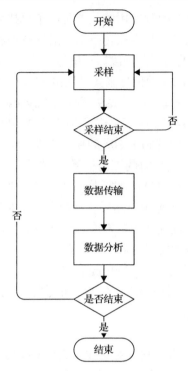

图 7-23　声振谐波检测实验流程图

利用图 7-22 的声振测试系统对绝缘子试件进行谐波激励与信号采集分析，谐波激励频率为 1440Hz（为第 3 阶固有频率），信号发生器谐波信号峰峰值为 2.00V，功率放大器直流双电源 30V 供电。无缺陷支柱瓷绝缘子谐波检测结果如图 7-24 所示，预制裂纹支柱瓷绝缘子谐波检测结果如图 7-25 所示。

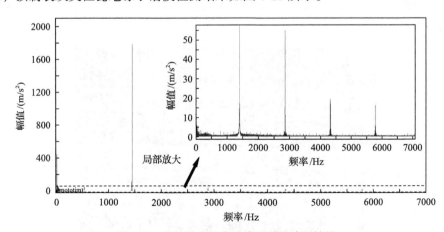

图 7-24　无缺陷支柱瓷绝缘子谐波检测结果

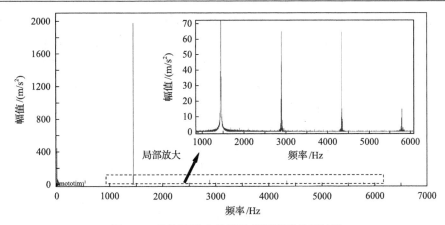

图 7-25　预制裂纹支柱瓷绝缘子谐波检测结果

利用谐波检测法对无缺陷的绝缘子样件进行检测时，绝缘子自身的材料非线性、浇筑成型微裂纹和地面接触的干扰，产生了非线性响应，频谱图中不仅包含激励信号的频率成分，还包含了 2 倍频、3 倍频和 4 倍频成分，2 倍频的谐波分量大于其他谐波分量。在法兰内部预制裂纹的绝缘子进行检测时，同样发现其频谱图不仅包含激励信号频率成分，还包含了 2 倍频、3 倍频和 4 倍频成分；此时，由于预制裂纹的存在，各倍频能量幅值明显增加；存在预制裂纹的绝缘子的高次谐波与谐波激励频率能量幅值比大于无损伤的绝缘子。实验结果表明，谐波检测法可以实现支柱瓷绝缘子的损伤检测。

7.5.2　NOFRF 实验检测

锤击信号作为一种宽频激励，在一定的频率范围内，宽频的激励能够一次激励起系统更多的振动响应信息，使用力锤操作方便，一定程度上可以实现对研究对象任意位置的激励。我们分别利用单频谐波信号、锤击信号作为输入来进行 NOFRF 估计辨识，并计算出非线性检测指标 N_E 与 Fe，通过实验研究检测指标值与绝缘子损伤程度之间的关系，验证 NOFRF 检测法对支柱瓷绝缘子损伤检测的有效性。

谐波激励信号由泰克函数/任意波形发生器（AFG3022C）产生，可生成最大峰峰值为 10V 的谐波信号。实验时分别选择峰峰值为 7V、8V、9V 和 10V 的谐波信号为输入，谐波激励信号中心频率为 1440Hz。信号采集使用泰克混合域示波器（MDO3022），以 5kHz 的采样的频率采集激励与响应信号；并采用声振传感器实现给定信号的激振与采集。由谐波激励与响应数据估算各阶次的 NOFRF，并计算出谐波激励下支柱瓷绝缘子损伤检测指标值，如表 7-12 所示。

锤击试验采用丹麦 B&K 公司的 PULSE Labshop 通用测试系统、8206-002 冲击锤、4508 单向传感器、3050-A-60 数据采集模块及 3099-A-N1 六通道分析仪模块，笔记本电脑进行显示与记录。激励力锤 8206-002 的标称灵敏度为 2.149mV/N，测量范围 2200N，选用钢制锤头的频率范围可达 5kHz。单向加速度传感器的标称灵敏度为 9.980mV/N，频率范围 0.3Hz～8kHz。NOFRF 检测法需要激励 4 次才能完成 NOFRF 辨识，锤击实验流程如图 7-26 所示。利用锤击和响应数据，估算锤击激励下支柱瓷绝缘子损伤检测指标值，如表 7-13 所示。

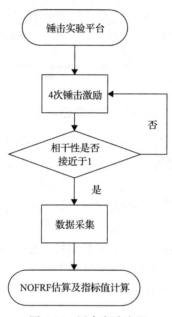

图 7-26　锤击实验流程

表 7-12　谐波激励下支柱瓷绝缘子损伤检测指标值

损伤状态	Fe(1)	Fe(2)	Fe(3)	Fe(4)	N_E
无缺陷	0.85503	0.13411	0.00956	0.00130	0.52484
上法兰内预制裂纹	0.81584	0.17274	0.009691	0.00174	0.61717

表 7-13　锤击激励下支柱瓷绝缘子损伤检测指标值

损伤状态	Fe(1)	Fe(2)	Fe(3)	Fe(4)	N_E
无缺陷	0.95251	0.046945	0.00054666	0.000002336	0.21664
上法兰内预制裂纹	0.90988	0.088896	0.0012145	0.000005145	0.35388

表 7-12、表 7-13 的实验检测结果表明，当绝缘子存在裂纹时，1 阶检测指标 Fe(1) 减小，高阶检测指标 Fe 和 N_E 增大，绝缘子非线性特征增强；谐波激励与锤击激励下的 NOFRF 检测法均能实现模拟安装状态下的支柱瓷绝缘子的损伤检测；同时，垂直于地面的无缺陷绝缘子损伤检测指标值在实验约束状态下受边界条件

影响大于仿真约束条件下的影响。

　　我们利用声振测试系统与锤击测试系统，从现场检测的角度出发，对提出的两种支柱瓷绝缘子损伤检测方法进行了实验验证；分析讨论了两种损伤检测方法实验结果与绝缘子损伤程度之间的关系。实验检测结果表明，谐波激励下、锤击激励下的 NOFRF 检测法均能有效地对模拟安装状态下的支柱瓷绝缘子进行损伤检测评估；NOFRF 检测法的损伤检测指标能更简洁、直观地评判损伤。谐波激励持续加载比锤击激励更能激起被测试对象的全面动态信息，因此，谐波激励获得的非线性信息更多、更全面。

7.6　本 章 小 结

　　支柱瓷绝缘子的损伤检测是保障电力系统安全稳定运行的重要措施之一。我们提出了利用结构损伤时出现的非线性特征对支柱瓷绝缘子进行损伤检测的思路，并通过支柱瓷绝缘子有限元模型和实物，分别用谐波检测法与 NOFRF 检测法进行了研究。结果表明，谐波检测法与谐波激励下、锤击激励下的 NOFRF 检测法均能准确、有效地识别支柱瓷绝缘子裂纹存在及其损伤程度；非线性损伤检测指标 N_E 值对损伤尤其敏感。

　　将非线性损伤检测理论应用到支柱瓷绝缘子损伤检测与诊断领域取得了初步成效，但也只是对基于非线性检测理论的支柱瓷绝缘子损伤检测与诊断方法的初步研究，还需要到现场进行多样本实测，建立起绝缘子综合损伤识别数据库，还需要对测试系统进一步简约集成以适应轻便、快捷、准确的现场检测。

参 考 文 献

[1] 中国国家标准化管理委员会. 高压绝缘子瓷件技术条件: GB/T 772—2005. 北京: 中国标准出版社, 2005

[2] 叶继善, 谢绍雄. 中国电力百科全书. 北京: 中国电力出版社, 2001

[3] 李欣, 何智强. 瓷支柱绝缘子运行事故分析. 高压电器, 2015, (5): 199-204

[4] 国家电网有限公司. 国家电网有限公司十八项电网重大反事故措施(2018 年修订版)及编制说明. 北京: 中国电力出版社, 2018

[5] 杨辉金. 基于图像处理接触网绝缘子裂纹和定位检测. 北京: 华北电力大学, 2017

[6] 阳武. 基于航拍图像的绝缘子识别与状态检测方法研究. 北京: 华北电力大学, 2016

[7] 李如虎. 火花间隙检测劣质盘形瓷质绝缘子的方法探讨. 贵州电力技术, 2017, 20(6): 19-20

[8] 祝嘉奇. 基于红外热像的劣化绝缘子诊断技术研究. 南昌: 南昌大学, 2014

[9] Liu L, Mei H, Wang L, et al. Pulsed infrared thermography to inspect the internal defects of composite insulators//Electrical Insulation Conference, New York, 2017: 236-241

[10] 苏永祥. 基于紫外成像法的绝缘子放电检测研究. 重庆: 重庆大学, 2014

[11] Fair C P. System for monitoring partial discharges occurring in overhead power transmission line insulators based on ultraviolet radiation registration. Insight-Non-Destructive Testing and Condition Monitoring, 2016, 58(7): 360-366

[12] Chen M Y, Xu X, Nie Y, et al. Research on insulation detection of insulator strings with fuzzy logical reasoning method. Cybernetics, 2009, 38(10): 1747-1753

[13] 游小渤. 绝缘子泄漏电流分析及数据压缩方法研究. 北京: 华北电力大学, 2014

[14] Gábor G, Bálint N, István B. Brittle fracture of high voltage composite insulators-a new method in inspection and detection//IEEE Electrical Insulation Conference, Philadelphia, 2014: 213-220

[15] 陈林华, 梁曦东. 特高压交流瓷绝缘子串电压分布的计算分析. 高电压技术, 2012, (2): 376-381

[16] 陈洪波, 马剑辉, 夏景欣, 等. 光传感器场强法检测线路悬挂式瓷绝缘子串劣化绝缘子. 武汉大学学报(工学版), 2013, 46(2): 217-222

[17] Vaillancourt G H, Carignan S, Jean C. Experience with the detection of faulty composite insulators on high-voltage power lines by the electric field measurement method. IEEE Transactions on Power Delivery, 2002, 13(2): 661-666

[18] 王立新, 卫志刚, 孙丙新, 等. 变电站支柱瓷绝缘子超声波检测工艺方法的选择和试验分析. 无损检测, 2006, 28(12): 256-261

[19] 孙庆峰, 柳青山, 骆宗义, 等. 高压支柱瓷绝缘子小角度纵波探伤缺陷案例分析. 浙江电力, 2018, 37(9): 31-33

[20] Auckland D W, Mcgrail A J, Smith C D, et al. Application of ultrasound to the inspection of insulation//IEEE International Conference on Conduction & Breakdown in Solid Dielectrics, Miland, 2002: 673-679

[21] Thomas G, Emadi A, Mijares-Chan J, et al. Low frequency ultrasound NDT of power cable insulation// Instrumentation & Measurement Technology Conference, Paris, 2014: 567-572

[22] Kikuchi T, Nakauchi H, Matsuoka R, et al. Remote sensing system for faulty suspension insulator units//International Conference on Properties & Applications of Dielectric Materials, Tokyo, 1997: 354-359

[23] Cho H, Lee K, Park Y. Magnet-solenoid type active vibrometer for non-destructive testing of electric power transmission line insulators. NDT&E International, 2010, 43(2): 70-77

[24] 王勖成, 邵敏. 有限单元法基本原理和数值方法. 2版. 北京: 清华大学出版社, 1997

[25] 姚忠森, 吴光亚, 何宏明, 等. 高压支柱瓷绝缘子运行事故分析. 高电压技术, 2002, 28(10): 67-72

[26] 陈琳依, 帅勇, 胡加瑞. 高压支柱瓷绝缘子断裂分析. 高压电器, 2015, (7): 69-73

[27] 韦晓星, 孙勇, 陈如龙. 水平安装支柱瓷绝缘子断裂故障及弯曲负荷分析. 电瓷避雷器, 2017, (2): 168-175

[28] Dotti F E, Cortínez V H, Reguera F. Non-linear dynamic response to simple harmonic excitation of a thin-walled beam with a breathing crack. Applied Mathematical Modelling, 2015, 40(1): 451-467

[29] 孙佳兴. 裂纹叶片时变物理参数识别及动力学分析. 天津: 天津大学, 2017

[30] 黄应翔. 基于振动测试的支柱瓷绝缘子损伤检测方法数值仿真与实验研究. 南宁: 广西大学, 2019

第8章 超声非线性检测的理论基础

8.1 引　言

传统的超声无损检测技术利用超声波在待测对象内部传播时遇到缺陷发生反射、折射和散射等现象，引起超声波的波速或衰减系数等参数发生变化，进而对材料的损伤或裂纹进行检测和评估。这种方法仅能对宏观裂纹、气孔和夹杂等宏观缺陷进行有效的检测，对于疲劳宏观裂纹形成之前的材料早期性能退化、微裂纹和材料微观结构的变化并不敏感。相关研究表明，金属材料在循环载荷作用下会经历疲劳成核、微裂纹的形成和扩展、宏观裂纹的形成及失效四个阶段，宏观裂纹形成之前的早期疲劳损伤阶段约占整个寿命周期的 80%左右[1-3]。一旦金属零部件内部形成宏观裂纹，金属零部件将会很快失效。如果仅对金属零部件的宏观裂纹进行检测，那么金属零部件剩余寿命的预测和估算就失去意义；如果采用某种方法能够对金属零部件早期性能退化和微损伤进行有效评估和检测，并有效地预测金属零部件的剩余寿命，这对金属结构和零部件的服役安全有很大的工程实际意义。

前面的章节我们介绍了采用 NOFRF 评估结构整体系统非线性的方法检测金属结构和零部件整体是否存在疲劳损伤或微裂纹，是从全局来检测疲劳损伤，本章及后续章节将介绍采用超声非线性技术来实现结构和零部件的局部疲劳损伤检测。

超声波在金属零部件内部传播过程中，由于疲劳损伤和缺陷会引发超声波传播的非线性现象，利用超声波对损伤或缺陷的非线性效应可以对材料的早期疲劳损伤或缺陷进行有效的检测和评估，这就是超声非线性检测技术。超声非线性检测技术能够有效地克服传统超声的缺点，对金属零部件的微观结构变化进行表征，如材料的早期力学性能退化、位错的演化、微裂纹的萌生和扩展等。超声非线性无损检测技术是一种很有前途的早期损伤检测方法。

8.2　超声非线性检测的基础

8.2.1　超声非线性效应

金属零部件内部由于存在位错、晶格缺陷或其他的微观缺陷，材料本身存在一定的非线性[4, 5]。传统的超声无损检测技术也存在非线性效应，但是非线性效应的程度是非常微弱的，在实际的检测过程中并不关注这类非线性信号，这是因为传统超声检测是基于损伤和周围介质声阻抗的差别。大幅值高能超声波在固体介质中传播时，遇损伤缺陷会引发非线性、引起超声波波形的畸变，超声波能量由低频向高频转移，产生高次谐波[6-8]，这样的超声波非线性效应能够对材料的疲劳损伤或缺陷进行有效的检测和评估。在表现形式上，传统的超声检测技术认为，超声输出信号的频率保持不变，仅仅是超声波的幅值、相位等参数发生变化，产生衰减和延迟现象；而在超声非线性检测技术中，超声非线性输出信号的频率发生了很大的变化，除了激励频率外，还产生了高次谐波、和/差频波等分量的信号。这些新产生的高次谐波或和/差频波可以有效地反映材料的早期性能退化或微观缺陷等。

根据不同超声波激励方法，超声非线性效应会产生不同响应现象。如高次谐波滋生[9, 10]、混频声场调制[11-14]、声共振频谱漂移[15, 16]和慢速动力学[17-19]等。

1. 高次谐波滋生

当单一频率 f_1 的超声波输入至含有疲劳裂纹或损伤的待测零部件中，损伤或缺陷会引发超声非线性现象，产生超声非线性效应，使超声波的波形发生畸变、产生高次谐波 $2f_1$ 和 $3f_1$ 等。高次谐波效应比较容易检测，是目前比较常用的超声非线性无损检测方式。

2. 混频声场调制

当激励频率分别为 f_1 和 f_2 的两个超声波同时输入至待测金属零部件时（$f_1 > f_2$），如果待测对象内部不存在疲劳损伤或缺陷，超声波会发生反射、衍射等线性现象。当两列超声波相遇时，彼此间不发生相互作用，并保持各自的频率不变，而波的幅值会发生变化；如果待测对象内部存在疲劳损伤或缺陷时，即存在不连续区域，两激励超声波不仅会发生反射、衍射等现象，还会由缺陷引发超声非线性现象，产生超声非线性效应，不仅会引起超声波幅值的变化，还会改变超声波的频率。混频波的检测原理如图 8-1 所示。

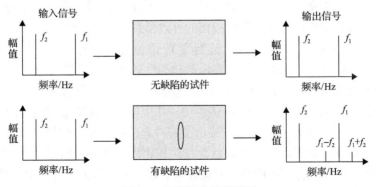

图 8-1　混频波的检测原理

由超声响应信号的频谱图可知，除了两激励频率 f_1 和 f_2 外，在较高频率附近还会产生新的频率成分，如 $f_1 \pm f_2$，和/差频信号的幅值与材料的疲劳损伤或缺陷密切相关。

3. 声共振频率漂移

声共振频率漂移又称为非线性快速动力学。在超声非线性检测中，将激励传感器放置在待测零部件的某一位置处，接收传感器放置在另一位置处。采用扫频的方式产生激励信号，采集接收传感器获得的金属零部件的响应信号，对响应信号进行分析，可以获得待测零部件的声共振频率和共振加速度。如果依次改变激励信号的电压水平，可以得到不同激励电压值下共振加速度-共振频率之间的关系曲线。如果待测零部件内部不存在损伤或缺陷，加速度曲线族上的声共振频率并不随着激励水平的增加而改变；而对于存在损伤或缺陷的待测零部件，在激励水平不断增加的情况下，声共振频率会发生漂移，漂移的程度与疲劳损伤或缺陷程度有关。

4. 慢速动力学特性

当待测零部件受到外部扰动的影响，材料的声共振频率漂移等力学特性会发生变化。当扰动消失后，这些力学特性并不会迅速地恢复到原来的状态，而是会缓慢地恢复到初始状态，这个恢复过程约为 $10^3 \sim 10^4 \mathrm{s}^{[20]}$，该过程称为非线性慢速动力学特性。材料的力学特性由于外界的扰动偏离原来的平衡状态，慢速动力学则是材料恢复到平衡状态的一种松弛过程，它与材料的疲劳损伤、缺陷等非线性特性有很大的关系。

8.2.2　超声非线性技术的理论研究

超声波在不连续或不均匀的材料中传播时会产生很明显的非线性效应，采用某些测量方法获得蕴含材料非线性的超声非线性输出信号，通过一定的分析方法可获得反映金属结构或零部件服役损伤的有效信息。

很多学者对超声非线性效应进行了理论研究。Gusev 等[21]、Kumon 和 Hamilton[22]等对各向异性固体中的表面波非线性效应进行了理论探讨。Buck[23]发展了超声波与位错作用的位错钉扎单极子模型，指出高次谐波的产生依赖应力作用下位错钉扎点之间单个位错的位移运动，并推导了二次谐波幅值与应力、位错线长度之间的理论公式。Cantrell[24]提出了一种新的超声波与位错偶极子和偶极子阵相互作用激发二次谐波的模型，认为在位错密度较大时，超声二次谐波幅值不仅与位错线长度和应力存在联系，而且在很大程度上还取决于结构中位错的排列。国内外在材料疲劳、塑性变形等方面均开展了大量的研究，证明了材料的性能退化程度可用超声非线性系数表征，相对于基频声波来说，高次谐波对材料的早期性能退化更为敏感。张剑锋[25]通过相关研究发现不同位错类型的超声非线性响应是不同的，如螺型位错和刃型位错，提出了超声非线性叠加模型和超声非线性综合模型。基于这些模型对冷轧变形的 304 不锈钢进行试验，发现刃型位错可更好地估算超声非线性参量的变化趋势。此外，阎红娟[26]综合考虑多种因素，如应力值、位错密度和位错弦长等，提出了具有不同权重的位错综合模型，该模型能够从微观角度分析金属材料在疲劳过程中超声非线性参数的变化趋势。

　　基于以上的位错模型预测材料的超声非线性参数时，需要详细了解材料的位错结构参数，然而与位错相关的微观结构参数一般是不容易获得的，这需要使用复杂的材料微观结构表征方法，如扫描电子显微镜；然而在实际的工程应用中这是很不方便的。因此，Kim 等[27]结合材料的变形状态对波动方程的影响，提出一种新的参量——名义弹性常数，并推导出一种基于材料累计塑性应变的非线性模型。后来，Cantrell 和 Yost[28]将其推导的基于位错的非线性模型应用到单晶铜在疲劳损伤过程中超声非线性系数的变化，与 Kim 的模型进行对比，并与材料的实验结果进行对比。对比研究说明，基于微观结构-位错的模型可以很好地预测超声非线性系数的变化，而基于累计塑性应变的模型与实验结果存在很大差异。这种差异的可能两种原因，一是 Kim 在推导基于变形状态的理论模型时比较简化，使超声非线性系数仅与材料的3阶弹性常数有关；二是金属材料在疲劳损伤过程中，累计塑性应变包括可恢复和不可恢复位错两部分，而通常情况下前者不会引起材料的疲劳。因此，由以上分析可知，基于位错的模型可以更好地预测超声非线性系数的变化。这进一步反映了位错是影响超声非线性系数变化的根本原因。

8.2.3　超声非线性技术的实验研究

　　金属零部件在服役过程中，在循环载荷的作用下会出现塑性变形、疲劳损伤等多种损伤形式，并在零部件内部产生残余应力。许多学者利用超声非线性技术分别对塑性变形损伤、疲劳损伤和残余应力进行检测和评估的实验研究、取得了一些成果，综述如下。

1. 塑性损伤的检测

　　金属零部件在服役过程中，由拉伸或压缩引起的塑性损伤是一种比较常见的损伤形式。许多研究人员对金属材料的塑性损伤进行了超声非线性的实验研究。

　　国外学者 Jhang 和 Kim[29]为了研究超声非线性效应和材料性能退化之间的关系，分别对 SS41 和 SS45 结构钢进行拉伸和疲劳试验，随着拉力的不断增加，超声非线性参量不断增加，尤其是当应力大于材料的屈服极限后，超声非线性参量增加趋势更加明显。学者 Herrman 等[30]和 Kim 等[31]分别使用瑞利波和纵波对镍基合金的塑性损伤进行超声非线性检测，试验结果表明，基于瑞利表面波和纵波的检测结果是非常相似。在塑性变形的初期阶段，超声非线性参数单调递增，而当塑性变形达到一定程度后，超声非线性系数增加的趋势变缓慢。通过对变形材料的内部结构的扫描电子显微镜等微观结构观察发现，材料内部位错密度的增加、变形后期位错胞结构等是引起超声非线性参数变化的主要原因。Bermes 等[32, 33]克服 Lamb 波的固有分散和多模态的特性，提出了一种基于非线性 Lamb 波检测材料非线性的测量系统，并用试验验证了铝 6061-T6 和铝 1100-H14 两种金属板的拉伸塑性损伤。

国内学者吴斌等[34]研制了一套超声非线性系数的测量系统，利用该系统测量了 AZ31 镁合金试件在拉伸过程中超声非线性系数的变化，发现在试件进入塑性应变阶段超声非线性系数近似单调增加，说明超声非线性系数对镁合金材料的塑性损伤具有很高的灵敏度。李群等[35]和 Xiang 等[36]利用超声非线性纵波对汽轮机转子钢 30Cr2Ni4MoV 焊接接头不同程度塑性损伤试样进行了试验和数值研究，发现超声非线性系数随着焊接接头应变增加而不断上升，且能够有效表征焊接接头塑性变形过程中最为薄弱的焊缝中心区域。张剑锋等[25,37]对拉伸的 304 不锈钢分别进行超声纵波和瑞利波试验，探究拉伸过程中超声非线性系数的变化趋势，分析超声非线性变量与试件塑性损伤的关系，分析结果说明试件在拉伸过程中位错和马氏体相均不断增加，这些微观结果的改变是引起非线性系数变化的根本原因。Cai 等[38]研究了不同拉伸变形下 P91 钢的位错密度和相对非线性系数之间的关系，发现当试件的拉伸变形不断增加时，试件的相对非线性系数和位错密度均单调递增，且两者呈现出相同的变化趋势，相对非线性系数随着位错密度的增加而增加，导致这一现象的原因可能是材料微观结构缺陷造成的弹性模量的减小和材料非线性特性的增加。

由以上研究可知，金属材料发生拉伸/压缩的塑性变形时，材料的微观结构不断发生变化，如位错的形成、位错密度的增加、位错胞结构、驻留滑移带等。超声非线性参数在拉伸过程中随着塑性变形的增加而单调递增，位错密度的增加是引起超声非线性参数增加的主要原因。

2. 疲劳损伤的检测

金属零部件在服役过程中，疲劳断裂是一种主要的失效形式，由于发生突然，一般会产生比较严重的后果，造成很大的经济损失，且对人身安全产生很大的威胁。超声非线性技术是一种有效的疲劳损伤检测方法，该技术主要是建立材料的超声非线性变量与材料的疲劳寿命分数(循环次数百分比或服役时间)之间的关系，从而评价材料的疲劳损伤，并对零部件的疲劳寿命进行预测。

Frouin 等[39]对 Ti-6Al-4V 合金的不同疲劳损伤试件分别进行超声非线性和传统

线性超声两种检测，当试件的疲劳寿命为 40%时，超声波的声速和衰减系数并没有发生明显的变化，而超声非线性系数的增幅约为 180%。Jhang 和 Kim[40]利用超声非线性技术评估材料的性能退化，研究发现，针对结构钢 SS41 和 SS45，超声非线性参量随着疲劳周次的增加而单调递增。Cantrell 和 Yost[41]研究 AA2024-T4 铝合金的疲劳过程的超声非线性特性，发现随着疲劳周期的增加，材料的超声非线性参数单调递增。由材料的微观结构分析可知，超声非线性系数的变化是由疲劳过程中位错偶极子的改变引起的。周正干和刘斯明[1]利用基于高次谐波的超声非线性检测方法研究 2024-T4 铝合金的疲劳损伤过程，发现超声非线性系数与铝合金疲劳损伤程度具有单调相关关系。Oruganti 等[42]利用超声非线性技术对金属试件的疲劳累积损伤进行定量表征，对于失效的镍基高温合金 DA718 依次分析从夹头位置到断口位置的非线性特性，计算的超声非线性系数由 90%增加至 140%，试验结果与理论计算值是一致的。

　　与上述超声非线性系数随疲劳周次单调递增的研究结果不同，以下的研究则发现超声非线性系数非单调变化的规律。Deng 和 Pei[43]利用非线性 Lamb 波对铝板的疲劳损伤进行检测，并提出了一种损伤参数——应力波因子，试验结果发现，该参数随着材料疲劳循环次数的增加单调下降。Walker 等[44]利用非线性瑞利波来表征 A36 钢试样由拉-拉低周疲劳引起的损伤，试验表明，在疲劳寿命的早期阶段，超声非线性系数随着循环次数的增加而增加，而当疲劳循环次数高于 20 万次后，非线性系数缓慢下降；此外，在疲劳过程中超声非线性系数与试件的累计塑性变形有密切的关系，并与试件的微观结构演化是一致的。Kumar 等[45,46]对应力幅为 65MPa 镁合金进行高周疲劳试验，随着加载次数的不断增加，超声非线性系数表现出先增加后减小的趋势；然而在对 6061-T6511 铝合金进行高周疲劳试验过程中，非线性系数的变化趋势是先减小后增加。颜丙生和吴斌等[2,47-49]利用基于二次谐波的超声非线性方法检测镁合金材料的早期疲劳损伤，在疲劳寿命的早期，超声非线性系数均随疲劳周次单调增加，而在疲劳寿命的 55%以后，非线性系数呈减小趋势，这主要是宏观裂纹的出现使得高次谐波的衰减明显而造成的。师小红等[50]探究 45 号钢在三点弯曲疲劳试验过程中的超声非线性特性，在疲劳寿命为 60%时，超声非线性系数出现一个峰值，通过对材料断裂特性的分析发现，超声非线性系数的变化与位错密度的变化及微裂纹扩展的三个阶段紧密相关。Li 等[51]利用超声非线性技术对铸铁及铝合金的超高周疲劳损伤进行表征，超声非线性参数呈现出快速下降—缓慢增长—快速上升的三段式变化，根据超声非线性系数的变化趋势可以预测疲劳裂纹的萌生和扩展，且它与试件刚度和塑性应变的变化是一致的。

　　针对在疲劳损伤过程中超声非线性现象发生的不同变化，大量学者利用金相显微镜、扫描电子显微镜、电子显微镜等设备分析材料内部的微观结构，尝试对超声非线性系数的变化给出合理的解释。师小红等[50]认为 45 号钢试件在疲劳损伤的初期超声非线性系数增加的主要原因是材料位错密度的增加；而在疲劳裂纹的萌生阶段，微裂纹界面在超声波作用下裂纹面的碰撞是非线性参数增加的另一个原因，因此在宏观裂纹出现之前超声非线性参数都是单调递增的；宏观裂纹出现之后，材料的衰减系数明显增大，二次谐波的衰减远大于基波的衰减，这使得非线性参数在疲劳后期又减小。Sagar 等[52, 53]对低碳结构钢疲劳过程中超声非线性系数的变化与位错微观结构的分析表明：在疲劳损伤的前期，位错结构的出现和位错密度的增加是超声非线性参数增加的主要原因，而随着循环次数的增加，位错胞结构的形成会导致超声非线性响应的下降；认为在位错胞结构中，位错绝大部分被束缚在位错墙上而不能自由运动，在位错胞内位错密度较低，因此，随着位错胞结构的形成和发展，能够有效引起超声非线性效应的位错反而减少了，导致超声非线性参量下降。Zhang 和 Xuan 等[54,55]认为 304 不锈钢在低周疲劳过程中，前期位错(位错单极子和位错偶极子)密度的增加使超声非线性系数增大，而后期非线性参量的减小主要是因为位错胞形成时位错单极子密度的下降和偶极子密度的减小。

由以上分析可知，对金属零部件进行疲劳损伤评估或检测大部分是基于高次谐波的超声非线性技术，由于在实验过程中除了材料本身的损伤会引起高次谐波以外，实验设备、耦合剂等也会产生高次谐波，对实验结果有很大的影响。混频技术是另一种常用的超声非线性技术，它不但能够有效克服实验设备非线性的影响，还具有灵活选择激励频率、激励方式和检测位置的优点。然而利用混频技术对金属零部件进行疲劳裂纹检测和疲劳寿命预测的研究相对比较少，因此，利用混频技术对金属零部行疲劳损伤评估还有待进一步探讨。

3. 残余应力的检测

残余应力是当金属零部件没有外部因素作用时，在零部件内部保持平衡而存在的应力。残余应力对服役金属零部件产生有害的影响，如在残余应力、工作温度及工作介质的共同作用下，金属零部件的抗疲劳强度、抗脆断能力、抗应力腐蚀开裂及形状尺寸的稳定性都会大大降低。因此，探究有效的残余应力检测方法对金属零部件的服役安全有重大的现实意义。

超声波无损检测技术是一种常用的残余应力检测方法。超声波在含有应力的材料中传播时，超声波的特征参数，如传播速度、频率和能量等参量的变化可用于对应力状态的检测[56]。徐春广和宋文涛等[57-61]研究不同类型的超声波与应力的关系，分析各种波对应力变化的敏感程度，发现沿应力方向传播的纵波受应力的影响最大，因此可以利用临界折射纵波(critically refracted longitudinal wave, L_{CR} 波)

来检测待测件的应力状态。另外我国颁布了《无损检测残余应力超声临界折射纵波检测方法》(GB/T 32073—2015)，规定了基于 L_{CR} 波测量残余应力的无损检测方法。Walaszek 等[62]基于声弹性理论，利用表面纵波和瑞利波波速的变化测量不锈钢管和铝合金板焊接接头近表面的残余应力；Ngoula 和 Beier[63]分析了残余应力和焊缝尺度对十字形焊接头疲劳裂纹生长和疲劳寿命的影响，并建立了以裂纹作为初始缺陷的二维和三维有限元模型。Yu 等[64]通过试验和数值仿真研究了激光超声无损检测技术测量 4140 钢构件内的残余应力。Sanderson 和 Shen[65]探究了利用激光超声测试试样表面残余应力的方法。

目前基于超声波无损检测技术进行应力的检测主要是利用声弹性理论，属于线性超声的范畴。Bray 教授[66]使用 L_{CR} 波评估压力容器的残余应力，只有当压力容器的应力高于 26MPa 时，超声波传播的声时差/波速与应力值成正比，基于声时差-波速之间的关系，可以使用超声波传播过程中声时差的变化评估金属零部件的应力状态；而当金属构件的应力值或应力变化小于 26MPa 时，基于声弹性理论很难将应力检测出来。而在实际的检测过程中，由于超声波的波长比较长，由应力的改变引起的超声波传播速度的变化是非常小的[67]，基于超声波声弹性理论评估金属材料残余应力的灵敏度和分辨率是较低的。

Yan 等[68, 69]发现，当金属材料内部具有残余应力时，不仅会影响超声波的波速，还会引起超声波非线性特性的改变，他们探究金属材料在拉伸和压缩过程中的非线性特性，构建了基于非线性系数的残余应力预测模型。Liu 等[70, 71]利用非线性瑞利表面波评估三个具有不同残余应力铝合金试样的超声非线性系数，8A 和 16A 试样的超声非线性参数分别增加 81%和 115%，说明超声非线性技术可以评估金属试样近表面的残余应力；同时也探究了试样表面的粗糙度对超声非线性特性的影响，抛光和未抛光试样的二次谐波幅值与超声波传播距离之间的关系是不同的，这是由于抛光试样的衰减系数变小。Kim 和 Kwak [72]利用超声非线性共振光谱技术监测各种负荷状态下混凝土的应力状态，当压应力增加至抗压强度的 60%时，超声非线性参数减小，这可能是微观裂纹固有的闭合状态造成的；而当压应力增加至抗压强度的 60%以上时，超声非线性系数反而增加，这是微观裂纹扩展并合并为宏观裂纹引起的。基于超声非线性无损检测技术对金属零部件内部残余应力/服役应力的检测仍处在初步的探索阶段。

利用超声非线性技术对服役零部件的应力、疲劳损伤和疲劳裂纹的研究取得了一定的成果。而利用超声波的非线性特性进行应力检测时，常用表面波，只能检测材料表面的应力状态。L_{CR} 波是一种特殊的波形，对切向应力比较敏感。因此，利用混频技术对金属零部件的疲劳损伤、疲劳裂纹进行检测和表征，利用 L_{CR} 波的非线性特性表征试件的应力状态，将会有收到不错的效果。

8.3　超声非线性信号的混沌特性

在超声非线性检测中，超声响应信号（超声非线性输出信号）是反映待测零部件内部服役损伤的非线性时间序列。常规的分析方法是对超声非线性输出信号进行频谱分析，提取基波和高次谐波幅值，计算超声非线性系数，对材料的服役损伤进行检测和评估[25, 73-75]，而频谱分析是建立在平稳线性信号的基础上[76]。在疲劳过程中，疲劳微裂纹不断扩展和合并，金属材料的微观结构非常复杂，超声波在零部件内部的传播特性也会比较复杂，因此超声非线性输出信号是反映待测对象内部损伤的非平稳时间序列[77]，如何有效地提取该信号的非线性特性，合理表征金属材料的疲劳损伤状态和微裂纹的演化和扩展规律是该技术工程应用的关键。

混沌和分形理论是一种新的现代非线性信号处理技术，被广泛应用到机械设备的故障诊断和特征提取中[78-80]。相关研究发现，疲劳裂纹在扩展过程中具有分形特性[81-83]。在超声非线性检测中，超声非线性输出信号是反映待测零部件疲劳损伤的非线性时间序列，在理论上可以使用混沌分形理论对超声非线性输出信号进行分析。利用混沌分形理论对超声非线性输出信号进行分析，计算其混沌分形特征值，如李雅普诺夫指数（Lyapunov 指数）、关联维数和 Komogorov 熵（简称 K 熵），可以反映非线性系统某方面的特征，同时使用多个特征值可以从不同的角度反映系统的非线性特征，能够深入理解系统的本质。因此，可以利用混沌和分形理论对超声非线性输出信号进行分析，提取其混沌分形特征值对金属零部件的疲劳损伤过程进行研究。

8.3.1　混沌与分形的基本概念

混沌系统是有界的，吸引子的维数是有限的，至少有一个正的 Lyapunov 指数，且系统是局部可预测、长期不可预测的。混沌系统的最基本特征是：①系统对初值条件极为敏感。由混沌系统的初始条件产生的微小扰动会对系统产生非常明显的影响，因此，混沌系统不可能进行长期预测。②微观上系统是有规律的。混沌系统具有无穷嵌套的自相似结构，符合普适性常数，在微观上表现出规律的趋势，混沌系统在局部是可以预测的。③宏观上系统是无规律的。混沌系统具有非周期性、局部不稳定和内部随机性等特征，因此在宏观上系统轨迹表现出混乱的变化趋势，整体上是无规律的。

混沌系统的一个典型特征就是吸引子，它表示混沌系统经过一定时期的演化，最终会形成一种规则和有形的轨迹[84]。这种轨迹经拉伸、折叠后形成复杂的时间序列。相空间重构技术[85-87]选择适当的嵌入维数 m 和延迟时间 τ，将时间序列拓展到 m 维的相空间 $Y(t_i)$，在拓扑等价的原则下，在高维相空间恢复吸引子的动力学特性。嵌入维数和延迟时间的选择对相空间重构是非常重要的。C-C 法是一种常用的计算方法[88]，其原理是嵌入维数和延迟时间是有关联的，也就是说，延迟时间窗 $(m-1)\tau$ 是一个定值。通过对吸引子特征量 Lyapunov 指数、K 熵等特征值的分析，可以从不同的角度认识非线性系统。

分形是一种具有自相似性的现象、图像或者物理过程。自相似性是分形系统的一个基本特性，也就是，系统的每一组成部分都在特征上与整体是相似的，仅仅是尺度上变小了。分形的另一个特征是标度不变性，即无论系统或图像放大多少倍，图像的复杂性依然不会减少，但是每次放大的图形并不要求和原来的图形完全相同。分形维数是定量刻画分形特征的参数，它可以描述系统的复杂程度，分形维数的值越大，非线性系统就会越复杂。

混沌和分形理论特别适合研究自然界一些复杂的现象，最近一些年该理论被广泛应用于机械设备的状态监测和故障诊断中。混沌和分形的特征参数可以从不同的角度表征非线性系统的特征，如 Lyapunov 指数可以描述非线性系统对初值条件的敏感依赖性；关联维数可以描述重构相空间结构的复杂程度；K 熵可以对非线性系统的混乱程度进行整体的度量[82]。

从物理角度来分析，含有疲劳裂纹的金属零部件其实是一个非线性的耗散系统，利用分形理论可以对系统的特征进行描述，疲劳裂纹不规则的扩展路径可以看做是分形曲线[83, 89, 90]。通过对金属试件在疲劳损伤过程中的超声非线性输出信号进行混沌分形分析，混沌分形特征值能够对非线性系统的复杂程度、混乱程度和无规律性等进行表征，提取非线性系统的混沌分形特征值，探索超声非线性输出信号的变化规律，从不同的角度揭示非线性系统的特征。

8.3.2 混沌分形特征量及估算方法

为了有效分析混沌吸引子的特性，研究动力系统在整个轨道上的特征量是非常必要的，如 Lyapunov 指数、关联维数和 K 熵等，这三个特征值分别描述吸引子相空间轨迹的发散速率、混乱程度和复杂程度。

1. Lyapunov 指数

对初值条件的敏感依赖性是混沌系统最基本的特征，两个相邻初始值的演化轨迹随着时间按指数方式分离，Lyapunov 指数就是描述这一特征的参数。Lyapunov 指数的值用 λ 表示，$\lambda > 0$ 表示两相邻初始值产生的轨道会不断分离，并产生混沌现象；$\lambda < 0$ 表示初始临近值产生的轨道最终会合并；$\lambda = 0$ 表示分叉点。

基于相空间重构理论，小数据量法是常用的计算 Lyapunov 指数的方法。一维时间序列 $\{x_1, x_2, \cdots, x_N\}$，在嵌入维数和延迟时间分别是 m 和 τ 的条件下，重构的

m 维相空间为

$$Y_j = \left(x_j, x_{j+\tau}, \cdots, x_{j+(m-1)\tau}\right) \in \mathbf{R}^m, \quad j = 1, 2, \cdots, M \tag{8-1}$$

在 m 维相空间中，假定某轨道上一点 Y_j 的最邻近点是 $Y_{j'}$，对两点限制短暂分离，即

$$d_j(0) = \min_{x_{j'}}\left(Y_j - Y_{j'}\right), \quad |j - j'| > p \tag{8-2}$$

其中，p 是原始时间序列的平均周期。初始临近点 Y_j 和 $Y_{j'}$ 经过 i 个离散步后的分离距离定义为 $d_j(i)$，即

$$d_j(i) = \left|Y_{j+i} - Y_{j'+i}\right|, \quad i = 1, 2, \cdots, \min\left(M - j, M - j'\right) \tag{8-3}$$

对于每个离散步 i，对所有临近点对的分离距离取对数，并取平均值为 $y(i)$，得

$$y(i) = \frac{1}{q\Delta t}\sum_{j=1}^{q}\ln d_j(i) \tag{8-4}$$

其中，q 是非零 $d_j(i)$ 的数量，对于所有的 $i - y(i)$，利用最小二乘法进行曲线拟合，其斜率就是最大 Lyapunov 指数。

2. K 熵

K 熵可以描述混沌系统的无规则性，是对系统的混乱程度进行整体的度量[84, 91]。在实际应用中，K 熵为所有正的 Lyapunov 指数之和。对于不同的系统，K 熵的值是不同的。在规则运动中系统是可以预测的，系统的信息量是稳定的，因此规则系统的 K 熵值为 0；由于随机系统是不可预测的，其 K 熵的值趋于无穷大；对于混沌系统，由于初值条件的敏感依赖性会引起轨道按指数的形式发散，故 K 熵为一正值，其值越大，系统的信息损失率就会越大，系统的混沌程度越强，或者说系统越复杂。因此，也可根据 K 熵的值对混沌系统进行识别。

由一维时间序列计算系统的 K 熵常使用 Schouten 等提出的最大似然方法，该方法包括相空间重构和极大似然估计两部分[84]。根据熵的定义，可由吸引子上初始值非常接近的两个轨道发散的平均时间求 K 熵的估计值，也就是说，可以由吸引子上初始距离小于 r_0 的所有点对分离至其间距大于 r_0 所需时间的平均值估计 K 熵的值。

3. 关联维数

分形维数作为描述混沌系统非线性行为的特征量，表示吸引子相空间结构的

复杂程度[84]，混沌系统越不稳定，关联维数的值越大。将一维时间序列拓展到 m 维的相空间计算吸引子关联维数的方法是遗传编程（genetic programming，GP）算法。在相空间中奇异吸引子由点 $y_j = \left(x_j, x_{j+\tau}, x_{j+2\tau}, \cdots, x_{j+(m-1)\tau} \right)$ 组成。设在重构相空间中两个点 y_j 和 y_i 之间的欧氏距离为 d_{ij}，如果它小于临界值 r，则称这两个点为有关联的分量。相空间中有 N 个点，有关联的分量对数所占的比例叫关联积分 $C_n(r)$，即

$$C_n(r) = \frac{1}{N^2} \sum_{i,j=1}^{N} \theta(r - d_{ij}) \tag{8-5}$$

其中，$\theta(x)$ 是 Heaviside 单位函数。如果给定临界值 r 和关联积分 $C_n(r)$ 的关系为

$$\lim_{r \to 0} C_n(r) \propto r^D \tag{8-6}$$

式中，D 为关联维数，那么

$$D = \lim_{r \to 0} \frac{\ln C_n(r)}{\ln r}$$

持续增加嵌入维数 m 的值，计算每个嵌入维数下的 $\ln C_n(r)$ 和 $\ln(r)$，并对曲线进行拟合，该拟合曲线中最佳直线段的斜率就是关联维数。

8.3.3　超声非线性信号的混沌特性分析

1. 超声非线性试验设置

（1）试样制备。

我们利用混沌分形特征量表征金属试件的非线性特性，试验对象为 45 号钢标准试件，标准试件规格如图 8-2 所示。

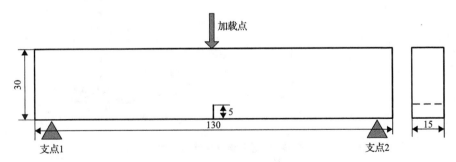

图 8-2　标准试件规格（单位：mm）

　　共 6 个试件，编号为 1、2、3、4、5、6。在试件的中部使用线切割技术加工 5mm 的机械缺口，在切口的尖端形成应力集中区域。为了分析疲劳过程中混沌特征量的变化情况，对 45 号钢试件进行三点弯曲疲劳试验，使试件具有不同的疲劳损伤程度。疲劳加载过程中两支点的跨度为 120mm，支点距试件边缘 5mm，试验机为长春新科 PX20 高频疲劳试验机。高频疲劳试验机参数设置如表 8-1 所示。

表 8-1　高频疲劳试验机参数设置

设备参数	加载类型	加载频率	最大加载力/kN	最小加载力/kN
设定值	正弦交变应力	自适应	−1.3	−13

　　首先对试件 5 和试件 6 进行三点弯曲疲劳试验，测定两试件的疲劳寿命分别为 178k 和 185k 次，并参考经验确定该组试件的疲劳寿命为 180k 次。根据线性疲劳累计损伤理论，可以计算试件在不同疲劳寿命时的循环加载次数。在相同的加载条件下，对试件 1、2、3、4 进行疲劳中断试验。当试件的疲劳加载次数分别为 18k、36k、54k、72k、90k、108k、126k、144k、162k 次时暂停疲劳试验机，也即是试件的疲劳寿命分别为 10%、20%、30%、40%、50%、60%、70%、80%、90% 时，分别对试件进行超声激励试验，采集畸变的超声响应信号进行混沌分形分析。为了减少试验误差，每次试验重复进行 6 次。

　　(2) 超声非线性试验设置。

　　45 号钢试件的超声非线性试验原理如图 8-3 所示。

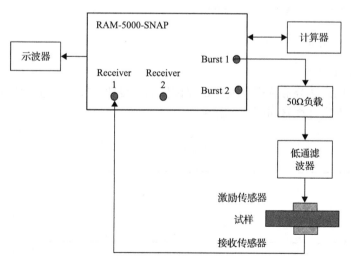

图 8-3　超声非线性试验原理

两个中心频率为 5MHz 和 10MHz 的纵波传感器分别作为激励传感器和接收传

感器，并分别位于线切割缺口尖端的两侧，且中心在同一轴线上避免能量损失。为了增加耦合性，在试件、传感器的接触面均匀涂抹黄油作为耦合剂。利用RAM-5000 超声非线性系统产生 20 周期、频率为 5MHz 的正弦脉冲串，经过 50Ω 负载进行阻抗匹配，并经过低通滤波器滤除高频信号干扰，传输至激励传感器产生频率为 5MHz 的超声波，超声波在试件中传播时波形发生畸变、产生高次谐波，畸变的超声波由接收传感器接收，并传输至 RAM-5000 的 Receiver1 通道进行数据处理。另外，利用示波器显示和采集接收传感器的超声非线性输出信号，以便对信号进行混沌分形分析。

2. 超声非线性信号的混沌分形特性

　　由一维时间序列计算混沌分形特征量时，首先采用 C-C 法对时间序列进行相空间重构。以 45 号钢试件 4 在疲劳寿命为 30%时的超声非线性输出信号为例，在相空间重构的基础上，分别利用小数量法、GP 算法和最大似然法计算Lyapunov 指数、关联维数和 K 熵。其中 Lyapunov 指数和关联维数的计算过程如图 8-4 所示。

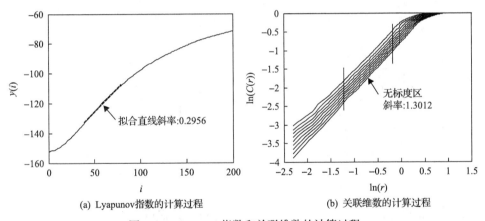

(a) Lyapunov指数的计算过程　　　　(b) 关联维数的计算过程

图 8-4　Lyapunov 指数和关联维数的计算过程

　　当 45 号钢试件的疲劳损伤程度为 30%时，超声非线性输出信号的 Lyapunov 指数是 0.2966，而计算的关联维数是 1.3012。用同样的方法可以计算 45 号钢试件在其他疲劳损伤程度下的混沌分形特征值。计算试件 4 在疲劳寿命分别为 0%、10%、20%、30%、40%、50%、60%、70%、80%、90%、100%时的混沌分形特征值，得到如表 8-2 所示的不同疲劳寿命下试件 4 的混沌特征值。每个值均是当前疲劳寿命下 6 次重复试验的平均值。同理计算其余三个试件的混沌分形特征值。

　　由表 8-2 可知，45 号钢试件在不同的疲劳寿命下，计算的 Lyapunov 指数和关联维数均为正值，说明 45 号钢试件在疲劳损伤过程中是一个混沌系统，因此超声非线性输出信号均有混沌特性。随着试件疲劳寿命的增加，混沌分形特征值也不断增加，说明金属试件内部的混沌特性不断增强。

表 8-2 不同疲劳寿命下试件 4 的混沌特征值

疲劳寿命	0%	10%	20%	30%	40%	50%	60%	70%	80%	90%	100%
Lyapunov 指数	0.2552	0.2732	0.2804	0.2956	0.3257	0.3387	0.3528	0.3719	0.3794	0.374	0.3669
K 熵	0.5264	0.5367	0.5703	0.5512	0.5541	0.5732	0.5665	0.5496	0.5745	0.5759	0.5965
关联维数	1.0626	1.2325	1.2562	1.3012	1.3392	1.3721	1.4089	1.3778	1.4772	1.4335	1.4231

为了有效地分析金属试件在整个疲劳过程中混沌特性的演化规律，对各混沌特征值进行归一化处理。试件原始状态的特征值为 λ_0，不同疲劳寿命下的特征值为 λ'，将 λ'/λ_0 进行归一化处理。Lyapunov 指数、关联维数和 K 熵等归一化特征值与疲劳寿命的关系如图 8-5 所示。另外，计算不同疲劳寿命下试件的超声非线性系数，并进行归一化。

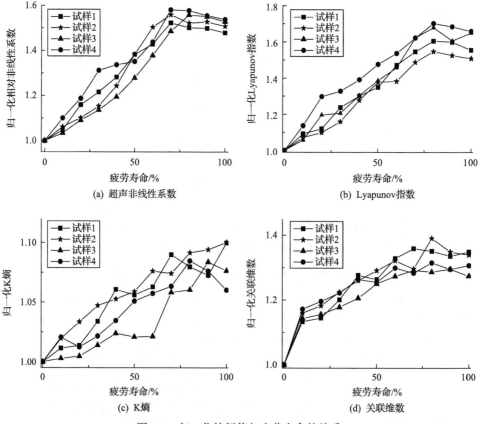

图 8-5 归一化特征值与疲劳寿命的关系

45 号钢试件在循环载荷作用下，缺口尖端的应力集中区域会首先出现疲劳成核现象，微裂纹会随着疲劳加载次数的增加而不断地萌生和扩展，试件的微观结构变复杂，所以试件的非线性不断增加，混沌分形特征值逐渐变大。关联维数是非线性系统复杂程度的一个指标，在微裂纹萌生的过程中，试件内部的复杂程度增加比较明显，因此关联维数在疲劳寿命的早期增幅比较大。随着循环载荷的不断增加，微裂纹不断扩展和合并，并有少量的裂纹成为主导裂纹，混沌分形特征值继续增加。在疲劳寿命为 70%时，主导裂纹继续扩展与合并形成宏观裂纹。之后，宏观裂纹的尺寸逐渐变大，但裂纹的数量和扩展路径的复杂程度并未发生大的变化，所以混沌分形特征值在宏观裂纹出现时达到最大值，之后保持在稳定状态。在疲劳损伤过程中混沌分形特征值可以有效地表征疲劳裂纹的演化规律。

8.4　超声非线性信号的杜芬检测

8.4.1　杜芬振子的动力学特性分析

在实际工程应用中，微弱周期信号常受到噪声的干扰，对微弱信号的检测一般是十分困难的。混沌振子具有对微弱周期信号敏感且对噪声免疫的特性，常用来对特定频率的微弱周期信号进行检测，其中杜芬(Duffing)振子就是最常用的一种模型。对特定频率下微弱周期信号的检测需要构建合适的 Duffing 振子检测模型，也就是构建一个动力学行为对微弱信号非常敏感的 Duffing 检测振子，调整振子的参数，如驱动力幅值，使振子的相轨迹处在临界稳定状态下；将包含有微弱周期信号的待测信号输入至临界稳定的检测系统，根据系统相轨迹变化来判定待测信号中微弱周期信号是否存在[78]。Duffing 振子是一个典型的非线性动力学系统，具有丰富的非线性行为，如周期、分叉、混沌等形态[93-96]。常规的 Duffing 方程如下：

$$\ddot{x} + k\dot{x} - \alpha x + \beta x^3 = F_0 \cos(\omega_0 t) \tag{8-7}$$

其中，$F_0 \cos(\omega_0 t)$ 是周期驱动力，F_0 和 ω_0 周期驱动力的幅值和角频率；k 为阻尼系数；$\alpha x + \beta x^3$ 是非线性恢复力。在对 Duffing 振子进行动力学分析时，相应的参数分别设定为 $k = 0.5$、$\alpha = 1$、$\beta = 1$、$\omega_0 = 1$。当驱动力的幅值依次取不同值，如 $F_0 = 0$ 时、$F_0 = 0.382$ 时、$F_0 = 0.386$ 时、$F_0 = 0.626$ 时、$F_0 = 0.826$ 时、$F_0 = 0.827$ 时，在初始条件为(0,0)时，利用四阶龙格-库塔算法求解方程，并在系统相空间中利用两坐标(位移和速度)构成的一个相平面图(相图)表示振子在不同驱动力下的系统特性的时域信号和相图分别如图 8-6～图 8-11 所示。

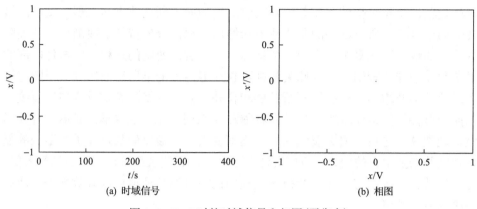

(a) 时域信号

(b) 相图

图 8-6　$F_0=0$ 时的时域信号和相图(平衡点)

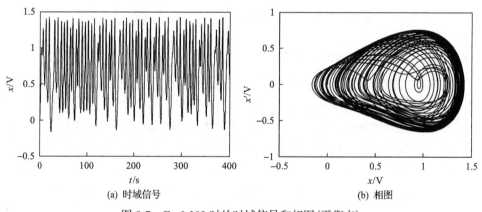

(a) 时域信号

(b) 相图

图 8-7　$F_0=0.382$ 时的时域信号和相图(平衡点)

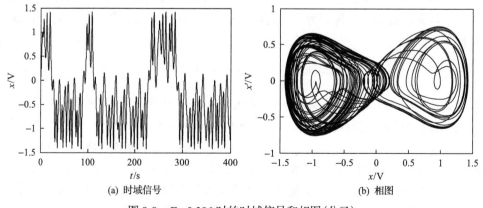

(a) 时域信号

(b) 相图

图 8-8　$F_0=0.386$ 时的时域信号和相图(分叉)

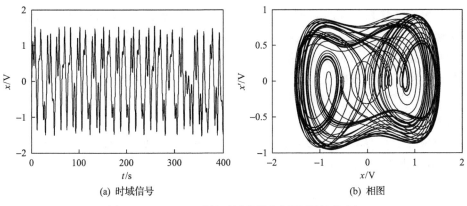

(a) 时域信号　　　　　　　　　　　(b) 相图

图 8-9　$F_0=0.626$ 时的时域信号和相图(混沌状态)

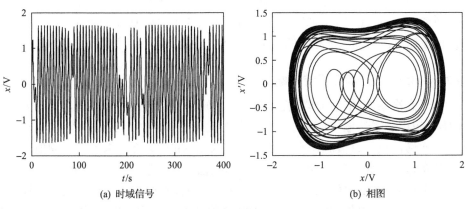

(a) 时域信号　　　　　　　　　　　(b) 相图

图 8-10　$F_0=0.826$ 时的时域信号和相图(临界混沌)

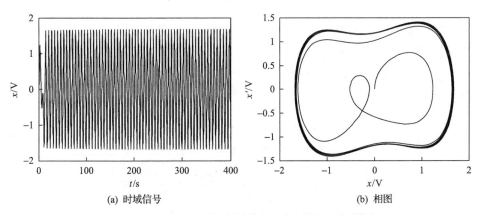

(a) 时域信号　　　　　　　　　　　(b) 相图

图 8-11　$F_0=0.827$ 时的时域信号和相图(大尺度周期)

　　由图 8-6～图 8-11 可知，在其他参数固定的条件下，Duffing 振子的相图会随着驱动力幅值的变化而改变，依次为平衡点、同宿轨道、分叉、混沌、临界混沌和大尺度周期状态。当 $F_0=0$ 时，系统仅仅是一个平衡点；当 F_0 较小时，相轨迹表现为吸引子，相点围绕一个点或另一个点做周期振荡；持续增大 F 值，相轨迹经历同宿轨道和分叉，而分叉是系统进入混沌状态的一个标准，接下来系统进入混沌状态；当 $F_0=0.826$ 时，系统进入临界混沌状态，当 $F_0=0.827$ 时，系统的状态过渡至大尺度周期状态。由以上分析可知，驱动力幅值 F_0 的微小变化会引起相图发生很大的改变。

待检测信号为 S，如果其频率与驱动力频率 ω_0 相同，此时输入待测信号 S 后的 Duffing 振子可描述为

$$\ddot{x} + k\dot{x} - \alpha x + \beta x^3 = F_0 \cos(\omega_0 t) + S \tag{8-8}$$

由于待测信号与驱动力信号的频率一致，由三角变换可知，当输入同周期的正弦/余弦信号时，Duffing 振子的右侧相当于改变了驱动力信号的幅值 F_0，驱动力幅值的改变可以引起系统相图的变化，从而实现对同周期待测信号的检测。

8.4.2　Duffing 振子检测系统构建

基于高次谐波的超声非线性检测中，激励信号的频率一般比较高，约为 $1\sim5\mathrm{MHz}$，超声非线性输出信号中的微弱信号是表征试件内部疲劳损伤等非线性特性的二次谐波信号，其频率会比较大。根据 Melnikov 方法求解混沌阈值 F_c（由混沌状态过渡至大尺度周期状态的策动力幅值），在其他参数一定的条件下，如果待检测信号的频率较大，使 Duffing 振子达到临界稳定的策动力幅值比较大，甚至会出现无穷大的现象[95]。如果混沌阈值较大，会大大降低微弱信号检测的灵敏度。

利用时间标度转换技术，对系统的状态方程进行变换[96,97]，可以使 Duffing 振子检测任意频率的微弱信号。以式(8-7)为基础，在时间标度转换时，定义 $t = w_0 \tau$，其中 ω_0 为待检测微弱周期信号的频率，于是有

$$
\begin{aligned}
x(t) &= x(\omega_0 \tau) = x_*(\tau) \\
\frac{\mathrm{d}x(t)}{\mathrm{d}t} &= \frac{\mathrm{d}x(\omega_0\tau)}{\mathrm{d}(\omega_0\tau)} = \frac{1}{\omega_0}\frac{\mathrm{d}x(\omega_0\tau)}{\mathrm{d}(\tau)} = \frac{1}{\omega_0}\frac{\mathrm{d}x_*(\tau)}{\mathrm{d}\tau} \\
\frac{\mathrm{d}^2x(t)}{\mathrm{d}t^2} &= \frac{\mathrm{d}^2x(\omega_0\tau)}{\mathrm{d}(\omega_0\tau)^2} = \frac{1}{\omega_0^2}\frac{\mathrm{d}^2x(\omega_0\tau)}{\mathrm{d}\tau^2} = \frac{1}{\omega_0^2}\frac{\mathrm{d}^2x_*(\tau)}{\mathrm{d}\tau^2}
\end{aligned}
\tag{8-9}
$$

将式(8-9)代入式(8-8)，得

$$\frac{1}{\omega_0^2}\frac{\mathrm{d}^2x_*(\tau)}{\mathrm{d}\tau^2} + \frac{k}{\omega_0}\frac{\mathrm{d}x_*(\tau)}{\mathrm{d}\tau} - \alpha x_* + \beta x_*^3 = F_0\cos(\omega_0\tau) + S \tag{8-10}$$

令 $x = x_*$，$y = \dfrac{1}{\omega_0}\dfrac{\mathrm{d}x_*(\tau)}{\mathrm{d}\tau}$，于是 $\dot{y} = \dfrac{1}{\omega_0}\dfrac{\mathrm{d}^2 x_*(\tau)}{\mathrm{d}\tau^2}$，则待测信号为任意频率 ω_0 的 Duffing 振子检测方程为

$$\begin{cases} \dot{x} = \omega_0 y \\ \dot{y} = \omega_0\left(-ky + \alpha x - \beta x^3 + F_0\cos(\omega_0 t) + S\right) \end{cases} \tag{8-11}$$

利用四阶龙格库塔算法求解方程(8-11)。待测信号频率为 ω_0 的状态方程 (8-11)是由待测信号频率 $\omega = 1$ 的方程(8-7)经时间标度换算得到的,因此方程(8-7) 的混沌阈值仍适用于方程(8-11)。

1. 待测信号初始相位对检测结果的影响

在利用 Duffing 振子对微弱信号检测时,一般认为待测信号与驱动力信号的相位均等于 0。而对于实际的工程信号,信号的初始相位一般不为 0,因此,研究待测信号初始相位对检测结果的影响是很有必要的[98]。

在检测微弱周期信号时,如果待测信号和驱动力信号存在相位偏差 $\Delta\omega$,驱动力幅值为 F_0,略小于混沌阈值 F_c,待测信号的幅值为 a,则待测信号幅值、驱动力幅值、相位偏差之间的矢量关系如图 8-12 所示。

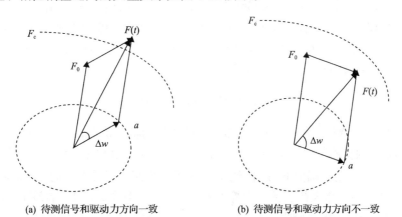

(a) 待测信号和驱动力方向一致　　　　　　(b) 待测信号和驱动力方向不一致

图 8-12　待测信号幅值、驱动力幅值、相位偏差之间的矢量关系

由图 8-12 可知,当待测信号与驱动力信号方向一致时,总驱动力幅值 $F(t)$ 大于混沌阈值 F_c,则系统的相轨迹由临界混沌状态过渡至大尺度周期状态,待测信号可以被检测出来;然而当待测信号与驱动力信号方向不一致时,总驱动力幅值 $F(t)$ 小于混沌阈值 F_c,则系统的相轨迹保持不变,待测信号就不能被检测出来。接下来分析待测信号初始相位对检测结果的影响。设待测信号初始相位为 φ,驱动

信号初始相位为 α，且 $\alpha, \varphi \in [-\pi, \pi]$。为了不失一般性，设定角频率为 1，当驱动力幅值为 0.825 时，输入待测信号 $S = h\cos(t+\varphi) + n(t)$ 的 Duffing 振子为

$$\ddot{x} + 0.5\dot{x} - x + x^3 = 0.825\cos(t+\alpha) + \left[h\cos(t+\varphi) + n(t)\right] \tag{8-12}$$

为了分析待测信号初始相位对检测结果的影响，首先令 $\alpha = 0$，并对方程(8-12)等号右端进行化简有

$$
\begin{aligned}
A(t) &= 0.825\cos t + \left[h\cos(t+\varphi) + n(t)\right] \\
&= 0.825\cos t + h\cos\varphi\cos t - h\sin\varphi\sin t \\
&= (0.825 + h\cos\varphi)\cos t - h\sin\varphi\sin t \\
&= \sqrt{0.825^2 + 1.65h\cos\varphi + h^2} \times \cos(t+\theta)
\end{aligned}
\tag{8-13}
$$

其中，$\theta = \arctan\left[h\sin\varphi/(0.825 + h\cos\varphi)\right]$。待测信号与驱动力信号合并后为一个三角函数，相位 θ 只影响相轨迹的初始位置，对幅值无影响，因此不予以考虑。只要合并信号的幅值满足不等式

$$\sqrt{0.825^2 + 1.65h\cos\varphi + h^2} > F_c \tag{8-14}$$

即表示加入待测信号之后的 Duffing 振子幅值大于混沌阈值，相图由混沌状态过渡至大尺度周期状态，从而将待测信号检测出来；如果合并幅值不满足式(8-14)，就无法将待测信号检测出来。假定待测信号的幅值已知 $h = 0.005$，临界值 $F_c = 0.827$，满足不等式(8-14)的相位取值范围是

$$-66.581° < \varphi < 66.581°$$

为了精确检测待测信号，应该适当缩小初始相位的检测范围，也就是说，对于幅值 $h \geqslant 0.005$ 的待测信号，只有当初始相位 $-60° \leqslant \varphi \leqslant 60°$ 时待测信号才能被检测出来。对于满足这一幅值的待测信号，信号能被检测出来的概率约为 33%，检测误差比较大。为了增大待测信号被检测的概率，考虑将等式(8-12)右端第二项前的"+"改为"-"，等式变为

$$\ddot{x} + 0.5\dot{x} - x + x^3 = 0.825\cos(t+\alpha) - \left[h\cos(t+\varphi) + n(t)\right] \tag{8-15}$$

经计算，针对待测信号幅值 $h \geqslant 0.005$ 的情况，式(8-15)能够检测出待测信号的相位范围约为 $\varphi \in [-180°, -120°] \cup [120°, 180°]$。在驱动力相位 $\alpha=0$ 的情况下，根据 Duffing 检测振子式(8-12)和式(8-15)，幅值 $h=0.005$ 的待测信号能被检出的概率约为 66.7%。为了使满足幅值条件的微弱信号均可以被检测出来，利用驱动信号的相

位 α 进行相位补偿。

在式(8-12)和式(8-15)中均设定 $\alpha=\pi/2$ ，那么满足条件的初始相位分别为 $\varphi \in [30°,150°]$ 和 $\varphi \in [-150°,-30°]$ 。因此，以上四个方程能够检测的待测信号初始相位的取值范围包括了 $[-\pi,\pi]$ 的整个区间。

2. 估算待测信号的幅值

当 Duffing 振子在周期运动的前提下，即 $F_0 + A \geqslant F_c$ ，外激励信号的幅值 $F = F_0 + A$ 越大，Duffing 振子响应的幅值 A' 就会越大(在相轨迹图 x-v 中横坐标的最大值越大)。Duffing 振子输入策动力幅值和响应幅值的关系如图 8-13 所示[99]。

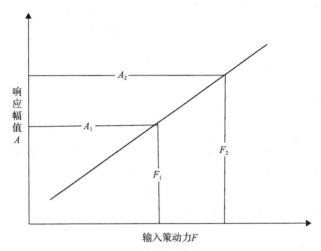

图 8-13　Duffing 振子输入策动力和响应幅值的关系

由图 8-13 可知，Duffing 振子的响应幅值会随着输入策动力的增加而单调递增，当策动力幅值由 F_1 增加至 F_2 时，Duffing 振子的响应幅值则从 A_1 增加至 A_2，这表明 Duffing 振子输入策动力和响应幅值具有相互对应关系，根据 Duffing 振子输入策动力幅值和响应幅值的关系可以估算待测信号的幅值。因此，利用改进的 Duffing 方程对实际的工程信号进行检测时，其检测步骤如下：

第一步　对待测信号进行预处理：如果待测信号的幅值过大或过小会使 Duffing 振子的检测效果受到影响；

第二步　确定 Duffing 检测系统的参数：令 $c = 0.5$ ， $\alpha = \beta = 1$ ，驱动力幅值 $F_0 = 0.825$ ，初始值为(0，0)；

第三步　将预处理后的待测信号分别输入方程(8-12)和方程(8-15)，并取初始相位 $\alpha = 0$ 和 $\alpha = \pi/2$ ，共得到四个检测方程，如等式(8-16)所示，并画出未加入待测信号时四个 Duffing 方程的相图；

$$\begin{cases} \ddot{x}+0.5\dot{x}-x+x^3=0.825\cos(\omega t)+S \\ \ddot{x}+0.5\dot{x}-x+x^3=0.825\cos(\omega t+\pi/2)+S \\ \ddot{x}+0.5\dot{x}-x+x^3=0.825\cos(\omega t)-S \\ \ddot{x}+0.5\dot{x}-x+x^3=0.825\cos(\omega t+\pi/2)+S \end{cases} \tag{8-16}$$

第四步　分别对四个 Duffing 方程进行时间标度转换，然后使用四阶龙格-库塔算法对方程进行求解，得到 Duffing 方程在输入待测信号后的相图，并比较加入待测信号前后相图的变化，只要四个相图中有一个相图状态发生变化，则待测信号就可被检测出来；

第五步　利用相轨迹发生改变的 Duffing 振子，分析 Duffing 振子待测信号幅值和响应幅值之间的关系，对微弱待测信号的幅值进行估算。

8.4.3　Duffing 振子检测检测结果

1. 二次谐波信号的检测

以疲劳损伤程度为 20% 的 45 号钢试件为研究对象，仍采用图 8-3 的超声系统对试件进行超声非线性试验，激励和接收传感器的中心频率分别为 2.5MHz 和 5MHz；选择频率为 2.4MHz、长度为 20 周期的正弦脉冲串作为激励信号，对试件进行超声非线性试验，接收传感器接收数据长度为 10000 点，得到畸变的超声非线性输出信号时域波形如图 8-14 所示。

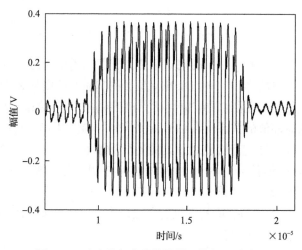

图 8-14　畸变的超声非线性输出信号时域波形

在超声非线性输出信号中，二次谐波信号是与试件的疲劳损伤程度有关、淹没在较强背景噪声下的微弱信号。使用改进的 Duffing 振子对超声非线性输出信号

的二次谐波信号检测时，待测信号的频率为 4.8 MHz = 4.8(1/μs)，驱动力频率设定
为 $w_0 = 2\pi \times 4.8 \mathrm{rad}/\mu s \approx 30.159 \mathrm{rad}/\mu s$，那么检测二次谐波信号的 Duffing 振子为

$$
\begin{cases}
\ddot{x} + 0.5\dot{x} - x + x^3 = 0.826\cos(30.159t) + S \\
\ddot{x} + 0.5\dot{x} - x + x^3 = 0.826\cos(30.159t + \pi/2) + S \\
\ddot{x} + 0.5\dot{x} - x + x^3 = 0.826\cos(30.159t) - S \\
\ddot{x} + 0.5\dot{x} - x + x^3 = 0.826\cos(30.159t + \pi/2) + S
\end{cases}
\tag{8-17}
$$

当超声非线性输出信号输入至 Duffing 检测系统后，仍使用四阶龙格库塔算法
求解方程组 (8-17)，计算步长设定为 $h = 0.004\mu s$，迭代的初始值为 (0,0)，数据长
度为 10000 点。

当检测超声非线性输出信号时，待测信号的幅值必须与 Duffing 检测系统匹配。
如果待测信号的幅值过大，当待测信号输入检测系统后会使相轨迹变得无规律；
如果待测信号的幅值较小，待测信号不会对相轨迹产生明显的影响。因此，为了
使超声非线性输出信号与 Duffing 振子相匹配，首先对超声非线性输出信号进行预
处理，例如，乘以一个系数 λ。通过仿真分析，当 $\lambda = 0.2$ 时，匹配效果最好。因
此，预处理后的超声非线性输出信号输入至方程 (8-17) 的四个 Duffing 振子系统，
可得到四个超声非线性输出信号的相图，如图 8-15 所示。

由图 8-15 可知，当超声非线性输出信号输入至 4 个改进的 Duffing 振子后，
仅有第二个相轨迹由混沌状态过渡至大尺度周期状态，其他三个相轨迹仍保持
在混沌状态。由于第二个 Duffing 振子可检测的待测信号初始相位是 (−180°,
−120°)∪(120°,180°)，而待测信号中二次谐波信号的初始相位为 $\varphi = -167.03°$，该
值恰好是第二个振子的可检测范围，因此仅有第二个 Duffing 振子的相轨迹发生
变化。这说明改进的 Duffing 振子可以将超声非线性输出信号的二次谐波信号检
测出来。

由图 8-15 (b) 还可以发现，最大横坐标为 $x_{\max} = 1.6971$。

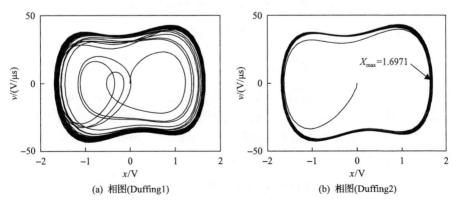

(a) 相图(Duffing1)　　　　　　　　　　　(b) 相图(Duffing2)

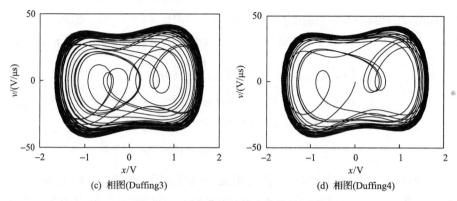

(c) 相图(Duffing3)　　　　　　　　(d) 相图(Duffing4)

图 8-15　超声非线性输出信号的相图

　　根据第二个Duffing振子的总驱动力幅值和响应幅值之间的关系估算微弱信号的幅值。在总驱动力幅值 F 由 0.835 增加至 1.025 的过程中，通过数值仿真可以得到总驱动力幅值和响应幅值的关系，如图 8-16 所示。

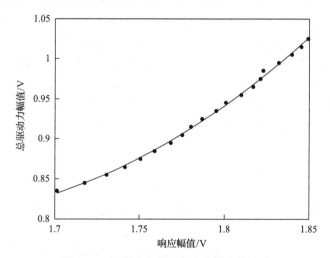

图 8-16　总驱动力幅值和响应幅值的关系

当响应幅值为自变量时，二阶最优拟合曲线是

$$F = 3.267A^2 - 10.3A + 8.899 \tag{8-18}$$

　　由图 8-15(b)可知，当超声非线性输出信号输入第二个 Duffing 方程时，相图的最大横坐标为 $x_{\max} = 1.6971$，说明待测信号的响应幅值是 $A = 1.6971$。将该值代入式(8-18)，系统的总驱动力幅值是 $F = 0.8283$。因此，二次谐波信号的幅值约为

$$a = (F - F_0)/\lambda = (0.8283 - 0.826)/0.5 = 0.0115\text{V}$$

2. 含噪声二次谐波信号的检测

在信号检测过程中，待测信号一般含有较强的噪声，这对微弱信号的检测有很大的影响。为了分析改进的 Duffing 振子检测强背景噪声下的二次谐波信号的效果，可以利用 Duffing 振子和频谱分析方法同时对含噪声的超声非线性输出信号进行检测。为超声非线性输出信号添加高斯噪声时，保证二次谐波信号的相位仍属于 $\varphi \in [-\pi, -2\pi/3] \cup [2\pi/3, \pi]$，其中信噪比的定义为 $SNR = 10\log(px/pn)$，px 和 pn 代表超声非线性输出信号和随机噪声的有效功率。当信噪比分别为 20、0.5、-9.5 和-16.5 时，含噪声超声非线性输出信号的频谱图如图 8-17 所示，其中虚线和实线分别表示含噪声信号和原始信号。

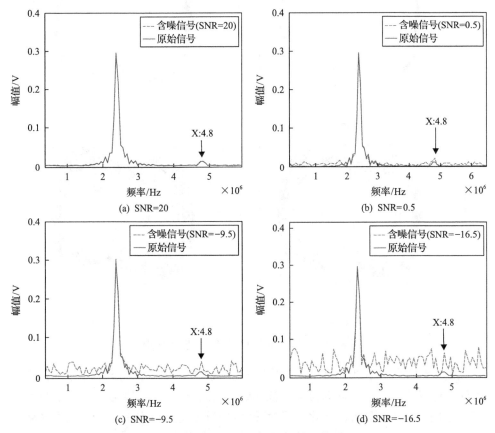

图 8-17　含噪声超声非线性输出信号的频谱图

由图 8-17(a)可知，当含噪声超声非线性输出信号的信噪比为 20 时，随机噪声对超声非线性输出信号的影响比较小，含噪声信号的频谱曲线和原始信号的频谱曲线几乎重合；当含噪声信号的信噪比为 0.5 时，超声非线性输出信号几乎被噪声覆盖，但是在频率为 4.8MHz 处的二次谐波信号仍可以被有效地识别出来；当含噪声超声非线性输出信号的信噪比为–9.5 和–16.5 时，超声非线性输出信号完全被噪声覆盖，也不能有效地识别出二次谐波信号。由以上分析可知，当含噪声超声非线性输出信号的信噪比低于 0.5 时，常规的频谱分析方法不能有效地识别二次谐波信号。

当四种含噪声超声非线性输出信号预处理后分别输入至第二个 Duffing 振子时，含噪声超声非线性输出信号的相图如图 8-18 所示。

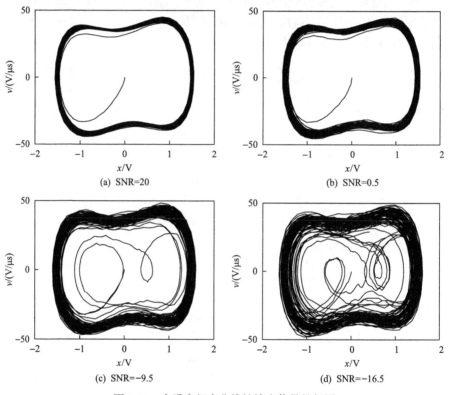

(a) SNR=20

(b) SNR=0.5

(c) SNR=−9.5

(d) SNR=−16.5

图 8-18　含噪声超声非线性输出信号的相图

由图 8-18 可知，当四种不同信噪比的含噪声超声非线性输出信号输入至第二个 Duffing 方程时，四种相轨迹均由混沌状态过渡至大尺度周期状态。由于驱动力频率是 4.8 MHz，相轨迹的变化说明含噪声超声非线性输出信号中含有二次谐波信号，即改进的 Duffing 方程可以将淹没在随机噪声中的二次谐波信号检测出来。另外，还可以发现，随着信噪比的降低，相图的轨迹线变得粗糙，这是因为 Duffing 振子系统对噪声有一定的免疫能力，但是随机噪声的方差会影响相轨迹的粗糙程度[100]。因此，由以上分析可知，当待测信号含有较强的背景噪声时，改进的 Duffing

振子可以将二次谐波信号检测出来，而常规的频谱分析却不能将二次谐波信号检测出来。

当信噪比继续减小为–26.3 时，Duffing 振子的相轨迹还是处于混沌状态，且相轨迹更粗糙，信噪比为–26.3 的含噪声超声非线性输出信号的相图如图 8-19 所示。

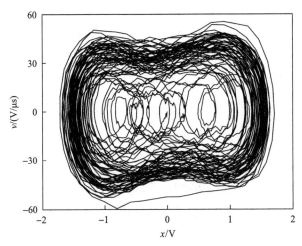

图 8-19　信噪比为–26.3 的含噪声超声非线性输出信号的相图

继续减小含噪声超声非线性输出信号的信噪比，当信噪比为 SNR=–26.3，Duffing 振子的相轨迹仍保持在混沌状态，且相图的轮廓变得更加粗糙，如图 8-19 所示。这主要是因为随机噪声对超声非线性输出信号的影响更加明显，相轨迹失去稳定性，Duffing 方程不能再有效地识别微弱的二次谐波信号。因此，当含噪声超声非线性输出信号的信噪比大于–20 时，改进的 Duffing 方程对噪声具有较好的免疫能力。

3. 估算含噪声二次谐波信号的幅值

当含噪声超声非线性输出信号的信噪比大于 0.5 时，频谱分析和改进的 Duffing 振子均可以将淹没在噪声中的二次谐波信号检测出来。当含噪声超声非线性输出信号的信噪比分别为无穷大、40、30、25、20、15、10、5、0.5 时，使用频谱分析和改进的 Duffing 振子对二次谐波信号的幅值进行估计，并估算误差[101]，分析随机噪声对微弱信号幅值估计的影响。含噪声超声非线性输出信号的二次谐波幅值估计结果如表 8-3 所示，其中误差 1 和误差 2 两列分别表示频谱分析和 Duffing 振子的估计误差。

如表 8-3 所示，随着信噪比的降低，随机噪声对超声非线性输出信号的影响越来越明显，频谱分析和 Duffing 振子估算微弱信号幅值的误差也越来越大。

表 8-3　含噪声超声非线性输出信号的二次谐波幅值估计结果

信噪比	频谱方法	误差 1/%	Duffing 方程	误差 2/%
INF	0.01138	0	0.0115	0
40	0.01136	0.18	0.01153	0.26
30	0.01148	0.88	0.01157	0.61
25	0.01101	2.68	0.01162	1.04
20	0.01253	10.11	0.01192	3.65
15	0.0088	22.73	0.01245	8.23
10	0.01497	31.54	0.01274	10.78
5	0.01744	53.25	0.01339	16.43
0.5	0.01921	68.8	0.01397	21.5

比较相同信噪比下两种方法的幅值估算误差：改进 Duffing 方程的估算误差明显小于频谱分析，例如，当含噪声信号的信噪比为 0.5 时，频谱分析方法的估算误差约为 68.8%，而改进 Duffing 振子的估算误差仅为 21.5%，这表示随机噪声对 Duffing 振子的影响相对比较小，也说明了 Duffing 振子在检测微弱信号的过程中对随机噪声有较好的免疫能力。

8.5　本 章 小 结

根据超声波的非线性效应可以对材料的受力情况、疲劳损伤或缺陷进行有效的检测和评估，这就是超声非线性检测的机理。

综述介绍了超声非线性效应的理论研究，如超声波与位错作用的位错钉扎单极子模型、超声波与位错偶极子和偶极子阵相互作用激发二次谐波的模型、超声非线性叠加模型和超声非线性综合模型等，从微观角度分析金属材料在疲劳过程中超声非线性参数的变化趋势。基于微观结构-位错的模型可以很好地预测超声非线性系数的变化。

综述介绍了超声非线性对塑性变形损伤、疲劳损伤和残余应力等进行检测的实验研究成果。研究表明，金属材料发生拉伸/压缩的塑性变形时，材料的微观结构不断发生变化，超声非线性参数在拉伸过程中随着塑性变形的增加而单调递增；超声非线性系数与疲劳周次呈现出快速下降—缓慢增长—快速上升的三段式变化，根据超声非线性系数的变化趋势可以预测疲劳裂纹的萌生和扩展。基于高次谐波的超声非线性技术，获得的超声非线性参数除了材料本身微观结构变化、疲劳损伤和微裂纹等引起高次谐波以外，还有实验设备、耦合剂等所产生的高次谐波，消除或减少后者的影响是关键。混频超声非线性技术不但可有效克服试验设备非线性的影响，还有灵活选择激励方式、激励频率及检测位置的优点。基于超声非线性无损检测技术对金属零部件内部残余应力/服役应力的检测仍在初步探索阶段，利用表面波检测应力，只能检测材料表面的应力状态。L_{CR} 波是一种特殊的波形，对切向应力比较敏感，利用 L_{CR} 波的非线性特性表征试件的应力状态，将会有不错的效果。

　　超声非线性输出信号是反映金属材料内部损伤并经过复杂传播的非线性时间序列。提取超声非线性输出信号的混沌分形特征量，如 Lyapunov 指数、关联维数和 K 熵等，对金属零部件的疲劳损伤状态进行表征；利用改进的 Duffing 振子对超声非线性输出信号的二次谐波信号进行检测和幅值估计。Duffing 振子对信噪比大于–20 的含噪声信号均具有较好的免疫能力，且在相同的信噪比下，改进 Duffing 振子对二次谐波信号的幅值估算误差明显小于频谱分析。

参 考 文 献

[1] 周正干, 刘斯明. 铝合金初期塑性变形与疲劳损伤的非线性超声无损评价方法. 机械工程学报, 2011, (8): 41-46

[2] 吴斌, 颜丙生. 非线性超声检测镁合金疲劳的仿真和试验. 振动、测试与诊断, 2012, 32(1): 96-100

[3] 赵娜. 金属疲劳微损伤的非线性超声检测技术研究. 太原: 中北大学, 2015

[4] Ohara Y, Mihara T, Sasaki R, et al. Imaging of closed cracks using nonlinear response of elastic waves at subharmonic frequency. Applied Physics Letters, 2007, 90: 11902

[5] Morris W L. Acoustic harmonic generation due to fatigue damage in high-strength aluminum. Journal of Applied Physics, 1979, 50(11): 6737-6741

[6] Buck O, Morris W L, Richardson J M. Acoustic harmonic generation at unbonded interfaces and fatigue cracks. Applied Physics Letters, 1978, 33(5): 371-373

[7] Shui G, Wang Y, Gong F. Evaluation of plastic damage for metallic materials under tensile load using nonlinear longitudinal waves. NDT & E International, 2013, 55: 1-8

[8] Shah A A, Ribakov Y, Zhang C. Efficiency and sensitivity of linear and non-linear ultrasonics to identifying micro and macro-scale defects in concret. Materials & Design, 2013, 50: 905-916

[9] Zhang J, Li S, Xuan F, et al. Effect of plastic deformation on nonlinear ultrasonic response of austenitic stainless steel. Materials Science & Engineering A, 2015, 622: 146-152

[10] Hikata A, Chick B B, Elbaum C. Dislocation contribution to the second harmonic generation of ultrasonic waves. Journal of Applied Physics, 1965, 36(1): 229-236

[11] Jiao J, Meng X, He C, et al. Nonlinear Lamb wave-mixing technique for micro-crack detection in plates. NDT & E International, 2017, 85: 63-71

[12] Jiao J, Meng X, Fan Z, et al. Research on mixed-frequency nonlinear Lamb waves for micro-cracks detection in plate//IEEE 12th International Conference on Electronic Measurement & Instruments, Beijing, 2015: 95-99

[13] Enko A D, Mainini L, Korneev V A. A study of the noncollinear ultrasonic-wave-mixing technique under imperfect resonance conditions. Ultrasonics, 2015(12):1231-1243

[14] Demčenko A. Non-collinear wave mixing for a bulk wave phase velocity measurement in an isotropic solid//IEEE International Ultrasonics Symposium Proceedings, Merlbene, 2012: 1437-1440

[15] Abeele E A V D, Johnson P A, Sutin A. Nonlinear elastic wave spectroscopy (NEWS) techniques to discern material damage, Part I: Nonlinear wave modulation spectroscopy (NWMS). Research in Nondestructive Evaluation, 2000, 12(1): 17-30

[16] Abeele E A V D, Carmeliet J, Cate J A T, et al. Nonlinear elastic wave spectroscopy (NEWS) techniques to discern material damage, Part II: Single-mode nonlinear resonance acoustic spectroscopy. Research in Nondestructive Evaluation, 2000, 12(1): 31-42

[17] Arenzon J J, Levin Y, Sellitto M. Slow dynamics under gravity: a nonlinear diffusion model. Physica A: Statistical Mechanics and its Applications, 2003, 325(3-4): 371-395

[18] Johnson P, Sutin A. Slow dynamics and anomalous nonlinear fast dynamics in diverse solids. Journal of the Acoustical Society of America, 2005, 117(1): 124-130

[19] Favrie N, Lombard B, Payan C. Fast and slow dynamics in a nonlinear elastic bar excited by longitudinal vibrations. Wave Motion, 2015, 56: 221-238

[20] 胡海峰. 板状金属结构健康监测的非线性超声理论与关键技术研究. 长沙: 国防科学技术大学, 2011

[21] Gusev V E, Lauriks W, Thoen J. New evolution equations for the nonlinear surface acoustic waves on an elastic solid of general anisotropy. Journal of the Acoustical Society of America, 1998, 103(6): 3203-3215

[22] Kumon R E, Hamilton M F. Directional dependence of nonlinear surface acoustic waves in the (001)plane of cubic crystals. Journal of the Acoustical Society of America, 2002, 111(1): 2060-2069

[23] Buck O. Nonlinear acoustic properties of structural materials — a review. Journal of the Acoustical Society of America, 1990, 109(1): 1677-1684

[24] Cantrell J H. Sub-structures organization, dislocation plasticity and harmonic generation in cyclically stressed wavy slip metals. Proceedings of the Royal Society A: Mathematical, Physical and Engineering Sciences, 2004, 460(2043): 757-780

[25] 张剑锋. 奥氏体不锈钢服役损伤的非线性超声检测与评价研究. 上海: 华东理工大学, 2014

[26] 阎红娟. 金属构件疲劳损伤非线性超声检测方法研究. 北京: 北京理工大学, 2015

[27] Kim J Y, Qu J, Jacobs L J, et al. Acoustic nonlinearity parameter due to micro plasticity. Journal of Nondestructive Evaluation, 2006, 1(25): 29-37

[28] Cantrell J H, Yost W T. Acoustic nonlinearity and cumulative plastic shear strain in cyclically loaded metals. Journal of Applied Physics, 2013, 11(3): 151-169

[29] Jhang K, Kim K. Evaluation of material degradation using nonlinear acoustic effect. Ultrasonics, 1999, (37): 39-44

[30] Herrmann J, Kim J Y, Jacobs L J, et al. Assessment of material damage in a nickel-base super alloy using nonlinear Rayleigh surface waves. Journal of Applied Physics, 2006, 99(12): 1479-1488

[31] Kim J, Jacobs L J, Qu J, et al. Experimental characterization of fatigue damage in a nickel-base super alloy using nonlinear ultrasonic waves. The Journal of the Acoustical Society of America, 2006, 120(3): 1266-1287

[32] Bermes C, Kim J, Qu J, et al. Nonlinear Lamb waves for the detection of material nonlinearity. Mechanical Systems and Signal Processing, 2008, 22(3): 638-646

[33] Bermes C, Jacobs L J, Kim J Y, et al. Cumulative second harmonic generation in Lamb waves for the detection of material nonlinearities. American Institute of Physics, 2007, (13): 2345-2364

[34] 吴斌, 颜丙生, 何存富, 等. AZ31 镁合金早期力学性能退化非线性超声检测. 航空材料学报, 2011, 31(1): 87-92

[35] 李群, 张剑锋, 项延训, 等. Cr-Mo-V 钢焊接接头塑性损伤的非线性超声评价. 焊接学报, 2014, (7): 27-30

[36] Xiang Y, Zhu W, Deng M, et al. Experimental and numerical studies of nonlinear ultrasonic responses on plastic deformation in weld joints. Chinese Physical B, 2016, 25(2): 243-256

[37] Zhang J, Li S, Xuan F Z, et al. Effect of plastic deformation on nonlinear ultrasonic response of austenitic stainless steel. Materials Science & Engineering A, 2015, (622): 146-152

[38] Cai Y, Sun J, Liu C, et al. Relationship between dislocation density in P91 steel and its nonlinear ultrasonic parameter. Journal of Iron and Steel Research International, 2015, 22(11): 1024-1030

[39] Frouin J, Sathish S, Matikas T E, et al. Ultrasonic linear and nonlinear behavior of fatigued Ti - 6Al - 4V. Journal of Materials Research, 1999, 14(4): 1295-1298

[40] Jhang K, Kim K. Evaluation of material degradation using nonlinear acoustic effect. Ultrasonics, 1999, 37(1): 39-44

[41] Cantrell J H, Yost W T. Nonlinear ultrasonic characterization of fatigue microstructures. International Journal of Fatigue, 2001, 23(S1): 487-490

[42] Oruganti R K, Sivaramanivas R, Karthik T N, et al. Quantification of fatigue damage accumulation using non-linear ultrasound measurements. International Journal of Fatigue, 2007, 29: 2032-2039

[43] Deng M, Pei J. Assessment of accumulated fatigue damage in solid plates using nonlinear Lamb wave approach. Applied Physics Letters, 2007, 90: 121-139

[44] Walker S V, Kim J, Qu J, et al. Fatigue damage evaluation in A36 steel using nonlinear Rayleigh surface waves. NDT & E International, 2012, 48: 10-15

[45] Kumar A, Torbet C J, Jones J W, et al. Nonlinear ultrasonics for in situ damage detection during high frequency fatigue. Journal of Applied Physics, 2009, 106(2): 249-264

[46] Kumar A, Adharapurapu R R, Jones J W, et al. In situ damage assessment in a cast magnesium alloy during very high cycle fatigue. Scripta Materialia, 2011, 64(1): 62-68

[47] 颜丙生, 刘自然, 张跃春, 等. 非线性超声检测镁合金早期疲劳的试验研究. 机械工程学报, 2013, (4): 20-24

[48] 吴斌, 颜丙生, 何存富, 等. 脉冲反转技术在金属疲劳损伤非线性超声检测中的应用. 声学技术, 2010, (5): 489-493

[49] Wu B, Yan B, He C. Nonlinear ultrasonic characterizing online fatigue damage and in situ microscopic observation. Transactions of Nonferrous Metals Society of China, 2011, 21: 2597-2604

[50] 师小红, 李建增, 徐章遂, 等. 基于非线性系数的金属构件寿命预测研究. 固体火箭技术, 2010, 33(2): 229-231

[51] Li W, Cui H, Wen W. In situ nonlinear ultrasonic for very high cycle fatigue damage characterization of cast aluminum alloy. Materials Science & Engineering, 2015, 645: 248-254

[52] Sagar S P, Das S, Parida N, et al. Non-linear ultrasonic technique to assess fatigue damage in structural steel. Scripta Materialia, 2006, 55: 199-202

[53] Sagar S P, Metya A K, Ghosh M, et al. Effect of microstructure on non-linear behavior of ultrasound during low cycle fatigue of pearlite steels. Materials Science and Engineering A, 2011, 528: 2895-2898

[54] Zhang J, Xuan F, Xiang Y, et al. Experimental insight into the cyclic softening/hardening behavior of austenitic stainless steel using. Europhysics Letters, 2014, 108(4): 460-474

[55] Zhang J, Xuan F. Fatigue damage evaluation of austenitic stainless steel using nonlinear ultrasonic waves in low cycle regime. Journal of Applied Physics, 2014, 115: 2040-2066

[56] Zhao C. Study on ultrasonic measurement of residual stresses. Harbin: Harbin Institute of Technology, 2008

[57] Song W, Xu C, Pan Q, et al. Nondestructive testing and characterization of residual stress field using an ultrasonic method. Chinese Journal of Mechanical Engineering, 2016, 29(2): 365-371

[58] 宋文涛, 徐春广. 超声法的残余应力场无损检测与表征. 机械设计与制造, 2015, (10): 9-12

[59] Song W. Study on technology of ultrasonic nondestructive testing and regulation of residual stress. Beijing: Beijing Institute of Technology, 2016

[60] Xu C, Song W, Pan Q, et al. Nondestructive testing residual stress using ultrasonic critical refracted longitudinal wave. Physics Procedia, 2015 (70): 594-598.

[61] 徐春广, 宋文涛. 残余应力的超声检测方法. 无损检测, 2014, (7): 25-31

[62] Tanala E, Bourse G, Fremiot M, et al. Determination of near surface residual stresses on welded joints using ultrasonic methods. NDT & E International, 1995, 28 (2): 83-88

[63] Ngoula D T, Beier H T, Vormwald M. Fatigue crack growth in cruciform welded joints: Influence of residual stresses and of the weld toe geometry. International Journal of Fatigue, 2016, 23: 1932-1939

[64] Zhan Y, Liu C, Kong X, et al. Experiment and numerical simulation for laser ultrasonic measurement of residual stress. Ultrasonics, 2017, 73: 271-276

[65] Sanderson R M, Shen Y C. Measurement of residual stress using laser-generated ultrasound. International Journal of Pressure Vessels and Piping, 2010, 87: 762-765

[66] Bray D E. Ultrasonic Stress Measurement and Material Characterization in Pressure Vessels, Piping, and Welds. Journal of Pressure Vessel Technology, 2002, 124 (3): 326-335

[67] 冉启芳, 吕克茂. 残余应力测定的基本知识——第三讲磁性法和超声法测残余应力的基本原理和各种方法比较. 理化检验 (物理分册), 2007, 43 (6): 317-321

[68] Yan H, Xu C, Xiao D, et al. Research on nonlinear ultrasonic properties of tension stress in metal materials. Journal of Mechanical Engineering, 2016, 52 (6): 22-29

[69] Yan H, Liu F, Pan Q. Nonlinear ultrasonic properties of stress in 2024 aluminum. Advanced Materials Research, 2017, 1142: 371-377

[70] Liu M, Kim J Y, Qu J, et al. Measuring residual stress using nonlinear ultrasound. American Institute of Physical, 2010, 1211: 1365-1372

[71] Liu M, Kim J, Jacobs L, et al. Experimental study of nonlinear Rayleigh wave propagation in shot-peened aluminum plates—Feasibility of measuring residual stress. NDT & E International, 2011, 44 (1): 67-74

[72] Kim G J, Kwak G. Application of nonlinear ultrasonic method for monitoring of stress state in concrete. Journal of the Korean Society for Nondestructive Testing, 2016, 36 (2): 121-129

[73] Matlack K H, Bradley H A, Thiele S, et al. Nonlinear ultrasonic characterization of precipitation in 17-4PH stainless steel. NDT & E International, 2015, 71: 8-15

[74] Wu B, Yan B, He C. Nonlinear ultrasonic characterizing online fatigue damage and in situ microscopic observation. Transactions of Nonferrous Metals Society of China, 2011, 21 (12): 2597-2604

[75] 黄蓬. 黏接界面疲劳载荷作用下性能退化的非线性超声实验研究. 北京: 北京交通大学, 2013

[76] Nussbaumer H J. Fast Fourier transform and convolution algorithms. Mechanical System and Signal Processing, 1982, 11(9): 234-251

[77] Seggie D A, Hoddinott C J, Leeman S, et al. Mapping ultrasound pulse-echo non-stationarity. Pattern Recognition & Acoustical Imaging, 1987, 768: 241-247

[78] 孙自强. 基于混沌分形的大型风电机械故障诊断研究. 沈阳: 沈阳工业大学, 2013

[79] 李兆飞. 振动故障分形特征提取及诊断方法研究. 重庆: 重庆大学, 2013

[80] 赵新光. 风力机叶片疲劳裂纹特征提取方法研究. 沈阳: 沈阳工业大学, 2013

[81] 王璐. 复杂应力状态下高温低周疲劳短裂纹行为研究. 大连: 大连理工大学, 2012

[82] 张玉华, 李欣欣, 黄振峰, 等. 基于混沌分形理论的金属疲劳损伤过程的特征分析. 振动与冲击, 2017, 36(65): 72-76

[83] Wang L, Wang Z, Xie W, et al. Fractal study on collective evolution of short fatigue cracks under complex stress conditions. International Journal of Fatigue, 2012, 45: 1-7

[84] 吕金虎, 陆君安. 混沌时间序列分析及其应用. 武汉: 武汉大学出版社, 2002

[85] 秦奕青, 杨炳儒. 非线性时间序列的相空间重构技术研究. 系统仿真学报, 2008, (11): 2969-2973

[86] 陈铿, 韩伯棠. 混沌时间序列相空间重构技术综述. 计算机科学, 2005, (4): 67-70

[87] 胡瑜, 陈涛. 基于 C-C 算法的混沌吸引子的相空间重构技术. 电子测量与仪器学报, 2012, (5): 425-430

[88] Kim H S, Eykholt R, Salas J D. Nonlinear dynamics, delay times, and embedding windows. Physica D: Nonlinear Phenomena, 1999, 127(1): 48-60

[89] Carpinteri A, Spagnoli A. A fractal analysis of size effect on fatigue crack growth. International Journal of Fatigue, 2004, 26: 125-133

[90] 王璐, 王正, 宋希庚, 等. 基于分形理论的复杂应力状态下高温低周疲劳表面短裂纹行为研究. 机械工程学报, 2011, 47(14): 49-53

[91] 刘飞. 基于关联维数和Kolmogorov熵的转子振动故障模式判别. 沈阳: 沈阳航空工业学院, 2009

[92] 蒋华云, 叶剑, 肖宇, 等. 基于动力学仿真和有限元分析的柴油机连杆寿命研究. 柴油机, 2013, 35(2): 22-25

[93] Sharma A, Patidar V, Purohit G, et al. Effects on the bifurcation and chaos in forced Duffing oscillator due to nonlinear damping. Communications in Nonlinear Science and Numerical Simulation, 2012, 17(6): 2254-2269

[94] Siewe S M, Tchawoua C, Woafo P. Melnikov chaos in a periodically driven Rayleigh–Duffing oscillator. Mechanics Research Communications, 2010, 37(4): 363-368

[95] 赖志慧, 冷永刚, 孙建桥, 等. 基于Duffing振子的变尺度微弱特征信号检测方法研究. 物理学报, 2012, (5): 60-68

[96] Akilli M. Detecting weak periodic signals in EEG time series. Chinese Journal of Physics, 2016, 54(1): 77-85

[97] Patel V N, Tandon N, Pandey R K. Defect detection in deep groove ball bearing in presence of external vibration using envelope analysis and Duffing oscillator. Measurement, 2012, 45(5): 960-970

[98] Li L, Yu H. Chaos control of a class of parametrically excited Duffing's system using a random phase. Chaos, Solitons & Fractals, 2011, 44: 488-500

[99] 倪云峰, 康海雷, 刘健, 等. 基于 DUFFING 阵子接地网故障诊断弱信号幅值检测新方法. 电测与仪表, 2008, (10): 22-25

[100] 张伟伟, 马宏伟. 利用混沌振子系统识别超声导波信号的仿真研究. 振动与冲击, 2012, 31(19): 15-20

[101] 张玉华. 超声非线性技术检测金属零部件应力和疲劳损伤的方法研究. 南宁: 广西大学, 2017

第 9 章　超声非线性检测应力

9.1　引　言

　　金属零部件的服役应力/残余应力对机械设备的服役特性如疲劳寿命、机械强度和结构稳定性等有比较显著的影响[1]。如何快速、无损地评估金属零部件的残余应力或检测稳定状态下的应力一直是本研究领域的热点问题。

　　金属零部件残余应力的检测方法可以分为有损伤、微损伤和无损伤三种类型[2]。残余应力的检测方法如表 9-1 所示。

表 9-1　残余应力的检测方法

检测类型	检测方法
有损伤检测	切片法、轮廓法、分裂法、切除法
微损伤检测	盲孔法、环芯法、深孔法
无损伤检测	X 射线衍射法、磁性法、涡流法、超声检测法

　　金属零部件残余应力的有损伤和微损伤检测方法主要是根据材料在移除过程中释放应力时产生的应变估算原始的应力状态。这两类检测方法又称为机械检测法，依赖应力释放过程中产生的变形。由于有损伤和微损伤的检测方法均会对金属零部件产生一定的破坏，而这些破坏对服役零部件是致命的。残余应力的无损检测方法又称为物理检测法，它在不影响金属零部件服役性能的情况下，通过测量一些与应力有关的物理参数对应力的大小、位置等进行表征。X 射线衍射法是一种比较常用的残余应力检测方法[3-5]；但是该方法仅能检测金属零部件的表面应力，且对人体有一定的辐射伤害。磁性法又叫巴克豪斯检测法[6]，该方法仅适用于铁磁性材料的检测，且检测结果受到多种因素的影响，如位移间隙、表面粗糙度和环境磁场等，因此检测结果的可靠性和精度都比较差。涡流检测法基于电磁感应原理[7,8]，根据金属零部件内部电磁性能的变化对残余应力进行检测，该方法能够快速、高效地检测宏观残余应力，但是在检测过程中需要标定，且对激励频率的要求比较高，检测深度仅为 60～200μm。基于超声技术检测金属零部件的残余应力是根据超声波在金属零部件内部传播时，超声波的一些特征参数，如波速、频率、能量、超声非线性系数等参数的变化对金属零部件残余应力进行检测[1,9,10]。超声检测是目前最具有发展潜力的应力检测方法。例如，利用超声波的传播速度

与应力的关系，即声弹性理论，根据超声波在金属零部件内部传播时声速的变化来检测应力的大小[1,9,11,12]，但其检测范围和分辨率有局限。相关研究表明，超声波在具有应力的金属零部件内部传播时，不仅会影响波速、衰减系数等参数的变化，还会引起超声非线性特性的变化，如超声非线性系数[13,14]。目前，基于声弹性理论的残余应力检测方法应用得比较多，而基于超声非线性特性对金属零部件残余应力的研究相对较少。

利用声弹性理论的超声波无损检测应力技术是线性超声的应用。由于超声波的波长比较长，应力改变引起的超声波传播速度的变化非常小，基于声弹性理论的超声检测很难精确分辨应力的变化。基于超声非线性无损检测技术对金属零部件内部残余应力/服役应力的检测仍在初步的探索阶段，常用表面波对服役零部件的应力、疲劳损伤和疲劳裂纹进行超声非线性特性的研究，局限于检测材料表面的应力和疲劳损伤状态。L_{CR} 波是一种特殊的波形，对切向应力比较敏感。本章将利用 L_{CR} 波的非线性特性表征试件的应力状态，探索应力的超声非线性检测。

9.2　金属零部件应力状态的超声非线性表征

9.2.1　超声波检测残余应力的基本原理

超声波的声弹性理论是指超声波在不同残余应力的金属零部件内传播时，不仅金属材料的特征参数会影响超声波的传播速度，其应力状态也会影响波速的大小。声弹性理论是基于有限变形的连续介质，从宏观角度分析金属零部件的应力状态与超声波波速之间的关系。在笛卡儿坐标系中，当各向同性固体中超声波的传播速度与残余应力方向相同或垂直时，确定了超声波与应力的七种关系，如图9-1 所示。

图 9-1 所示的七种关系的方程[15]如下。

(1) 传播方向与应力方向相同的纵波方程(图 9-1(a))：

$$\rho_0 V_{111}^2 = \lambda + 2\mu + \frac{\sigma}{3\lambda + 2\mu}\left[\frac{\lambda + \mu}{\mu}(4\lambda + 10\mu + 4m) + \lambda + 2l\right] \tag{9-1}$$

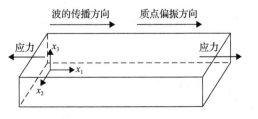

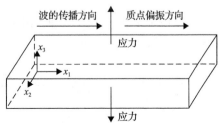

(a) 传播方向与应力方向相同的纵波　　　　　　(b) 传播方向与应力方向垂直的纵波

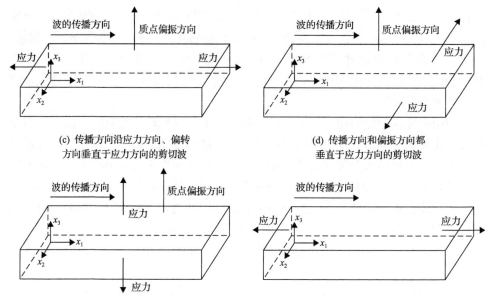

(c) 传播方向沿应力方向、偏转　　　　　　(d) 传播方向和偏振方向都
　　方向垂直于应力方向的剪切波　　　　　　　垂直于应力方向的剪切波

(e) 传播方向垂直于应力方向、　　　　　　(f) 传播方向与应力方向相同的表面波
　　偏振方向沿应力方向的剪切波

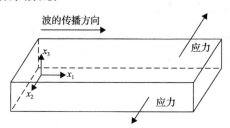

(g) 传播方向垂直于应力的表面波

图 9-1　超声波与应力的七种关系

(2) 传播方向与应力方向垂直的纵波方程 (图 9-1(b)) :

$$\rho_0 V_{113}^2 = \lambda + 2\mu + \frac{\sigma}{3\lambda + 2\mu}\left[2l - \frac{2\lambda}{\mu}(\lambda + 2\mu + m)\right] \tag{9-2}$$

(3) 传播方向与应力方向相同、偏转方向与应力方向垂直的剪切波方程 (图 9-1(c)) :

$$\rho_0 V_{131}^2 = \mu + \frac{\sigma}{3\lambda + 2\mu}\left(\frac{\lambda n}{4\mu} + 4\lambda + 4\mu + m\right) \tag{9-3}$$

(4)传播方向和偏振方向都与应力方向垂直的剪切波方程(图 9-1(d)):

$$\rho_0 V_{132}^2 = \mu + \frac{\sigma}{3\lambda + 2\mu}\left(m - \frac{\lambda + \mu}{2\mu}n - 2\lambda\right) \tag{9-4}$$

(5)传播方向与应力方向垂直、偏振方向与应力方向相同的剪切波方程(图 9-1(e)):

$$\rho_0 V_{133}^2 = \mu + \frac{\sigma}{3\lambda + 2\mu}\left(\frac{\lambda n}{4\mu} + \lambda + 2\mu + m\right) \tag{9-5}$$

(6)传播方向与应力方向相同的表面波方程(图 9-1(f)):

$$\left[\lambda + \alpha_{11}\alpha_{21}\left(\lambda + 2\mu\right)\right]\left[1 - \frac{(2\lambda + \mu)\sigma}{(3\lambda + 2\mu)\mu}\right] + \lambda\left(1 + \frac{\sigma}{\mu}\right) = 0 \tag{9-6}$$

其中，$\alpha_{11} = \sqrt{1 - \left(V_{11}/V_{1l}\right)^2}$，$\alpha_{21} = \sqrt{1 - \left(V_{11}/V_{1t}\right)^2}$；$V_{1l}$ 和 V_{1t} 分别是应力为零时固体中纵波和横波的波速。

(7)传播方向与应力方向垂直的表面波方程(图 9-1(g)):

$$\left[\lambda + \alpha_{12}\alpha_{22}\left(\lambda + 2\mu\right)\right]\left[1 - \frac{(2\lambda + \mu)\sigma}{(3\lambda + 2\mu)\mu}\right] + \lambda\left(1 + \frac{\sigma}{\mu}\right) = 0 \tag{9-7}$$

其中，$\alpha_{12} = \sqrt{1 - \left(V_{12}/V_{1l}\right)^2}$；$\alpha_{22} = \sqrt{1 - \left(V_{12}/V_{1t}\right)^2}$。

以上七个等式中，λ 和 μ 是金属材料的二阶弹性常数；l、m 和 n 为金属材料的三阶弹性常数，ρ_0 是金属材料原始状态的密度，σ 是金属材料被施加的单向应力(拉、压应力分别为正和负)，V 是超声波的传播速度。把自变量设为应力 σ，应变量为波速 V，将 V 对 σ 进行求导，得到 $\mathrm{d}V = K_a\mathrm{d}\sigma$，系数 K_a 表示应力敏感系数，其绝对值越大表示该波对应力越敏感。以钢为例[11]，不同类型超声波对应力的敏感系数如图 9-2 所示。

由图 9-2 可知，沿应力方向传播的纵波对应力的敏感系数最大，表示沿应力方向传播的纵波对应力变化最敏感。当金属零部件的应力方向为试件的水平方向时，L_{CR} 波对该应力最敏感[15]。

含有残余应力的金属零部件不仅影响超声波传播速度，还会影响超声波的非线性特性。探索应力的状态对 L_{CR} 波的非线性特性的影响机理，为利用 L_{CR} 波的非线性特性进行金属零部件应力状态的评估奠定基础。

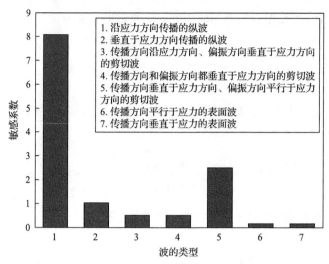

图 9-2　不同类型超声波对应力的敏感系数

9.2.2　L_{CR}波非线性检测应力的机理

当超声纵波从光疏介质传播到光密介质时，在两种介质的交界面会发生折射现象。由 Snell 定律可知，当入射角为第一临界角时，使折射纵波的角度为 90°时，那么将产生 L_{CR} 波，L_{CR} 波的产生机理如图 9-3 所示。第一临界角的计算公式为 $\theta_{LCR} = \arcsin(V_1/V_2)$，其中 V_1 为纵波在楔块中的速度，V_2 为纵波在试样中的速度。

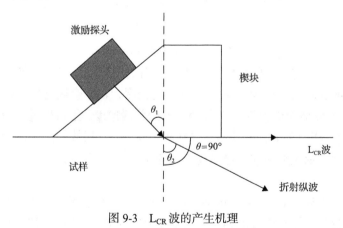

图 9-3　L_{CR} 波的产生机理

基于 L_{CR} 波非线性特性检测应力的原理如图 9-4 所示。当 L_{CR} 波在含有不同应力状态的金属零部件内传播时，超声波的波形会发生畸变，产生高次谐波，可以根据超声接收信号的超声非线性系数的变化对金属零部件的应力状态进行表征，为残余应力的无损检测奠定基础。

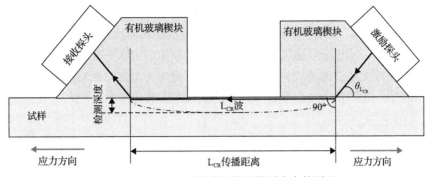

图 9-4 基于 L_{CR} 波非线性特性检测应力的原理

金属零部件的应力状态与超声波在传播过程中的非线性特性密切相关。当激励信号是单一频率的超声波时，非线性效应表现为高次谐波分量的变化。根据摄动理论和波动方程可知，由材料的非线性效应引起二次谐波幅值为 $A_2 = \dfrac{1}{8} A_1^2 k^2 \beta x$，其中 k 为波数，x 为超声波传播的距离，那么超声非线性系数 $\beta = \dfrac{8 A_2}{k^2 x A_1^2}$。如果激励信号的幅值 A_1 足够大，在超声波传播过程中由应力引起的二次谐波也会比较大，而二次谐波 A_2 的变化与试件的应力状态有非常密切的关系。当超声波在含有不同应力水平的试件中传播时，可根据接收信号的基波和二次谐波幅值分析不同应力状态下试件的超声非线性行为，以探究试件的应力状态与超声非线性系数之间的关系。

9.2.3 金属试件应力状态的超声非线性系数表征

L_{CR} 波在具有不同应力状态的金属试件内传播时会发生畸变，畸变的程度与试件的应力状态有关。计算不同应力水平下试件的超声非线性系数，可建立试件的应力状态与超声非线性系数之间的关系，为残余应力的评估奠定基础。当 L_{CR} 波在金属试件内传播时，分别建立超声非线性系数/波速与应力状态之间的关系，以研究 L_{CR} 波的非线性特性对金属试件应力状态表征，同时与声弹性理论的残余应力检测方法相比较，以探究利用 L_{CR} 波的非线性特性对金属试件应力状态表征的可行性。

1. 试件的制备

试件的材质为 45 号钢，其屈服极限为 355MPa。板状试件的规格和尺寸如图 9-5 所示，其厚度为 8mm、跨度为 160mm。

共有 5 个试件，分别编号为 p1、p2、p3、p4、p5。试件在制备过程中会产生一定的残余应力，因此首先分析 5 个试件的原始应力状态。在试验参数相同的条件下分别对 5 个试件进行超声非线性试验，计算其相对非线性系数，分别是

$0.000467V^{-1}$、$0.000469V^{-1}$、$0.000485V^{-1}$、$0.000479V^{-1}$ 和 $0.000473V^{-1}$。计算值的最大偏差为 3.85%，误差范围在 5%以内。测量的相对非线性系数可以间接反映试件的应力状态，因此检测结果表明 5 个试样的原始应力状态是一致的。试样 p1、p2 和 p3 进行 L_{CR} 波的非线性和线性试验，探究应力增加时相对非线性系数/波速的变化情况，试样 p4 和 p5 检验分析两种检测方法的分辨率。

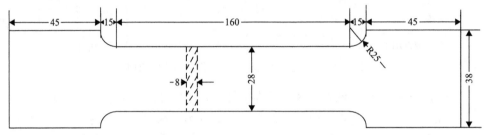

图 9-5　试件的规格和尺寸(单位: mm)

为了使试件具有不同的应力状态，使用 WDW3100 万能试验机分别对 5 个板状试件进行常温下的拉伸加载。试件 p1、p2 和 p3 的应力加载范围是 0～400MPa，每隔 20MPa 停止加载，并饱载 150s，在饱载时间内对试件进行基于 L_{CR} 波的非线性试验，采集超声非线性输出信号，计算不同应力状态下的相对非线性系数。同时每隔 40MPa 对试件进行线性超声试验，计算不同应力状态下的波速。为了减少试验误差，每个应力状态下的超声试验均重复进行 4 次。

此外，为了比较超声非线性试验和线性超声试验能够检测的最小应力，对试件 p4 和 p5 进行应力检测分辨率试验。设定试件 p4 和 p5 的应力基准值为 80MPa，当其应力分别为 120MPa、110MPa、100MPa、90MPa 和 85MPa 时，得到试件 p4 和 p5 的应力加载曲线如图 9-6 所示。

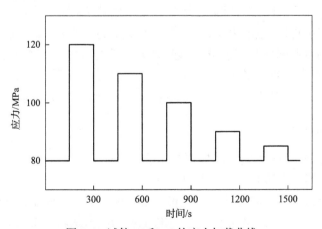

图 9-6　试件 p4 和 p5 的应力加载曲线

分别对两试件进行超声非线性和线性试验，计算相应的相对非线性系数和波速，检验分析两种检测方法的分辨率。

2. 检测实验

基于 L_{CR} 波的应力检测系统原理如图 9-7 所示。中心频率分别为 2.25MHz 和 5MHz 的压电纵波传感器分别作为激励和接收传感器。为了能在试件中产生 L_{CR} 波和接收畸变的超声波，激励和接收传感器分别固定在具有一定倾斜角的有机玻璃楔块上，而有机玻璃楔块又耦合在试件的表面。在整个试验过程中，为了保证传感器、楔块和试样之间的耦合性，用黄油作为耦合剂，均匀地涂抹在三者之间的接触面，并且保证激励和接收探头的中心与试件的中轴线重合。

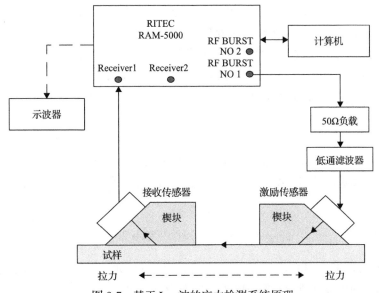

图 9-7　基于 L_{CR} 波的应力检测系统原理

应力检测系统主要包括超声非线性测试系统 RITEC RAM-5000、示波器、激励传感器、接收传感器、有机玻璃楔块、计算机、50Ω 负载和低通滤波器。由超声非线性测试系统 RITEC RAM-5000 产生一定频率、30 个周期的正弦脉冲串作为激励信号，激励信号经 50Ω 负载进行阻抗匹配，并经过低通滤波器滤除高频信号的干扰后，传输至激励传感器后产生超声纵波，并以第一临界角由有机玻璃楔块入射至试件，在有机玻璃楔块和试件的界面处发生折射现象，根据 Snell 第一定律，在试件中会产生折射角为 90° 的折射纵波，即 L_{CR} 波。L_{CR} 波在金属试件内传播，波形会发生畸变并产生高次谐波，畸变的超声信号被接收传感器接收，传输至 RITEC RAM-5000 的接收通道 1 进行相应的分析。此外，利用示波器显示并采集畸变的超声信号，并传输至计算机作进一步的信号分析和处理，示波器的采样频率为 100MHz。

在基于 L_{CR} 波的应力测量系统中，L_{CR} 波的检测深度与超声波的频率有关。超声波的检测深度与其频率的关系是 $D = v \times f^{-0.96}$，其中 D 表示 L_{CR} 波的检测深度，单位为 mm；f 表示超声波的频率，单位为 MHz；v 表示超声波在金属试样中的传播速度，单位为 km/s。如果超声波的频率比较大，L_{CR} 波的检测深度就会比较小。当激励信号的频率为 1MHz 时，检测深度约为 6mm；当激励信号的频率为 2.2MHz 时，相应的检测深度约为 2.5mm。

在实验过程中，激励频率的选择不仅要考虑超声波的检测深度，同时也要考虑超声接收信号的波形。由于激励探头的中心频率为 2.25MHz，在激励信号的频率由 1MHz 增加至 5MHz 的过程中，比较时域接收信号的波形和幅值，发现激励信号的频率为 2.2MHz 时接收信号的时域波形比较好，且幅值最大。因此，基于以上分析，设定激励信号的频率为 2.2MHz，相应的检测深度为 2.5mm。

有机玻璃楔块角度的选择。当超声纵波由光疏介质传输到光密介质中，当入射角满足第一临界角时，会使折射纵波的折射角为 90° 形成 L_{CR} 波，如图 9-3 所示。第一临界角 θ_{LCR} 的计算公式为

$$\theta_{LCR} = \arcsin\left(V_1/V_2\right)$$

其中，V_1 为纵波在楔块中的波速，V_2 为纵波在试件中的波速。试件为 45 号钢，超声纵波的传播速度为 5.9×10^3 m/s，纵波在有机玻璃中的速度为 2.6×10^3 m/s，则第一临界角为

$$\theta_{LCR} = \arcsin\left(2600 / 5900\right) = 26.15°$$

只要超声纵波的入射角大于 26.15°，就可以产生 L_{CR} 波。而在实际的试验过程中，根据入射角的可操作性，试验中选取 30° 作为入射角。

L_{CR} 波的传播距离对检测结果的影响。在试验过程中，超声波的传播距离对相对非线性系数的测量有一定的影响，因此，应当选择最合适的传播距离 D。由于试样的跨度为 160mm，根据有机玻璃楔块和传感器的尺寸，在实验过程中 L_{CR} 波的传播距离由 20mm 变化至 120mm。在其他试验参数相同的条件下，对具有 200MPa 拉伸应力的试件进行超声非线性试验。L_{CR} 波的传播距离和相对非线性系数之间的关系如图 9-8 所示，其中误差棒代表每个传播距离下 3 次重复测量的偏差。

根据 L_{CR} 波传播距离和相对非线性系数之间的关系可知，随着传播距离的增加，计算的相对非线性系数呈现出先增加、后减小的趋势。当传播距离为 80mm，相对非线性系数出现最大值。当传播距离由 20mm 增加至 80mm，相对非线性系数

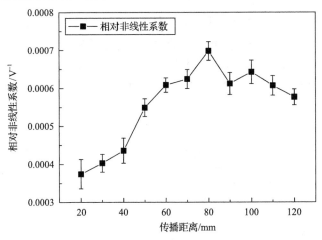

图 9-8　L_{CR} 波的传播距离和相对非线性系数之间的关系

单调递增，这主要是因为随着传播距离的增加，超声波与材料之间发生更明显的非线性相互作用，超声波的非线性特性具有累计效应，因此计算的相对非线性系数随传播距离的增加而增加。而当传播距离由 80mm 增加至 120mm 时，相对非线性系数逐渐减小，这主要是因为材料的吸收和几何扩散造成的超声波的衰减越来越明显。由以上分析可知，当传播距离为 80mm 时，计算的相对非线性系数可以充分地反映材料的非线性特性。因此，在基于 L_{CR} 波的非线性试验过程中，波的传播距离设定为 80mm。

利用图 9-7 的测量原理，可以计算不同应力状态下的波速。激励信号的频率为 2.2MHz，L_{CR} 波的传播距离 d 为 30mm。测量不同应力水平下 L_{CR} 波的传播时间 t，根据公式 $v = d/t$，可计算不同应力状态下的波速。

3. 可靠性分析

在基于高次谐波的超声非线性试验过程中，除了材料本身的非线性会引起高次谐波外，试验设备、耦合剂和传感器等也会引起高次谐波，这对试验结果有一定的影响。根据超声非线性系数的计算公式 $\beta = \dfrac{8A_2}{k^2 x A_1^2}$，当超声波的波数 k 和传播距离 x 一定时，如果二次谐波幅值 A_2 与基波幅值的平方 A_1^2 成正比，说明二次谐波幅值的变化是由材料的非线性引起的，可以验证测试系统的可靠性。当激励信号的电压由 300V 增加至 400V，每次增加幅度为 20V，对原始试件 p1 和 p2 进行超声非线性试验，分析 A_2 与 A_1^2 的关系，如图 9-9 所示。

由图 9-9 可知，激励信号的电压增加过程中，二次谐波幅值和基波幅值平方有较好的线性关系。试样 p1 和 p2 的最优拟合曲线分别是 $A_2 = 4.89 \times 10^{-4} A_1^2 +$

9.9073×10^{-5} 和 $A_2 = 5.03 \times 10^{-4} A_1^2 + 7.2851 \times 10^{-5}$，其相关系数分别为 $R^2 = 0.9984$ 和 $R^2 = 0.9979$，说明两个试件的二次谐波幅值和基波幅值平方是高度相关的。那么两个试件在原始状态下的相对非线性系数分别是 $0.000489V^{-1}$ 和 $0.000503V^{-1}$，说明在不同的激励电压下，测量的相对非线性系数是一个常数。因此，基于 L_{CR} 波的超声非线性测试系统是可靠的。

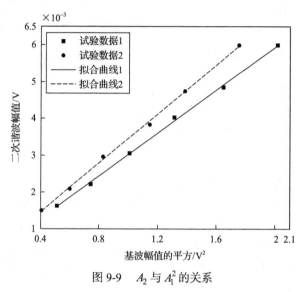

图 9-9　A_2 与 A_1^2 的关系

基于相对非线性系数的应力估算：在试件 p1、p2 和 p3 的应力由 0 增加至 400MPa 的过程中，每隔 20MPa 对试件进行 L_{CR} 波的激励试验，采集畸变的输出信号，提取基波和二次谐波幅值，根据相对非线性系数的表达式 $\beta = A_2/A_1^2$ 计算应力从 0MPa 增至 400MPa 时相对非线性系数和试件变形的变化，如图 9-10 所示。

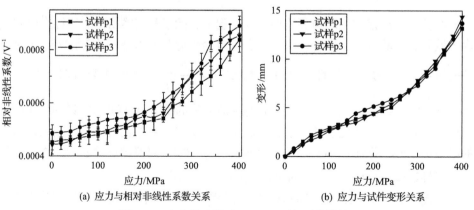

(a) 应力与相对非线性系数关系　　　　(b) 应力与试件变形关系

图 9-10　应力从 0 增至 400MPa 时相对非线性
系数和试件变形的变化

由图 9-10(a)可知，试件的应力在增加过程中，3 个试件的相对非线性系数具有相似的变化趋势。当应力低于 200MPa 时，相对非线性系数缓慢地增加；当试件的应力值增加至 300MPa 后，尤其是超过试件的屈服极限之后，相对非线性系数迅速增加。在应力增加过程中，3 个试件的相对非线性系数增幅分别为 181%、176% 和 189%。由图 9-10(b)可知，试件的变形也随着应力的增加而逐渐增加，当应力小于 200MPa 时，试件的变形相对比较小，约为 5mm。由 45 号钢试件的应力-应变曲线可知，材料的比例极限是 200MPa，当应力小于 200MPa 时，试件发生线弹性变形，且应变与应力成正比，试件的应变是非常小的，因此试件在弹性阶段的变形相对比较小。而当应力大于 200MPa 后，试件的变形迅速增加，尤其是应力超过试件的屈服极限 355MPa 后，试件发生塑性变形，且变形量相对较大。

比较图 9-10(a)和图 9-10(b)可知，当试件的应力状态比较大时，试件有比较明显的变形，且相对非线性系数也比较大。分析结果说明，试件的非线性系数与试件的变形状态密切相关。因此，试件变形的增加可能会引起试件相对非线性系数的增加，这与 Kim[16]提出的微塑性模型的结果是一致的，微塑性模型认为，试件超声非线性系数的增加是由试件的微塑性变形引起的。

基于波速的应力估算：当试件 p1、p2 和 p3 的应力状态分别为 0、40MPa、80MPa、120MPa、160MPa、200MPa、240MPa、280MPa、320MPa、360MPa 和 400MPa 时，分别计算 3 个试件的波速，得到波速和应力的关系如图 9-11 所示。

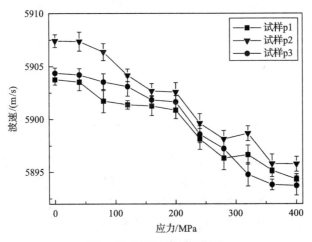

图 9-11　波速和应力的关系

随着试件应力水平的增加，超声波的传播速度不断减小，且 3 个试件的变化趋势是一致的。当试件的拉伸应力为 0 时，3 个试件的波速分别为 5903.76m/s、5907.42m/s 和 5904.83m/s，测量值与超声纵波的实际值非常接近。当试件的应力增加至 400MPa 时，超声波的传播速度分别为 5889.32m/s，5895.56m/s 和 5893.68m/s。

当应力由 0 增加至 400MPa, 3 个试件波速的减小幅度分别为 0.24%、0.205%和 0.157%。

4. 敏感度对比分析

超声波的参数——相对非线性系数和波速均能反映试件的应力状态,接下来分析两种参数对应力的敏感度。敏感系数可定义为

$$S(p,n) = \left| p(n) - p(0) \right| / p(0) \qquad (9\text{-}8)$$

其中, $S(p, n)$ 表示相对非线性系数或波速的敏感系数, $p(n)$ 代表在每个应力状态下的参数值, $p(0)$ 是原始状态下的参数值。相对非线性系数和波速的敏感性分析如表 9-2 所示,其中标准偏差 1 和 2 表示在每个应力水平下相对非线性系数和波速的偏差。

表 9-2 相对非线性系数和波速的敏感性分析

应力/MPa	相对非线性系数的敏感系数/%	标准偏差 $1/\times10^{-6}$	波速的敏感系数/%	标准偏差 2
40	1.9299	5.99	0.0019	0.413
80	7.3764	6.61	0.0279	0.369
120	10.1532	4.979	0.0392	0.42
160	13.2785	7.084	0.0554	0.582
200	18.9297	9.46	0.0649	0.537
240	23.8714	6.54	0.1197	0.328
280	40.058	8.165	0.1349	0.43
320	56.1403	7.993	0.1664	0.516
360	71.7694	6.064	0.2021	0.484
400	87.2034	5.315	0.2075	0.576

由表 9-2 可知,在相同的应力水平下,相对非线性系数的敏感系数明显大于波速的敏感系数。当试件的应力水平低于 200MPa 时,波速的敏感系数仅为 0.06%,而相对非线性系数的敏感系数为 18.9297%,约为波速敏感系数的 300 倍。当试件的应力水平为 400MPa 时,波速的敏感系数为 0.2075%,而相对非线性系数的敏感系数为 87.2034%,约为波速敏感系数的 420 倍。由以上分析可知,相对于超声波的声弹性理论,超声波的非线性特性对试件应力状态的变化具有更高的敏感性。

当金属试件的应力不断增加时,材料微观结构的变化主要是位错的形成和位错密度的增加。相关研究表明,材料位错结构的演化和微塑性变形并不会引起超声波宏观特性的变化,如超声波的波速和衰减系数,因此波速对应力变化的敏感

性系数比较小。而超声波的非线性特性具有评估材料微观结构的能力,材料内部位错的形成和位错密度的增加会引起超声波的畸变、并产生高次谐波,即超声波的非线性系数与材料的微观结构密切相关。因此,超声波的非线性系数对试件应力状态的变化具有较高的敏感性。由以上分析可知,利用 L_{CR} 波的非线性特性能够更好地表征和测量试件的应力状态。

5. 检测分辨率对比分析

当试件 p4 和 p5 的应力水平分别为 120MPa、110MPa、100MPa、90MPa、85MPa 和 80MPa 时,分别对两试件进行超声激励试验,采集超声响应信号,为减少试验误差,每次试验重复进行 4 次。根据超声响应信号,计算两种参数——相对非线性系数和波速。以试件应力为 80MPa 时的相对非线性系数和波速为基准,分析应力增幅分别为 40MPa、30MPa、20MPa、10MPa 和 5MPa 时相对非线性系数和波速的增量,即 $\Delta\beta_i = \beta_{120/110/100/90/85} - \beta_{80}$ 和 $\Delta v_i = v_{120/110/100/90/85} - v_{80}$,计算值为 4 次重复试验的平均值。并以应力增幅为 40MPa 时的相对非线性系数增量和波速增量为基准,把其他计算值进行归一化处理 $\Delta\beta_i / \Delta\beta_{40}$ 和 $\Delta v_i / \Delta v_{40}$,应力检测分辨率的试验结果如表 9-3 所示,其中误差 1 和误差 2 表示每个应力增幅下 4 次重复测量的平均偏差。

表 9-3　应力检测分辨率的试验结果

参数	估计值				
$\Delta\sigma$ /MPa	40	30	20	10	5
$\Delta\beta_i$ /$\times 10^5 V^{-1}$	2.6483	1.7991	1.2674	0.5928	0.0653
误差 1/$\times 10^{-6}$	4.7425	5.3217	3.9451	5.854	6.3418
$\Delta\beta_i / \Delta\beta_{40}$	1	0.6793	0.4786	0.2238	0.0247
Δv_i /(m/s)	1.2476	0.8938	0.0736	0.0541	0.0622
误差 2	0.4328	0.3946	0.5037	0.5565	0.4932
$\Delta v_i / \Delta v_{40}$	1	0.7164	0.059	0.0434	0.0498

由表 9-3 可知,当试件的应力增幅分别为 30MPa、20MPa 和 10MPa 时,相对非线性系数的变化约为增幅为 40MPa 时该参数的 68%、49% 和 22%,说明在这几组应力增幅下相对非线性系数可以很好地反映试件的应力状态;而当应力增幅为 5MPa 时,相对非线性系数的增幅仅为 2.5%,此时已经不能够识别试件应力状态的改变。由以上结果进一步分析,基于 L_{CR} 波的非线性特性能够识别的最小应力变化值约为 10MPa。当试件的应力增幅为 30MPa 时,波速的变化相对比较明显;而

当应力增幅低于 30MPa 时，波速的变化是不明显的，这说明基于波速能够检测的最小应力变化值约为 30MPa。由以上分析可知，利用 L_{CR} 波的非线性特性能够检测的应力分辨率约为 10MPa，而利用波速时检测的应力分辨率为 30MPa，也就是说利用 L_{CR} 波的非线性特性能够检测较小的应力值和应力变化量。

9.3　金属零部件应力状态的检测

在弹性力学中，金属零部件内部某一点的应力状态是二阶应力张量；而物体内部某一点，并通过该点某一个微分面上的应力是应力矢量。通俗地说，应力张量是某一点所有截面上应力矢量的集合。在我们的研究中，分析的是金属试件中心 o 在三个不同微分面上的应力状态，符合应力矢量定义，即金属试件在三个微分面 ox、ox_1 和 ox_2 上的应力是一个矢量，具有大小和方向。因此，利用 L_{CR} 波的非线性特性探究稳定状态下金属试件在某一截面上的应力状态，包括应力的大小和方向。

利用超声非线性特性表征金属零部件的应力状态时，一般使用二阶相对非线性系数 $\beta = A_2/A_1^2$。相关研究表明，三阶相对非线性系数 $\delta = A_3/A_1^3$ 也可以用来评估金属材料的应力状态，其中 A_3 表示超声非线性输出信号的三次谐波幅值[17]。因此，可以使用 L_{CR} 波的二阶超声非线性系数 β 和三阶超声非线性系数 δ 对金属试件的应力状态进行表征和检测。

9.3.1　金属试件应力的检测原理

金属试件在某个微分面上的应力矢量具有大小和方向，而在实际的工程应用中，应力方向是不确定的。当使用 L_{CR} 波的非线性特性检测金属试件在稳定状态下的应力时，波的传播方向与应力的方向不一定是一致的。

基于 L_{CR} 波的应力检测系统如图 9-7 所示，其参数设置与 9.2.3 节保持一致；试件的规格如图 9-5 所示，试件的拉伸应力由 0 增加至 400MPa，每次增幅为 20MPa，拉伸方向沿试件的轴向方向。在对试件进行超声非线性试验时，L_{CR} 波的传播方向由激励和接收传感器的位置控制。L_{CR} 波检测不同方向应力的原理如图 9-12 所示。其中，图 9-12(a) 所示 L_{CR} 波的传播方向分别沿 x、x_1 和 x_2 三个方向，其中 x 方向与试件的拉伸应力的方向一致，x_1 和 x_2 方向均与拉伸应力方向呈一定的角度。图 9-12(b) 是分别沿 x、x_1 和 x_2 方向传播的三种超声非线性试验的原理图，其中 σ、σ_1 和 σ_2 分别表示 x、x_1 和 x_2 方向上的应力。x_1 方向与 x 方向的角度偏差 θ 和 x_2 方向与 x 方向的角度偏差 φ 是相同的，例如，$\theta = \varphi = 20°$，而 x_1 和 x_2 方向的角度偏差为 $\theta + \varphi = 40°$。

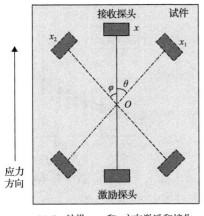 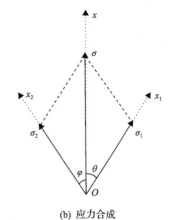

(a) L_{CR} 波沿 x、x_1 和 x_2 方向激励和接收　　　(b) 应力合成

图 9-12　L_{CR} 波检测不同方向应力的原理

根据 L_{CR} 波的非线性特性，可通过试验确定 x_1 和 x_2 方向上的应力 σ_1' 和 σ_2'；基于力的合成法则，可以估算检测主应力的大小 σ' 和方向 γ，其中 γ 表示检测主应力方向和 x_1 方向之间的角度。

$$\sigma' = \sqrt{\sigma_1'^2 + \sigma_2'^2 + 2\sigma_1'\sigma_2'\cos(\theta + \varphi)} \tag{9-9}$$

$$\gamma = \arcsin\frac{\sigma_2'\sin(\theta + \varphi)}{\sqrt{\sigma_1'^2 + \sigma_2'^2 + 2\sigma_1'\sigma_2'\cos(\theta + \varphi)}} \tag{9-10}$$

共研究了 11 个试件，其中试件 1、2 和 3 进行 x 方向上 L_{CR} 波的非线性特性分析，试件 4 和 5 进行 x_1 方向上的非线性特性分析、试件 6 和 7 进行 x_2 方向上的非线性特性分析，分别探究 x、x_1 和 x_2 方向上二阶、三阶相对非线性系数与应力之间的关系，并分别建立三个方向上的应力检测模型；而试件 8、9、10 和 11 是测试试件，检测试件主应力的大小和方向，验证应力检测模型的准确性。

9.3.2　x 方向上应力估算

1. x 方向上相对非线性系数的变化规律

L_{CR} 波沿 x 方向传播，分别对具有不同稳定应力状态的试件 1、2 和 3 进行超声非线性试验。根据超声非线性输出信号可以提取基波、二次谐波和三次谐波的幅值 A_1、A_2 和 A_3，并可计算二阶相对非线性系数 β 和三阶相对非线性系数 δ，x 方向上应力和相对非线性系数的关系如图 9-13 所示，其中误差棒表示每个应力水平下相对非线性系数的偏差。

由图 9-13(a) 可知，随着试件应力水平的增加，3 个试件具有相同的变化趋势，

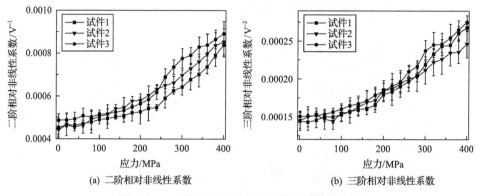

图 9-13　x 方向上应力和相对非线性系数的关系

即二阶相对非线性系数单调递增。当试件的应力水平低于 200MPa 时，二阶相对非线性系数的增加趋势相对比较缓慢；当试件的应力高于 200MPa 时，二阶相对非线性系数的增加趋势变快。当应力由 0 增加至 400MPa，3 个试件的二阶相对非线性系数的增幅分别为 178%、186% 和 182%。另外还可以发现，当应力水平比较大时，测量点的误差棒变长，这说明测量数据分散性变大。随着试件应力水平增加，试件变形越来越明显，超声波传播距离和传播路径会受到影响，因此，测得相对非线性系数的分散性变大。而由图 9-13(b) 可知，三阶相对非线性系数的变化趋势与二阶相对非线性系数的变化趋势相同，其增幅分别为 173%、180% 和 177%。

2. 实验数据和理论模型的对比分析

位错弦模型和位错偶模型为解释超声非线性系数和应力之间的关系提供了理论基础。位错弦模型解释了超声波在固体介质中传播时二次谐波分量的产生，提出了二阶超声非线性系数的表达式，它由晶格引起的非线性和位错引起的非线性两部分组成[18-20]，但是前者远小于后者，所以在理论分析时通常不考虑，即

$$\beta_{mp} = \frac{24}{5} \cdot \frac{\Omega \Lambda_{mp} L^4 R^3 E_1^2}{G^3 b^2} \sigma \tag{9-11}$$

式中，E_1 表示金属材料的一阶弹性常数；Λ_{mp} 为单极位错密度；L 为位错弦长；R 为剪应力与正应力间的转换系数；G 为剪切模量；b 为 Burgers 矢量；Ω 为剪应变与正应变间的转换系数。

金属零部件在服役循环过程中，材料的微观结构不断变化，相邻位错发生相互作用形成位错偶。基于位错偶模型的二阶超声非线性系数 β_{dp} 和三阶超声非线性系数 δ_{dp} 分别为[21]

$$\beta_{dp}=-\frac{E_3}{E_2}\frac{16\pi^2h^3\varOmega\varLambda_{dp}h^3R^2(1-\nu)^2E_2^2}{G^2b}+\frac{384\pi^3\varOmega\varLambda_{dp}h^4R^3(1-\nu)^3E_2^2}{G^3b^2}\sigma \tag{9-12}$$

$$\delta_{dp}=\frac{384\pi^3\varOmega\varLambda_{dp}h^4R^3(1-\nu)^3E_2^3}{G^3b^2}+\frac{5376\pi^4h^5\varOmega\varLambda_{dp}R^4(1-\nu)^4E_2^3}{G^4b^3}\sigma \tag{9-13}$$

在位错弦模型式(9-11)中，对于同一种材料其他参数均为常数，二阶超声非线性系数与位错密度和应力成正比，即 $\beta\sim\varLambda_{mp}\sigma$。在位错偶模型中，为了简化二阶、三阶相对非线性系数与应力的关系，仅考虑式(9-12)的第三项和式(9-13)的第二项，即 $\beta_{dp}\sim\varLambda_{dp}\sigma$ 和 $\delta_{dp}\sim\varLambda_{dp}\sigma$。对于材料45号钢，45号钢的位错弦密度和位错偶密度变化系数如表9-4所示[19]。

表 9-4　45 号钢的位错弦密度和位错偶密度变化系数

拉伸应力比/%	0	12	24	36	48	60	72	84	100
位错弦模型	0	0.21	0.3	0.42	0.5	0.61	0.7	0.82	0.95
位错偶模型	0.05	0.18	0.32	0.39	0.49	0.53	0.68	0.79	0.955

基于图 9-13 的试验数据，对其进行无量纲处理，即 $\beta''=\dfrac{\beta_i-\beta_0}{\beta_{400}-\beta_0}$ 和

$\delta''=\dfrac{\delta_i-\delta_0}{\delta_{400}-\delta_0}$，其中 β_i 和 δ_i 表示每个应力下的二阶和三阶相对非线性系数。那么基于位错模型和试验的无量纲相对非线性系数的变化趋势如图 9-14 所示。

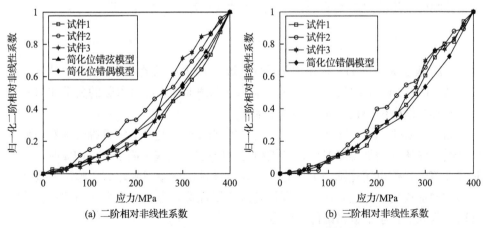

(a) 二阶相对非线性系数　　　　　　　(b) 三阶相对非线性系数

图 9-14　基于位错模型和试验的相对非线性系数的变化趋势

由图 9-14(a)和(b)可知，当试件的应力水平由 0 增加至 400MPa，归一化的非线性系数均单调递增，简化的位错模型和无量纲的试验数据具有相同的变化趋势。

这说明当金属试件的应力水平增加时，二阶和三阶相对非线性系数与金属材料的位错密度密切相关，而且位错密度的增加是引起超声非线性系数变化的主要原因[22]。由以上分析可知，当 L_{CR} 波的传播方向与应力方向相同时，通过试验获得的超声非线性系数与应力的关系是合理的，因此，该关系可以用来检测试件的应力水平。

此外，把基于 L_{CR} 波非线性特性的试验数据与文献[15]进行对比，该文献利用表面波分析 45 号钢试件在应力增加过程中的非线性特性，当 45 号钢试件的应力低于 300MPa 时，二阶超声非线性系数增加比较缓慢，接下来二阶超声非线性系数增加比较迅速；而三阶超声非线性系数在应力低于 280MPa 时增加缓慢，之后就迅速增加。将基于 L_{CR} 波和表面波获得的二阶和三阶超声非线性系数的变化趋势进行比较，可以发现两组试验结果是相似的。因此，以上分析证明了利用 x 方向传播的 L_{CR} 波获得的实验数据是合理的。

3. x 方向上应力估算

为了使用 L_{CR} 波的非线性特性检测稳定状态下金属试件的应力，应首先建立基于超声非线性系数和应力的关系模型，并使用该模型评估试件的应力状态。

根据数据融合理论，综合几个特征量，可更充分反映系统的信息。由于二阶和三阶超声非线性系数均可以表征超声波的非线性特性和应力之间的关系，基于此提出一个融合二阶和三阶相对非线性的综合非线性特征参数是很有必要的。

根据二阶和三阶相对非线性系数的定义，二阶相对非线性系数与二次谐波的幅值成正比，三阶相对非线性系数与三次谐波的幅值成正比。由相对非线性系数和谐波幅值之间的比例关系[22]，提出超声非线性综合参数 α，即

$$\alpha = \beta'' + \delta'' \tag{9-14}$$

其中，β'' 表示无量纲的二阶相对非线性系数，δ'' 表示无量纲的三阶相对非线性系数。基于图 9-14 无量纲的试验数据，应力和超声非线性综合参数的关系如图 9-15 所示，其中横坐标为超声非线性综合参数。

如图 9-15 所示，当试件的应力低于 200MPa 时，超声非线性综合参数增加比较缓慢，仅从 0 增加至 0.4166，增幅约为 20.83%；当应力高于 200MPa 时，超声非线性综合参数迅速增加，尤其是应力超过试件的屈服极限之后，超声非线性综合参数增加得更加迅速。因此，利用超声非线性综合参数和应力之间的拟合曲线可以检测稳定状态下金属试件的应力。

用最小二乘法拟合图 9-15 的试验数据得到拟合曲线。由于最优的拟合曲线是指数形式，可以利用一个微小参数 0.001 代替试件原始状态的超声非线性综合参数，那么基于超声非线性综合参数和应力之间的最优指数拟合曲线是

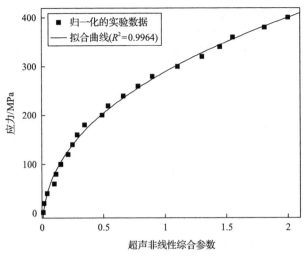

图 9-15　应力和超声非线性综合参数的关系

$$\sigma = 348.8\alpha^{0.3999} - 59.95 \tag{9-15}$$

其中，拟合系数 $R^2 = 0.9964$，非常接近 1，说明拟合的指数曲线能够较好地反映超声非线性综合参数和应力之间的关系。

另外，对无量纲的非线性系数 β''、δ'' 与应力的关系也进行曲线拟合，同样地，可以将微小参数 0.001 代替试件原始状态的无量纲二阶和三阶相对非线性系数。相应的拟合曲线分别为

$$\sigma = 469\beta''^{0.4005} - 55.16 \tag{9-16}$$

$$\sigma = 416.5\delta''^{0.4755} - 24.26 \tag{9-17}$$

为了验证应力检测模型(式(9-15)、式(9-16)、式(9-17))，我们把试件 8 和 9 作为测试试件。当试件的应力分别为 100MPa、200MPa 和 300MPa 时，分别对试件进行 x 方向上的 L_{CR} 波试验，计算无量纲二阶相对非线性系数 β''、无量纲三阶相对非线性系数 δ'' 和超声非线性综合参数 α。沿 x 方向传播的 L_{CR} 波的应力计算结果如表 9-5 所示。

由表 9-5 可知，当使用无量纲二阶相对非线性系数检测试件的应力时，三种应力水平下的检测误差分别为 3.61%、1.92%和 3.52%；当使用无量纲三阶相对非线性系数检测试件的应力时，相应的检测误差分别为 5.65%、3.78%和 1.46%；而使用超声非线性综合参数检测试件的应力时，检测误差分别为 4.78%、2.45%和 0.49%。除了应力水平为 100MPa 时的无量纲三阶相对非线性系数，其他情况下的应力估算误差均小于 5%，尤其是超声非线性综合参数的误差相对更低。结果表明，当 L_{CR} 波的传播方向与试件应力方向一致时，使用 L_{CR} 波的非线性特性可以有效地

表 9-5　沿 x 方向传播的 L_{CR} 波的应力计算结果

参数	实际应力/MPa	实验值	检测应力/MPa	误差/%
β''	100	0.081	103.6055	3.61
δ''	100	0.1083	105.6477	5.65
α	100	0.1893	104.7757	4.78
β''	200	0.2106	196.1547	1.92
δ''	200	0.2917	207.5678	3.78
α	200	0.5023	204.8949	2.45
β''	300	0.4612	289.4383	3.52
δ''	300	0.5806	304.3755	1.46
α	300	1.0418	298.5233	0.49

评估试件在稳定状态下的应力水平。此外，还可以发现，超声非线性综合参数的检测误差是无量纲二阶和三阶相对非线性系数检测误差的加权和，这是因为超声非线性综合参数是基于无量纲二阶和三阶相对非线性系数的和提出的。

9.3.3　不同方向 $(x_1、x_2)$ 的应力估算

当 L_{CR} 波分别沿 x_1 和 x_2 方向传播时，由于 x_1 和 x_2 方向分别与拉力方向成 $20°$ 角，根据力的分解，x_1 和 x_2 方向上的应力分别为 $\sigma_1 = \sigma_2 = \dfrac{\sigma}{2\cos 20°}$。当试件的应力由 0 增加至 400MPa，试件 4 和 5 进行 x_1 方向上的 L_{CR} 波试验，试件 6 和 7 进行 x_2 方向上的 L_{CR} 波试验[22]。那么 x_1 和 x_2 方向上相对非线性系数的变化趋势如图 9-16 所示，其中图 9-16(a) 和 (b) 的横坐标是 σ_1，图 9-16(c) 和 (d) 的横坐标是 σ_2。

当试件的应力水平由 0 增加至 400MPa，x_1 和 x_2 方向上的应力 σ_1 和 σ_2 单调递增。由图 9-16 可知，应力水平增加过程中，x_1 和 x_2 方向上的二阶和三阶相对非线性系数均单调增加，且非线性系数的变化趋势与 x 方向上相对非线性系数的变化

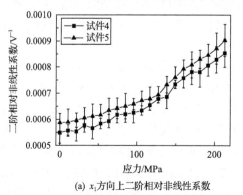

(a) x_1 方向上二阶相对非线性系数

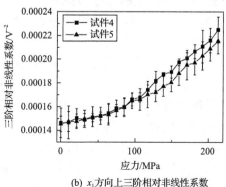

(b) x_1 方向上三阶相对非线性系数

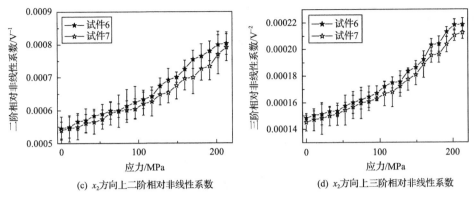

(c) x_2方向上二阶相对非线性系数 (d) x_2方向上三阶相对非线性系数

图 9-16 x_1 和 x_2 方向上相对非线性系数的变化趋势

趋势是一致的。四组曲线中相对非线性系数的增幅分别为 51%、47%、43% 和 46%，然而在 x 方向上相对非线性系数的增幅约为 80%。这可能是因为 L_{CR} 波对切向应力最敏感，当 L_{CR} 波沿 x 方向传播时，其传播方向也就是试件的切向应力方向，当 L_{CR} 波沿 x 方向传播时对拉伸应力的变化最敏感，因此相对非线性系数的增幅也就比较大。

基于图 9-16 的试验数据，首先对二阶和三阶相对非线性系数进行无量纲处理，其次分别计算 x_1 和 x_2 方向上的超声非线性综合参数 α_1 和 α_2；最后分别建立 x_1 和 x_2 方向上基于超声非线性综合参数 α_1 和 α_2 的应力检测模型。那么，x_1 方向上基于超声非线性综合参数 α_1 的应力检测模型为

$$\sigma_1 = 141.7\alpha_1^{0.5918} - 3.244 \tag{9-18}$$

而 x_2 方向上基于超声非线性综合参数 α_2 的应力检测模型为

$$\sigma_2 = 140\alpha_2^{0.6211} - 8.037 \tag{9-19}$$

需要说明的是，以上两个等式均是指数形式。在数据拟合之前，均使用微小系数 0.001 代替试件原始状态的超声非线性综合参数。

为了验证 x_1 和 x_2 方向上的应力检测模型(式(9-18)和式(9-19))，试件 10 和 11 为测试试件。当测试应力分别为 60MPa、100MPa、160MPa、200MPa、260MPa 和 300MPa 时，对试件 10 进行 x_1 方向上的 L_{CR} 波试验[22]，对试件 11 进行 x_2 方向上的 L_{CR} 波试验；分别计算 x_1 和 x_2 方向上的超声非线性综合参数 α_1' 和 α_2'，并根据 x_1 和 x_2 方向上的应力检测模型(式(9-18)和式(9-19))计算检测应力 σ_1' 和 σ_2'；接下来根据应力合成法则，即式(9-9)和式(9-10)，计算检测主应力的大小 σ' 和方向 γ；最后检测主应力与试件的实际应力 σ 进行比较，计算检测应力的原理如图 9-17 所示，x_1 和 x_2 方向上应力估算结果如表 9-6 所示，其中检测误差是根据 $\dfrac{|\sigma' - \sigma|}{\sigma} \times 100\%$

计算得到，而角度偏差 $\Delta\gamma = \gamma - 20°$。

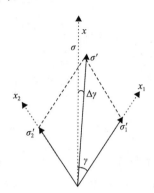

图 9-17　计算检测应力的原理

表 9-6　x_1 和 x_2 方向上应力估算结果

σ /MPa	σ_1' /MPa	σ_2' /MPa	σ' /MPa	误差/%	γ	$\Delta\gamma$
60	32.9894	29.9952	59.195	1.3416	19.0087	−0.9913
100	53.4706	57.6987	104.475	4.475	20.7931	0.7931
160	78.1173	86.0954	154.3336	3.5415	21.0131	1.0131
200	106.1282	103.0662	196.5812	1.7094	19.6948	−0.3052
260	137.2841	143.4133	263.7776	1.4529	20.4553	0.4553
300	158.0572	162.8564	301.5646	0.5215	20.3119	0.3119

当使用 x_1 和 x_2 方向上 L_{CR} 波的非线性特性估算试件在稳定状态下主应力的大小和方向时，当测试试件的实际应力为 100MPa 时，估算应力的最大误差是 4.475%，而当试件的实际应力为 160MPa 时，估算应力的最大角度偏差是 1.0131°。总体来说，试件主应力的检测误差均小于 5%，而检测角度偏差均小于 1.5°，这说明利用 x_1 和 x_2 方向上 L_{CR} 波的非线性特性检测试件在稳定状态下的应力时，检测值非常接近试件的实际值。分析结果表明，当 L_{CR} 波的传播方向与试件的应力方向不一致时，利用 L_{CR} 波的非线性特性不仅可以有效地表征金属试件在稳定状态下主应力大小，还可以有效地检测主应力的方向。

只要我们对待测零件上某点分别在已知角度的两个方向上进行 L_{CR} 波的非线性特性测试，根据应力与非线性系数的关系模型就可以合成得到零件上该点应力的大小和方向。由此，可以具体检测零件在服役中承受应力或残余应力。

9.4　本 章 小 结

通过综述残余应力的无损检测方法，揭示现存方法的不足及声弹性理论的残余应力检测方法的局限，而基于超声非线性特性对金属零部件残余应力的研究相对较少，提出利用 L_{CR} 波的非线性特性表征试件的应力状态，探索超声非线性检测应力的方法。

利用 L_{CR} 波的非线性特性可以对金属零部件的应力状态进行表征。分析超声非线性系数对应力状态变化的敏感性和分辨率，探究利用 L_{CR} 波的非线性特性对金属零部件的应力状态进行表征的有效性与可靠性；并对稳定状态下金属零部件的应力状态进行表征，包括应力的大小与方向。

根据不同类型超声波对应力的敏感程度，发现 L_{CR} 波对切向应力最敏感，用 L_{CR} 波的非线性特性对零部件的应力状态进行表征，搭建基于 L_{CR} 波非线性特性的应力检测系统，探讨了应力检测方法。检测实验研究表明，当 L_{CR} 波的传播方向与应力方向不同时，设 L_{CR} 波分别沿 x、x_1 和 x_2 方向传播，在 x 方向上，归一化非线性系数的变化趋势与简化位错模型是一致的，并建立基于超声非线性综合参数、归一化非线性系数的应力检测模型，应力检测误差均小于 5%，这说明利用 L_{CR} 波的非线性特性可以有效地检测试件的应力；当 L_{CR} 波分别沿 x_1 和 x_2 方向传播时，分别建立 x_1 和 x_2 方向上基于超声非线性综合参数的应力检测模型，检测 x_1 和 x_2 方向上的应力，再根据平行四边形法则计算主应力的大小和方向，计算误差小于 5%、角度偏差低于 $1.5°$。因此，利用 L_{CR} 波的非线性特性不仅可以有效地表征金属试件主应力的大小，而且还可以检测主应力的方向。

参 考 文 献

[1] 宋文涛. 残余应力超声无损检测与调控技术研究. 北京: 北京理工大学, 2016

[2] Rossini N S, Dassisti M, Benyounis K Y, et al. Methods of measuring residual stresses in components. Materials & Design, 2012, 35: 572-588

[3] 吕克茂. 残余应力测定的基本知识——第四讲 X 射线应力测定方法(一). 理化检验(物理分册), 2007, (7): 349-354

[4] 吕克茂. 残余应力测定的基本知识——第四讲 X 射线应力测定方法(三). 理化检验-物理分册, 2007, 43(9): 462-468

[5] 吕克茂.残余应力测定的基本知识——第四讲 X 射线应力测定方法(二).理化检验(物理分册), 2007, (8): 428-432

[6] Takali F, Njeh A, Fuess H, et al. X-ray diffraction measurement of residual stress in epitaxial ZnO/α-Al$_2$O$_3$ thin film. Mechanics Research Communications, 2011, 38(3): 186-191

[7] Ilker Y H, Cam I, Hakan G C. Non-destructive determination of residual stress state in steel elements by Magnetic Barkhausen Noise technique. NDT & E International, 2010, 43(1): 29-33

[8] 陶大锦, 林晓雷, 朱丹峰. 涡流技术在应力检测中的应用. 机床与液压, 2013, 41(4): 137-139

[9] 徐春广, 宋文涛, 潘勤学, 等. 残余应力的超声检测方法. 无损检测, 2014, (7): 25-31

[10] 徐春广, 宋文涛, 李骁, 等. 残余应力的超声波检测与校准//2014 年电子机械与微波结构工艺学术会议, 呼和浩特, 2014: 312-316

[11] 宋文涛, 徐春广. 超声法残余应力无损检测与表征. 机械设计与制造, 2015, (10): 9-12

[12] 徐春广, 李焕新, 王俊峰, 等. 残余应力的超声横纵波检测方法. 声学学报, 2017, (2): 195-204

[13] Liu M, Kim J, Jacobs L, et al. Experimental study of nonlinear Rayleigh wave propagation in shot-peened aluminum plates—Feasibility of measuring residual stress. NDT & E International, 2011, 44(1): 67-74

[14] Zhang Y H, Li X X, Wang X H, et al. Feasibility of residual stress nondestructive estimation using the nonlinear property of critical refraction longitudinal wave. Advances in Materials Science & Engineering, 2017, 2017: 1-11

[15] 靳鑫. 齿轮齿根残余应力的超声无损检测与校准技术. 北京: 北京理工大学, 2015

[16] Kim J Y, Qu J, Jacobs L J, et al. Acoustic Nonlinearity Parameter Due to Micro plasticity. Journal of Nondestructive Evaluation, 2006, 1(25): 29-37

[17] 阎红娟, 徐春广, 肖定国, 等. 金属材料拉伸应力非线性超声特性研究. 机械工程学报, 2016, (6): 22-29

[18] 张剑锋. 奥氏体不锈钢服役损伤的非线性超声检测与评价研究. 上海: 华东理工大学, 2014

[19] 阎红娟. 金属构件疲劳损伤非线性超声检测方法研究. 北京: 北京理工大学, 2015

[20] Hikata A, Truell R, Granato A, et al. Sensitivity of ultrasonic attenuation and velocity changes to plastic deformation and recovery in aluminum. Journal of Applied Physics, 1996, 27(4): 396-404

[21] Cash W D, Cai W. Contribution of dislocation dipole structures to the acoustic nonlinearity. Journal of Applied Physics, 2012, 111(7): 749-756

[22] 张玉华. 超声非线性技术检测金属零部件应力和疲劳损伤的方法研究. 南宁: 广西大学, 2017

第 10 章　疲劳损伤的超声非线性检测

10.1　引　言

对于宏观裂纹、气孔和夹杂等宏观缺陷,传统超声无损检测技术已能检测,但对于疲劳宏观裂纹形成前的材料早期性能退化、材料微观结构变化和微裂纹形成,则还没有灵敏的检测方法可用。研究表明,金属材料在循环载荷作用下会经历疲劳成核、微裂纹的形成和扩展、宏观裂纹的形成以及失效四个阶段,采用某种方法对金属零部件早期性能退化和微损伤进行有效的评估和检测,并有效地预测金属零部件的剩余疲劳寿命,既是工程实际需求,又有重要工程实际意义。

利用超声非线性技术对金属零部件的服役损伤或性能退化进行检测,已经从实验研究、理论模型、数值分析等方面进行了大量研究,但是将超声非线性技术应用于疲劳损伤和微裂纹的检测中,还需进行深入的研究。本章将利用混频技术对金属零部件的疲劳损伤进行表征,研究超声非线性检测金属零部件内部的疲劳裂纹、预测剩余疲劳寿命的方法,为超声非线性技术的实际工程应用、建立具体检测方法奠定技术基础。

10.2　金属试件疲劳损伤的超声非线性检测机理

超声波在介质中传播时会产生不同的声学非线性现象,如高次谐波滋生、混频声场调制等,利用这些非线性现象可以对金属零部件的服役损伤进行检测和表征[1,2],高次谐波技术是目前最常用的一种检测方法。在超声非线性检测中,基于高次谐波的超声非线性系数表征的是激励传感器和接收传感器之间区域的平均非线性参数[3],检测的空间分辨率受到很大的限制[4];此外,试验设备、传感器和耦合剂都会产生高次谐波,难以有效地区分所测得的超声非线性系数是材料的疲劳损伤还是试验设备因素产生。混频技术,又称为波束混叠技术,它可以有效地避免高次谐波技术的这类缺陷。与高次谐波技术相比,混频技术具有很好的空间选择性,能够灵活地选择检测位置,有效地减少试验仪器的非线性来源;其次,该技术还具有波型转换的特点;此外,混频技术还具有方向可控和频率可选等优势。根据激励信号的传播方向,混频技术可以分为共线混频技术和非共线混频技术两类。利用混频技术的优点,可以对经受疲劳的金属试件中的疲劳累积损伤或内部不可见疲劳裂纹进行表征研究。

10.2.1　混频技术的非线性理论

在金属材料中，一维非线性波动方程可以表示为

$$\frac{\partial^2 u(x,t)}{\partial t^2} - c^2 \frac{\partial^2 u(x,t)}{\partial x^2} = c^2 \beta \frac{\partial u(x,t)}{\partial x} \frac{\partial^2 u(x,t)}{\partial x^2} \tag{10-1}$$

其中，$u(x,t)$ 表示质点位移，x 是超声波的传播距离，c 是超声波的波速，β 是超声非线性参数。利用摄动理论求解波动方程的解，设波动方程解的形式为[4]

$$u(x,t) = u^0(x,t) + \beta u^1(x,t) \tag{10-2}$$

其中，$u^0(x,t)$ 表示线性位移，$u^1(x,t)$ 是由材料非线性引起的位移。如果非线性位移与波的传播距离成正比，那么

$$u^1(x,t) = x f(\tau) \tag{10-3}$$

式中，$f(\tau)$ 是一个待确定的未知函数，其中 $\tau = t - x/c$。如果激励信号是两个不同频率的超声波，其形式为

$$u^0(x,t) = A_1 \cos(f_1 \tau) + A_2 \cos(f_2 \tau) \tag{10-4}$$

其中，A_1 和 A_2 是两激励信号的幅值，f_1 和 f_2 是两激励信号的频率，且 $f_1 < f_2$。将式（10-3）和式（10-4）代入式（10-2），之后再代入式（10-1），可得

$$f(\tau) = -\frac{A_1^2 k_1^2}{8} \cos(2f_1 \tau) - \frac{A_2^2 k_2^2}{8} \cos(2f_2 \tau) + \frac{A_1 A_2 k_1 k_2}{4} \\ \left[\cos(f_2 - f_1)\tau - \cos(f_1 + f_2)\tau \right] \tag{10-5}$$

而式（10-2）可以表示为

$$u(x,t) = A_1 \cos(f_1 \tau) + A_2 \cos(f_2 \tau) \\ + x\beta \left\{ -\frac{A_1^2 k_1^2}{8} \cos(2f_1 \tau) - \frac{A_2^2 k_2^2}{8} \cos(2f_2 \tau) + \frac{A_1 A_2 k_1 k_2}{4} \right. \\ \left. \cdot \left[\cos(f_2 - f_1)\tau - \cos(f_1 + f_2)\tau \right] \right\} \tag{10-6}$$

由式（10-6）可知，波动方程的解不仅具有激励信号的频率 f_1 和 f_2，还有二次谐波频率 $2f_1$ 和 $2f_2$，此外还含有差频信号频率 $f_2 - f_1$ 与和频信号频率 $f_2 + f_1$。如果每个频率信号的幅值是已知的，基于混频技术的超声非线性系数（简称为混频非线性系数）的计算公式为

$$\beta = \frac{4}{k_1 k_2 x} \frac{A(f_2 - f_1)}{A(f_1) A(f_2)} = \frac{4}{k_1 k_2 x} \frac{A(f_1 + f_2)}{A(f_1) A(f_2)} \qquad (10\text{-}7)$$

其中，k_1 和 k_2 是两激励信号的波数，x 是两激励信号的传播距离，$A(f_2-f_1)$ 和 $A(f_2+f_1)$ 分别表示差频信号与和频信号的幅值。为了便于计算，混频非线性系数简化表示为

$$\beta = \frac{A(f_2 - f_1)}{A(f_1) A(f_2)} = \frac{A(f_1 + f_2)}{A(f_1) A(f_2)} \qquad (10\text{-}8)$$

因此，差频非线性系数 β_- 与和频非线性系数 β_+ 均可以表征材料的非线性特性。

10.2.2　共线混频技术预测金属试件疲劳寿命的机理

为了优化共线混频试验的参数，通过分析试件的差频分量及和频分量幅值随激励信号频率的变化趋势，选择最优的激励频率。在优选的试验参数下，我们对不同疲劳寿命的试件进行共线混频试验，探究不同疲劳寿命下差、和频非线性系数的变化规律，分析差频、和频非线性系数与试件疲劳寿命的关系，利用混频综合非线性参数表征试件的疲劳寿命，并建立基于混频综合非线性参数的疲劳寿命预测模型。

1. 共线混频试验的设置

(1)试件准备。

为了分析混频非线性系数与金属试件疲劳寿命之间的关系，对具有不同疲劳寿命的圆柱形缺口试件进行共线混频试验。试件材质为 40Cr 钢，圆柱形缺口试件的规格如图 10-1 所示，其长度为 200mm，直径为 22.5mm，试件中部有一个深度为 5mm、半径为 2.8mm 的环形凹槽。

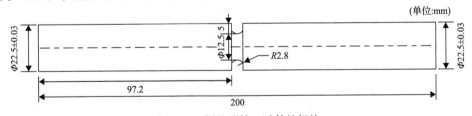

图 10-1　圆柱形缺口试件的规格

共 9 个试件，编号分别为 s1、s2、s3、s4、s5、s6、s7、s8 和 s9。为了获得具有不同疲劳寿命的试件，对试件进行拉扭疲劳试验。首先对试件 s4 和 s5 进行疲劳试验，当试件失效时测得试件的疲劳寿命；其次对试件 s1、s2 和 s3 进行中断疲劳试验，当试件的疲劳寿命为 15%、25%、35%、45%、55%、65%、75%、85%、90%时，分别对试件进行共线混频试验。试件 s6 和 s7 是测试试件，试件 s8 和 s9

是检验对比试件。

当试件 s1、s2 和 s3 的疲劳寿命为 90%时，试件并未断裂失效。为了分析试件的疲劳断口形貌，对试件进行静态拉伸试验，使试件在中间的缺口处断裂，利用扫描电子显微镜观察断口的微观和宏观形貌。此外，将对比试件 s8 和 s9 也进行疲劳试验，当其疲劳寿命分别为 15%和 65%时暂停疲劳试验，并将试件在缺口处折断，分析疲劳寿命为 15%和 65%时试件断口的形貌。

(2)共线混频检测系统。

共线混频检测中，在试件两端激励频率分别为 f_1 和 f_2 的信号，两激励信号在试件内部相遇。如果在相遇位置处存在疲劳损伤或缺陷，两激励信号会与损伤发生非线性相互作用，产生频率为 f_2-f_1 或 f_1+f_2 的信号，该信号与两激励信号相遇位置处的疲劳损伤程度有关，共线混频检测的原理如图 10-2 所示。基于双边激励的共线混频试验主要由超声非线性测试系统 RITEC RAM-5000 完成，共线混频试验系统的原理如图 10-3 所示。

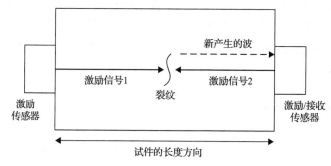

图 10-2　共线混频检测的原理

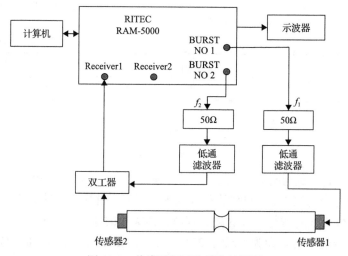

图 10-3　共线混频试验系统的原理

在共线混频检测系统中，超声非线性系统 RITEC RAM-5000 产生两个周期为 30 个、频率分别为 f_1 和 f_2 的正弦激励信号，两激励信号分别经过 50Ω 负载进行电阻匹配，并经过低通滤波器后，分别施加在试件两端的传感器上。传感器 1 的中心频率为 2.5MHz，仅作为激励传感器；而传感器 2 的中心频率为 5MHz，并且与双工器相连接，同时作为激励和接收传感器。两个频率不同的超声波在试件内传播，在缺陷处相遇时发生非线性相互作用，产生第三列新波，同时由位于试件左端的传感器 2 接收。经过双工器后的接收信号传输至 RITEC RAM-5000 系统的接收通道 1。

(3) 最优激励频率的选择。

在共线混频试验中，两激励信号频率的选择需要综合考虑试件、传感器和检测系统的频率响应曲线，在本系统中传感器 1 和传感器 2 的频率响应曲线如图 10-4 所示。

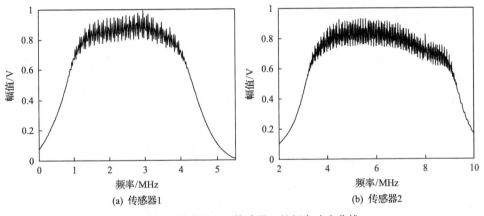

(a) 传感器1　　　　　　　　　　　　(b) 传感器2

图 10-4　传感器 1 和传感器 2 的频率响应曲线

根据图 10-4(a) 传感器 1 的频率响应曲线，设定激励信号 1 的频率为 1.8MHz。为了能够有效地检测接收信号中的差频分量与和频分量，传感器 1 的频率保持不变，根据传感器 2 的频率响应曲线，当激励信号 2 的频率在 3.7～5.5MHz 范围内变化时，跟踪接收信号中差频信号分量与和频信号分量的幅值，分析差频/和频分量幅值随激励频率 2 的变化关系。扫频试验在疲劳损伤程度为 15% 和 90% 的两个试件上进行，接收信号中差频分量、和频分量幅值随频率 f_2 的变化关系如图 10-5 所示。

由图 10-5 可知，当试件的疲劳损伤程度比较弱时，接收信号中差频分量与和频分量的幅值随激励信号频率 f_2 的变化相对比较小，差频分量幅值均小于 0.5V，而和频分量幅值均小于 0.4V，这表示试件内部的非线性程度比较弱。当试件的疲劳损伤程度为 90% 时，接收信号中差频分量与和频分量幅值随激励信号频率的变

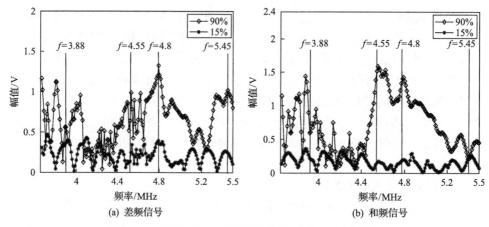

图 10-5　差频分量、和频分量幅值随频率 f_2 的变化关系

化比较大，差频分量的最大幅值约为 1.5V，而和频分量的最大幅值约为 1.7V，这说明激励信号频率对试件内部非线性的影响比较大；此外，当激励信号 f_2 的频率分别为 3.88MHz、4.55MHz、4.8MHz 和 5.45MHz 时，相应的差频或和频信号幅值达到极大值，表明在这几组激励频率下，试件的非线性比较明显。综合比较这四组频率下差频分量与和频分量的幅值，当激励信号 1 的频率为 1.8MHz、激励信号 2 的频率为 4.8MHz 时，接收信号中差频、和频分量的幅值均达到极大值，所以在该组激励频率下进行共线混频试验时，差频与和频分量的幅值相对比较明显。

由共线混频试验可知，对于疲劳损伤程度不同的试件，差频与和频分量幅值随激励频率的变化趋势也不同，说明该方法能够有效地识别试件的疲劳损伤程度。对金属零部件进行混频试验，可以有效地避免由试验仪器引起的非线性，这是因为由试验仪器引起的非线性主要表现为激励信号的二次谐波，而共线混频检测利用的是两激励信号的和频或差频分量，所以该方法能够有效地避免试验仪器引入的非线性。

(4)共线混频试验的结果分析。

当激励信号 1 的频率为 1.8MHz，激励信号 2 的频率为 4.8MHz 时，对具有不同疲劳损伤程度的试件进行共线混频试验，接收信号传输至超声非线性系统的接收通道 1。同时利用示波器采集接收传感器的接收时域信号，对信号做进一步的分析。图 10-6 为接收信号的频谱图。

由混频试验接收信号的频谱图可知，接收信号比较复杂，包含多种频率的信号。除了 1.8MHz 和 4.8MHz 处的激励信号外，还有差频分量 3MHz 与和频分量 6.6MHz 处的信号；此外还含有二次谐波信号，如 3.6MHz、9.6MHz。因此，共线混频试验中两激励信号频率的选择是合理的。差频信号的幅值为 $A(f_2 - f_1) = 0.4218\,V$，而和频信号的幅值为 $A(f_1 + f_2) = 0.4828\,V$，两者并不相等，这是因为超声波传播过程中存在衰减，衰减量与信号的频率有关，因此两混频分量的衰减并不相同，使得差频信号与和频信号的幅值并不是完全相同的。

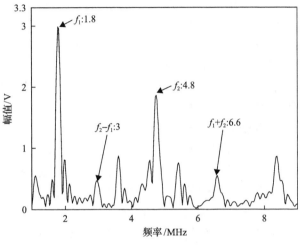

图 10-6　接收信号的频谱图

　　根据两基波信号、差频与和频信号的幅值，计算试件 s1、s2 和 s3 在不同疲劳寿命下的差频非线性系数 β_- 与和频非线性系数 β_+，则混频非线性系数与试件疲劳寿命的关系如图 10-7 所示，其中误差棒表示试件在每个疲劳寿命下重复 4 次试验的偏差。

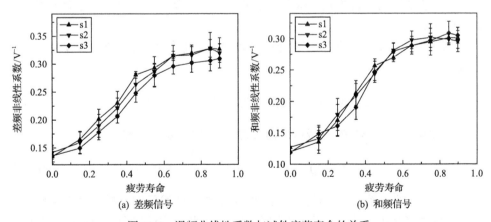

(a) 差频信号　　　　　　　　　　　　　(b) 和频信号

图 10-7　混频非线性系数与试件疲劳寿命的关系

　　由图 10-7 可知，随着试件疲劳寿命的增加，差频非线性系数与和频非线性系数均单调递增，且 3 个试件的变化趋势是一致的。当试件未进行疲劳试验时，3 个试件 s1、s2 和 s3 的差频非线性系数分别是 $0.1197V^{-1}$、$0.1239V^{-1}$ 和 $0.1187V^{-1}$，而和频非线性系数是 $0.1387V^{-1}$、$0.1418V^{-1}$ 和 $0.1359V^{-1}$；当试件的疲劳寿命增加至

65%时，相应的差频非线性系数增加至 $0.2891V^{-1}$、$0.2977V^{-1}$ 和 $0.2886V^{-1}$，其增长率约为 140%，而和频非线性系数增加至 $0.3146V^{-1}$、$0.3148V^{-1}$ 和 $0.3091V^{-1}$，其增长率约为 130%；当试件的疲劳寿命增加至 65%之后，差频非线性系数的增加趋势变慢，而和频非线性系数趋于饱和状态。

由于金属材料的非线性主要是由位错、微裂纹或其他微观缺陷造成的，在交变载荷的作用下，试件的应力集中区域会首先出现位错，这是材料早期的性能退化。由于位错密度相对较小，此时的混频非线性系数相对较小，且增加的趋势比较缓慢。随着循环周期的不断增加，位错密度和位错间距不断增加，应力集中区域会出现微裂纹，某些微裂纹扩展合并为宏观裂纹。因此，当试件的疲劳寿命增加至 65%时，混频非线性系数持续增加且增加的幅度比较大。当试件的疲劳寿命大于 65%后，试件已经出现宏观裂纹，超声波在试件内传播时衰减增加，由于超声波的衰减与频率有关，和频信号的衰减明显大于基波信号，因此和频非线性系数趋于饱和状态，而差频非线性系数增加趋势变慢。由以上分析可知，试件在不同疲劳寿命下的混频非线性系数与材料的微观结构密切相关，试验结果表明，超声波的非线性特性、试件的疲劳损伤与材料微观结构之间存在一定的联系。

2. 疲劳寿命的预测

在共线混频试验中，混频非线性系数与金属材料在不同疲劳状态下的微观结构密切相关，即试件的疲劳损伤状态决定了超声波的非线性特性，混频非线性系数可以有效地评估材料的疲劳状态，这种关联性为金属试件的疲劳寿命预测提供了一种依据。

以图 10-7 的试验数据为依据，基于差频非线性系数 β_- 与疲劳寿命 N 之间的最优拟合曲线为

$$N = 13.7312\beta_-^2 - 2.4695\beta_- + 0.2359 \tag{10-9}$$

而基于和频非线性系数 β_+ 与疲劳寿命 N 之间的最优拟合曲线为

$$N = 20.5184\beta_+^2 - 6.0774\beta_+ + 0.6192 \tag{10-10}$$

由混频非线性系数与试件疲劳寿命之间的拟合曲线可知，混频非线性系数和疲劳寿命之间存在一种近似的二次拟合关系。因此，这种拟合曲线可以作为基于共线混频技术预测金属试件疲劳寿命的模型。

由于差频非线性系数与和频非线性系数均可以预测试件的疲劳寿命，为了强调混频非线性系数与试件疲劳寿命之间的关系，根据数据融合理论，我们提出一种综合特征参数——混频非线性综合参数来预测试件的疲劳寿命。差频非线性系数与和频非线性系数均与超声接收信号的差频/和频信号幅值成正比，且两者具有

相同的量纲，因此混频非线性综合参数定义为

$$\beta_\Pi = \beta_- + \beta_+$$

基于图 10-7 的试验数据，混频非线性综合参数与试件疲劳寿命的关系如图 10-8 所示。如果自变量是混频非线性综合参数，那么最优拟合曲线为

$$N = 4.2535\beta_\Pi^2 - 2.0632\beta_\Pi + 0.3981 \qquad (10\text{-}11)$$

其中拟合系数 $R^2 = 0.9949$，均方根误差 RSME 为 0.02184，误差平方和 SSE 为 0.00286。这说明该拟合曲线可以较好地反映混频非线性综合参数与试件疲劳寿命之间的关系。因此，式(10-9)～式(10-11)可以作为预测试件疲劳寿命的模型。

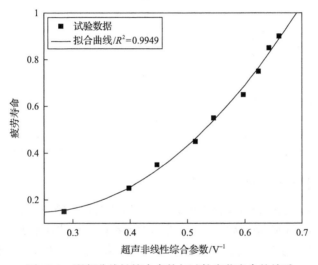

图 10-8　混频非线性综合参数与试件疲劳寿命的关系

试件 s6 和 s7 是测试试件，当试件的疲劳寿命分别为 25%、45%、65% 和 85% 时，对试件进行共线混频试验，计算不同疲劳寿命下的差频非线性系数、和频非线性系数与混频非线性综合参数，并分别使用式(10-9)、式(10-10)和式(10-11)的模型预测试件的疲劳寿命，基于混频非线性系数的疲劳寿命预测结果如表 10-1 所示。

由表 10-1 可知，当使用差频非线性系数预测试件的疲劳寿命时，预测误差分别为 3.24%、4.98%、3.57% 和 6.46%；使用和频非线性系数预测疲劳寿命时，预测误差分别为 2.88%、4.02%、2.66% 和 10.74%，其中当试件的疲劳寿命为 85% 时，试件疲劳寿命的预测误差最大；而使用混频非线性综合参数预测疲劳寿命时，预测误差分别为 2.44%、0.91%、2.94% 和 1.21%。通过对比分析，基于差频/和频非线性系数的疲劳寿命预测误差相对较大，而基于混频非线性综合参数的预测误差

均小于 3%，这说明基于混频非线性综合参数与疲劳寿命的拟合曲线可以有效、迅速地评估试件的疲劳寿命，该模型可以充分展示试件的疲劳损伤与混频非线性系数之间的依赖关系。

表 10-1 基于混频非线性系数的疲劳寿命预测结果

参数	实际寿命/%	非线性系数/V^{-1}	预测寿命/%	误差/%
差频 非线性系数	25	0.1884	25.81	3.24
	45	0.2384	42.76	4.98
	65	0.2811	62.68	3.57
	85	0.3283	90.52	6.46
和频 非线性系数	25	0.2136	25.72	2.88
	45	0.2688	46.81	4.02
	65	0.2984	63.27	2.66
	85	0.3176	75.87	10.74
混频非线性 综合参数	25	0.402	25.61	2.44
	45	0.5072	44.59	0.91
	65	0.5795	63.09	2.94
	85	0.6399	83.97	1.21

10.2.3 疲劳断口形态分析

使用扫描电子显微镜观察试件的断口，断口的宏观和微观形貌如图 10-9 所示。由图 10-9(a)的断口宏观结构可知，试件的宏观断口包括明显的疲劳裂纹扩展区和拉伸断裂区。相关研究表明，断口的宏观结构包括在试件表面处的疲劳源区、位于断口边缘呈弧形或扇形的疲劳裂纹扩展区及位于中间区域的瞬断区。由于试件进行了拉-扭复合疲劳试验，在试件的断口边缘形成多个疲劳源，且同时形成多个疲劳裂纹扩展区域。由于疲劳试验中应力的幅值比较大，疲劳裂纹一旦成核就会迅速扩展，直至试件断裂失效。因此，疲劳裂纹扩展区在整个断口处所占的面积相对较小。在图 10-9(a)中，标注 b、c 和 d 矩形框的区域放大后，分别如图 10-9(b)、(c)和(d)所示。

图 10-9(b)是疲劳断口放大后的形状，疲劳源在试件的边缘处萌生，扩展成弧形或扇形区域形成疲劳裂纹扩展区，如图中白色曲线下方的部分。疲劳源区的放大图形如图 10-9(e)所示，由于多次的挤压和摩擦，该区域呈半圆形或半椭圆形，且比周围的区域平坦。由图 10-9(c)可知，断口处有许多台阶状的放射线，该线是存在于疲劳裂纹扩展区的疲劳撕裂棱和脊线，它是疲劳裂纹的典型特征。图 10-9(d)是瞬断区的微观结构，在该区域中有一些韧窝，当试件的疲劳损伤达到一

定程度时，试件有效的承受面积减小，应力集中现象更加明显，最终导致试件的
断裂失效。

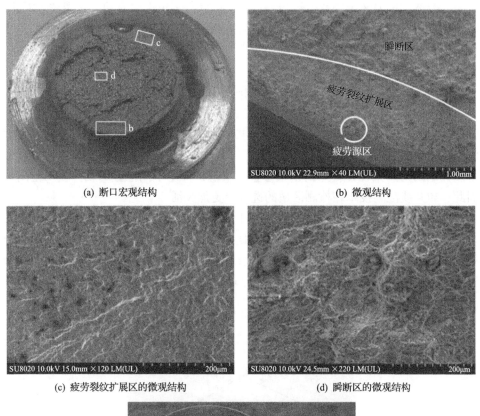

(a) 断口宏观结构　　　　　　　　　　　　(b) 微观结构

(c) 疲劳裂纹扩展区的微观结构　　　　　　(d) 瞬断区的微观结构

(e) 疲劳源区的微观结构

图 10-9　断口的宏观和微观形貌

　　此外，还对疲劳损伤程度分别为 15%、65% 和 90% 试件的断口进行比较。当
试件的疲劳损伤程度为 15% 时，疲劳裂纹扩展区域的宽度低于 200μm，这说明试
件的疲劳裂纹比较小，且试件的非线性程度是非常弱的；当试件的疲劳损伤程度

为 65%时，疲劳裂纹扩展区变宽，宽度约为 800μm，这间接说明疲劳裂纹在该阶段内不断地萌生和扩展，混频非线性系数持续增加；当试件的疲劳损伤程度为 90%时，疲劳裂纹扩展区域的宽度约为 1.1mm，试件已经出现明显的宏观裂纹。因此，随着试件疲劳损伤程度的增加，疲劳裂纹扩展区域的宽度不断变大，试件的非线性程度也逐渐增强。

10.3　疲劳损伤的非共线混频检测方法

在非共线混频检测中，利用两列非共线声波入射到待测试件上，当两列入射波满足谐振条件时，会产生第三列声波。通过改变入射声波的角度和相对位置，可以控制两列声束在试件中的汇聚位置，实现试件中不同位置的疲劳损伤检测。因此，非共线混频技术在检测区域的选择上更加灵活。

在两列非共线弹性波入射的初始条件下，Kumar 等[5]利用微扰法对各向同性固体中弹性波传播的波动方程进行求解，研究两列入射波与损伤发生非线性相互作用产生混频效应的条件。两列超声波的非线性相互作用示意图如图 10-10 所示，k_1、k_2 为两入射的波矢，k_3 为新产生的混频分量的波矢，φ 为 k_1 和 k_2 的夹角，γ 为 k_3 和 k_1 的夹角。

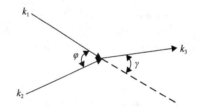

图 10-10　两列超声波的非线性相互作用示意图

当两列入射横波满足谐振条件时，可以产生第三列纵波和频分量[6]，即

$$T(w_1) + T(w_2) = L(w_1 + w_2) \qquad (10\text{-}12)$$

基于以上分析可知，在非共线激励模式下，调控两列入射横波的参数，使两列横波在闭合裂纹处相遇，并与闭合裂纹发生非线性相互作用，产生第三列纵波和频分量，通过分析接收信号中是否出现纵波和频分量，可以实现疲劳裂纹的位置检测。利用纵波倾斜入射法可以在试件内部产生横波。两组有机玻璃楔块和纵波传感器分别布置在试件的表面，产生入射角分别为 θ_1 和 θ_2 的纵波 l_1 和 l_2，当纵波传播至有机玻璃楔块和试件的界面时，根据 Snell 定律，纵波在界面处发生折射，产生两列折射横波 k_1 和 k_2。如果两列横波在缺陷处相遇，并与缺陷发生非线性相互作用，产生第三列和频分量 k_3。根据接收传感器的位置不同可发展为两种方法：透

射法和脉冲回波法。透射法和脉冲回波法原理如图 10-11 所示。其中透射法中激励传感器和接收传感器分别位于试件的两个侧面上；脉冲回波法又称为反射法，激励传感器和接收传感器均位于试件的同一侧[6]。反射法相对于透射法应用更为方便。

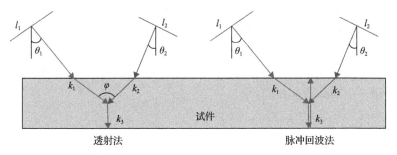

图 10-11　透射法和脉冲回波法原理

10.3.1　非共线混频检测原理

在非共线混频试验中，采用两列频率相等的纵波作为激励信号，即 $w_1 = w_2$，需要满足的谐振条件是 $\tan \gamma = \dfrac{\sin \varphi}{1 + \cos \varphi}$，则 $\gamma = \varphi / 2$。因此，当两入射传感器对称放置在试件的一端时，混频波将与试件的表面正交，即混频波的传播方向垂直于试件表面，这有利于混频信号的接收及实验装置的布置。两激励频率相同的非共线混频试验装置如图 10-12 所示。

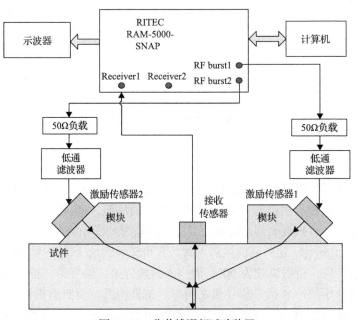

图 10-12　非共线混频试验装置

基于非共线混频的试验系统主要由 RITEC RAM-5000 超声非线性测试系统、50Ω 负载、低通滤波器、有机玻璃楔块、传感器和示波器组成。周期为 20 个、频率为 2.2MHz 的两列激励信号由 RAM-5000 系统产生，分别经 50Ω 负载和低通滤波器后施加在激励传感器 1 和 2 上。两激励纵波在有机玻璃和试件的界面处发生折射产生两列横波[6]。两列横波在缺陷处相遇发生非线性相互作用，混叠波传播到试件表面发生反射，由接收传感器接收，传输至 RITEC RAM-5000 系统的接收通道。另外使用采样频率为 100MHz 的示波器对接收信号进行显示和采集，并通过计算机作进一步的分析和处理。

1. 试件制备

在机械加工领域，Q235 钢是一种应用非常广泛的碳素结构钢，本次研究的材料选用 Q235 钢。根据非共线混频试验中传感器和有机玻璃块楔块的尺寸，Q235 钢试件的尺寸如图 10-13 所示。在试件中部加工一个长为 20mm 的线切割缺口，在缺口的尖端形成应力集中区域。试验共有 3 个试件。为了在线切割缺口尖端形成疲劳裂纹，对其中两个试件进行三点弯曲疲劳试验，分别预置 3mm 和 6mm 的疲劳裂纹；获得预置疲劳裂纹后，把线切割缺口焊合、打磨，得到内置不可见裂纹的试件。

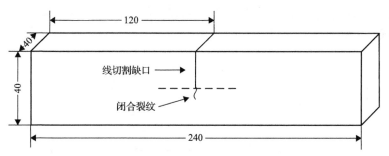

图 10-13　Q235 钢试件的尺寸(单位：mm)

2. 有机玻璃楔块角度的选择

在非共线混频检测中，入射角度为 θ_l 的纵波在有机玻璃楔块/试件表面发生折射时，会产生两种折射信号，即折射横波和折射纵波，两种折射波共存会使混叠信号十分复杂。有机玻璃和试件界面处的折射情况如图 10-14 所示。

根据 Snell 定律，超声纵波倾斜入射至有机玻璃楔块/试件的界面时，如果入射角是第一临界角，折射纵波为 90°，而当入射角为第二临界角，折射横波为 90°，而当入射角介于第一和第二临界角之间时，试件内部仅有折射横波。有机玻璃楔块中纵波波速为 2720m/s，Q235 钢中纵波波速为 5925m/s，横波波速为 3230m/s。

因此，当超声波倾斜入射到有机玻璃/Q235 钢试件的界面时，入射角 θ_1 应满足 $27.32° < \theta_1 < 57.36°$，试件中仅有折射横波。根据试件和有机玻璃楔块的尺寸，实验中选取有机玻璃楔块的角度为 50°，在 Q235 钢试件中折射横波为 65.46°。

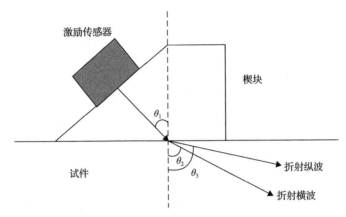

图 10-14　有机玻璃和试件界面处的折射情况

3. 接收混叠波信号的理论时间

由图 10-12 所示的非共线混频试验可知，超声波在有机玻璃楔块和 Q235 钢试件中的传播声程可分为三个阶段，AB、MN 段为有机玻璃楔块中的纵波，BC、NC 段为 Q235 钢试件中的横波，CD+DE 段为试件中的纵波，超声波传播路径如图 10-15 所示。

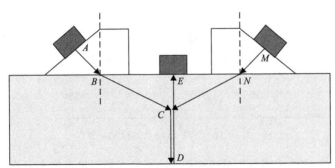

图 10-15　超声波传播路径

由于试件的预置缺口深度为 20mm，为了使两入射波在缺口尖端 1mm 处相遇，即检测深度为 21mm，如图 10-15 的 C 点所示，则 BC 段的距离可以根据余弦定理计算，为 50.56mm。AB 段为超声纵波在有机玻璃楔块中的传播距离为 21mm，CD+DE 段为 Q235 钢中传播的纵波，为 59mm。根据以上分析，超声波传播声程、传播路径、传播距离、声速和传播时间等预置缺口试件超声检测试验参数如表 10-2 所示。

表 10-2　预置缺口试件超声检测试验参数

传播声程	传播路径	传播距离/mm	声速/(m/s)	传播时间/μs
楔块纵波	AB	21	2720	7.72
试件横波	BC	50.56	3230	15.65
试件纵波	CD+DE	59	5925	9.95

如果在实验过程中设定两激励信号的延迟时间为 10μs，那么对于 Q235 钢试件，接收传感器接收到混叠波信号的理论时间为激励信号延迟时间与传播时间的总和，即 43.32μs。通过观察接收传感器的接收信号，在混叠波出现的理论时间附近观察是否有混叠波出现，可以定性地分析试件中有无裂纹/损伤区域。

4. 混叠波相遇位置的控制

在非共线混频检测中，在激励信号的频率和入射角度一定的情况下，通过改变激励传感器的相对位置，可以控制入射声束在试件中的位置相遇，测得试件中不同位置的非线性响应。通过对试件中不同检测位置混频非线性系数的计算，可以检测试件内部非线性的空间分布[6]。保持两有机玻璃楔块和接收传感器相对位置不变的情况下，沿水平方向整体移动两楔块和接收传感器的位置，使混叠波相遇位置在水平方向逐渐移动，以实现对试件水平方向非线性的逐点扫描，水平方向上的检测位置如图 10-16 所示。

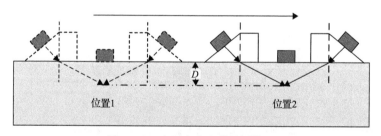

图 10-16　水平方向上的检测位置

通过调节两激励传感器的分离距离 x，使两入射声束分别在深度 D 为 20mm、23mm、26mm、29mm 和 32mm 的位置处相遇。为了分析这 5 个水平位置上不同检测点的混频非线性系数，在保持激励传感器和接收传感器相对位置不变的情况下，水平方向整体移动 3 个传感器，使两激励信号在水平方向上–4mm、–3mm、–2mm、–1mm、0mm、1mm、2mm、3mm 和 4mm 位置处相遇，试件内部声束汇聚位置如图 10-17 所示，其中两条虚线的交点表示两混叠波的相遇位置，混叠波接收信号的非线性由混频非线性系数表示。本试验共 45 个测试点，每个测试点重复进行 4 次试验以减小随机误差。

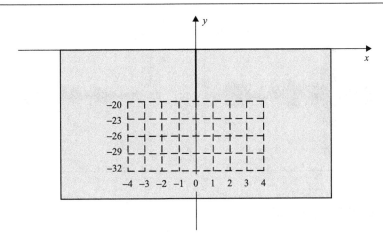

图 10-17　试件内部声束汇聚位置

10.3.2　疲劳损伤检测分析

1. 疲劳裂纹的定量检测

当两激励信号的频率为 2.2MHz、时间长度为 15μs、延迟时间为 10μs 时，对无疲劳裂纹和有 6mm 疲劳裂纹的试件分别进行非共线混频试验。两波束的相遇位置的深度是 21mm，那么两激励传感器的分离距离是 92mm，并在试验过程中保持不变。当两激励信号同时激励时，两试件的接收混叠波如图 10-18(a) 和 (b) 所示；当两激励信号单独激励并叠加后得到的信号如图 10-18(c) 和 (d) 所示。

当两激励信号在预置缺口尖端 1mm 处相遇时，接收到混叠波信号的理论时间为 43.32μs，接收信号波形如图 10-18 所示。由图 10-18(a) 可知，当试件内部存在疲劳裂纹，且两激励信号同时激励时，接收信号中 42.86μs 处存在明显的回波信号，这与混叠波信号中纵波出现的理论时间 43.32μs 非常接近，表明 42.86μs 处的信号为新产生的混叠纵波；在图 10-18(b) 中，由于试件内部并不存在疲劳裂纹，当两激励信号同时激励时，不满足谐振条件，就不能产生第三列纵波分量，所以接收信号在 42.86μs 处也未出现明显的回波信号；图 10-18(c) 为两激励信号单独激励并将各自的接收信号叠加后得到的叠加信号，在 42.86μs 附近也没有出现明显的回波信号，这是由于两激励信号单独激励时，不满足谐振条件也不能产生新的纵波分量；而图 10-18(d) 中也未出现明显的回波信号。由以上分析可知，在接收信号中存在混叠纵波的条件是[6]：①试件内部存在疲劳裂纹；②两激励信号同时在裂纹处相遇。只有两个条件同时满足时，在接收信号中才会产生明显的回波信号。可根据接收信号中是否存在明显的混叠纵波对试件内部是否存在疲劳裂纹进行定性的分析。

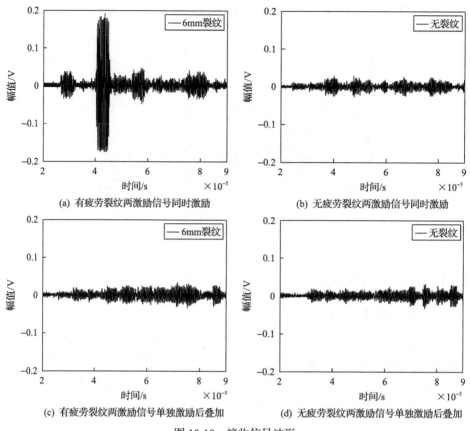

(a) 有疲劳裂纹两激励信号同时激励

(b) 无疲劳裂纹两激励信号同时激励

(c) 有疲劳裂纹两激励信号单独激励后叠加

(d) 无疲劳裂纹两激励信号单独激励后叠加

图 10-18　接收信号波形

2. 疲劳损伤可视化

对含有不同裂纹长度的 Q235 钢试件进行非共线混频试验,使两激励声束分别在图 10-17 所示的 45 个检测点相遇,根据混叠波信号计算各检测点的混频非线性系数,并对其进行归一化处理 β'/β_0,其中 β' 表示具有疲劳裂纹试件在 45 个检测点的混频非线性系数,β_0 表示无疲劳裂纹试件 45 个检测点处混频非线性系数的平均值。得到有 6mm 疲劳裂纹试件各检测点的归一化混频非线性系数如表 10-3 所示。

表 10-3　有 6mm 疲劳裂纹试件各检测点的归一化混频非线性系数

坐标值	−4	−3	−2	−1	0	1	2	3	4
−20	1.04	1.18	1.34	1.68	1.82	1.705	1.36	1.12	1.027
−23	1.027	1.085	1.43	1.627	1.776	1.53	1.27	1.15	1.016
−26	0.984	1.12	1.34	1.589	1.798	1.497	1.26	1.075	1.12
−29	1.059	1.037	1.18	1.315	1.364	1.207	1.07	1.046	1.038
−32	0.999	0.985	1.027	1.089	1.143	1.112	1.057	1.016	1.018

由于试件中疲劳裂纹的长度是 6mm，疲劳裂纹顶端和底端的位置分别是(0，20)和(0，26)，该检测区域内，试件的疲劳损伤程度比较严重，所以测得的混频非线性系数就会比较大，即归一化混频非线性系数的值也会比较大。当检测点离疲劳裂纹的位置较远时，检测点的归一化混频非线性系数也会比较小。由归一化混频非线性系数的值可以评估检测点的疲劳损伤情况。

根据表 10-3 的归一化混频非线性系数，绘制混频非线性系数的云图分布如图 10-19 所示。具有 6mm 疲劳裂纹试件预置缺口尖端混频非线性系数的云图分布如图 10-19(a)所示。同样，计算具有 3mm 疲劳裂纹试件 45 个检测点的混频非线性系数，混频非线性系数的云图分布如图 10-19(b)所示。

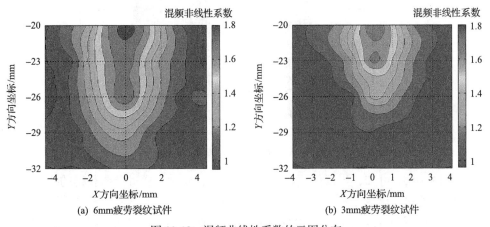

(a) 6mm疲劳裂纹试件　　　　　　　　(b) 3mm疲劳裂纹试件

图 10-19　混频非线性系数的云图分布

在图 10-19 中，位置(0，−20)是线切割缺口的最低端，同时也是疲劳裂纹的起始位置。两个试件疲劳裂纹的长度分别为 6mm 和 3mm，因此在云图上半部分中间区域颜色较深，表示该区域的混频非线性系数比较大，即该区域的疲劳损伤程度比较严重。由于试件是规则的，且预置缺口和疲劳裂纹均在试件的中部，混频非线性系数的云图分布并不关于 $x=0$ 轴对称。分析其原因可能是[6]：一方面，试件的疲劳裂纹是由三点弯曲疲劳试验获得的，裂纹的取向并不严格垂直于试件的轴向，并沿试件轴向有一定的延伸；另一方面，两激励信号的长度分别为 15μs，激励信号在时域上有一定的长度，计算的混频非线性系数是该临近区域非线性特性的平均值。

分别对预置 6mm 裂纹和预置 3mm 裂纹的两个试件进行疲劳试验，试件预置裂纹长度越长，其疲劳损伤程度越严重。因此，在混频非线性系数的云图分布中，如图 10-19(a)所示，其归一化混频非线性系数大于 1.3 的区域的面积明显大于图 10-19(b)中对应区域的面积。混频非线性系数的云图分布可以有效地表征试件的疲劳损伤程度，且可以利用上述区域面积定性地表征疲劳裂纹附近的塑性损伤区域。

　　此外，通过对比图 10-19(a)和(b)可知，预置裂纹的长度越长，云图中深色区域的长度就越长，因此，在 $x=0$ 直线上混频非线性系数较大的区域必然是闭合裂纹的存在区域，可以用 $x=0$ 直线上深色区域的长度大致确定疲劳裂纹的长度。因此，分别对预置有 3mm 和 6mm 裂纹试件经疲劳试验后的疲劳裂纹长度测量结果如图 10-20 所示。

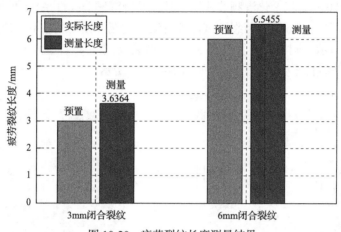

图 10-20　疲劳裂纹长度测量结果

　　由图 10-20 可知，当试件预置裂纹长度为 3mm 时，通过云图获得的疲劳试验后裂纹的测量长度为 3.6364mm，而对于预置 6mm 裂纹的试件，经疲劳试验后裂纹的测量长度为 6.5455mm。裂纹实际长度的增加，是由三点弯曲疲劳试验获得的，预置裂纹经过疲劳试验后扩展增长。

10.3.3　不可见疲劳裂纹的定位

　　在混频技术中，接收信号的非线性效应仅与两激励信号相遇位置的材料性质或缺陷状态有关。共线混频检测中，控制两激励信号延时时间的变化，使两激励信号依次在金属零部件的长度方向上相遇，当相遇位置处存在疲劳裂纹或缺陷时，接收信号的非线性效应比较强烈，因此，可根据该效应对金属零部件在长度方向上的疲劳裂纹进行定位。而在非共线混频检测中，控制两激励传感器的分离位置，使激励声束的相遇位置依次在金属零部件的竖直方向上移动，根据竖直方向上混频非线性系数的空间分布，可以对疲劳裂纹在竖直方向上的长度进行测量[6]。因此，基于以上分析，结合共线混频和非共线混频技术，可以首先利用共线混频技术对不可见疲劳裂纹在水平方向的位置进行定位，大致确定不可见疲劳裂纹在水平方向的位置；其次利用非共线混频技术对该位置处竖直方向的非线性进行探究，根据混频非线性系数在竖直方向上的空间分布，测量不可见疲劳裂纹在竖直方向上的大致长度。

试件规格和尺寸如图 10-13 所示，共 4 个试件，线切割缺口尖端模拟疲劳裂纹的长度分别为 0、2mm、3mm 和 4mm。为了在试件中形成不可见的疲劳裂纹，对线切割缺口的表面进行焊接，并对焊接位置进行抛光处理，使焊接处和试件表面具有相同的粗糙度。表面裂纹修复后的试件如图 10-21 所示。

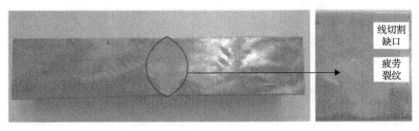

图 10-21　表面裂纹修复后的试件

由共线混频的检测原理可知，接收信号的非线性效应仅与两激励信号相遇位置的材料性质或缺陷状态有关，通过控制两激励信号的延时时间，两激励信号依次在试件长度方向上的不同位置相遇，可对试件在水平方向上的非线性进行检测，疲劳损伤定位原理示意图如图 10-22 所示。

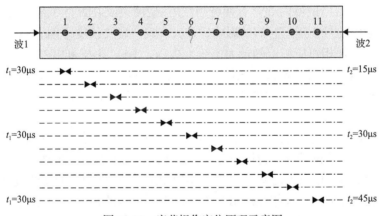

图 10-22　疲劳损伤定位原理示意图

当两激励信号在裂纹处相遇时，如检测点 6，接收信号的非线性效应比较强烈，产生的和频或差频信号的幅值会比较大；当两激励信号在无缺陷区域相遇时，非线性效应会比较弱，产生的和频或差频信号的幅值也会比较小，因此利用和频或差频信号幅值出现最大值时的延迟时间可以对损伤在水平方向上的位置进行定位。

在共线混频试验中，激励传感器分别放置在试件两个端面的中心，使检测方向与试件的中轴线一致。当激励信号 1 的频率为 2.1MHz，延迟时间固定为 30μs，而激励信号 2 的频率为 3.8MHz，延迟时间由 10μs 增加至 50μs，分别对 4 个表面裂纹已修复的 Q235 试件进行共线混频试验，和/差频信号幅值随激励信号 2 延迟时间的变化趋势如图 10-23 所示。

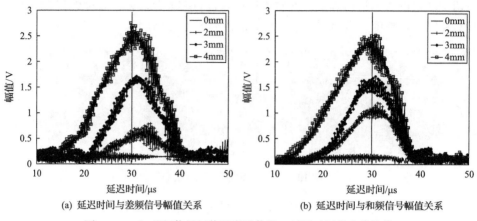

(a) 延迟时间与差频信号幅值关系　　　　　(b) 延迟时间与和频信号幅值关系

图 10-23　和/差频信号幅值随激励信号 2 延迟时间的变化趋势

由图 10-23 可知，当试件内部不具有疲劳裂纹时，和/差频信号的幅值较小，且激励信号 2 延迟时间的变化对幅值的影响较小，这说明试件内部的疲劳损伤程度均比较弱；而当试件内部含有疲劳裂纹时（疲劳裂纹在试件中部位置），和/差频幅值受激励信号 2 延迟时间的影响比较大。疲劳裂纹长度分别为 4mm、3mm、2mm 和 0，试件相对应幅值的最大值约为 2.5V、1.5V、1V 和 0.2V，也就是说，当试件内部的疲劳裂纹越长，试件的疲劳损伤程度越严重，和/差频信号的最大幅值就会比较大，这表明和/差频信号的幅值可以定性地表征试件内部的疲劳损伤程度。

另外还可以发现，当激励信号 2 的延迟时间在 30μs 左右时，和/差频信号幅值达到最大值。由于试件的疲劳损伤位置大致在试件的中部，当激励信号 2 的延迟时间与激励信号 1 的延迟时间相同时，两激励信号在试件中部的疲劳裂纹处相遇，会发生比较明显的非线性相互作用，产生和/差频信号的幅值也会比较大。因此，和/差频信号的幅值与两激励信号相遇位置的疲劳损伤程度密切相关。根据和/差频信号幅值和激励信号 2 延迟时间的关系，即利用和/差频幅值出现最大值时所对应的延迟时间可以定位试件在水平方向上的缺陷位置。

由于超声纵波在钢中的波速为 5.925mm/μs，试件中的损伤位置 x 可以由和/差频幅值出现最大值时的延迟时间 t 计算得到，即

$$x = (t-30) \times 5.925 + 120 \qquad (10\text{-}13)$$

因此，3 个试件的不可见疲劳裂纹的定位结果如表 10-4 所示。为了减少误差，每个试件重复进行 4 次试验。

表 10-4 3 个试件的不可见疲劳裂纹的定位结果

试件	2mm 裂纹		3mm 裂纹		4mm 裂纹	
	差频	和频	差频	和频	差频	和频
试验 1/μs	30.85	30.91	31.02	30.26	30.21	29.43
试验 2/μs	29.07	30.14	30.28	30.18	29.57	29.92
试验 3/μs	30.52	29.5	30.14	29.34	29.35	30.41
试验 4/μs	30.61	30.72	29.16	30.32	30.16	30.15
平均延迟时间/μs	30.26	30.32	30.15	30.02	29.82	29.98
定位/mm	121.54	121.9	120.89	120.12	118.95	119.87

由表 10-4 可知,根据和/差频信号幅值出现最大值时对应的延迟时间计算的疲劳裂纹位置存在一定的差别,如具有 2mm 疲劳裂纹试件 2 的裂纹位置分别在 121.54mm 和 121.9mm 处,试件 3 定位的裂纹位置分别在 120.89mm 和 120.12mm 处,试件 4 定位的裂纹位置分别在 118.95mm 和 119.87mm 处。因此,根据两组位置的平均值来确定裂纹的最终位置,3 个试件的疲劳裂纹分别在 121.72mm、120.5mm 和 119.43mm 处。

10.3.4 不可见疲劳裂纹的长度测量

非共线混频技术可灵活地选择检测位置,通过移动传感器的位置,可以有效地控制混叠声束的相遇位置。在非共线混频试验过程中,移动两个激励传感器和接收传感器的位置,使声束在共线混频确定的损伤位置处相遇;再调节两激励探头的分离距离,使混叠声束相遇点沿损伤位置的竖直方向移动[6],沿竖直方向检测原理如图 10-24 所示。

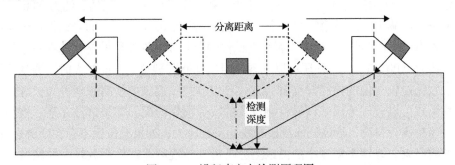

图 10-24 沿竖直方向检测原理图

调节两激励传感器的分离距离,使两激励声束相遇位置——检测深度由 20mm 增加至 30mm,此过程中测量深度对传感器距离的要求如表 10-5 所示。

表 10-5 测量深度对传感器距离的要求

参数	数值										
深度/mm	20	21	22	23	24	25	26	27	28	29	30
距离/mm	85.8	90.1	94.4	98.6	102.9	107.2	111.5	115.5	120.1	124.4	128.7

在非共线混频试验中，在检测深度由 20mm 增加至 30mm 的过程中，计算不同检测位置的混频非线性系数，混频非线性系数随检测深度的变化关系如图 10-25 所示。根据混频非线性系数在竖直方向上的分布规律，可以确定疲劳裂纹在竖直方向上的长度。

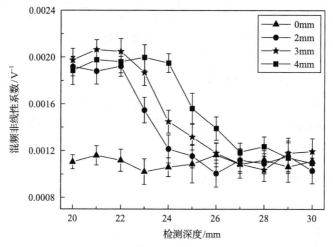

图 10-25 混频非线性系数随检测深度的变化关系

由图 10-25 可知，当试件含有疲劳裂纹时，混频非线性系数呈现出"台阶"状的变化趋势，当检测深度较小时，混频非线性系数稳定在一个较大值，约为 $0.002V^{-1}$，接下来迅速减小，最后稳定在一个较小的值，约为 $0.0011V^{-1}$。而当试件疲劳裂纹的长度为 0 时，即不含有疲劳裂纹，试件的混频非线性系数始终保持在一个较小值，约为 $0.0011V^{-1}$。另外还可以发现，当试件疲劳裂纹的长度越大时，混频非线性系数保持较大值的检测深度就会越大。由非共线混频的检测原理可知，混频非线性系数可以较好地反映试件检测位置的疲劳损伤情况。如果试件在某一检测位置处存在疲劳裂纹，则该处的混频非线性系数较大；如果某位置不存在疲劳裂纹，该处的混频非线性系数较小。由以上分析可知，混频非线性系数较大的区域必然是疲劳裂纹的存在区域。由图 10-25 可知，根据混频非线性系数的分布规律[6]，可以利用混频非线性系数减小至最大值的 80%时所对应的检测深度来确定疲劳裂纹的长度。试件 2、3 和 4 的疲劳裂纹长度测量结果如表 10-6 所示。

表 10-6　疲劳裂纹长度测量结果

参数	数值		
实际长度/mm	2.0	3.0	4.0
测量长度/mm	2.36	3.09	4.41

由表 10-6 可知，当试件具有 2mm 疲劳裂纹时，不可见疲劳裂纹的测量长度为 2.36mm；对于具有 3mm 疲劳裂纹的试件，不可见疲劳裂纹的测量长度为 3.09mm；而对于具有 4mm 疲劳裂纹的试件，不可见疲劳裂纹的测量长度为 4.41mm。由计算结果可知，不可见疲劳裂纹在竖直方向上的长度与实际的裂纹长度存在一定的偏差。偏差产生的原因可能是超声波波束的作用区平均化，两激励声波的相遇位置是一个区域，而不是一个点，因此测得的混频非线性系数为该区域非线性的平均值；另外，根据混频非线性系数的分布规律，混频非线性系数减小至最大值的 80% 时所对应的检测深度来估计疲劳裂纹的长度，这个原则可通过多次试验确定。

10.4　本 章 小 结

混频技术能够有效地避免试验仪器和设备引起的非线性对检测结果的影响，且具有灵活的空间选择性和波形转换的特点。我们利用混频技术对金属试件的疲劳损伤、剩余寿命和不可见疲劳裂纹进行了检测实验研究。随着试件疲劳寿命的增加，混频非线性系数单调递增，并在疲劳寿命的后期趋于饱和状态；分析疲劳损伤过程中试件微观结构的变化规律，材料微观结构的变化是引起超声非线性特性变化的主要原因。分别建立的混频非线性综合参数、差/和频非线性系数的疲劳寿命预测模型，可对试件的疲劳寿命进行预测，预测误差低于 3%；而且超声非线性综合参数的疲劳寿命预测模型可以更有效、迅速地评估试件的疲劳寿命。对具有不同裂纹长度的试件进行非共线混频实验，通过调节激励传感器和接收传感器的位置，能够灵活控制激励信号的相遇位置，对试件内部疲劳裂纹附近的 45 个检测点进行非线性分析，计算各个检测点的混频非线性系数，通过混频非线性系数的云图分析可以有效地可视化金属试件的疲劳损伤。利用混频技术还对金属试件内部的不可见疲劳裂纹进行检测，先对试件进行共线混频实验，控制两激励信号的延迟时间，使两激励信号的相遇位置沿试件水平方向移动，得到和/差频信号幅值与激励信号延迟时间之间的关系，根据和/差频信号幅值出现最大值时的延迟时间对裂纹在水平方向的位置进行定位；再对试件进行非共线混频试验，调节激励传感器的分离距离，使检测深度由 20mm 增加至 30mm，计算不同检测位置的混频非线性系数；根据混频非线性系数的在竖直方向上的分布规律，按混频非线性系数减小至最大值的 80% 时所对应的检测深度来确定疲劳裂纹在竖直方向上的长度。

参 考 文 献

[1] 王丽梅. 基于谐波和波束混叠理论非线性超声检测技术研究. 太原: 中北大学, 2016

[2] Kim J, Jacobs L J, Qu J, et al. Experimental characterization of fatigue damage in a nickel-base superalloy using nonlinear ultrasonic waves. The Journal of the Acoustical Society of America, 2006, 120(3): 1266-1278

[3] Liu M, Tang G, Jacobs L J, et al. Measuring acoustic nonlinearity parameter using collinear wave mixing. Journal of Applied Physics, 2012, 112(2): 249-258

[4] Zhang Y, Li X, Wu Z, et al. Fatigue life prediction of metallic materials based on the combined nonlinear ultrasonic parameter. Journal of Materials Engineering & Performance, 2017, (7): 1-9

[5] Kumar A, Adharapurapu R R, Jones J W, et al. In situ damage assessment in a cast magnesium alloy during very high cycle fatigue. Scripta Materialia, 2011, 64(1): 62-68

[6] 张玉华. 超声非线性技术检测金属零部件应力和疲劳损伤的方法研究. 南宁: 广西大学, 2017

第11章　压榨机齿轮早期疲劳损伤的超声非线性检测

11.1　引　言

制糖设备在使用过几个榨季（一个榨季约为 5～6 个月）之后，约有 60% 以上的零部件出现服役损伤，如磨损、腐蚀、裂纹、断裂等。根据有关统计[1]，制糖机械设备常见的损伤类型及修复方法如表 11-1 所示。损伤主要可分为两大类：①表面损坏型。制糖设备在服役过程中，由于拉伸、磨损和腐蚀等因素，零部件的表面发生腐蚀或几何尺寸发生改变。这类损伤零部件的数量比较多，在实际修复过程中，一般会使用焊接技术、电刷镀技术或电弧喷涂技术对零部件的表面缺陷进行修复，并在修复后的零部件表面喷涂一层耐磨材料以增加耐磨性及抗腐蚀性。②疲劳裂纹型。制糖设备在使用过程中，由于循环载荷或残余应力等，零部件产生疲劳损伤、微裂纹、宏观裂纹，甚至会出现断裂现象。针对这类型的损伤，原则上是采用无损探伤，如超声波检测技术，对零部件进行检测确定缺陷性质，再制定相应的修复方案。

表 11-1　制糖机械设备常见的损伤类型及修复方法

序号	零件名称	缺陷部位	缺陷类型	修复技术
1	压榨机轧辊	轴颈 R 位	裂纹	超声波检测，振动时效，焊条电弧焊，CO_2 气体保护焊，电弧喷涂
2	压榨机轧辊	轴颈表面	磨损	焊条堆焊，CO_2 气体保护焊，电弧喷涂
3	压榨机油压头	油缸内壁	磨损，拉伤	电刷镀、电弧喷涂，模具脉冲修补技术
4	压榨机油压头	活塞	磨损，拉伤	电刷镀、电弧喷涂，模具脉冲修补技术
5	压榨机撕裂机	轴颈、轴承位	磨损	电刷镀、电弧喷涂
6	压榨机撕裂机刀	刀尖、刀头	磨损	超声波检测、振动时效、焊条堆焊，CO_2 气体保护焊
7	压榨机	机架	裂纹	焊条堆焊，CO_2 气体保护焊，渗透探伤，磁粉探伤，超声波探伤
8	压榨机减速器大齿轮	齿面	磨损	振动时效，焊条堆焊，CO_2 气体保护焊
9	压榨机减速器大齿轮	齿根	裂纹	超声波检测，焊条堆焊，CO_2 气体保护焊，振动时效
10	压榨机三星齿轮	齿面	磨损，拉伤	振动时效，焊条堆焊，CO_2 气体保护焊

续表

序号	零件名称	缺陷部位	缺陷类型	修复技术
11	压榨机三星齿轮	齿根	裂纹	振动时效，焊条堆焊，CO_2 气体保护焊
12	压榨机减速机齿轮轴四方头	轴颈	磨损	振动时效，焊条堆焊，CO_2 气体保护焊
13	压榨机减速机齿轮轴四方头	轴颈	裂纹	CO_2 气体保护焊，振动时效，焊条堆焊
14	电机转子轴	轴颈	磨损	电弧喷涂，电刷镀
15	电机端盖	内孔	磨损	电刷镀，电弧喷涂
16	泵壳	内壁	腐蚀	电弧喷涂，高分子黏胶技术
17	压榨机梳板	表面	磨损	电弧喷涂与喷焊，堆焊
18	分蜜机轴承座	轴承位	磨损	电弧喷涂，电刷镀
19	曲轴	轴颈	磨损	电弧喷涂，电刷镀

大多数制糖企业对设备损伤状态评估和运行状态监测还是比较落后，例如，仅依靠维护、检测人员的看、听、摸等方法检测设备的损伤状态和运行状态，缺乏有效的评估方法和相关检测仪器，技术人员和维护人员的检测知识、技术水平参差不齐，影响评估效果，还不能有效地评估机械设备的损伤和运行状态，更不能及时地发现一些潜在安全隐患，导致制糖设备运行故障率比较高。因此，对服役后的制糖设备进行有效的损伤检测、评估关键零部件的服役损伤，尤其是早期的服役损伤，是势在必行的一项重要举措。这不仅可以避免资源浪费，达到节能环保的效益，为企业、国家节约大量的资金，还可避免榨季停机、确保生产稳定，具有良好社会效益。

11.2 压榨机齿轮的无损检测方法

齿轮是甘蔗压榨机主要的零部件，也是许多机械设备不可缺少的传动部件。齿轮在循环载荷的作用下，不仅在表面会产生腐蚀、结构变形等表面缺陷，还会产生气孔、夹杂和疲劳裂纹等内部缺陷。表面缺陷易于发现和修复，气孔、夹杂和宏观裂纹等也能够有效地检测出来，但是齿轮在服役过程中产生的早期服役损伤或微裂纹等微观缺陷是不易检测的。此外，由于齿轮的服役情况比较复杂，齿轮损伤失效形式复杂多样，残余应力、内部裂纹等对齿轮的安全服役存在很大的安全隐患。针对制糖设备关键零件——压榨机齿轮的无损检测问题，我们探索齿轮内部的疲劳累积损伤或微缺陷的检测方法，为制糖设备的服役损伤检测提供一种有效的检测技术。

对齿轮的服役损伤进行无损检测的方法主要有射线检测、磁粉检测、涡流检测和超声波检测等[2]。在实际的工程应用中,磁粉检测操作比较简单,而且价格便宜。该技术能够有效地检测缺陷或损伤的大小、位置、形状和严重程度。但是,磁粉检测也有很大的技术局限[3],首先它仅能检测齿轮表面或近表面的缺陷,不能有效地检测齿轮内部的缺陷;其次,在对齿轮齿根处的缺陷进行检测时,齿根会切断检测设备两极的磁力线,使齿轮根部的缺陷不能被有效地检测出来。在实际的应用中,由于齿轮齿根部的形状和结构特点,疲劳裂纹主要出现在齿轮的齿根部或靠近轮芯的侧面,在对齿根部的裂纹进行检测时,需要将每个齿根都磁化,并使用吹粉球吹粉再进行观察,工作量比较大。涡流检测也是比较常用的齿轮损伤检测方法,在检测过程中,探头与零部件的表面不接触,并保持一定的间隙,能够检测齿轮表面和近表面的缺陷[4]。但是该技术不适用于形状复杂的零部件,且不能检测零部件内部缺陷。射线技术也可以对齿轮的损伤进行检测,常使用的是 X 射线和 γ 射线,但是射线的辐射生物效应对人体是有害的,需要采取一定的防护措施,而且操作不便、检测成本比较高。而超声波检测具有性能稳定、灵敏度高、指向性好、操作方便的优点,被广泛地应用在裂纹检测和损伤评估中[5]。尤其是超声非线性检测技术能够有效地检测金属零部件早期的疲劳损伤、残余应力、材料性能退化等。本章主要介绍超声非线性检测技术对制糖设备关键零件——压榨机齿轮的内部疲劳累积损伤或缺陷进行检测的研究。

11.3 碳素结构钢的特性分析

甘蔗压榨机齿轮的材质一般是碳素结构钢,某糖厂提供的压榨机齿轮的材质是优质碳素结构钢——45 号钢。为了有效地分析 45 号钢材料在不同疲劳损伤阶段(如疲劳成核、微裂纹形成和扩展、宏观裂纹形成和失效四个阶段)的非线性特性,对 45 号钢试件在整个疲劳损伤过程的非线性特性进行分析,探究 45 号钢的疲劳损伤特性、非线性特性与材料微观结构之间的内在联系[6],为齿轮的疲劳累积损伤评估打下基础。

在试件的中部,使用线切割技术制备一个深度为 5mm 的预置缺口。为了使 AE 检测系统能够有效地采集 45 号钢试件在整个疲劳损伤过程的 AE 特征,在对试件进行三点弯曲疲劳试验的同时,实时地采集试件的 AE 信号特征。疲劳试件的 AE 信号检测试验原理如图 11-1 所示,其中 AE 检测仪采用美国 PAC 公司的 PCI-2 型双通道 AE 测试系统,AE 参数设置如表 11-2 所示。

型号为 NANO-30、中心频率为 150kHz 的传感器 1 和传感器 2 布置在距线切割缺口 30mm 处;并选用 2/4/6 前置放大器,其增益设定为 40dB。

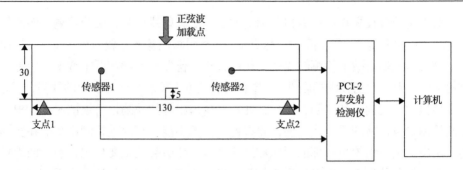

图 11-1　疲劳试件的 AE 信号检测试验原理(单位：mm)

表 11-2　AE 参数设置

仪器参数	设定值
门槛值/dB	40
采样频率/MHz	1
采样数据长度/KB	1
带通滤波频带/kHz	100~400
峰值定义时间 PDT/μs	300
撞击定义时间 HDT/μs	600
撞击闭锁时间 HLT/μs	1000

在对试件进行三点弯曲疲劳试验时，疲劳试验机两支点之间的距离为 110mm。首先对试件预加载−1kN 的力，使试件、压头和支点之间充分接触；其次按正弦激励方式对试件施加载荷，其中最大载荷为−1.3kN、最小载荷为−13kN、加载频率为自适应。在对试件进行疲劳加载时，实时地采集试件在疲劳加载过程中的 AE 信号直至试件失效。

1. 45 号钢疲劳损伤过程的 AE 特征

由于同规格试件的试验数据具有宏观统计相似性，如金属材料在整个疲劳损伤过程的 AE 特性。在疲劳损伤过程中，45 号钢试件的累计 AE 事件计数、加载频率与加载时间的关系曲线如图 11-2 所示[6]。

在疲劳加载过程中，试件产生的疲劳裂纹的尺寸对加载频率有很大的影响，裂纹的尺寸越大，加载频率会越小。当疲劳加载时间小于 1100s 时，试件的加载频率和累计 AE 事件计数变化比较缓慢；当加载时间介于 1200~1800s 的范围内，累计 AE 事件计数急剧增加，而疲劳试验机的加载频率缓慢下降；当加载时间大于 1800s 后，试件的加载频率迅速下降，累计 AE 事件计数的增加速度放缓。

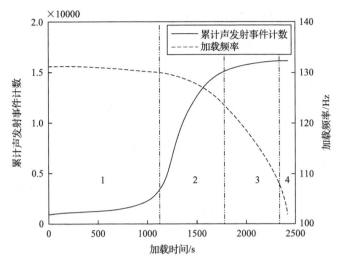

图 11-2　45 号钢试件的累计 AE 事件计数、加载频率与加载时间的关系曲线

　　另外，对比试件在整个疲劳过程中 AE 信号的"能量-时间"关系，发现大约在 1100~1200s 和 1700~1800s 时出现两个极大值，而"累计 AE 事件计数-时间"曲线在这两个时间范围内斜率也发生了变化。综合比较 AE 信号的多个特征参数，发现在这两个时间范围内试件内部的特性发生了较大的变化。经仔细观察进一步发现，当试件的加载时间约为 1800s 时，试件预置缺口的尖端出现宏观裂纹。此外，由于试件失效时的疲劳加载时间约为 2200~2400s，那么试件宏观裂纹出现时的时间约占整个疲劳寿命的 1800/2400=75%~1800/2200=82%，这与其他研究中"宏观裂纹出现之前的寿命约占整个疲劳寿命的 80%"的结论是一致的。当"能量-时间"曲线在 1800s 附近出现第二个极大值时，试件在预置缺口的尖端形成宏观裂纹。

　　金属试件在外界载荷作用下，预置缺口尖端的应力集中区域会首先产生位错，晶格发生扭曲，晶粒破裂，直至预置缺口尖端区域失去塑性变形能力而形成疲劳裂纹源，随后会有大量的微裂纹萌生并伴随有裂纹的扩展现象。材料内部微裂纹的萌生是材料微观结构不断积累的结果，微裂纹萌生前后材料内部结构发生较大的变化。因此，试件在微裂纹萌生时"累计 AE 事件计数-时间"曲线的斜率会发生变化，而"能量-时间"关系出现第一个极大值。由以上分析可知，结合疲劳损伤过程中 AE 信号"能量-时间"关系和"累计 AE 事件计数-时间"曲线，当"能量-时间"曲线在 1100~1200s 左右时出现第一个极大值，且"累计 AE 事件计数-时间"曲线的斜率发生较大改变时，可以判定为试件的疲劳状态为微裂纹的萌生阶段。

　　45 号钢试件从开始进行疲劳加载到微裂纹萌生之前的阶段为疲劳成核阶段，

该阶段主要是试件内部微观结构的演变，其 AE 信号并没有表现出比较明显的特征。因此，45 号钢试件在疲劳损伤过程中大致可分为疲劳成核、微裂纹萌生和扩展、宏观裂纹形成及失效四个阶段。根据 45 号钢试件在疲劳损伤过程中 AE 信号的特性，即"能量-时间"关系和"累计 AE 事件计数-时间"曲线及"加载频率-时间"曲线，当试件的疲劳加载时间小于 1000s，能量曲线中无明显的增大，加载频率基本保持不变，且累计 AE 事件计数的斜率无较大变化，此时为试件的疲劳成核阶段；当试件的疲劳加载时间约为 1000~1200s，能量曲线出现第一个极大值，且累计 AE 事件计数的斜率发生变化，此阶段为微裂纹萌生阶段；当试件的疲劳加载时间约为 1700~1800s，能量曲线出现第二个极大值，且事件计数的斜率再次发生变化时，此阶段为宏观裂纹形成阶段；最后试件断裂、疲劳试验机运行停止时，则为试件的失效阶段。

当试件疲劳加载时间分别为 200s、400s、800s、1000s 时为疲劳成核阶段；当加载时间分别为 1100s（能量曲线出现第一个极大值）、1350s、1500s 为微裂纹萌生和扩展阶段；加载时间分别为 1850s（能量出现第二个极大值）、2100s 为宏观裂纹形成和扩展阶段，最后 2400s 为试件的失效阶段。因此，为了获得在四个不同疲劳阶段 AE 信号及其相应的试件，对同一批次 45 号钢试件分别进行三点弯曲疲劳试验，并实时监测疲劳加载过程中试件的 AE 信号特性，共获得 10 个疲劳试件。

2. 45 号钢疲劳试件的非线性特性分析

对具有不同疲劳损伤状态的 10 个 45 号钢试件进行超声激励试验，探究 45 号钢材料在不同疲劳损伤状态的非线性特性[6]。此外，添加一个未进行疲劳加载的试件作为参考试件。

超声非线性系统仍采用"发射-接收"双探头的高次谐波系统，激励信号采用 5MHz 的正弦脉冲信号。根据 RAM-5000 系统的频域信号，读取基波和二次谐波幅值，计算试件的相对非线性系数，评估试件在不同损伤阶段的非线性特性。试件相对非线性系数的变化曲线如图 11-3 所示，其中纵坐标表示试件的非线性系数，横坐标代表试件的疲劳加载时间，误差棒表示每个试件重复三次测量的误差。

从图 11-3 可以看出，在整个疲劳损伤过程中 45 号钢试件相对非线性系数的变化曲线大致可分为三个阶段。当试件的寿命小于 10%时（即疲劳加载时间约为 200s 时），相对非线性系数变化比较小；此后非线性系数迅速增加，当试件的疲劳加载时间约为 1100~1200s 时，相对非线性系数约为未疲劳时试件相对非线性系数的 2 倍；当试件的疲劳加载时间约为 1800s 时，相对线性系数达到最大值；当疲劳加载时间大于 1850s，相对非线性系数呈减小的趋势。由以上分析可知，相对非线性系数的变化趋势与试件疲劳裂纹扩展的阶段是相对应的，如疲劳裂纹成核、微裂纹的形成与扩展、宏观裂纹扩展和失效阶段。

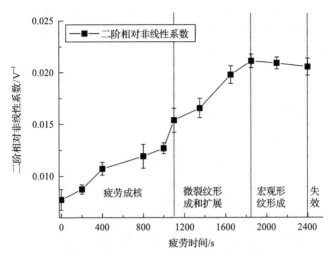

图 11-3　试件相对非线性系数的变化曲线

由于 45 号钢试件的中部具有线切割预置缺口，在疲劳循环载荷的初期，预置缺口的尖端出现应力集中现象；随着循环加载次数的增加，缺口尖端处开始出现位错，并随着循环加载次数的增加位错密度不断增大，相对非线性系数持续增加；当循环加载到一定的次数后，位错开始集结，位错堆逐渐形成，并出现滑移带，此后微裂纹开始萌生，此时试件的相对非线性系数约为未疲劳时的 2 倍；微裂纹在外界循环载荷作用下，不断地扩展与合并，直至在试件内部出现宏观裂纹，此时试件的相对非线性系数达到整个疲劳寿命的最大值；当宏观裂纹形成之后，超声波在传播过程中的衰减增加，且衰减量与超声波的频率有关，因此高次谐波的衰减比基波的衰减更加明显，所以相对非线性系数在试件的宏观裂纹出现之后呈减小的趋势。

由以上分析可知,45 号钢试件在疲劳损伤过程中微观结构的变化是引起相对非线性系数变化的根本原因，我们可由此建立试件的疲劳损伤状态、相对非线性系数和材料微观结构三者之间的相互联系。因此，根据超声非线性试验测得的相对非线性系数可以用来评估试件的疲劳损伤状态，为齿轮的疲劳损伤检测奠定基础。

11.4　压榨机齿轮的非线性特性分析

齿轮是机械产品不可缺少的传动部件。齿轮在制造和使用过程中容易产生气孔、夹杂、裂纹等内部缺陷，如不能及时有效地检测出齿轮内部的疲劳损伤或缺陷，将严重影响设备的使用性能和服役安全。超声无损检测技术具有灵敏度高、灵活方便、对人体无害等特点，是进行齿轮内部缺陷检测比较理想的方法。

　　齿轮在服役中承受较复杂载荷、损伤形式复杂多样，残余应力、内部裂纹和点蚀剥脱是导致齿轮服役期失效的主要原因。下面介绍超声非线性技术检测或评估齿轮内部的疲劳累积损伤的研究。

11.4.1　实际齿轮的检测实验

　　研究对象为某糖厂使用过 5 个榨季后需要进行修复的齿轮[6]。齿轮材质为 45 号钢，齿宽为 b=50mm，齿数为 16，齿轮实物图如图 11-4 所示。

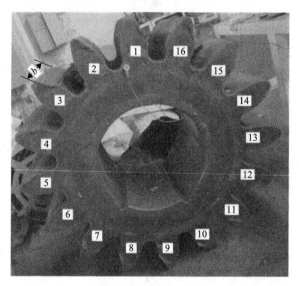

图 11-4　齿轮实物图

　　当轮齿工作的应力大于材料本身的强度时，将会在齿轮的齿根部这一危险截面产生疲劳裂纹，引起折断。因此，齿轮根部是疲劳损伤和疲劳裂纹较易发生的部位。

　　齿轮超声非线性检测原理如图 11-5 所示。该系统由超声非线性系统 RITEC RAM-5000、计算机、示波器、50Ω 负载、低通滤波器、中心频率为 2.5MHz 的激励传感器、中心频率为 5MHz 的接收传感器和带通滤波器组成。由超声非线性系统 RITEC RAM-5000 产生一定周期的正弦脉冲串，经 50Ω 负载进行阻抗匹配，再经过低通滤波器滤除高频信号干扰；超声波由激励传感器产生，在齿轮内部传播过程中，超声波会与齿轮内部损伤发生非线性相互作用，波形发生畸变并产生高次谐波。畸变的超声波由位于另一侧的接收传感器接收，并经过带通滤波器后传输至超声非线性系统的接收通道进行分析，另外利用示波器显示和保存畸变的接收信号，便于对接收信号进行进一步的分析。在测量过程中，齿轮和传感器的接触面均匀涂抹黄油作超声耦合剂，使每次测量的耦合性保持一致。

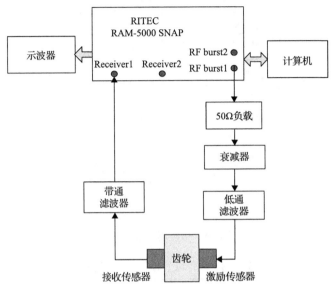

图 11-5　齿轮超声非线性检测原理

1. 传感器安放位置的选择

在对齿轮内部损伤进行超声非线性检测时，传感器的布置对试验结果至关重要。齿轮在服役过程中，齿根部位较易出现疲劳裂纹，因此首先探究齿轮根部的非线性特性。在未进行超声非线性检测之前，仔细检查齿轮根部，16 个齿的齿根部外表均完好无损，即表示齿根部位均未出现明显的宏观裂纹，但齿根部位的疲劳累积损伤情况未知。齿轮在服役过程中，齿根两侧加工工艺可能会存在差异，使得齿根两侧产生的疲劳损伤程度不一致，因此，对每个齿根部位的两侧均进行超声非线性检测。在超声非线性检测过程中，激励传感器的布置如图 11-6 所示，其中齿根部位的灰色小圈表示激励传感器的位置，共 32 组测试点；而接收传感器位于齿根另一侧面的相同位置，避免超声波在传播过程中能量的损失。此外，还对齿轮齿中部的非线性特性进行分析，传感器的布置如图 11-6 中黑色小圈所示，共 16 组检测点[6]。根据图 11-6 中的坐标系，齿轮每个齿中心线的角度如表 11-3 所示。

2. 激励频率的选择

由于服役齿轮的齿宽 b=50mm，在激励频率选择过程中既要考虑超声波的能

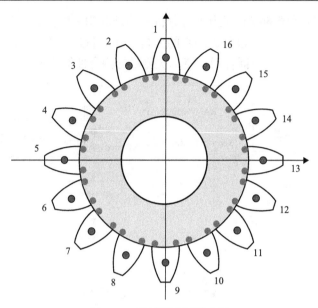

图 11-6　传感器布置示意图

表 11-3　齿轮每个齿中心线的角度

参数	数值							
齿编号	13	14	15	16	1	2	3	4
角度/(°)	0	22.5	45	67.5	90	112.5	135	157.5
参数	数值							
齿编号	5	6	7	8	9	10	11	12
角度/(°)	180	202.5	225	247.5	270	292.5	315	337.5

量，也要考虑超声波的衰减。在其他参数相同的条件下，超声波的频率越大，超声波具有的能量越高，但是超声波在传播过程中的衰减也会比较大。通过比较激励频率由 1MHz 依次增加至 5MHz 过程中超声接收信号的波形和幅值，当超声波的频率为 3MHz 时，超声接收信号的波形比较好，且幅值最大，因此选用激励频率为 3MHz。当激励信号是频率为 3MHz、40 个周期的正弦脉冲串时，接收信号的时域波形和频谱如图 11-7 所示。其中，图 11-7(b) 是为了有效地提取稳定的时域信号，利用矩形窗截取接收时域信号中间部分进行频谱分析，得到的相应的频谱图。由接收信号的时域波形可以看出，超声波在齿轮内部传播过程中，时域波形已经发生畸变。在频谱图中，除激励信号 3MHz 外，在频率为 6MHz 和 9MHz 处均有明显的二次和三次谐波信号，这些谐波信号间接地表示齿轮内部的疲劳累积损伤。

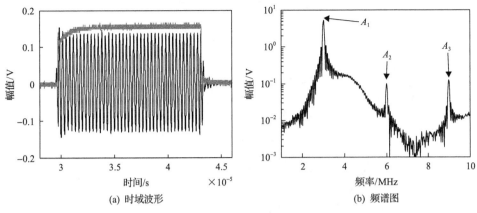

(a) 时域波形　　　　　　　　　　　(b) 频谱图

图 11-7　接收信号的时域波形和频谱

11.4.2　齿轮根部的非线性特性分析

当对齿根部的 32 个检测点进行超声非线性检测试验时，利用二阶相对非线性系数 β 和三阶相对非线性系数 δ 对不同检测点的非线性特性进行表征，其计算公式分别为 $\beta=A_2/A_1^2$ 和 $\delta=A_3/A_1^3$，其中 A_1、A_2 和 A_3 分别表示接收信号中基波、二次谐波和三次谐波的幅值。因此，齿根部每边共 32 个检测点，齿根部二阶相对非线性系数的分布如图 11-8 所示，齿根部三阶相对非线性系数的分布如图 11-9 所示，其中 0°、22.5°、45°、67.5°、90°、112.5°、135°、157.5°、180°、202.5°、225°、247.5°、270°、292.5°、315°和337.5°等角度的径向线分别表示齿轮每个齿的中线。

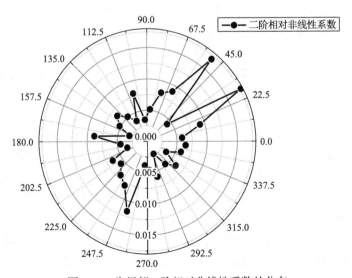

图 11-8　齿根部二阶相对非线性系数的分布

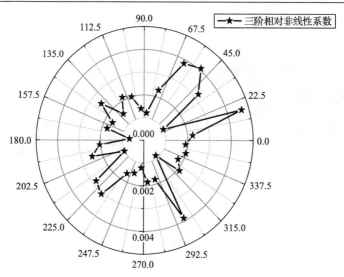

图 11-9　齿根部三阶相对非线性系数的分布

　　每个检测点均重复试验 4 次，取 4 次测量的平均值作为该检测点的相对非线性系数。在图 11-8 中，黑色圆点表示每个齿根部检测点计算的二阶相对非线性系数，32 个检测点的二阶相对非线性系数均不同，表示不同检测点的疲劳损伤程度也是不同的。如果某检测点计算的相对非线性系数比较大，则该值将远离圆心，表示该检测点的疲劳损伤程度比较严重；如果某检测点的相对非线性系数比较小，则该点距离圆心较近，则说明该检测点的疲劳损伤程度比较弱。由齿根部二阶相对非线性系数的分布可以看出，在 22.5°、45°和 247.5°半径处的二阶相对非线性系数比较大，分别为 $0.01768V^{-1}$、$0.01693V^{-1}$ 和 $0.01196V^{-1}$，表示这 3 个检测点的疲劳损伤程度比较严重，即齿轮的 14 齿、15 齿和 8 齿根部的疲劳累积损伤比较严重；而对于另外 29 个检测点，计算的相对非线性系数均比较小，说明另外 13 个齿根部的疲劳累积损伤程度相对比较弱。由以上分析可知[6]，通过计算齿轮根部不同检测点的二阶相对非线性系数，可以对齿轮根部不同位置的疲劳累积损伤程度进行表征。

　　用同样的方法分析齿根 32 个检测点的三阶相对非线性系数。如果计算的三阶相对非线性系数距离圆心的位置较远，则表示该检测点的疲劳损伤程度越严重。通过比较图 11-9 中 32 个检测点的三阶相对非线性系数，在 22.5°、45°、67.5°和 292.5°半径处的三阶相对非线性系数相对比较大，分别为 $0.00466V^{-2}$、$0.004056V^{-2}$、$0.003832V^{-2}$ 和 $0.003868V^{-2}$，说明这 4 个检测点处的疲劳累积损伤程度比较严重。尤其是 22.5°和 45°处的三阶非线性系数均大于 $0.004V^{-2}$，因此，14 齿和 15 齿根部的疲劳损伤比较严重；而其他检测点的三阶相对非线性系数比较小，说明对应的齿根部位的疲劳损伤相对比较弱。

超声波在齿轮内部传播过程中，由于齿轮存在的疲劳损伤，超声非线性输出信号含有能够表征疲劳损伤情况的高次谐波，因此计算的二阶和三阶相对非线性系数均可以表征齿轮内部的疲劳损伤程度。由以上分析可知，14 齿和 15 齿的二阶和三阶相对非线性系数均比较大，说明这两个齿根部的疲劳损伤程度比较严重。通过观察齿轮的 14 齿和 15 齿的表面可以发现，这两个齿的表面均发生了比较明显的磨损，且磨损的程度明显大于其他齿。

11.4.3　齿中部的非线性特性分析

为了分析齿轮 16 个齿中部的非线性特性，还对齿轮中部进行检测。齿中部共有 16 个检测点，齿中部二阶相对非线性系数的分布如图 11-10 所示，齿中部三阶相对非线性系数的分布如图 11-11 所示。每个检测点均重复进行 4 次测量，取 4 次测量的平均值作为该测点的计算结果。

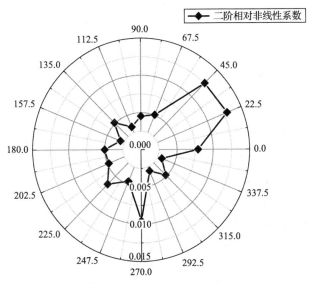

图 11-10　齿中部二阶相对非线性系数的分布

由图 11-10 可知，在 22.5°和 45°半径上的二阶相对非线性系数分别是 $0.01291V^{-1}$ 和 $0.001256V^{-1}$，计算值明显大于另外 14 个检测点的二阶相对非线性系数，这说明 14 齿和 15 齿中部的疲劳损伤相对比较严重。此外，对比齿轮同一个齿根部和中部的二阶相对非线性系数，对于 14 齿，齿根部的二阶相对非线性系数为 $0.01768V^{-1}$，而齿中部的二阶相对非线性系数仅为 $0.01291V^{-1}$，齿根部的二阶相对非线性系数明显大于齿中部的二阶相对非线性系数，这说明 14 齿根部的疲劳损伤比齿中部的严重。15 齿的二阶相对非线性系数，齿根部大于齿中部，表明齿根部的疲劳损伤相对较严重。

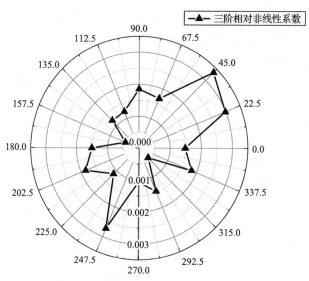

图 11-11　齿中部三阶相对非线性系数的分布

由图 11-11 中 16 个检测点的三阶相对非线性系数可知，14 齿和 15 齿的三阶相对非线性系数均比其他检测点要大，说明这两个检测点的损伤情况相对比较严重。该结果与齿根部的非线性特性分析的结果一致，即在所有的齿中 14 齿和 15 齿的疲劳损伤情况比较严重，这两齿也是易发生折断的部位。另外，14 齿中部的三阶相对非线性系数为 $0.00299V^{-2}$，而 14 齿根部的三阶相对非线性系数是 $0.00355V^{-2}$；15 齿中部的三阶相对非线性系数为 $0.00326V^{-2}$，而相对应齿根部的三阶相对非线性系数 $0.00408V^{-2}$。说明齿根部的三阶相对非线性系数均大于相对应齿中部的三阶相对非线性系数，说明在相同的服役条件下齿轮的齿根部位的疲劳损伤情况比较严重。同时也说明齿轮的齿根部位是易发生破坏的区域，也是齿轮较为危险的部位，这与齿轮实际应用中的损伤情况一致。

11.5　本 章 小 结

超声非线性检测技术检测评估制糖压榨机齿轮的疲劳累积损伤。首先分析齿轮原材料——45 号钢在整个疲劳损伤过程的特性，为齿轮的疲劳损伤评估打下基础。对一批分别处于疲劳成核、微裂纹萌生和扩展、宏观裂纹形成及失效四个阶段的试件进行超声非线性试验，分析超声非线性系数的变化规律，研究超声非线性系数与试件疲劳损伤程度及材料微观结构之间的关系，建立 45 号钢疲劳损伤、超声非线性系数、材料微观结构之间联系，为齿轮疲劳损伤检测奠定基础。

对服役齿轮的齿根部 32 个检测点分别进行超声非线性试验，计算各个检测点的二阶和三阶相对非线性系数；齿 14 和齿 15 根部的二阶和三阶相对非线性系数均大于其他检测点，说明这两个齿根部的疲劳累积损伤程度明显大于其他齿根部的损伤情况；还对齿轮每个齿中部共 16 个检测点进行超声非线性试验，齿 14 和齿 15 中部的疲劳损伤状态均比其他检测点严重。说明该齿轮的 14 齿和 15 齿是疲劳累积损伤最严重的区域，也是故障较易发生的区域。此外，还发现同一齿根部的相对非线性系数均大于齿中部的相对非线性系数，这说明在相同的服役条件下齿根部的疲劳损伤情况比齿中部的损伤情况严重，这与齿轮的实际服役情况——齿根部是较易发生损伤的区域是一致的。

参 考 文 献

[1] 王伟军, 潘洁萍, 蒋成刚, 等. 焊接技术在广西制糖机械再制造中的应用. 电焊机, 2012,(5): 90-93

[2] 冉启芳. 无损检测方法的分类及其特征简介. 无损检测, 1999,(2): 75-80

[3] Raj B, Moorthy V, Jayakumar T, et al. Assessment of microstructures and mechanical behavior of metallic materials through non-destructive. International Materials Reviews，2003, 48(5): 273-324

[4] Theodoulidis T P, Kriezis E E. Impedance evaluation of rectangular coils for eddy current testing of planar media. NDT & E International, 2002, 35: 407-414

[5] 周正干, 刘斯明. 铝合金初期塑性变形与疲劳损伤的非线性超声无损评价方法. 机械工程学报, 2011,(8): 41-46

[6] 张玉华. 超声非线性技术检测金属零部件应力和疲劳损伤的方法研究. 南宁: 广西大学, 2017

第 12 章 总 结

明显裂纹缺陷的检测问题已基本解决，而未发展成明显裂纹的疲劳损伤检测仍是未解决的难题。为应对常规无损检测没发现问题后不久就出现损伤失效事故的困境，我们在国家自然科学基金项目资助下采用非线性检测方法对构件疲劳损伤进行了检测研究。研究工作可分全局检测和局部检测两方面。对于全局检测，由于 NOFRF 与输入无关又能评价系统的非线性，采用锤击激励构件作为输入估计 NOFRF、表征构件疲劳损伤的非线性信息，借鉴多种检测概念突显损伤信息、构建损伤检测指标，实现构件疲劳损伤的全局检测；对于局部检测，应用超声非线性的高次谐波及和差频效应，探索超声非线性参数、材料结构变化和服役损伤之间的关系，表征构件承受应力和疲劳损伤状态，实现构件疲劳损伤的局部检测。通过研究分别建立了基于 NOFRF 全局检测、基于超声非线性局部检测的基础理论和基本方法，并分别以柴油发动机连杆、装载机箱体、列车轮对、电力支柱绝缘子、压榨机齿轮等构件为对象进行了疲劳损伤检测实验，取得了较满意的效果。但尚未进入工程实际应用，基础研究和应用实验还有待进一步深入。

12.1 检测理论和方法

12.1.1 基于 NOFRF 全局检测

构件受到疲劳损伤后会表现出弱非线性，随疲劳损伤程度加重，非线性程度也会增大。评价构件的非线性可以较敏感地检测构件的疲劳损伤。郎自强教授等基于 Volterra 级数提出的 NOFRF，可由系统的输入和输出信号估计得到，与输入输出信号无关、反映系统本质特性，是系统弱非线性的重要评估工具，是评价构件全局疲劳损伤的有效的敏感的手段。我们选择简单便捷的锤击激励方式，激励构件、测量响应输出，获得构件疲劳损伤的非线性信息；将 NOFRF 推广至锤击激励输入情形，分别针对 SISO 和 SIMO 系统建立了脉冲锤击激励下 NOFRF 估计的方法，用 NOFRF 表征构件的疲劳损伤非线性信息，构建不同的损伤指标、实现构件疲劳损伤的全局检测。

检测的基本方法是：首先，对待检测构件进行有限元模态分析，根据模态振型选择合适的锤击激励点和输出响应测量点；设计构件的柔软支承，把构件柔软支承起来，尽可能得到构件的自由边界条件；然后进行锤击试验，同时测量激励和多点输出响应信号；由测量得到的激励输入和输出响应信号估算 NOFRF，计算

检测指标,实现全局检测。主要成果如下:

(1)在一般输入下 NOFRF 辨识方法的基础上,研究了锤击输入下 NOFRF 的两大类估计方法,改进原 NARMAX 模型辨识的算法,同时基于推导的矩形脉冲输入下 NOFRF 的定义式,提出锤击激励下基于改进 NARMAX 模型与矩形脉冲的 NOFRF 辨识方法。仿真及试验研究,分别评估验证了锤击 SISO 系统 4 种估计 NOFRF 的方法及锤击 SIMO 系统 1 种估计 NOFRF 方法的实效性。

(2)NOFRF 可以表征系统或构件疲劳损伤的非线性,构建了 3 种敏感的 NOFRF 检测指标。第一,利用谱熵分析的高抗噪性和广泛适应性,由多阶 NOFRF 谱熵构建了 NOFRF 谱熵检测指标;第二,利用频域复杂度分析方法,构建 NOFRF 频谱复杂度熵 IFEn 检测指标,反映各阶 NOFRF 频谱的复杂程度、全面地表征系统内部的非线性;第三,利用散度理论分析正常和损伤系统的各阶 NOFRF 谱图差异,构建了 NOFRF 的散度指标 DI,可减少结构本身的非线性影响。通过多自由度系统仿真模型及疲劳试件的检测试验,表明 3 种损伤检测指标比已有 NOFRF 指标 Fe 更可靠、对损伤更敏感。

(3)分别研究了柴油发动机连杆、装载机箱体、列车轮对和电力支柱绝缘子等构件疲劳损伤的全局检测技术方法。

12.1.2　基于超声非线性局部检测

应用超声非线性效应,分析超声非线性特征参数、材料结构变化和服役损伤之间的关联,利用超声非线性参数对疲劳损伤的表征,实现构件疲劳损伤的局部检测。主要成果如下:

(1)建立超声非线性参数表征金属零部件应力状态的理论基础。金属零部件的服役应力/残余应力对机械设备的服役特性有比较显著的影响,快速、无损地评估金属零部件的应力状态是研究的热点问题。由于 L_{CR} 波对切向应力最敏感,选用 L_{CR} 波的非线性特性检测金属零部件的应力。通过与超声波速检测法对比,确认超声非线性系数对应力变化具有很高的敏感性和分辨率,成功检测了金属零部件承受的稳态应力,包括应力的大小与方向;利用 L_{CR} 波的非线性特性检测金属零部件的应力是有效的、可行的。

当试件的应力增加时,相对非线性系数单调递增,而波速却不断减小,相对非线性系数对应力变化的敏感系数远远大于波速,当试件的应力水平低于 200MPa 时,相对非线性系数的敏感系数约为波速敏感系数的 300 倍,而当试件的应力水平为 400MPa 时,相对非线性系数的敏感系数约为波速敏感系数的 420 倍。超声非线性系数能检测的应力分辨率约为 10MPa,而波速能检测的应力分辨率为 30MPa,利用 L_{CR} 波的非线性特性能够有效地表征金属零部件的应力状态。

当 L_{CR} 波的传播方向与应力方向不同时,设计 L_{CR} 波分别沿 x、x_1 和 x_2 方向传播的试验。在 x 方向上，归一化非线性系数的变化趋势与简化位错模型一致。建立基于超声非线性综合参数、归一化非线性系数的应力检测模型，应力检测误差均小于 5%，这说明利用 L_{CR} 波的非线性特性可以有效地检测试件的应力。当 L_{CR} 波分别沿 x_1 和 x_2 方向传播时，分别建立 x_1 和 x_2 方向上基于超声非线性综合参数的应力检测模型，检测 x_1 和 x_2 方向上的应力；再根据平行四边形法则计算主应力的大小和方向，幅值误差小于 5%、角度偏差低于 1.5°。因此，利用 L_{CR} 波的非线性特性不仅可以有效地检测金属试件主应力的大小，而且还可以检测主应力的方向。

(2)建立超声混频技术检测金属零部件疲劳裂纹和预测疲劳寿命的理论基础。在超声非线性检测中，混频技术是一种有效的检测方法，它能够有效地避免试验仪器和设备引起的非线性，且具有灵活的空间选择性和波形转换的特点。充分利用混频技术特点，实现金属零部件的疲劳损伤和不可见疲劳裂纹检测、剩余寿命预估。

对不同损伤程度的试件进行共线混频试验，探究试件的疲劳寿命与混频非线性系数之间的关系。混频非线性系数在初始阶段随着试件疲劳寿命增加而单调递增，然后增加缓慢、后期趋于饱和状态；试件在疲劳损伤过程中微观结构分析，表明引起超声非线性特性变化的主要原因是材料微观结构变化。基于混频非线性综合参数、差/和频非线性系数的疲劳寿命预测模型，成功对试件疲劳寿命进行预测、误差低于 3%，可较精确地评估试件疲劳寿命。

对具有不同裂纹长度的试件进行非共线混频试验。通过接收信号中混叠波的出现，可以对金属试件内部的疲劳裂纹进行定性检测。调节激励传感器和接收传感器的位置，灵活控制激励信号的相遇位置，实现试件内部疲劳裂纹及附近区域的检测；由检测点的混频非线性系数绘制混频非线性系数的分布云图，实现试件疲劳损伤检测结果的可视化；通过试验确定判别阈值，由云图归一化混频非线性系数确定疲劳裂纹附近的塑性损伤区域。

利用混频技术对金属零部件内部的不可见疲劳裂纹进行检测。检测需要共线混频和非共线混频两步试验。在共线混频试验中，控制两激励信号的延迟时间、使信号相遇位置沿试件水平方向移动，和/差频信号幅值会随激励信号延迟时间变化，由和/差频信号幅值最大值的延迟时间确定裂纹水平方向的位置；在非共线混频试验，调节两激励传感器的分离距离、使检测深度变化，混频非线性系数将随不同检测深度位置变化，获得混频非线性系数在竖直方向上分布规律；可根据试验获得判别阈值(如混频非线性系数减小至最大值的 80%)，估计疲劳裂纹的长度。

(3)分析了超声非线性输出信号的混沌特性，建立了 Duffing 振子检测超声输出信号的方法。超声非线性输出信号是反映金属材料内部损伤、并经过复杂传播的非线性时间序列。利用现代非线性信号处理技术——混沌分形理论对超声非线性输出信号进行分析。利用 Lyapunov 指数、关联维数和 K 熵等表征金属零部件的疲劳损伤状态；并改进算法构建 Duffing 振子检测，成功检测出强背景噪声下的超声非线性输出信号的二次谐波。

分析标准试件在整个疲劳损伤过程中混沌分形特征值的演化规律。在整个疲劳过程中，归一化 Lyapunov 指数、归一化关联维数、归一化 K 熵与归一化超声非线性系数具有相似的变化趋势，在达到疲劳寿命的 70%之前四个特征值均单调递增，当疲劳寿命大于 70%以后，四个特征值趋于稳定状态。分析疲劳过程中材料微观结构的演化规律，探究混沌分形特征值与材料微观结构、疲劳损伤之间的联系，说明在疲劳损伤过程中混沌分形特征值可以有效地表征疲劳裂纹的演化规律，并揭示疲劳裂纹扩展的非线性特征。

根据超声非线性输出信号的特征，对常规的 Duffing 振子进行改进，使改进后的 Duffing 方程组能够有效地检测任意频率和非零初始相位的待测信号。根据驱动信号幅值和响应信号幅值之间的关系对微弱二次谐波信号的幅值进行估算。对比改进算法 Duffing 振子与频谱分析对不同信噪比的超声非线性输出信号的检出效果，改进算法 Duffing 振子对二次谐波信号的幅值估算误差明显小于频谱分析，Duffing 振子可检测信噪比大于–20 的含噪声信号，而频谱分析则不能。

12.1.3　检测试验效果

分别对柴油发动机连杆、装载机变速箱箱体、列车轮对、电力支柱绝缘子等进行 NOFRF 检测，对压榨机齿轮进行超声非线性检测，针对具体对象进一步探索了全局检测和局部检测方法。具体归纳如下：

(1)探索了柴油发动机旧连杆疲劳损伤的 NOFRF 检测，并固有频率方法进行了比较。分别研究了 NOFRF 熵指标、NOFRF 频谱复杂度指标和 NOFRF 散度指标的对旧连杆疲劳损伤的检测效果。这三个指标都能够明显地区分不同服役时间的连杆，特别是散度指标还能够以一定的置信度推测出旧连杆的服役时间。利用声振扫频方法精确地测量了一批旧连杆的固有频率。虽然高阶固有频率会随着连杆的服役使用时间敏感地变化，但与连杆的服役时间很难有确定的关联性。NOFRF 检测方法明显要比固有频率测试检测方法有效、灵敏。

(2)装载机变速箱箱体的疲劳损伤检测试验。设计了箱体锤击试验的柔性支承系统，对装载机变速箱箱体进行了 SIMO 锤击试验；整合箱体各个部位损伤信息构造综合检测指标 CI，整体分析比较箱体损伤程度；对关注的箱体损伤区域再次进行多测点检测，对指标 N_E 值进行插值拟合，对关注区域损伤程度进行颜色标识。SIMO 比 SISO 能获得系统更多的信息，可表征更多的损伤信息、提取系统的非线性特征更准确。

(3)列车轮对疲劳损伤的检测试验。通过铁路局提供的列车轮对的 SIMO 锤击试验，验证了基于 NOFRF 和 KL 散度构造的 NKL 指标能够对系统损伤进行很好的区分；验证了轮对易受损伤区域是轮辋内圆附近区域；发现 NKL 检测指标可以表征轮对的早期损伤状态，且与轮对的使用时间呈强线性关系。

(4)支柱瓷绝缘子的损伤检测试验。利用支柱瓷绝缘子实物和建立的有限元仿真模型，探索 NOFRF 检测方法，并与谐波检测法进行比较。结果表明，谐波激励和锤击激励下的 NOFRF 检测方法都能准确、有效地识别支柱瓷绝缘子损伤程度及裂纹存在；非线性损伤检测指标 N_E 比谐波检测法对损伤更敏感。

(5)制糖压榨机齿轮的早期疲劳损伤检测试验。分析齿轮材料在疲劳成核、微裂纹萌生和扩展、宏观裂纹形成及失效四个阶段的非线性特性；研究超声非线性系数与试件疲劳损伤程度及材料微观结构之间的关系，建立 45 号钢疲劳损伤、超声非线性系数、材料微观结构三者之间的联系；分别对服役齿轮的齿根部和齿中部进行超声非线性检测，计算各个检测点的二阶和三阶相对非线性系数，发现齿根部明显大于齿中部，说明齿根部的疲劳累计损伤程度明显大于齿中部；发现某些齿的疲劳损伤状态明显比较严重，说明该齿轮轮齿的疲劳累计损伤情况是不平衡的。非线性系数较大区域，就是累积损伤较严重区域，也是较易发生故障的区域。

12.2　存在问题和不足

构件疲劳损伤检测是本领域研究的热点难点问题，虽然我们通过检测构件的非线性来实现全局检测、通过超声非线性参数来实现局部检测，进行了一些实际构件的检测试验，取得了一些成效，但离实际的工程应用还有一定差距，在检测理论基础和具体技术方法方面可能还存在一些问题和不足。经初步分析认为可能存在以下问题和不足。

(1)虽然锤击激励试验是获得构件损伤非线性信息的快速、简便的方法，但锤击力太小不能激起构件的主要模态，不能获得构件受损伤的完整全面信息，锤击力太大，则可能导致构件出现非线性振动，导致检测得到的弱非线性不能反映构件的内部损伤。如何保证锤击的力度合适，则是锤击激励试验需深入研究的基础问题。

(2)大型的或复杂的结构件，结构本身具有一定的非线性，为了减少构件结构本身非线性对检测结果的影响，在构建检测指标时我们基本上采用被检测构件与一个未受损的新构件情况进行对比，即通过对比消除构件本身非线性的影响。简单对比，能否完全消除结构本身非线性的影响，有待进行理论和实验的验证。

(3)如何对所构建的几种基于 NOFRF 的损伤检测指标进行比较选优。NOFRF 熵指标 N_E 与 NOFRF 频域复杂度熵指标 IFEn 的量纲不同，无法直接对二者的检测效果进行比较，如何将二者无量纲化，实现损伤检测效果的定量比较，选出最优的检测指标是接下来研究深入的方向之一。或者综合两种指标对非线性特征的不同侧重点，提出融合二者的综合损伤检测指标，从而对损伤进行更全面的评估。

(4)在共线混频研究中，根据不同疲劳损伤程度试件的超声非线性综合参数与疲劳寿命的关系，建立基于超声非线性综合参数的疲劳寿命预测模型。该模型仅仅考虑了单一加载应力情况对试件疲劳寿命的影响，而加载应力值的大小、试件缺口的尺寸和形状、多级循环加载次序和加载应力幅等参数对试件疲劳寿命的影响均未考虑。

初步分析存在上述问题和不足，说明我们对构件疲劳损伤非线性检测的研究还是前期的、初步的。构件疲劳损伤检测的确是本领域研究的热点难点问题，研究的学者很多、方法很多、成果很多，呈现出百花齐放、百家争鸣的现象，但专注于结构件疲劳损伤非线性检测的专著还鲜见出版，但愿我们的工作及出版本书能起到抛砖引玉的作用。

后　记

我患糖尿病多年并已有并发症。2017年2月我右眼视网膜脱落导致半个视窗变黑，紧急入院治疗，在行玻切微创视网膜复位术后6个月又行硅油取出术；2017年10月我的左眼视网膜也脱落，而且撕裂、全视窗变黑，再次紧急入院治疗。行玻切微创术复位视网膜，6个月后取出硅油，摘除并发白内障换人工晶体等手术，双眼经历了6次手术，重见光明。衷心地感谢广西医科大学梁勇教授、南宁爱尔眼科医院黄明汉院长和曹珊副院长，他们巧夺天工的精湛医技和医者仁心的高尚医德，妙手回春，让我重见光明。

我从学校领导岗位退下来后享受了"双肩挑干部退出领导岗位后学术恢复期"待遇。学校给予三年时间并配备一定科研经费，帮助学术恢复。学术恢复期的科研任务之一，就是要出版一本学术专著。专著要以自己的科研为基础。回顾过去几年的科研工作，我主持完成了国家自然基金项目"基于Volterra级数的旧零件内部损伤非线性检测机理（51365006）"，参加完成了国家自然基金项目"旧零件累积损伤超声非线性特征的混沌分形检测机理（51445013）"；分别指导硕士研究生郑伟学完成了锤击激励下NOFRF的估计、赵永信完成了柴油机连杆的固有频率检测、马少花和黄红蓝完成了NOFRF检测指标构建和连杆检测试验、黄杨完成了装载机变速箱箱体的NOFRF检测、黄应翔完成了电力支柱绝缘子的NOFRF检测、朱婉莹完成了列车轮对的NOFRF检测，博士研究生张玉华完成了超声非线性技术检测金属零部件应力和疲劳损伤的研究。他们都分别顺利地完成了硕士、博士学位论文，按时毕业并获得了工学硕士、博士学位。博士研究生唐伟力参加了上述部分研究工作及协助编辑，黄振峰教授、毛汉颖教授和李欣欣副教授分别参加了部分工作、协助部分指导。这些研究工作构成了专著的撰写素材。我以"构件疲劳损伤的非线性检测理论、方法和应用"为主题，通过全局检测和局部检测两个概念把研究基本素材全部有机结合起来、进行理论提升和创作，完成了本书的撰写。

衷心地感谢国家自然科学基金科研项目资助。

诚挚地感谢我的研究生张玉华、郑伟学、赵永信、马少花、黄红蓝、黄杨、黄应翔、朱婉莹、唐伟力，正是他们的刻苦钻研、勤奋努力、开拓创新，让我们顺利完成了国家自然基金项目并为本书的撰写提供了基本素材。

诚挚地感谢黄振峰教授、毛汉颖教授和李欣欣副教授，我们长期友好协作、形成团队合力，这是完成课题、取得成果的基础。

　　在申请国家科学技术学术著作出版基金项目时，还得到了浙江大学杨世锡教授、华南理工大学陈扬枝教授、英国谢菲尔德大学郎自强教授的充分肯定和热情推荐。

　　衷心地感谢国家科学技术学术著作出版基金项目资助。

　　衷心感谢杨世锡教授、陈扬枝教授和郎自强教授。

　　衷心感谢浙江大学机械学院院长、中国工程院院士杨华勇教授热情洋溢地为本书作序。

　　衷心感谢广西科技大学毛汉颖教授、广西大学李欣欣副教授认真负责地审读和修改。

　　衷心感谢科学出版社编辑老师为本书出版提供支持和帮助。

　　深深感恩我的父母，养育我长大成人，时刻关注我、爱护我。

　　特别感谢我妻子熊永敬女士。她虽工作繁忙，家务繁重，但总是能够精心细致地照顾好我，让我战胜疾病、精力旺盛地工作。

　　谨以本书献给我的博士导师浙江大学陈仲仪教授、硕士导师广西大学王奇浩教授。

毛汉领

2020 年仲夏